증보개정판

최신 동물사양학

이수기 · 류경선 · 서성원 · 송민호
허정민 · 김현범 · 조진호 공 저

yh 도서출판 유한문화사

증보개정판을 내며

이 책은 1997년 『가축사양학』(지설하, 배동호, 지규만, 박홍석, 이봉덕)으로 출간된 후, 2001년 『개정판 가축사양학』(지설하, 배동호, 지규만, 박홍석, 이봉덕, 이수기), 2008년 『최신 동물사양학』(지규만, 박홍석, 이봉덕, 정정수, 이수기, 류경선), 2011년 『최신 동물사양학』 1차 개정판(지규만, 이봉덕, 정정수, 이수기, 류경선, 서성원)을 발간한 후 오늘에 이르러 다섯 번째 출간을 하게 되었습니다. 그동안 열과 성으로 본 교재를 집필하여 주신 선배 교수님들께 경의를 표합니다.

사양학(feeds and feeding)이란 동물에게 사료를 효율적으로 급여하여 육성하는 방법을 연구하는 분야로서 그동안 사료의 가공 형태, 급여 방법, 새로운 사료의 개발 등에 초점을 맞추어 왔습니다. 그러나 오늘에 이르러 동물의 사양에 있어 생산성도 중요하지만 친환경적인(environment friendly) 방법뿐만 아니라 동물복지도 중요한 이슈로 떠오르게 되었으며, 지속 가능한 산업으로의 성장도 요구받게 되었습니다.

그리하여 환경을 보전하면서 친동물생리(animal physiology friendly)에 부합하는 형태의 동물사양학으로 발전시켜 나아가야 할 것입니다. 근래에는 동물권(animal rights)도 강하게 부각되고 있습니다. 이 개념은 동물의 생산성 향상과 배치되는 부분이 있습니다만 이를 슬기롭게 조화시켜 나가야 하는 것이 우리들의 당면한 과제라고 생각됩니다. 저희 저자들은 앞으로 부족한 부분을 지속적으로 보완하여 이 서적이 동물사양의 충실한 안내서가 되도록 노력하겠습니다.

끝으로 본 원고의 출판으로 독자들에게 새로운 비전과 과제를 제공해 주신 유한문화사 천승배 사장님께 감사의 말씀을 드립니다. 그리고 집필 작업에 도움을 준 충남대 전희영 선생님, 김소연 선생님에게도 사의를 표합니다.

2021년 2월

저자 일동

차 례

제 1 장 영양소와 대사작용 / 15

제3장 사료 및 사료 첨가제 / 95

제4장 사료의 품질 평가 / 169

제5장 가금 사양 / 199

제 6 장 돼지 사양관리 / 223

제 7 장 젖소 사양 / 247

제 8 장 한우 사양 / 277

제 9 장 애완(반려)동물 사양 / 321

제 1 장

영양소와 대사작용

《학습목표》

- 영양소의 필요성 및 중요성 이해
- 영양소의 기본 작용 이해
- 영양소 결핍과 중독증상 이해
- 영양소 상호작용 이해

1. 영양소

영양소(nutrients)란 사료에 들어 있는 성분 중 생체의 정상적인 성장, 유지 및 번식을 위하여 필요한 영양을 제공하는 물질이다. 영양소는 동물체에 에너지를 공급하며, 생체의 구조 형성에 기여하고, 생물학적 과정을 조절하여 준다. 화학적 성질에 따라 영양소는 탄수화물, 지질, 단백질, 비타민, 무기질의 5개 군으로 나눌 수 있으며, 수분을 포함하여 6대 영양소라고도 한다. 영양소 중 아미노산, 지방산, 비타민 및 무기질은 필수 영양소와 비필수 영양소로 나눈다.

필수 영양소는 생체에서 합성이 불가능하거나 합성량이 요구량에 비해 부족하기 때문에 반드시 사료로 섭취해야만 하는 영양소이다. 이와 대비되어 비필수 영양소는 체조직에서 다른 영양소로부터 합성이 가능하거나 반드시 필요하지는 않기 때문에 사료에 제외시킬 수 있는 영양소이다. 무기질의 경우는 기본적으로 체내 합성이 불가능하며, 생체의 정상적인 기능에 반드시 필요한지 여부에 따라 필수와 비필수 무기질로 구분한다.

동물에게 필요한 영양소는 사료(원료사료, 배합사료)의 형태로 공급된다. 사료는 영양소와 비영양소 물질들이 섞여 있는 혼합체이며, 필수 영양소 함량이 많으면서 균형되고, 소화가 잘 되는 사료가 양질의 사료라고 볼 수 있다. 어떤 사료이건 한 가지

원료 사료가 동물에게 필요한 모든 영양소를 다 갖추는 것은 불가능하다. 따라서 여러 가지 원료사료를 적절한 비율로 혼합한 배합사료를 만들어 동물이 요구하는 영양소를 공급하고 있다. 현재 70여 개의 영양소가 알려져 있으며, 아직도 필수 영양소 여부가 확인되지 않은 것(주로 무기질)들이 있다.

동물 종에 따라 필수 영양소의 종류가 달라지기도 한다. 예를 들어, Arginine은 포유동물의 urea cycle에서 합성된다. 하지만 고양이는 urea cycle에서 합성되는 arginine의 양이 제한적이고, 간의 arginase 활성이 높아 arginine을 필수적으로 섭취해야 한다. 그러나 사람의 경우 유아나 성인 모두 체내 합성 양으로 충분하다고 밝혀져서 arginine을 더 이상 필수아미노산으로 고려하고 있지 않다. 닭 같은 조류는 urea cycle이 없어 arginine이 반드시 필요하다.

필수지방산 중에서도 arachidonic acid는 일반 동물의 경우 같은 $\omega 6$ 계열의 지방산인 linoleic acid로부터 합성되는 양으로 충분하다. 그러나 고양이는 arachidonic acid로의 전환에 필요한 desaturase 효소를 갖고 있지 않아 이 지방산의 섭취가 필수적이다.

- **사 료**
  - 수분
  - 건물
    - 유기물
      - 질소화합물
        - 단백질: 필수아미노산, 비필수아미노산
        - 비단백태질소화합물: amide, urea, free amino acids
      - 지 질
        - 단순지질: 중성지방, 지방산
        - 복합지질: 스테롤, 인지질, 당지질 등
      - 탄수화물
        - 비섬유소가용성 무질소물(NFE)탄수화물: 단당류, 과당류, 전분다당류 등
        - 섬유소: 조섬유, 식이섬유
      - 비타민 — 지용성 비타민, 수용성 비타민
    - 무기물
      - 필수무기질: 다량 무기질, 미량 무기질
      - 비필수무기질: Ag, Au, Ba, Bi, Hg 등

그림 1-1. 사료 영양소의 화학적 분류

표 1-1. 필수 영양소 및 명칭

필수 영양소	명 칭
필수아미노산[1]	Lysine, Methionine, Arginine, Histidine, Tryptophan, Threonine, Leucine, Isoleucine, Valine, Phenylalanine
필수지방산	Linoleic acid, Linolenic acid, Arachidonic acid[2]
필수무기질	
다량 무기질	Ca, P, Na, K, Cl, Mg, S
미량 무기질	Fe, Cu, I, Zn, Mn, Se, Cr, Mo, Co, Ni, Si, As, B, V, Li, Al, Pb
비타민	
지용성 비타민	A, D, E, K
수용성 비타민	B_1, B_2, Niacin, Pantothenic acid, B_6, B_{12}, Niacin, Pantothenic acid, Biotin, Folic acid, Biotin, Choline, C

[1] 병아리에서는 glycine, proline도 필수아미노산이다. Arginine은 사람에서 비필수아미노산이다.
[2] 고양이에서 필수지방산이다.

최근에 사료에 들어 있는 비영양 성분, 특히 polyphenol 계통물질 중 동물의 성장이나 생산성 향상에 도움을 주는 기능성 물질들과 그들의 새로운 기능이 많이 밝혀지고 있다. 이런 물질들의 효과는 대부분 약리적 작용에 기인하고 있어 영양소와 그 기능이 구별된다.

2. 수 분

2.1 동물체에서 수분의 일반적 특징

(1) 동물체에 가장 풍부하게 들어 있는 영양소이며, 생명유지에 필수

(2) 혈액의 90～95% 차지

(3) 나이가 들면서 체수분 함량이 감소하며, 체지방 함량은 증가하는 반비례 관계가 나타난다. 어린동물에서는 체중의 65～85%, 성축은 45～60% 차지

(4) 체내 수분의 분포: 세포내 수분과 세포외 수분으로 구분

- 세포내 수분(intracellular fluid): 주로 근육과 피부 세포내 수분으로 전체 수분의 2/3 정도 차지
- 세포외 수분(extracellular fluid): 주로 혈액과 세포 간질액으로 구성되며, 임파, 관절활액, 뇌척수액 등도 포함된다. 전체 수분의 1/3 정도 차지

(5) 임신한 동물은 세포외 수분은 감소하는데 비해 세포내 수분은 약간 증가한다. 그 결과 전체 수분함량이 감소한다.

(6) 조직 수분함량의 조절은 주로 콩팥의 작용에 의해 이뤄진다.

2.2 동물체에서 수분의 역할 및 결핍 시 문제점

1) 체내 수분의 역할

(1) 체온조절

(2) 체내 대사물질의 용매기능

(3) 영양소의 수송과 배설

(4) 조직, 장기 및 혈액의 구성 성분

(5) 체세포의 형태 유지

(6) 조직 연결 부위와 기관의 윤활제 및 완충제

(7) 체내 화학반응의 주요 성분

2) 결핍 시의 문제점

(1) 수분 섭취가 제한될 때 사료섭취량과 생산성에 심각한 피해

(2) 탈수로 인한 체중 감소 및 폐사

(3) 질소 및 나트륨과 칼륨 등의 전해질 배설 증가

2.3 체내 수분의 공급원

체내 수분은 음수, 사료에 포함된 수분, 대사수의 세 가지 공급원으로부터 공급된다.

1) 음수량에 영향을 주는 요인

(1) 환경온도와 습도: 고온 스트레스에서 수분섭취 증가

(2) 사료 섭취량: 건물섭취량이 많을수록 음수량 증가

(3) 사료 성분

- 사료의 수분함량이 많을 때 음수량 감소
- 사료의 염분함량이 많을 때 음수량 증가
- 펠렛 사료, 고단백질 사료 섭취 시 음수량 증가

(4) 동물의 생리적 상태: 비유기에 음수량 증가

(5) 오줌 생성계의 종류: 포유류와 조류의 차이. 조류의 수분 보유능력 우수

(6) 음수의 질

- 양질의 물은 용질(dissolved solids)이 2,500 mg/L 이하여야 함
- 1 g/L 이상의 sulfates가 함유되면 설사 유발
- 100～200 ppm 수준의 nitrates는 중독 가능

성축의 1일 수분섭취량(보통 온도)

축 종 별	물 섭취량(L)
고깃소	22～66
젖 소	38～110
말	30～45
양, 염소	4～15
돼 지	11～19
가금(닭)	0.2～0.4

자료 : NRC(1984)

2) 사료에 포함된 수분

(1) 사료 종류에 따라 함량 차이가 크다.

- 곡류에 8～30%의 범위
- 건초는 15% 이하, 신선한 목초는 70% 이상

(2) 목초 표면의 잔류 수분은 물 섭취량을 감소시킬 수 있다.

3) 대사수(metabolic water)

(1) 조직에서 유기 영양소의 산화과정에서 생성되는 수분

(2) 수분 총 섭취량의 5～10% 차지

(3) 탄수화물, 단백질, 지방 각 1 g당 생성되는 대사수는 각각 0.6, 0.4 및 1.0 g 정도. 배합사료는 1 kg당 약 0.43 kg 정도 대사수 생성(소화율 고려 시)

2.4 동물체로부터의 수분 손실

동물의 수분 손실량은 계절, 체중, 생리조건(임신, 수유) 등에 따라 변한다. 동물체의 수분 손실 경로는 다음과 같다. 일반적으로 호흡과 피부를 통한 손실 비율이 가장 높으며, 반추동물은 단위동물에 비해 뇨를 통한 손실 비율이 더 높은 편이다.

(1) 분(糞)

(2) 뇨

(3) 허파로부터의 증산과 피부를 통한 발산

3. 탄수화물

3.1 일반적 특징

(1) 탄소 원자의 사슬에 H와 O가 결합된 구조로서, 한 분자에 1개 이상의 alcohol 기(-OH)와 1개의 carbonyl기(-CHO 또는 >C=O)를 가진 화합물

(2) 식물체에서 전분, 섬유소 등의 형태로 주요 구조 성분. 건물 중량의 3/4 차지

(3) 동물체에 혈당 및 glycogen(간장, 근육) 형태로 존재

(4) 식물체에서 광합성에 의하여 합성

$$6CO_2 + 6H_2O + 686\,kcal \longrightarrow C_6H_{12}O_6 + 6O_2$$

(5) 사료영양소 중 양적으로 가장 큰 비중 차지하는 중요한 에너지 공급원

3.2 탄수화물의 분류

(1) 단당류: 탄수화물의 최소 구성단위이며, 자연계에 5탄당(pentose)과 6탄당(hexose)이 대부분을 차지한다. 6탄당 중 glucose, fructose와 galactose가 영양적으로 중요하다.

(2) 이당류: 식품의 주요 에너지 공급원이다.

- 대표적인 이당류로 sucrose, maltose 및 lactose가 있다.
- 세 주요 단당류가 두 개씩 결합되어 구성되며, 모든 이당류에 glucose가 반드시 포함된다.

(3) 올리고당: 3～10개 사이의 단당류가 glycoside 결합으로 합쳐진 형태이다.

- 삼당류: 대표적인 raffinose는 glucose, fructose 및 galactose로 구성

(4) 다당류

① 전 분

- 많은 glucose 분자의 α-1,4 및 α-1,6 결합으로 이루어짐

표 1-2. 탄수화물 분류, 소화 효소 및 대사산물

구성 성분	소화 효소	대사산물	특징
단당류(monosaccharides)			
5탄당(pentose)			
Arabinose			Pectin, Araban
Ribose			핵산 성분
Xylose			목질부
6탄당(hexose)			
Glucose(포도당)			혈당
Fructose(과당)			설탕
Galactose			Lactose 구성성분
Mannose			Mannan 구성성분
이당류(disaccharides)Oligosaccharides(2～10 단당류)			
Sucrose(자당)	Sucrase	Glucose + Fructose	사탕무
Maltose(맥아당)	Maltase	2 Glucose	전분
Lactose(유당)	Lactase	Glucose +Galactose	우유, 모유
Cellobiose	Cellobioase	2 Glucose	섬유질
3당류(trisaccharides)Oligosaccharides(3～10 단당류)			
3당류(trisaccharides)			
Raffinose	대장미생물	Glucose+Fructose+Galactose	면화, 대두
Polysaccharides(다당류)			
Pentosans			
Araban		Arabinose	Pectins
Xylan		Xylose	옥수수 속대, 목질부
Hexosans			
Starch(전분)	α-Amylase	(maltose, isomaltose, maltotriose) → Glucose	곡류
Dextrin	α-Amylase	〃	전분 중간 분해물
Cellulose	Cellulase	Glucose	반추위에서 분해
Inulin	Inulase	Fructose	감자, 돼지감자
Glycogen		Glucose	동물 간, 근육
Mixed polysaccharides(혼합 다당류)			
Hemicellulose		Pentoses, Hexoses	섬유질
Pectins		Pentoses, Hexoses	사과, 귤 종류
Gums		Pentoses, Hexoses	아카시아 나무

- 결합방식에 따라 amylose($\alpha-1,4$ 결합의 straight chain)와 amylopectin ($\alpha-1,4$ 구조에 $\alpha-1,6$의 branched chain)으로 구분된다.
- Amylopectin은 일반 곡류 전분의 80% 정도를 차지한다. Amylose는 밀집된 구조로 인해 amylopectin에 비해 소화율이 떨어진다.

② Cellulose

- 많은 glucose 분자의 $\beta-1,4$ 결합으로 이루어짐
- 대표적인 섬유소로 포유동물이 분비하는 효소로 소화되지 않으나 장내 미생물이 분비하는 cellulase에 의해 분해되어 glucose로 된다.

③ Glycogen

- 동물 체내의 대표적 다당류로 간과 근육에 저장
- Amylopectin과 유사한 구조
- 식후에 저장량이 증가할 수 있고, 필요시(절식, 운동) 에너지원으로 쉽게 이용될 수 있다.

3.3 섬유소와 리그닌

섬유소(fiber)는 식물체의 구조적 성분으로 cellulose, hemicellulose, pectin, lignin, gums, mucilages, algal polysaccharides, cutin 등 매우 다양한 성분들로 구성되어 영양적으로도 다양한 기능을 발휘하기도 한다. 섬유소는 그 자체가 소화가 잘 되지 않을 뿐만 아니라 장내에서 다른 영양소의 소화를 방해할 수도 있다. 반면에 변비 방지, 콜레스테롤의 배설 증가, 유기산 생성 등 유익한 역할을 하기도 한다.

리그닌(lignin)은 일반적으로 섬유소로 분류하기는 하지만 탄수화물이 아니며, 곡류 종피, 식물체 줄기, 목질부에 존재하는 polyphenol 계통 물질이다. 저질의 목초에서 흔히 발견되며, 화본과(禾本科) 목초보다 두과(豆科) 목초에 더 많다. 식물이 성숙되면서 목질화(lignification)에 따라 그 함량이 증가된다.

리그닌은 어떤 동물에서도 소화되지 않는 물질이어서 리그닌 함량이 많으면 다른 영양소의 소화에 방해가 될 수 있다. 목초의 소화율을 측정할 때 internal indicator로 활용되기도 한다.

3.4 탄수화물의 기능과 결핍증

1) 주요 기능

(1) 주요 에너지 공공급원이며, 1 g당 평균 4.0 kcal(17 kJ)의 대사에너지 생산

표 1-3. 식이섬유소의 분류, 급원 공급원, 기능 및 종류

분 류	수용성 식이섬유 (soluble fibers)	불용성 비수용성 식이섬유 (insoluble fibers)
급원 공급원	과일, 귀리, 보리, 두류	밀기울, 밀배아, 곡류, 두류
체내작용	• 장내용물 통과 시간 지연 • 포도당(영양소) 흡수 지연 • 혈중 콜레스테롤 농도 저하	• 장내용물 통과 시간 단축 • 분 중량 증가 • 전분 가수분해 속도 지연 • 포도당(영양소) 흡수 지연
구성성분	gum, pectin, 일부 hemicellulose, mucilage, 해조다당류, fructano-oligo당 등	cellulose, 대부분의 hemicellulose, lignin

(2) 다른 영양소(비필수 아미노산, 비필수 지방산)의 합성을 위한 기질 제공

(3) 지방으로 전환되어 체지방으로 저장 가능

(4) 사료의 부피 제공 및 동물에게 만복감 제공

(5) 식이섬유(dietary fiber)로서의 기능

- 식이섬유의 prebiotics로서의 기능(대장 발효에 의한 단쇄지방산, butyrate, 생성 → 에너지 공급, 대장 세포 건강유지). (표 1-3 참고).

(6) 섬유소의 수분 보유력(water holding capacity)으로 인한 변비방지 효과

(7) 장내 겔 형성(gel formation)으로 인한 소화기능 저하, 영양소 흡수 방해

(8) 담즙산 및 지질(콜레스테롤)의 분 배설 증가 등

2) 식이섬유소(dietary fiber) 및 비전분성 다당류(non-starch polysaccharide, NSP)의 중요성

식이섬유는 포유동물의 소화효소에 의해 분해되지 않는 탄수화물 성분으로 수용성과 불용성으로 나뉘며, xylan, araban 같은 pentosan과 mannan 같은 hexosan, 그리고 cellulose, hemi-cellulose, pectins, gums, mucilage 등이 포함되며 lignin, cutin이나 tannin도 해당된다. 섬유소는 비전분성 다당류의 대부분을 차지한다. 이 중 lignin은 다당류가 아니기 때문에 이를 제외한 성분을 NSP로 분류한다.

NSP 함량이 많은 귀리 같은 사료는 단위동물에서 소화가 불량하며, 배설분의 수분이 많아지고 끈적끈적해진다. 보리와 호밀에서도 비슷한 현상이 나타나며, 대두박의 NSP도 소화율이 낮다.

NSP의 소화율이 낮은 이유는 단당류들의 결합형태가 전분(1-4 α 나 1-6 α 형태)과 달리 한 당류의 hemiacetal group과 다른 당류의 hydroxyl group 간에 glycosidic 결합으로 이뤄져 있기 때문에 소화효소가 작용하기 어렵기 때문이다.

NSP는 수용성(water soluble)과 비수용성(water insoluble)으로 나눠진다. 단위동물용 일반 배합사료에서 총 NSP 중 수용성은 20% 이하이다. 대부분의 수용성 NSP는 장 내용물의 점도를 증가시켜 소화관내 흐름을 지연시키며, 소화효소 작용을 방해한다. Pectin 같은 NSP는 일부 무기질과 chelate 결합해 흡수를 방해할 수도 있다. 장내 점도가 높아지면 장벽 모세융모와 인접한 unstirred water layer가 두터워져 영양소의 용해도가 저하되어 흡수가 방해된다. 장 내용물의 체류시간이 길어지지만 점도가 높아 소화효소와 접촉할 기회가 감소된다. 이 경우 사료의 에너지가도 저하되며, 장내 미생물총에도 좋지 않은 영향을 미친다. 비수용성 NSP는 사료 부피의 대부분을 차지하면서 영양소 농도의 희석 효과, 장 통과시간 단축 이외 별다른 역할을 하지 않는다.

그러나 최근에는 NSP의 단점을 제거하고, 기능성을 활용하는 연구가 활발해지고 있다. 이들 NSP를 소화할 수 있는 미생물 효소제(xylanase, mannase, arabanase, cellulase, glucanase 등)들이 개발되어 이들을 사료에 첨가하면 장내 점도가 낮아지고 그로 인해 장내 환경 개선, 에너지 공급 효과, 장내 유해물질 제거 등의 효과가 보고되고 있다.

한편, β-glucan의 면역효과, 프락토올리고당, 소맥의 arabinoxylan과 대두박에 4~7% 들어 있는 올리고당인 raffinose, stachyose 등의 장내 기능성 등을 들 수 있다. 단위동물의 소장에는 α-galactosidase가 없기 때문에 대두 올리고당을 소화하지 못하지만 이들 NSP 올리고당은 대장 미생물에 의해 발효되어 단쇄지방산을 생산하며, 대장의 건강과 일부 영양소(Ca 등)의 흡수를 도와준다는 연구결과들이 있다.

3) 탄수화물 결핍증 또는 비정상적 대사

■ 케톤증(ketosis)

(1) 탄수화물 공급(에너지섭취)이 부족할 때 체지방의 분해가 촉진된다. 이때 과잉의 케톤체(ketone body : acetone, acetoacetate, β-hydroxybutyrate)가 생성되면서 이들이 혈액과 조직에 축적되는 현상을 케톤증이라 한다.

(2) 비유 초기의 젖소, 임신 후기의 양, 비유 초기의 돼지 같이 많은 에너지를 요구하는 생리적 조건에서 발생

(3) 증 상

- 에너지 공급을 위하여 체조직(체지방)의 분해 촉진
- 체중 감소
- 수분섭취량 증가
- 임신동물의 유산
- 호흡 시 acetone 냄새

■ 당뇨병(diabetes mellitus)

(1) 가축보다 사람에서 흔히 발생하는 탄수화물 대사 이상

(2) 췌장의 insulin 분비가 부족하거나, insulin 저항(insulin resistance)에 의하여 혈당이 세포 안으로 들어가지 못하여 정상적인 당대사가 이뤄지지 못함

(3) 유전적 요인이나 과식 및 비만에 의해 유발될 수 있다.

(4) 증 상

- 고수준의 혈당(hyperglycemia)
- 오줌을 통한 포도당의 과량 손실(hyperglycosuria)
- 에너지 공급을 위해 체지방이 분해되어 지방 동원(fat mobilization) 증가
- 키톤체 생산 증가(ketosis)

3.5 탄수화물 대사

1) 단위동물의 탄수화물 대사

단위동물에서 탄수화물 대사의 주목적은 섭취한 탄수화물을 포도당으로 전환하고, 이를 이용해서 혈당을 유지하며, 여분의 포도당은 저장 탄수화물인 글리코겐로 만드는 것이다. 신체(골격근, 뇌, 장기)의 에너지원으로 이용하고 체내 탄수화물이 부족할 경우 비탄수화물로부터 포도당을 만들어 혈당 수준을 유지한다(그림 1-2).

소장에서 소화 흡수된 단당류는 소장벽의 점막세포와 간에서 대부분 포도당으로 전환된다. 간의 포도당은 혈액으로 나가 혈당의 형태로 다른 조직세포에 전달되거나, 간 조직 안에서 탄수화물 대사과정에 들어가게 된다. 혈당 농도는 생리적으로 매우 중요하기 때문에 일정한 범위 내에서 조절되는 기전(insulin과 glucagon에 의한 homeostasis)이 잘 발달되어 있다. Insulin의 도움에 의해 조직세포에 들어온 포도당은 glucose-6-phosphate로 인산화가 이루어진 후 생리적 조건에 따라 glycogen 합성(glycogenesis)에 들어가거나, 해당작용(glycolysis) 또는 오탄당 인산회로(pentose phosphate pathway, hexose monophosphate shunt)를 거친다.

간에서의 탄수화물 대사는 비교적 제한적으로 이루어진다. 간은 근육에 포도당을

공급하기 위한 가장 중요한 생산 공장이며, 포도당을 에너지원으로 사용하기보다 포도당의 생산에 더 많은 기여를 한다. 해당작용(glycolysis)에 의해 조직에 들어온 포도당은 분해되어 pyruvate로 되며, 이 과정에서 에너지와 여러 가지 중간 단계 물질이 생산된다. 여유분의 포도당은 근육과 간에서 활발한 glycogen 합성에 의해 저장이 이뤄진다. 저장된 glycogen은 식간 또는 절식과 같이 탄수화물 섭취가 부족할 때 분해되어 혈당 농도의 저하를 방지해 주며, 혈당의 homeostasis를 유지해 준다. 한편 탄수화물 섭취가 심각하게 부족할 경우 간은 아미노산, lactate, glycerol 및 propionate와 같은 비탄수화물 물질로부터 포도당 신합성(gluconeogenesis) 과정에 의해 포도당을 합성하여 혈당을 유지한다.

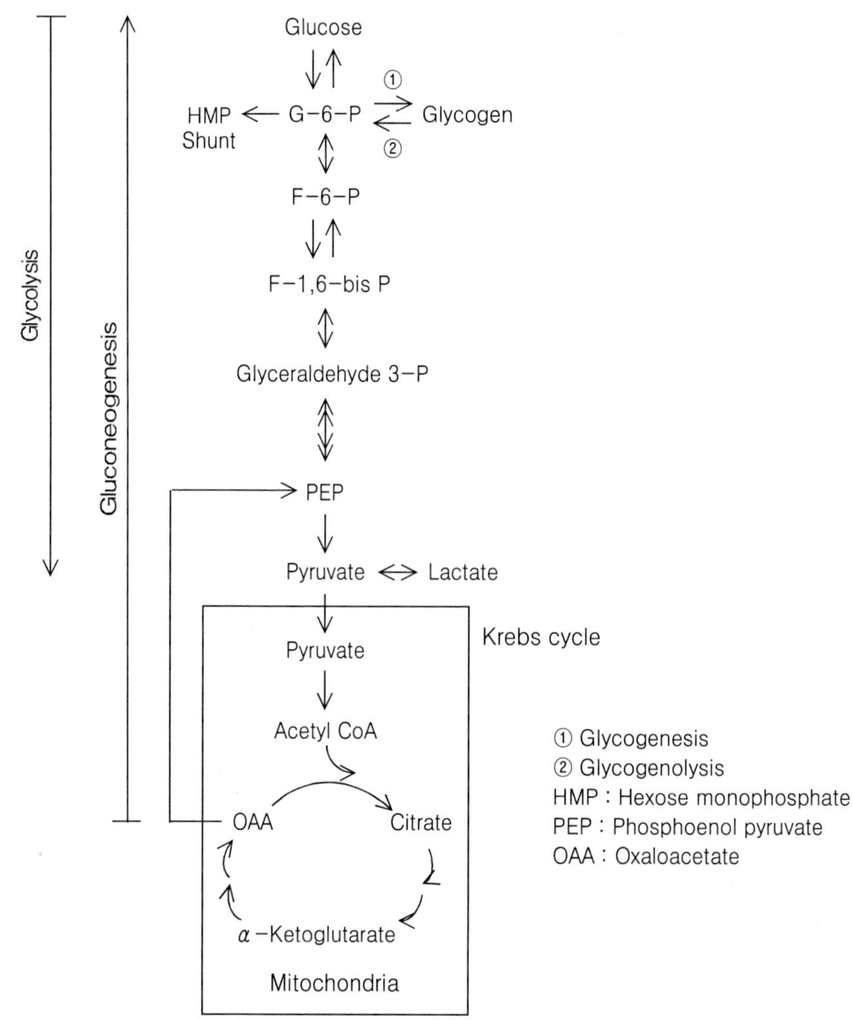

그림 1-2. 탄수화물 대사

탄수화물 섭취 후에 pentose phosphate pathway도 활발하게 일어난다. 이 과정은 지방산 합성에 필요한 에너지 공공급원인 NADPH와 핵산(DNA, RNA) 합성을 위한 5탄당의 생산에 의미가 있다. 간에 있는 포도당의 약 5～10%가 이 과정에 사용된다.

근육은 당 대사과정에서 매우 중요한 위치에 있다. 근육은 탄수화물을 가장 많이 소비하는 조직이며, 포도당은 근육 활동을 위한 가장 중요한 에너지원이기 때문에 근육은 간으로부터의 포도당 공급에 크게 의존한다. 근육에서 해당작용과 glycogen 합성작용이 모두 일어난다.

2) 반추동물에서의 탄수화물 소화

반추동물에서의 탄수화물 대사는 단위동물과 다른 특징을 갖고 있다. 섭취한 탄수화물의 대부분이 제1위에 서식하는 미생물군이 분비하는 소화효소에 의해 분해되며, β결합을 갖고 있는 cellulose도 단당류로 분해된다. 이와 같이 반추동물은 탄수화물 분해 능력이 매우 높기 때문에 반추동물 사료에는 조사료의 함량 비율이 매우 높아도 소화에 문제가 없다. 그러나 조사료에 포함된 lignin(일반 수준 20～120 g/kg 건물)은 분해되지 않는다.

제1위에서 탄수화물의 분해 이용은 두 가지 단계를 거친다. 첫 단계는 복합 탄수화물이 단순한 당으로 분해되는 것이다. 위내 미생물이 생산하는 cellulase에 의해 cellulose가 cellobiose로 분해되고, 다음에 포도당으로 되거나 phosphorylase에 의해 glucose-1-phosphate가 된다. Hemicellulose의 주요 산물인 5탄당(xylose, uronic aicd, pectic acid)들은 분해효소에 의해 최종적으로 xylose로 된다. 이들 단순 당은 즉시 미생물체내에 들어가 다음 단계의 대사과정에 들어간다.

제1위내 미생물에 의한 탄수화물의 최종 대사산물은 acetate, propionate, butyrate, 탄산가스와 메탄가스 등이다. 이 과정의 중요한 중간대사 물질은 pyruvate, succinate, lactate들이다. acetate가 가장 많은 비율을 차지하는데, 특히 조사료, 즉 섬유소 섭취량이 많을수록 그 비율이 높아지며, 농후사료 섭취량이 많을수록 낮아진다.

반추동물이 섭취한 가소화탄수화물의 대부분은 반추위에서 소화되고, 이를 통해 생성된 휘발성 지방산들은 제1, 2 및 3위를 거치는 동안 대부분 위벽을 통해 흡수된다. 위에서 분해된 탄수화물 중 일부가 박테리아와 protozoa에 의한 미생물체 합성을 위해 사용된다. 따라서 소량의 가소화탄수화물만이 소장으로 넘어가게 된다. 반추위에서 생성된 세 가지의 주된 휘발성 지방산은 흡수된 후 다른 경로로 대사된다.

(1) acetate는 반추위 점막과 간에서 일부가 대사되며, 주로 근육과 지방조직 등의

말초조직에서 대사된다. acetate는 궁극적으로 acetyl-CoA의 형태로 TCA회로로 들어가 산화된다. 유지 수준에서는 acetate 1 mole당 10 mole의 ATP가 생성된다. acetate는 또한 탄소수가 많은 지방산 합성에도 사용된다.

(2) 거의 모든 propionate는 간에서 대사되는데, 포도당 합성의 중요한 전구체가 된다. 이 포도당은 혈당이 되며, 또한 탄소수가 많은 비필수지방산의 합성에 이용되기도 한다.

(3) 흡수된 butyrate는 약 50%가 반추위 점막에서 β-hydroxy butyrate로 전환되는데, β-hydroxy butyrate는 지방산 산화의 중간 생성물이며, 궁극적으로 acetyl CoA를 거쳐 TCA회로에 들어가 이용된다. 나머지의 butyrate는 간에서 이용된다. 혈류에 존재하는 butyrate의 양이 아주 적기 때문에 butyrate는 지방 합성에 별로 관여되지 않는다.

(4) propionate는 반추동물에서 사료에너지로 사용될 수 있는 전환 효율이 가장 높다. acetate나 butyrate의 생산은 propionate에 비해 덜 효율적인데, 쓸모없는 가스인 이산화탄소와 methane이 생성되어 트림과정에서 손실되기 때문이다. 이 가스들은 숙주동물에게 이용되지 못하고 사료에너지의 상당한 손실을 초래한다.

(5) 반추동물에서도 세포 내의 당대사는 단위동물에서와 마찬가지로 세포의 에너지 공급원으로 이용되거나 glycogen으로 저장되기도 하며, 또한 pentose phosphate pathway를 거치면서 NADPH 생산에 기여한다.

(6) 말이나 토끼 같이 대장에 많은 미생물 균총을 갖고 있는 동물에서는 전분이나 cellulose의 혐기성 발효에 의해 다량의 휘발성 지방산을 생산하여 자체의 에너지원으로 이용한다.

4. 지 질

4.1 일반적 특징

(1) 지질(lipids)은 지방(fat), 유지(oil) 및 지방 유사물질(lipoid)의 통칭

(2) 물에 용해되지 않고 유기용매(에텔, 아세톤, 클로로포름 등)에 용해

(3) 지방산의 공급원

(4) 고에너지 공급원

4.2 지질의 분류

1) 단순지질(simple lipids)

(1) 지방산(fatty acids): 지질의 최소 구성단위. 구성 탄소의 길이에 따라 짧은 사슬지방산(short chain fatty acid, 탄소수 2~6개), 중간 사슬지방산(medium chain fatty acid, 탄소수 8~12개), 긴 사슬지방산(탄소수 14~20개), 매우 긴 사슬지방산(탄소수 22개 이상) 등으로 나눈다.

(2) 중성지방: 지방산과 glycerol이 ester 결합된 지질. 일반 식용유 성분의 95% 이상이 중성지방이다. Triacylglycerol이 가장 대표적이며, monoacyl-, diacyl-glycerol도 중성지방에 해당된다.

(3) Waxes: 지방산과 고급 alcohol이 ester 결합된 지질(vitamin A ester, cholesterol ester 등)

2) 복합지질(compound lipids)

지방산과 alcohol 이외의 성분을 함유하고 있는 ester 결합체

(1) 인지질: Phosphoric acid와 질소를 함유한 지질. Lecithins, cephalins, sphingomyelin 등

(2) 당지질: 탄수화물과 질소를 함유하나 phosphoric acid는 함유하지 않은 지질

(3) 지질단백질: 단백질과 결합된 지방으로 HDL(high density lipoprotein), LDL(low density lipoprotein) 등

3) 유도지질(derived lipids)

위의 지질들이 가수분해되어 유도된 물질

(1) Alcohol류: Sterol 같은 큰 분자의 alcohol

(2) 탄화수소류(hydrocarbons): Carotenoid류, squalene($C_{30}H_{50}$, 상어 간유에 많고, 인체의 간장에도 함유)

4) 불포화지방산의 분류

최근 여러 기능성 지방산에 관한 관심이 높아 불포화지방산에 대한 이해가 중요해지고 있다.

(1) cis와 trans 지방산: 자연계의 대부분 불포화지방산은 cis 형태이지만 미생물작용, 물리, 화학적 처리에 의해 2중 결합 위치에 구조적 변화가 일어나 trans형(직선형의 탄소 배치)이 될 수 있다.

(2) 불포화지방산은 끝의 methyl 탄소, 즉 오메가(ω) 탄소로부터 첫 번째 불포화 결합이 나타나는 탄소의 위치가 몇 번째인가에 따라 $\omega-3$, $\omega-6$, 또는 $\omega-9$ 계통의 지방산으로 분류한다.

- $\omega-3$ 지방산: α-Linolenic acid, EPA(eicosapentaenoic acid), DHA(docosahexaenoic acid) 등
- $\omega-6$ 지방산: Linoleic acid, GLA(γ-linolenic acid), arachidonic acid 등
- $\omega-9$ 지방산: Oleic acid 등

각 계열의 불포화지방산들은 대사과정에서도 그 계열의 구조적 특성을 유지하며, 다른 계열의 지방산으로 변하지 못한다.

(3) 다가불포화지방산(polyunsaturated fatty acid, PUFA)과 단가불포화지방산(monounsaturated fatty acid, MUFA): 불포화기, 즉 이중결합의 보유수가 2개 이상인 것을 PUFA, 1개인 경우 MUFA라고 부른다.

4.3 중성지방(triacylglycerol)과 지방산의 구조

(1) 중성지방은 glycerol과 ester 결합하는 지방산 수에 따라 mono-, di-, 또는 tri-acylglycerol이 된다. 다음 그림에서 나타낸 바와 같이 glycerol 분자에 서로다른 지방산(R_1, R_2, R_3)이 결합할 수 있다.

(2) 지방산은 탄소 길이가 2 내지 24개 또는 그 이상의 탄소골격으로 이루어지며, 우측 끝에 carboxyl 기가, 좌측 끝에는 methyl기가 존재한다.

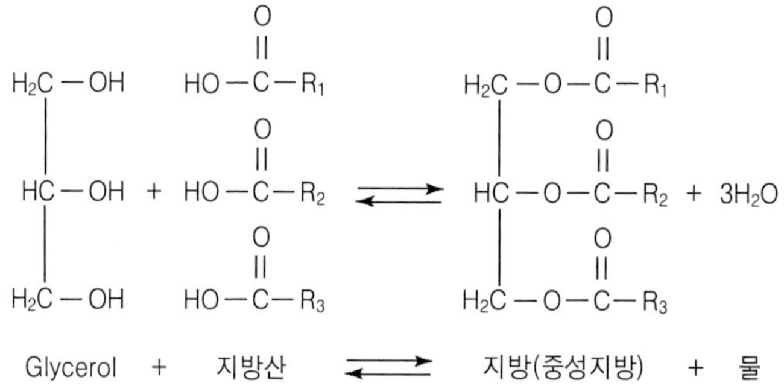

- 포화지방산은 carboxyl기와 methyl기를 제외한 모든 탄소에 2개의 수소원자가 결합된 지방산이다.
- 불포화지방산은 탄소골격에 1개 이상의 2중 결합(불포화기)을 가지고 있는 지방산이다.

(3) 지방산 구조의 예

〈포화지방산〉

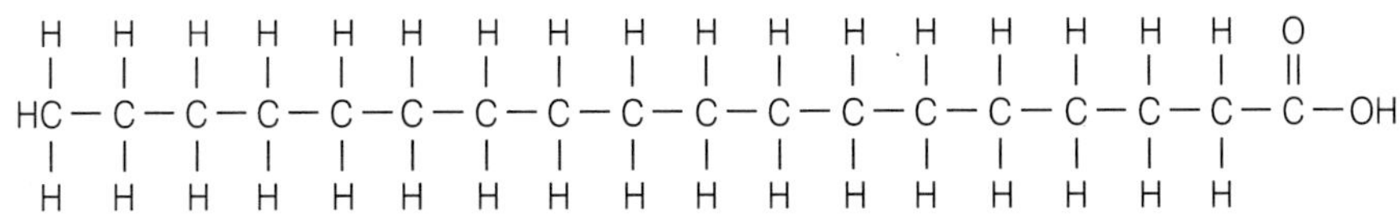

Stearic acid — C18:0

〈불포화지방산〉

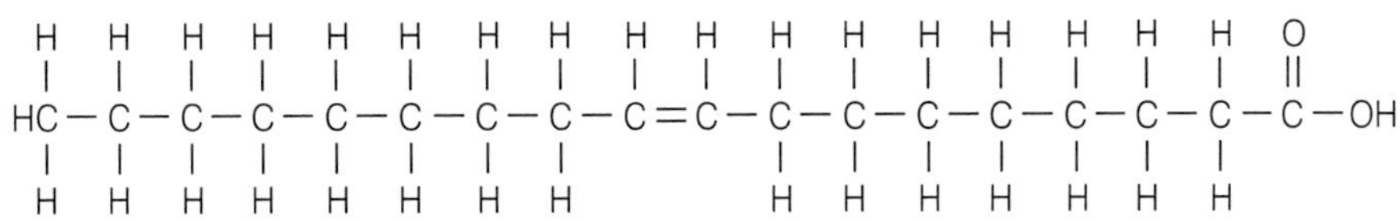

Oleic acid — C18:1 ω9

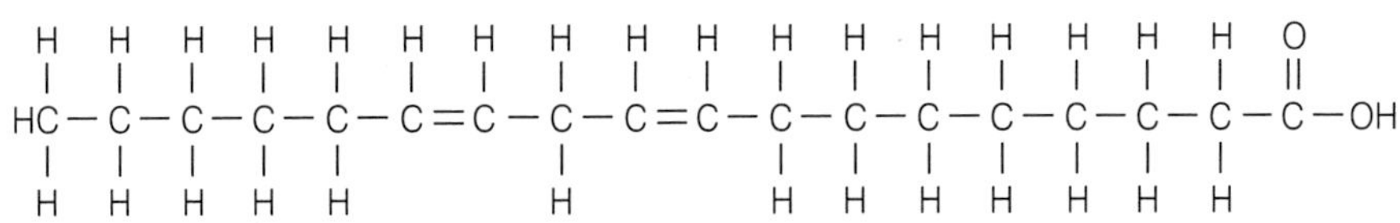

Linoleic acid — C18:2 ω6

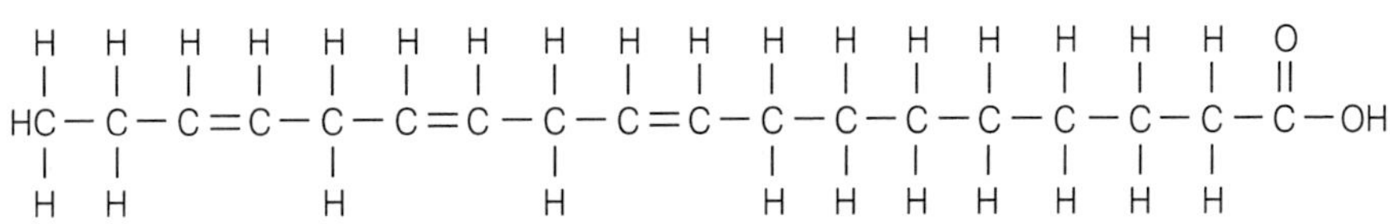

α-Linolenic acid — C18:3 ω3

4.4 지방의 기능 및 결핍증

1) 기 능

(1) 사료에너지 공급원

- C : H : O = 77 : 12 : 11%의 구성 비율. (C + H)의 구성 비율이 산소에 비해 현저히 높기 때문에 지방 1 g은 완전 연소될 때 9.45 kcal의 높은 열량(GE)을 생산할 수 있다.

(2) 필수지방산 공공급원

- Linoleic acid(18 : 2ω6)와 α-linolenic acid(18 : 3ω3)는 동물체에서 합성하지 못하므로 필수지방산으로 분류됨. 따라서 사료로서 공급해 주어야만 한다.
- Arachidonic acid(20 : 4ω6)는 대부분의 동물에서 linoleic acid로부터 합성되지만, 고양이 같은 일부 육식동물에서는 합성이 불가능하여 필수지방산이 된다.
- 필수지방산은 eicosanoid 계통의 생리활성물질 생산에 필수적인 전구체이다.

(3) 지용성 비타민의 장내 흡수를 위한 운반체로 작용

2) 결핍증 또는 비정상적인 대사

(1) 단위동물에서 특정 필수지방산이 결핍되면 피부 손상, 털의 손실, 닭에서 깃털의 발육불량, 그리고 성장 및 번식률의 감소 등이 발생할 수 있다.

(2) Ketosis : 생산능력이 높은 동물에서 에너지(탄수화물) 섭취가 충분치 않을 때 필요한 에너지를 충당하기 위하여 체지방의 분해가 일어날 수 있다. Ketosis란 이런 상황에서 체지방 분해가 과도하게 일어나 acetyl CoA가 많이 생성되어, 그로 인해 과도하게 합성된 ketone체(acetone, acetoacetate, β-hydroxybutyrate)의 혈중 농도가 비정상으로 높아진 상태이다. 이러한 생리적 장애는 비유 초기의 소나 임신 후기의 양, 비유 초기의 돼지 등에서 발생할 수 있다.

(3) 지방간(fatty liver) : 비정상적인 간 기능의 결과로 간에 지방이 과도하게 축적된 것이다. 지방간은 사료 지방이나 콜레스테롤 섭취가 많거나, 간에서의 지방 생성이 증가할 때, 체지방조직으로부터의 지방 유리가 증가할 때, 그리고 다른 영양소의 결핍이나 비정상적인 대사에 의해 발생될 수 있다.

4.5 소화 · 흡수와 대사

(1) 지방의 소화율은 대개 80% 이상으로 매우 높다. 불포화지방산의 소화율이 포화지방산보다 더 좋다.

(2) 중성지방은 소장에서 담즙산, 췌장 lipase의 도움에 의해 monoacylglycerol과 지방산으로 가수분해 된다.

(3) Monoacylglycerol과 유리 지방산은 콜레스테롤, 지용성 비타민 및 담즙산 등과 혼합미셀(mixed micelle) 형성한 후 소장 상피세포로 흡수된다.

(4) 소장 상피세포 안에서 monoacylglycerol이나 긴 사슬의 유리 지방산은 다시 중성지방(triacylglycerol)을 형성한다.

(5) 포유동물에서 긴 사슬지방산을 갖고 있는 중성지방은 혈액으로 직접 유입되지 못하고 대신 소장벽의 융모 내부에 있는 임파관(유미관)을 통해 이동하며, 흉관에서 비로소 혈액으로 들어간다. 반면에 중간 사슬지방산(탄소길이 10~12개)은 모세혈관으로 들어가 문맥을 통해 바로 간으로 전달된다.

(6) 가금의 소장 융모에는 유미관이 없어 바로 모세혈관을 타고 문맥으로 전달된다. 모든 지방산이 간에서 일차적으로 대사된다.

(7) 간으로부터 조직에 전달된 중성지방과 지방산은 조직지방으로 저장되거나 세포막의 중요한 구성성분이 되어 세포막의 기능에 기여한다.

(8) 필수지방산으로부터 합성된 eicosanoid는 혈소판 응집, 혈압 조절, 혈액응고, 번식 조절 등 중요 작용에 관여한다.

(9) 체내 저장된 지방산은 필요에 따라 산화과정을 거치면서 에너지를 공급한다. 지방산은 미토콘드리아 안에서 carboxyl 말단으로부터 한 번에 2개의 탄소가 제거되는 산화과정(β-oxidation)을 거치면서 분해된다. 이렇게 분리된 2개 탄소의 물질은 acetyl-CoA를 형성한다. 이 acetyl-CoA는 지방산의 재합성, steroid나 ketone체의 합성에 사용되거나 TCA회로에 들어가 ATP를 생산한다.

4.6 트랜스(trans) 지방산 및 CLA(conjugated linoleic acid)

트랜스 지방산과 CLA는 축산물을 포함한 여러 식품의 성분으로 최근에 소비자들에게 많이 인식되어 있는 지방 성분이다.

1) 트랜스 지방산

트랜스 지방산은 체내에서 혈중 총 콜레스테롤 함량을 높이는데, 주로 LDL-콜레스테롤을 높이고, HDL-콜레스테롤 함량은 낮추므로 포화지방산 보다 더 나쁜 영향을 미친다.

불포화지방산이 가열처리, 수소첨가 같은 인공적 처리나 반추위 미생물 작용 등에 의해 구조에 변형이 생긴 것이다. 따라서 튀김유나 수소첨가에 의해 제조된 margarine, spread 그리고 butter 지방에 트랜스 지방산이 존재할 수 있다. 일반 불포화지방산(cis형)은 불포화기를 중심으로 U자형의 구조이지만, 트랜스 지방산은 직선에 가까운 형태로 포화지방산의 구조와 비슷해진다.

2) CLA(conjugated linoleic acid)

식육의 가열처리나 반추위 미생물의 작용에 의해 linoleic acid의 탄소 구조가 변화되어 생긴 지방산이다. CLA도 트랜스 지방산이긴 하나 기능성에서 장점이 많아 축산물의 부가가치를 높이는 데 활용 가능성이 크다.

우유나 butter fat에 자연적으로 존재하며, 특히 방목한 소에서 더 많이 만들어질 수 있다. 여러 이성체 중에서 cis-9, trans-11과 trans-10, cis-12형이 가장 주목을 받고 있다. CLA의 여러 기능성 중 특히 닭, 돼지, 사람에서 체지방 합성을 억제하고, 체지방 분해효과가 인정되며, 또 사람에서 대장암 완화 효과도 보고되고 있다.

5. 단백질

5.1 일반적 특징

(1) 평균적으로 C(53%), H(7%), O(23%), N(16%), 그리고 S과 P(1% 이하)으로 구성. N 성분의 함량 비율이 모든 단백질에서 비교적 일정하기 때문에 이를 단백질의 정량에 이용한다. 단백질 계수(6.25 = 100÷16)

(2) 단백질은 분자량이 수백에서 수백만에 이르는 거대분자이다. 따라서 단백질은 화학적 조성, 물리적 성질, 형태, 용해도 및 생물학적 기능이 매우 다양하다.

(3) 단백질은 동물의 조직과 기관의 주된 구성성분

(4) 필수아미노산의 공공급원

(5) 어린 동물일수록 요구하는 영양소 중 단백질의 비율이 높고 성숙하면서 그 비율이 점차 감소한다.

5.2 단백질의 분류

(1) 단순단백질(simple, globular protein) : 가수분해하여 아미노산과 그 유도체만 생성하는 단백질. 자연계에 풍부하게 분포되어 있음
(albumin, globulin, glutelin, prolamin, gliadin, histone 등)

(2) 섬유상 단백질(fibrous protein) : 구조를 담당하는 단백질
(collagen, elastin, keratin 등)

(3) 복합단백질(conjugated protein) : 단순단백질이 비단백질기와 결합된 단백질
(nucleoprotein, mucoprotein, glycoprotein, phosphoprotein, lipoprotein, metalloprotein 등)

5.3 아미노산의 구조 및 분류

(1) 단백질의 기본 구성단위는 아미노산이다. 아미노산의 일반구조는 아래와 같다.

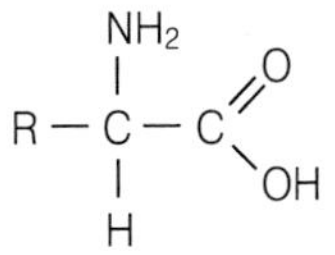

아미노산은 α-carbon에 하나의 carboxyl기(-COOH)와 하나의 α-amino기(-NH_2)가 결합되어 있으며, R부분의 변화에 따라 각 아미노산의 구조와 특성이 결정된다.

(2) 단백질은 약 20개 아미노산의 여러 조합에 의하여 구성된다. 한 아미노산의 α-carboxyl기와 다른 아미노산의 α-amino기가 H_2O 한 분자를 상실하면서 펩타이드 결합(peptide bond)을 이루는 방법으로 수많은 아미노산들이 서로 연결되어 단백질을 구성한다.

(3) 단백질의 특성을 결정하는 두 가지 요인은 사슬 내에서 아미노산의 배열순서와 사슬의 길이이다.

(4) 아미노산은 구조적인 특징에 따라 산성·중성·염기성으로 나누며, 그 외의 특징에 따라 분류하기도 한다. 중성 아미노산은 하나의 amino기와 하나의 carboxyl기를 갖고 있으며, 산성 아미노산은 두 개의 carboxyl기를 갖고 있고, 염기성 아미노산은 두 개의 amino기를 갖고 있다.

아미노산의 화학적 구조와 그에 따른 분류는 아래와 같다.

1) 중성 아미노산

■ 지방족 아미노산

(1) Glycine

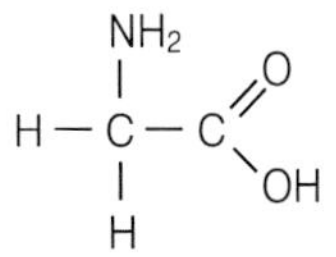

(2) Alanine

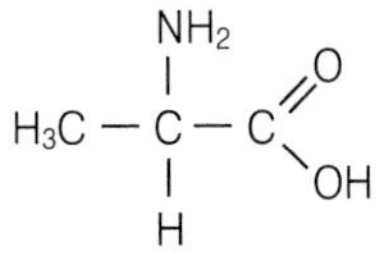

(3) Valine

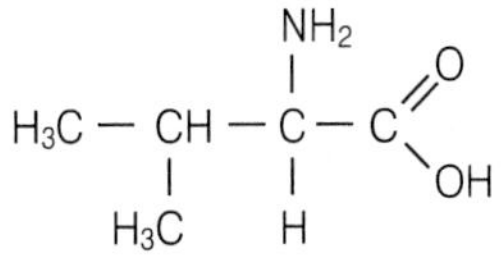

(4) Leucine

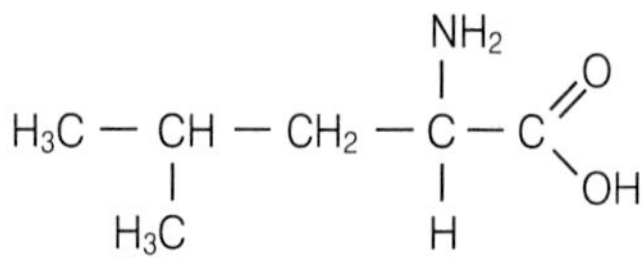

(5) Isoleucine

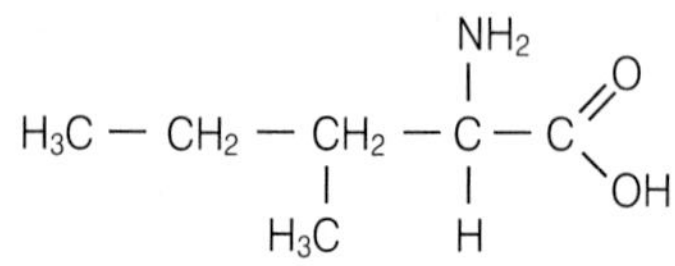

(6) Serine

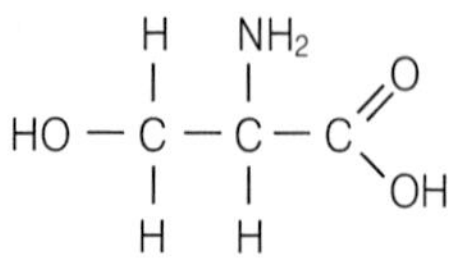

(7) Threonine

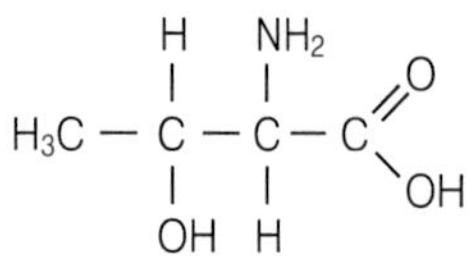

(8) Asparagine

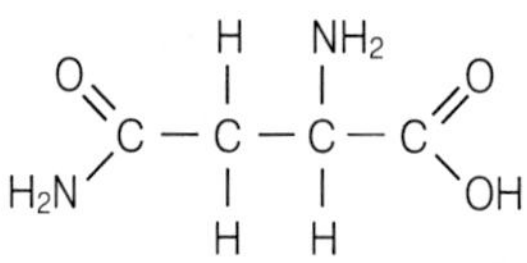

(9) Glutamine

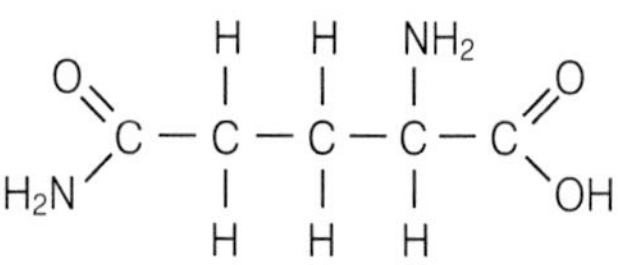

■ 방향족 아미노산

(1) Phenylalanine

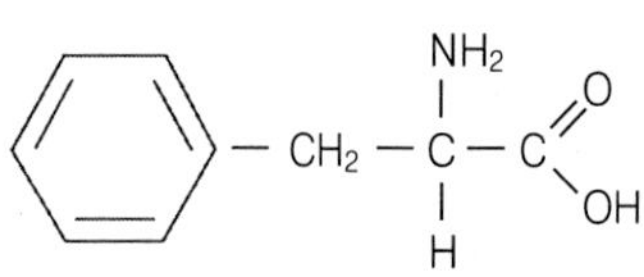

(2) Tyrosine

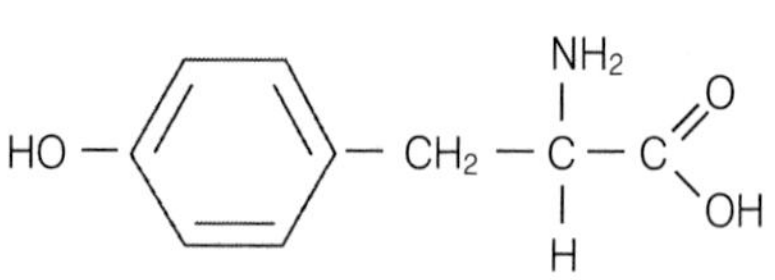

(3) Tryptophan

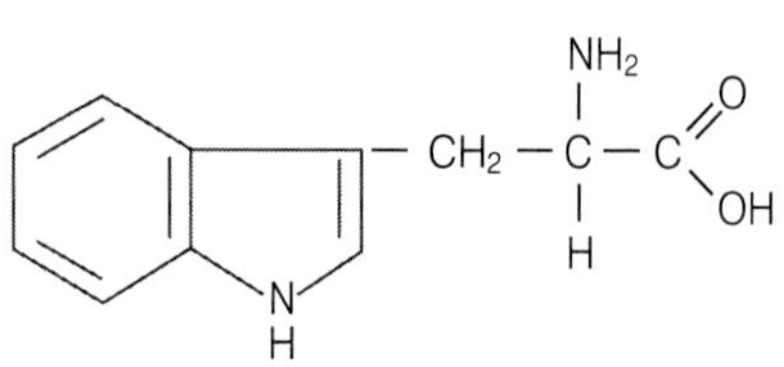

■ 함유황 아미노산

(1) Cystine

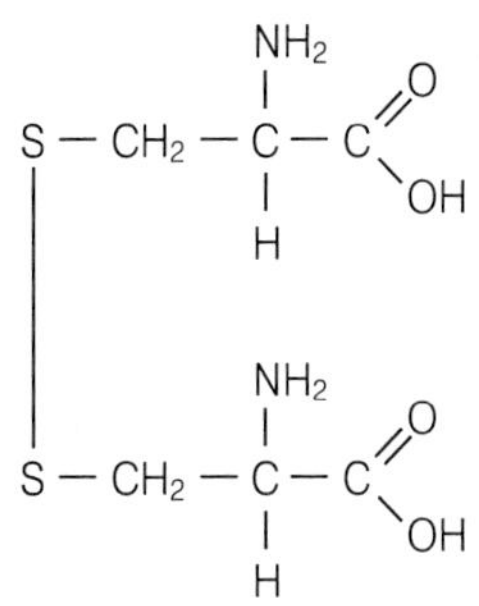

(2) Cysteine

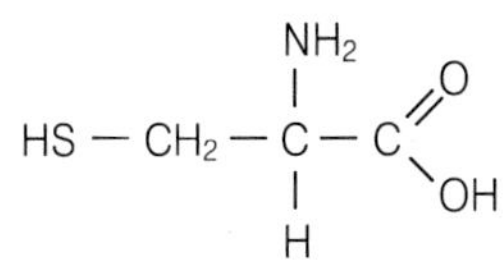

(3) Methionine

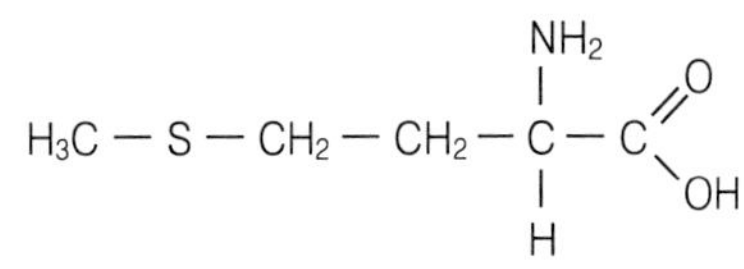

2) 산성 아미노산

(1) Aspartic acid

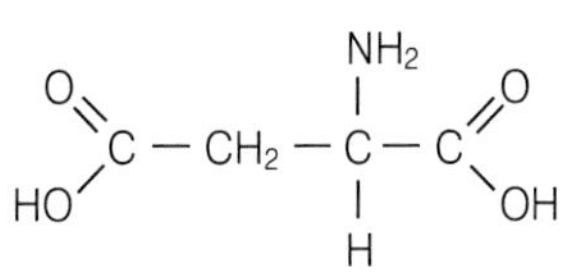

(2) Glutamic acid

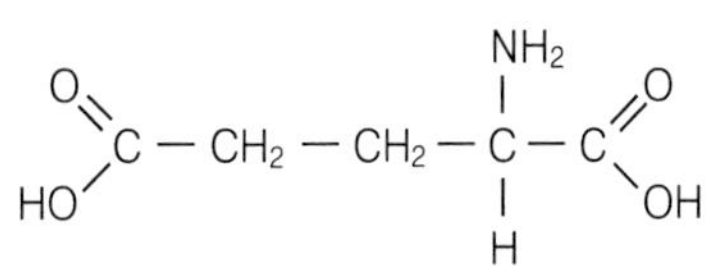

* Asparagine과 glutamine은 체내에서 쉽게 각각 aspartic acid와 glutamic acid로 전환될 수 있기 때문에 산성아미노산으로 분류되기도 한다.

3) 염기성 아미노산

(1) Histidine

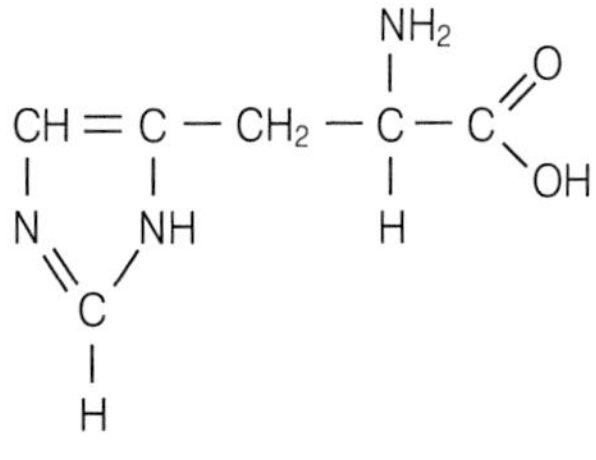

(2) Arginine

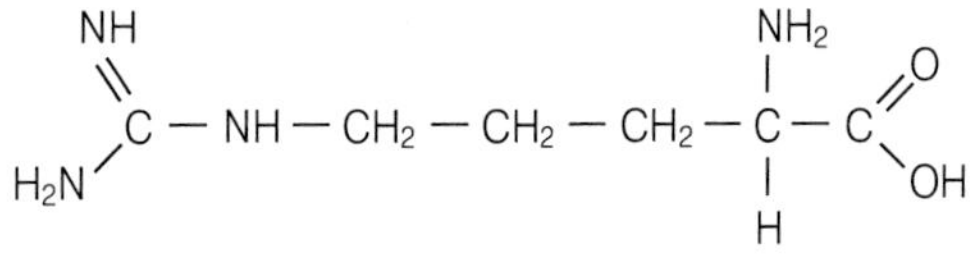

(3) Lysine

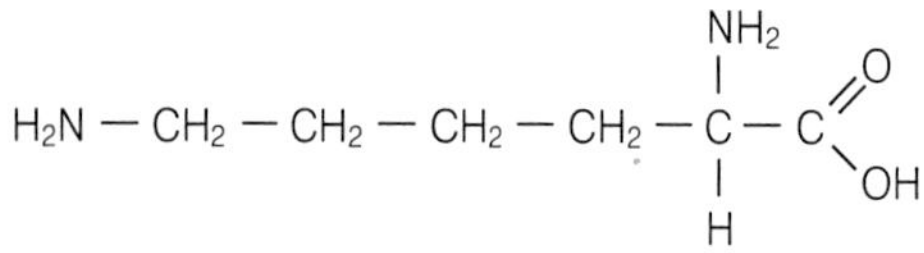

4) Imino acids

(1) Proline

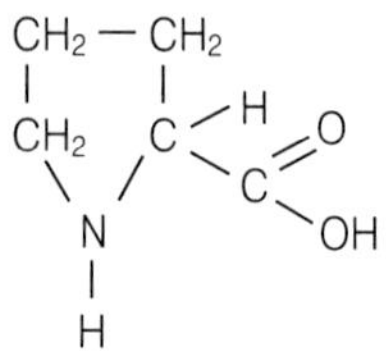

(2) Hydroxyproline

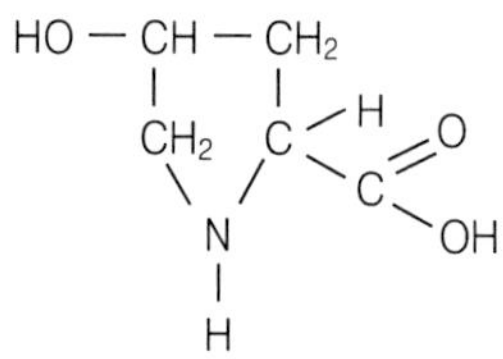

5.4 단백질의 기능

(1) 동물체의 기본 구성 물질 : 가장 중요한 기능으로 신체 조직을 구성한다. 근육, 내부 장기, 뇌, 피부, 혈구세포 등의 기본 구성 물질이다.

(2) 체내 대사조절 물질 합성 및 주요 물질의 전구체

- 효소 생산 : 소화 효소, 분해 효소 및 합성효소 등
- 호르몬 생산 : 단백질 호르몬(성장호르몬, insulin 등) 또는 펩타이드 호르몬(갑상선 호르몬)
- 면역성분 생산 : 항체, Immunoglobulin(Ig) 등
- 기타 물질의 전구체 : 신경전달물질(serotonin, epinephrine, 멜라토닌 등) 등

(3) 포도당 신합성과 열량 공급 : 과잉의 단백질(아미노산)은 탈아미노(deamination) 과정에 의해 아미노기를 제거 후 남은 탄소 골격이 포도당 신합성 과정을 거쳐 포도당이 되어 혈당과 에너지 공급원이 된다. 포도당 신합성은 에너지 공급이 부족할 때도 체구성 단백질로부터 에너지가 공급될 수 있는 방법이다.

(4) 기 타 : 조직 내에서 체액의 삼투압 유지에 기여하며, 혈액 내 단백질(albumin, transferrin 등)은 영양소 운반에도 기여한다.

5.5 단백질의 소화, 대사 및 영양

1) 단위동물

■ 단백질 소화

(1) 위산은 단백질의 소화에서 매우 중요한 역할을 한다. 위산에 의한 단백질의 변성과 pepsin에 의한 단백질 1차 분해는 소장에서의 단백질 소화를 위한 필수적인 과정이다. 위산은 활성이 없는 pepsinogen을 pepsin으로 활성화시키는 역할도 한다.

(2) 소장에 들어간 polypeptide 또는 peptone 형태의 단백질은 췌장과 소장벽에서 분비되는 trypsin, chymotrypsin, carboxypeptidase, aminopeptidase 등 단백질 분해효소에 의해 단계적인 분해과정을 거쳐 최종적으로 dipeptide나 유리 아미노산(free amino acid)이 된다.

(3) 소장 안에는 섭취한 단백질과 동물체 자체에서 유래된 단백질(소화액, 소화효소, 탈락된 장벽세포 등)이 서로 뒤섞여 단백질 분해효소의 영향을 받는다. 따라서 배설된 분에는 소화되지 않고 사료에서 유래된 질소 성분과 동물체에서 유래된 질소성분이 혼합되어 있다.

(4) 소장에서 흡수되는 주 형태는 dipeptide이다. 전체 단백질의 약 70%가 이 형태로 흡수되며, 나머지는 유리 아미노산 형태로 흡수된다.

(5) 포유동물의 경우 출생 초기(출생 24시간 내지 48시간 동안)에는 완전한 단백질이 장 상피조직을 통해 endocytosis 방식으로 흡수된다. 초유에 들어 있는 면역단백질은 이런 방식으로 새끼에게 전달된다.

(6) 소장에서 가수분해 되는 정도에 따라 아미노산의 소화율과 단백질의 영양가가 좌우된다. 영양가에 영향을 미치는 또 다른 요인은 필수아미노산의 균형이다. 단백질이 장관에서 쉽게 가수분해 되어도 제한아미노산으로 인해 아미노산이 결핍되거나 균형이 맞지 않으면 높은 영양가를 나타낼 수 없다.

■ 단백질 및 아미노산 대사

흡수된 아미노산들은 일단 체내의 amino acid pool에 들어가고 동물체의 생리적 필요에 따라 다음의 세 가지 대사과정에 들어간다. 즉 ① 조직단백질 합성, ② 비단백태질소화합물의 대사, ③ 에너지 생산 등이다.

(1) 조직단백질 합성: 조직에서는 단백질의 합성과 분해 작용이 동시에 일어난다. 어린 동물일수록 합성속도가 더 빠르고, 단백질의 균형도 positive balance 상태를 유지하면서 단백질이 축적되어 정상적인 성장이 일어난다. 나이가 들면서 단백질 합성속도가 점점 둔화되며, 어느 단계를 지나면 현재의 체단백질 상태를

유지만 할 정도로 합성과 분해속도가 비슷해진다. 축적된 단백질의 수명(반감기)은 조직에 따라 다르며, 장 조직의 turnover 속도가 2~3일 정도로 가장 빠르다. 소화효소, insulin, glucagon, 성장호르몬, glutathione 합성도 단백질 공급 상태에 따라 영향을 받는다.

(2) 질소화합물 합성 : 흡수된 아미노산은 갑상선 호르몬, epinephrine, 및 norepinephrine(tyrosine)과 serotonin 및 niacin(tryptophan) 등의 전구체 역할을 한다.

(3) 에너지 생성 : 과잉의 단백질과 단백질 합성에 이용되지 못한 잉여 아미노산들은 분해되어 포도당 신합성 과정을 거쳐 에너지 생산에 이용된다. 그러나 에너지 생성을 위해 일차적으로 탈아미노 과정을 거쳐야하는 등 에너지 생산효율은 효율적이지 못하다. 간, 신장에서의 탈아미노 과정에서 암모니아가 발생하는데 이는 urea cycle(포유동물)이나 uric acid cycle(조류)에 의해 최종적으로 요소나 요산으로 전환되어 체외로 배설된다.

■ 단백질 및 아미노산 영양

(1) 사료단백질 함량 표현

사료단백질 함량은 일반적으로 조(粗)단백질의 함량으로 나타내며, 조단백질은 순단백질과 비단백태 질소화합물이 합쳐진 것이다.

- 조단백질(crude protein ; 총 단백질, total protein) : 순단백질과 비단백태 질소화합물을 포함한 전체의 질소함량에 단백질 계수(6.25)를 적용하여 환산한 총 단백질을 조단백질이라 한다.

$$\text{조단백질 함량(\%)} = \text{시료 중 N(\%)} \times 6.25$$

- 순단백질(true protein) : 아미노산(펩타이드 형태)으로만 구성된 단백질
- 비단백태질소(non-protein nitrogen, NPN) 화합물 : 펩타이드나 단백질 형태가 아닌 유리아미노산 또는 무기태, 아마이드, 아민 등 N를 함유한 물질 (예, urea, amide 등). NPN은 반추위에서 미생물 작용에 의하여 단백질(미생물체단백질)로 전환될 수 있다. 단위동물에서는 lysine, methionine, tryptophan 등 제한아미노산이 유리 아미노산 형태로 사료에 첨가되고 있다.
- 가소화단백질(digestible protein) : 조단백질 중 동물이 소화할 수 있는 부분. 섭취한 단백질과 분으로 배설된 양의 차이로 나타낸다.

(2) 필수 및 비필수 아미노산

사료단백질의 질(protein quality)은 사료에 존재하는 필수아미노산의 양과 균형 그리고 소화율에 의해 좌우된다. 개별 필수아미노산의 요구량(g 아미노산 / g 단백질)을 기준으로 사료 내 필수아미노산의 구성 비율(g 아미노산 / g 단백질)이 좋은 것을 아미노산의 균형(balance)이 좋다고 한다. 일반적으로 동물성 단백질이 식물성 단백질에 비해 아미노산의 균형과 소화율이 더 좋은 양질의 단백질이다.

① 필수아미노산(essential 또는 indispensable amino acid) : 모든 아미노산은 동물의 정상적인 생명현상을 위해 반드시 필요하다. 그러나 그 중에서도 체조직에서 합성하지 못하거나 또는 합성이 되어도 요구량을 충족시킬 만큼 충분히 합성할 수 없어 사료로 공급되어야만 하는 아미노산을 필수아미노산이라 한다. 동물 종과 나이에 따라 필수아미노산의 종류가 다음과 같이 달라질 수 있다. 일반적으로 10개의 아미노산을 필수아미노산으로 분류하는데, 사람에서는 arginine을 제외한 9개가 되는데, 유아도 urea cycle에서 충분한 양의 arginine이 합성되기 때문이다. 병아리에서는 glycine과 proline이 추가되어 12개가 되며, 돼지・말・개・고양이는 arginine을 포함하여 총 10개가 된다. 10개 필수아미노산 영어 명칭의 첫 글자를 모으면 HAMPTILL-TV가 되어 암기하기 쉽다.

Lysine	Leucine	Phenylalanine[2)]	(병아리)
Arginine	Isoleucine	Histidine	Glycine[3)]
Methionine[1)]	Valine	Threonine	Proline[3)]
		Tryptophan	

1) 요구량의 1/2이 cystine으로 대체될 수 있다.
2) 요구량의 1/3 내지 1/2이 tyrosine으로 대체될 수 있다.
3) 어린 병아리에서 필수아미노산 임.

② 비필수아미노산(nonessential 또는 dispensable amino acid) : 동물의 정상적인 생명현상을 위하여 반드시 필요하지만, 체내에서 충분한 양이 합성되므로 보충 공급할 필요가 없는 아미노산을 비필수아미노산이라 한다.

Alanine	Cystine	Hydroxyproline
Asparagine	Glutamic acid	Proline
Aspartic acid	Glutamine	Serine
Cysteine	Glycine	Tyrosine

비필수아미노산 중 cystine(cysteine)은 methionine으로부터, tyrosine은 phenylalanine으로부터 만들어질 수 있다. 그 반대 방향으로의 전환은 불가능하다.

(3) 사료 필수아미노산의 불균형(imbalance) 현상

사료 내 아미노산의 불균형이 심각한 문제가 되는 것은 주로 필수아미노산의 경우이며, 비필수아미노산의 경우는 비교적 문제가 적은 편이다. 필수아미노산의 불균형 상태는 아미노산의 결핍, 과잉, 길항작용 및 미균형의 네 가지로 크게 나눌 수 있다.

① 필수아미노산 결핍(deficiency): 필수아미노산이 요구량에 비해 부족하게 공급되는 상태를 말한다. 이때 결핍정도가 가장 심한 아미노산을 제1제한(the first limiting) 아미노산, 그 다음 것을 제2제한 아미노산이라 부른다. 일반적으로 옥수수와 대두박 위주의 배합사료에서 돼지의 경우는 lysine과 methionine이, 닭의 경우는 methionine과 lysine이 각각 제1 및 제2 제한 아미노산이 된다. 결핍된 필수아미노산으로 인해 단백질 합성과정에서 다른 아미노산들의 이용이 제한된다. 단백질 합성이 제한되면서 체중 저하, 사료섭취량 저하 등 여러 부작용이 발생하며, 이때 단백질 합성에 이용되지 못하는 아미노산들은 탈아미노과정을 거치면서 산화된다. 결핍된(제한) 아미노산을 사료에 보충해 주면 동물의 생산성이 개선될 수 있다.

② 아미노산 과잉증(amino acid excess 또는 toxicity): 아미노산의 과잉 공급에 의해 나타나는 중독현상으로 사료섭취량이 현저히 저하될 수 있다. 특히 닭에서 methionine의 공급 과잉 시 중독증상이 예민하게 나타날 수 있다.

③ 아미노산 길항작용(amino acid antagonism): 동일한 흡수군(transport group)에 속하는 아미노산들은 서로 간에 장내 흡수나 세포막 통과를 위한 경쟁 관계가 있어 상대적으로 농도가 낮은 아미노산의 흡수율이 저조해지며 결핍 증세가 생기는데 이런 현상을 길항작용이라 한다. Casein 단백질의 lysine과 arginine의 관계가 좋은 예이며, arginine 공급량이 요구량에 비해 부족하지 않음에도 불구하고 lysine 함량이 너무 많아 상대적으로 arginine의 흡수가 방해되어 결핍상태가 된다. 이 때 arginine을 보충해주면 길항작용이 완화될 수 있다.

④ 아미노산 미균형(amino acid imbalance): 몇 개의 아미노산이 결핍되어 있는 사료에 제1제한 아미노산의 보충 없이 제2제한 아미노산만을 보충해 주면 사료섭취량이 더 크게 감소되며 성장도 현저히 저하되는데, 이 현상을 아미노산의 미(未)균형이라 한다. 이 현상은 미균형으로 만들기 이전의 상태에 대한 상대적인 것으로 자연적으로 존재하는 것이 아니며, 인위적으로 발생시킨 것이다.

동물 사료에 단백질을 공급하는 주목적은 필수아미노산의 공급이다. 그럼에도 비필수아미노산은 필수아미노산의 적절한 이용을 위하여 적정 비율로 공급될 필요가 있다. 사료내 단백질 함량이 너무 적거나, 비필수아미노산의 공급이 충분하지 못하면 필수아미노산의 일부가 비필수아미노산의 합성을 위해 사용되므로 필수아미노산의 결핍이 초래될 수 있다.

2) 반추동물

■ 반추동물의 단백질 소화

(1) 대부분의 사료단백질은 반추위내 미생물들에 의해 peptide와 아미노산으로 분해되며, 결국 암모니아, 유기산, 그리고 이산화탄소로 더 분해된다.

(2) 사료단백질이나 NPN의 분해로 생성된 암모니아는 다음 과정을 거친다.

- 미생물의 성장에 필요한 질소공급원으로 이용되어 미생물체 단백질 합성에 이용된다.
- 반추위 벽을 통해 흡수되며, 흡수된 암모니아의 상당량은 혈액이나 타액을 통하여 요소의 형태로 반추위로 재순환된다.

(3) 과량의 용해성 단백질이나 NPN이 급여되면 위내 미생물이 이용할 수 있는 양보다 더 많은 양의 암모니아가 생산된다. 여분의 암모니아는 반추위에 흡수되고, 간에서 요소로 전환된 후 신장에서 배설된다. 요소나 NPN을 지나치게 과다급여한 경우에는 암모니아의 축적으로 소가 중독증에 걸리거나 심지어 폐사하게 된다.

(4) 반추위 미생물들은 암모니아와 탄소골격, 에너지를 이용하여 미생물체 자체를 재생산한다. 이 미생물체들은 반추위액 및 분해되지 않은 단백질과 함께 소장으로 내려가서 단백질 소화효소에 의해 분해・흡수된다.

(5) 이 미생물체 단백질은 비교적 일정한 질의 단백질을 하부 소화관에 공급한다. 중간 정도나 저질의 사료단백질은 보통 반추위 대사에 의해 더 질이 좋은 미생물체 단백질로 개선되는 반면, 양질의 사료단백질은 반대의 결과를 초래할 수 있다.

(6) 반추위에서 만들어진 미생물체 단백질은 고능력 반추가축의 경우에는 필수아미노산 요구량을 충족시키기에는 부족할 수 있다. 양질의 사료단백질도 반추위 미생물에 의한 단백질 분해와 미생물 체단백질 합성에 의해 질이 낮아질 수 있다.

(7) 이 경우에는 반추위에서 쉽게 분해되지 않는 단백질을 공급하는 방법이 있다. 섭취한 조단백질이 반추위에서 분해되어 일부 또는 전체가 bacteria와 protozoa의 조단백질로 전환되거나 분해되지 않은 상태로 반추위를 통과하는 것으로 가정한다. 이때 제 3위로 들어가는 분해되지 않은 사료단백질을 반추위에서 미생물에 의해 합성된 단백질과 구별하기 위하여 "우회(bypass)" 또는 "비분해(undegradable)" 단백질이라고 부르며, 이들은 반추위 미생물에 의해 분해되지 않는다.

(8) 반추위에서 과도한 분해로부터 양질의 사료 단백질이나 중요한 필수아미노산을보호(protecting)하는 여러 방법들이 현재 연구되고 있다. 그 중에는

- 열처리
- Formaldehyde 또는 tannin 처리
- 아미노산의 피복(encapsulation)
- 아미노산 유사체(analog) 사용
- 반추위에서의 미생물 대사조절 등의 방법이 있다.

(9) 사료단백질이 반추위에서 분해되지 않도록 보호하면 소장으로 들어가는 단백질의 양이나 아미노산의 질을 높일 뿐만 아니라 반추위 미생물로 하여금 발효과정에서 사료단백질보다 NPN을 더 사용하도록 하는 효과도 있다.

(10) 여러 요인들이 반추위에서의 단백질 분해에 영향을 주지만, 사료단백질의 용해도와 반추위의 통과율이 가장 중요한 요인으로 보인다.

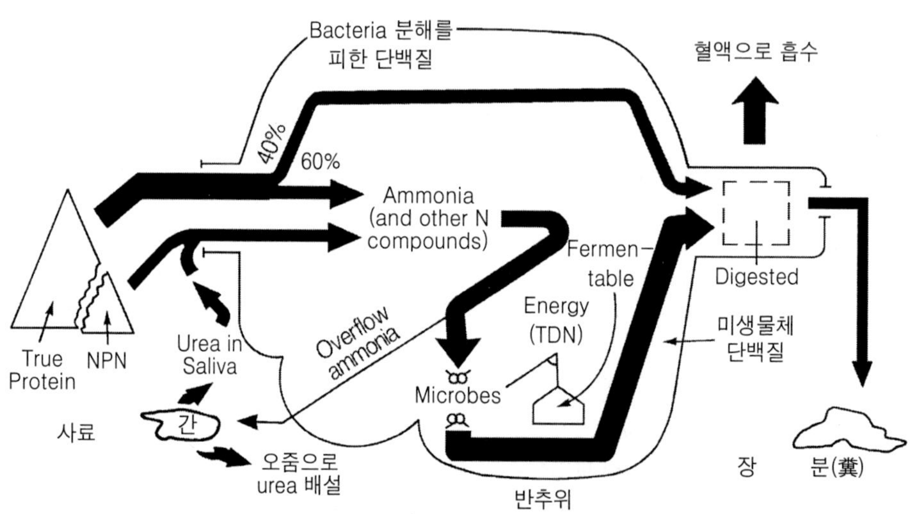

그림 1-3. 반추위내 질소 화합물의 대사경로 및 미생물 체단백질 합성

그림 1-3은 반추동물에 의한 단백질 이용경로를 나타낸 것이다. 사료단백질 중 약 60%가 미생물체 단백질의 구성 아미노산으로 이용되고, 나머지 40%는 분해되지 않고 반추위를 통과하여 소화관으로 이동된다. 요소와 무수암모니아 같은 비단백태질소화합물은 매우 잘 용해되며, 급격히 암모니아로 전환된다. 단백질의 불용성 부분 또한 반추위 내에서 분해되지만 가용성 부분보다 천천히 분해된다.

■ 단백질 및 아미노산 영양

반추위가 발달되기 이전의 어린 송아지의 소화기는 단위동물의 소화기와 유사한 조건을 갖추고 있다. 따라서 송아지는 일반적인 10개의 필수아미노산을 모두 사료로 공급해야 한다. 하지만 반추위가 발달되면서 소장의 미생물군이 사료 내 질소와 탄수화물 공급원으로부터 대부분의 필수아미노산을 합성할 수 있다.

양모(wool) 섬유는 대부분이 keratin 단백질로 구성되어 있다. Keratin에서 가장 중요한 아미노산은 cystine이기 때문에 털 생산량이 많은 양 품종에서 특히 함유황아미노산의 공급에 특히 주의할 필요가 있다.

6. 에너지

6.1 에너지의 중요성

사료에너지는 동물이 섭취하는 사료의 가장 큰 부분을 차지하는 영양소이다. 에너지는 동물의 기본적 기능, 즉 체내의 여러 생화학적 및 생리적 기능의 수행과 고기, 계란, 우유와 일 같은 생산에 절대적으로 필요하다. 에너지 섭취량이 부족하면 먼저 생산 기능이 저하되며, 장기간 지속될 경우 동물의 건강이 크게 나빠질 수 있다.

사료에 가장 많이 들어 있는 탄수화물의 주 용도가 에너지의 공급을 위한 것이며, 단백질과 지방도 에너지 공급에 중요한 역할을 한다. 에너지 섭취량이 부족하면 사료단백질이 그 자체의 고유 기능을 위해 사용되기 이전에 부족한 에너지 공급을 위하여 먼저 사용될 정도로 에너지 보충이 우선권을 갖는다.

동물이 사료를 섭취하는 주목적이 필요한 양의 에너지를 섭취하기 위한 것이기 때문에 사료의 에너지 농도는 사료섭취량을 좌우하는 중요한 요인이다. 일반적으로 동물들은 하루에 필요한 양의 에너지를 사료를 통해 스스로 조절해서 섭취하며, 필요한 양보다 더 많은 사료를 섭취하지 않는다. 그러나 임신이나 수유 같은 특수한 조건하에서는 필요량보다 더 많은 에너지를 섭취하는 경향이 있어 이로 인한 비만을 방지하기 위해 제한급이가 필요해지기도 한다.

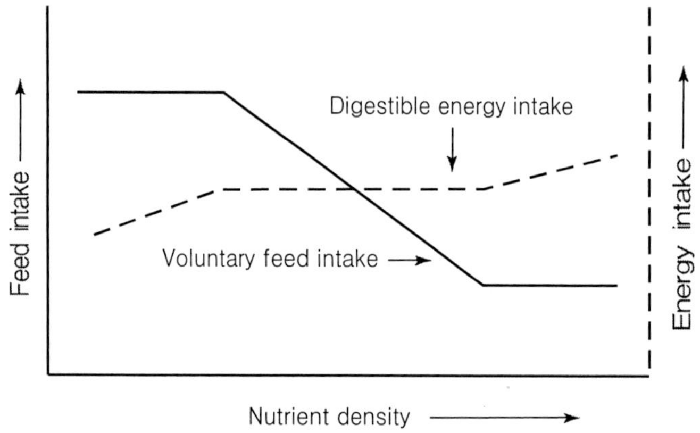

그림 1-4. 사료에너지 밀도와 사료섭취량과의 관계
(자료: Cole 등, 1972)

그림 1-4는 사료에너지 밀도와 사료섭취량과의 관계를 보여 주는 것으로 사료의 에너지 밀도가 변함에 따라 섭취하는 사료 양이 변하는 경향을 보여 주고 있다. 일정한 에너지 밀도 범위 안에서는 사료에너지 밀도가 낮아지면 동물은 사료섭취량을 늘리고, 에너지 밀도가 높아지면 반대로 사료섭취량을 줄인다. 이렇게 사료섭취량의 증감은 동물의 에너지 요구량을 충족시키기 위한 것으로, 어느 경우에나 에너지 섭취량은 일정한 수준(요구량)을 유지하는 경향을 보이게 된다.

그림 1-4에서 사료에너지 밀도의 상하 양 극단에서 사료섭취량이 계속변하지 않고 일정한 수준을 유지하는 구간이 있다. 이것은 사료 부피의 지나친 증가로 인해 동물의 위장 용적이 더 이상의 사료섭취가 불가능할 정도로 제한되었거나, 위장에서 최소한의 부피를 요구하는 수준의 사료섭취량이 유지된다는 것을 의미한다. 이때 사료섭취량은 유지될지라도 에너지 섭취량은 에너지 농도의 영향을 받아 약간씩 계속 변할 수 있다.

그림 1-4는 동물영양의 기본적인 중요한 개념을 보여주는 것으로, 영양소 요구량을 사료 무게 기준으로 표시하는 것보다 사료에너지 농도를 기준해서 표현하는 것이 더 타당하다는 것을 보여 준다. 동물이 하루에 요구하는 에너지 양을 기준해서 섭취 사료량을 예상하고 거기에 맞추어 영양소 요구량을 공급토록 하는 것이 보다 합리적이라고 할 수 있다.

표 1-4. 영양소별 연소 열가 열량

영 양 소	총 에너지 (gross energy)		생리적 연소 열가 (physiological fuel value)	
	kcal/g	kJ/g	kcal/g	kJ/g
탄수화물	4.2	17.6	4	17
지 질	9.4	39.3	9	38
단백질	5.6	23.4	4	17

6.2 에너지 측정 단위

에너지 표현 단위로 오랫동안 칼로리가 사용되어 왔으나 현재는 Joule이 국제단위로 공식적으로 인정되고 있다. 그럼에도 불구하고 사료 에너지의 단위로 칼로리가 여전히 많이 사용된다.

(1) 칼로리(calorie) : 1 g의 물을 섭씨 14.5°C에서 15.5°C로 1.0°C 높이는 데 필요한 열량

(2) 킬로칼로리(kilocalorie, kcal) = 1,000 cal

(3) Megacalorie(Mcal) = 1,000 kcal

Joule : 물체를 1 Newton의 힘으로 1m 옮기는 데 사용된 일의 양을 말한다. Joule 방식은 metric system에 부합되는 개념으로, 현재 공식적으로 이용되어 사용되고 있는 에너지 단위이다.

- 1 calorie = 4.1855 joules
- 1 kJ = 0.240 kcal
- 1 kcal = 4.19 kJ
- 1 MJ(megajoule) = 240 kcal

6.3 사료 에너지의 이용경로

1) 총 에너지(gross energy, GE)

사료가 갖고 있는 화학에너지 양이다. 이것은 봄 칼로리미터(bomb calorimeter, 그림 1-5)로 측정되는데, 사료가 완전 연소될 때 방출되는 연소 에너지가(combustible

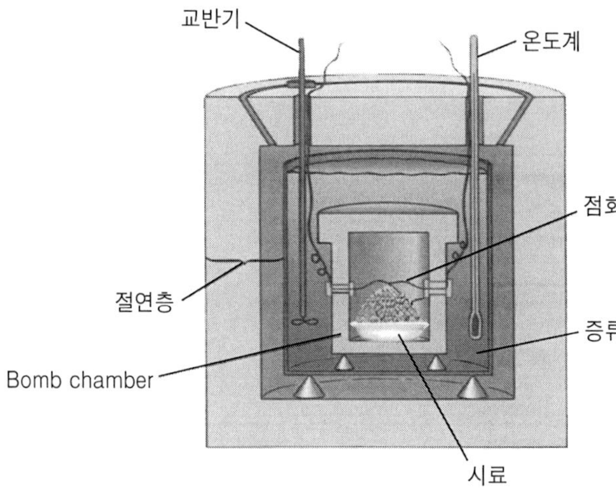

그림 1-5. Bomb Calorimeter

energy)를 말한다. 총 에너지는 실제 동물체에 소화 흡수된 화학에너지(DE)와 소화되지 않고 분(糞)으로 배설되는 화학에너지(FE)로 나누어진다.

2) 가소화 에너지(digestible energy, DE)

GE 섭취량 중 소화 흡수된 에너지를 말한다. GE 섭취량에서 분으로 배설된 에너지(FE)를 빼준 것이다.

$$DE = GE - FE$$

3) 분(糞) 에너지(fecal energy, FE)

분 에너지란 총에너지 중 일부가 체내에서 대장을 통해 소화되지 않은 물질의 형태로 배설된 것이다. 분 에너지는 분 배설물의 화학에너지 함량이며, 유래가 다른 두 가지 성분으로 구성된다. 하나는 섭취한 사료에서 유래된 소화되지 않은 성분이며, 다른 하나는 동물 체내에서 내생적으로 유래되는 대사산물 등이다. 후자에는 탈락된 장점막세포(주로 소장상피의 낡은 조직세포), 소화되지 않은 장내 박테리아, 소화관으로 분비되었던 소화액(효소, 담즙 등) 등이 포함된다.

4) 뇨(尿) 에너지(urinary energy, UE)

흡수된 물질이 체내 합성에 이용되거나, 대사과정을 거친 후 체내에 잔류되지 않고 체외로 배설되는 성분은 뇨를 통해 배출된다. 뇨로 배출되는 물질들의 화학에너지 함량을 뇨 에너지라 하며, 주 에너지 성분은 주로 단백질 대사의 최종 분해산물인 요소

(포유동물)나 요산(조류)이다. 뇨 에너지의 일부는 직접 섭취한 사료에서 유래될 수 있고, 일부는 조직의 분해에 의해 생기는 내생(內生) 성분일 수 있다.

5) 소화 중의 가스형태 에너지 손실(gaseous energy of digestion)

소화 흡수되는 동안에 소화기내 미생물 작용에 의해 생성되는 가연성 가스 에너지를 말한다. 대부분이 메탄가스이고, 소량의 수소, 일산화탄소, 유화수소, 아세톤, 에탄가스 등이 포함된다. 이들 가스 발생 에너지는 측정이 어렵다. 가스 형태의 에너지 손실은 주로 초식동물 또는 반추동물에서 중요하며, 닭・돼지 같은 단위동물에서는 그 생산량이 극히 적어 무시하고 있다.

6) 대사에너지(metabolizable energy, ME)

GE 섭취량으로부터 분뇨로 배설된 화학에너지와 소화과정에서 발생한 가스 에너지를 빼준 것을 대사에너지라고 한다. 또는 DE로부터 뇨로 배설되는 화학에너지와 소화과정에서 발생하는 가스 에너지를 빼서 구하기도 한다. 단위동물에서 대사에너지는 GE 섭취량의 75% 정도에 해당된다. 사람 식품의 에너지가(탄수화물 : 지방 : 단백질 = 4 : 9 : 4 kcal/g)를 나타내는 Atwater의 생리적 연소 열가는 ME와 유사한 개념이다.

반추동물 : ME = GE - (DE + UE + gas energy)로 구하며,
닭, 돼지 : ME = GE - (FE + UE)로 구한다.

ME는 뇨로 손실되는 부분과 반추동물에서의 가연성 가스 손실 등 체내에 잔류되지 않는 성분을 고려하므로 DE보다 사료 에너지가를 더 정확하게 표현하고 있다. 특히 가금에서는 분과 뇨가 같이 배출되므로 분뇨 손실량을 한 번에 편리하게 측정할 수 있다. 일반적으로 UE 손실량은 FE 손실량 보다 적은데 돼지에서 특히 그 양이 적다. 반추동물에서는 농후사료 보다 조사료를 섭취할 때 뇨 손실 에너지 양이 좀 더 많아진다. 반추동물의 가연성 가스 손실량은 섭취하는 사료의 형태에 따라서 변이가 크다.

7) 열 증가량(heat increment, HI)

쾌적한 환경온도의 조건에서 동물이 사료를 섭취함으로 인해 높아진 열 생산량(heat production)의 증가분을 HI라 한다. HI는 식후 1시간 이내에 최고에 달하며, GE 섭취량의 6～10%(단위동물)에서 20%(반추동물)까지 차지한다.

HI 에너지는 주변 환경으로 그대로 발산되어 사라지는데, 여름철에는 더위 스트레스를 더해 주는 원인이 된다. 그러나 겨울철에 환경온도가 동물의 임계온도(critical temperature) 보다 더 낮을 때는 HI가 체온 유지에 사용되므로 유지를 위한 정미에너지의 일부분이 되기도 한다.

반추동물에서는 HI를 HF(heats of fermentation, 발효 열량)와 HNM(heat of nutrient metabolism)으로 나누기도 한다. HF는 반추동물에서 미생물의 작용에 의해 소화관 내에서 발생되는 열량이고, HNM은 조직에서 흡수된 영양소의 중간대사(intermediary metabolism) 과정에서 발생되는 열량이다.

열 증가량(HI)은 calorigenic effect, DIT(diet-induced thermogenesis) 또는 TEF(thermic effect of food)라고도 표현한다.

8) 정미에너지(net energy, NE)

NE는 ME에서 HI를 제외한 것(NE = ME - HI)으로, 생산을 위한 정미에너지(NEp)와 유지를 위한 정미에너지(NEm)로 나누어진다.

■ NEm(net energy for maintenance)

기초대사량, 수의적 운동, 체온유지 등을 위해 사용된다.

■ NEp(net energy for production)

총 정미에너지 중에서 조직의 증가(성장, 지방축적), 태아 발육, 우유, 계란, 깃털, 털 등의 생산, 그리고 불수의적(不隨意的)인 운동 등, 즉 동물체의 유지에 필요한 것 이상으로 더 요구되는 정미에너지 부분을 말한다.

6.4 에너지 함량 표현 방식

1) 일반 대사에너지(apparent metabolizable energy, AME)

AME는 외견상 대사에너지라고도 부르며 닭, 돼지 사료의 에너지 함량 표시를 위해 일반적으로 사용되고 있는 표현방식이다. 단위동물의 경우 소화과정에서 발생하는 가스 에너지가 거의 무시할 수준이기 때문에 분과 뇨로 배설되는 에너지만을 고려하면 되므로 측정이 쉬운 편이다. 사람 식품의 에너지가(탄수화물 : 지방 : 단백질 = 4 : 9 : 4 kcal/g)를 나타내는 Atwater의 생리적 연소 열가와 유사한 개념이다.

2) 순대사에너지(true metabolizable energy, TME)

분과 뇨로 배설되는 내생에너지 성분을 측정하여 섭취에너지와 순수하게 사료로부터 유래되는 분뇨(糞尿) 배설에너지 함량만을 고려하여 계산(그림 1-6 참고)한 것으로 진정대사에너지라고도 부른다. Sibbald(1976)는 절식시킨 동물이 배설하는 분뇨에너지를 내생에너지 손실량으로 간주하였다. 따라서 일반적으로 사료의 TME 값은 AME 값보다 더 높아진다.

6.5 섭취 에너지의 용도

섭취한 에너지는 크게 기초대사량, 생산 활동(physical activity)을 위한 에너지 및

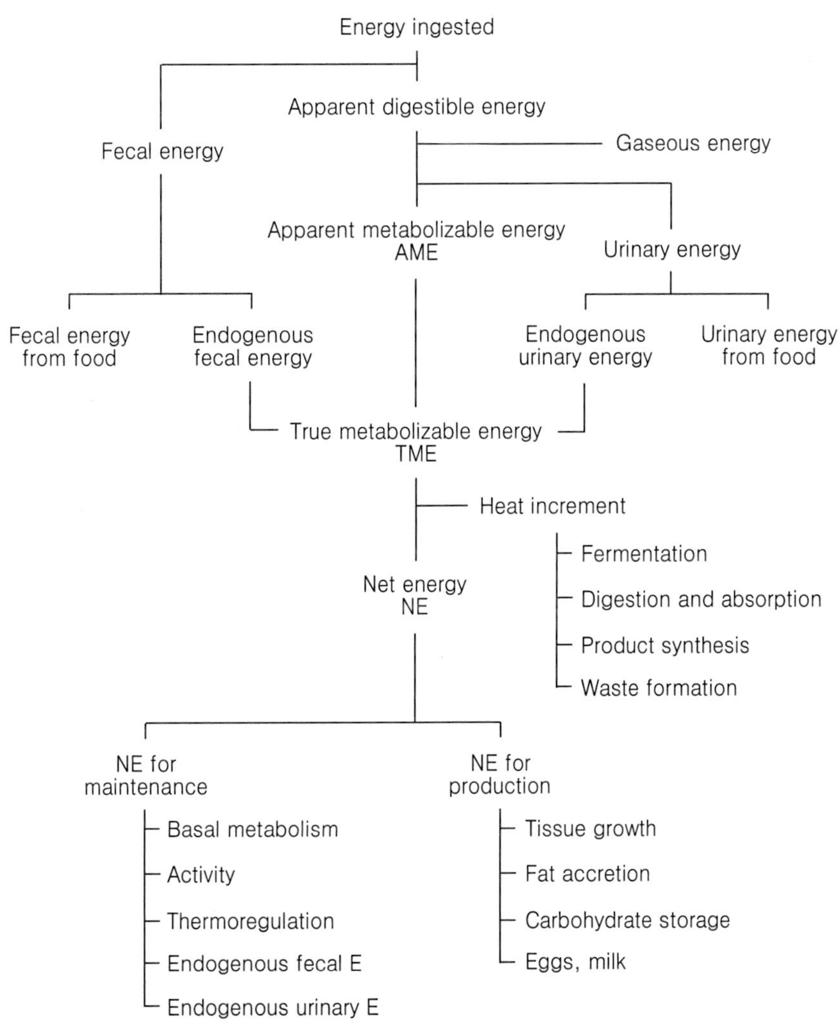

그림 1-6. 사료에너지 이용 경로(자료: McLeod MG, 2002)

열 증가량(heat increment)의 세 가지 용도로 사용되며, 소량의 에너지가 환경 적응을 위한 에너지(adaptive thermogenesis)로 사용된다.

1) 기초대사량(basal metabolic rate, BMR)

기초대사란 쾌적한 환경온도에서 잠들고 있지 않은 절식상태의 동물이 호흡, 심장박동, 혈액순환, 콩팥 기능, 세포활동 등 생명유지를 위하여 수행하는 대사작용을 말하며, 이를 위해 소비하는 에너지를 기초대사량(BMR, basal metabolic rate)이라 한다. 기초대사량(kcal/day)은 직접 또는 간접 칼로리메터로 측정하며, 하루에 소비하는 총 대사에너지(ME) 양의 60～70%를 차지한다.

사람의 기초대사량 측정은 5% 이내의 오차 범위에서 재현될 수 있을 정도로 정확성이 높아 에너지 대사의 좋은 기초 자료가 된다. 그러나 동물의 경우 기초대사량 측정을 위한 안정된 상태를 유지하는 것이 거의 불가능하며, 특히 반추동물은 공복상태를 만드는 데도 30～70시간 정도가 소요되는 어려움이 있다. 일반적으로 동물에서는 기초대사량 대신 절식대사량(fasting metabolism)을 이용하기도 한다.

사람이나 동물의 경우도 편의상 기초대사량 대신 휴식대사량(resting metabolic rate, RMR)이 사용되기도 한다. 휴식대사량은 공복상태가 아닌 식후 3～4시간 후에 측정한다. 이 경우에는 장 내용물로 인해 발생하는 HI가 포함되어 있어 기초대사량보다 열 생산량이 10% 정도 더 많아진다.

2) 활동을 위한 에너지(energy for physical activity, thermic effect of exercise)

활동에너지에는 일어나기, 눕기, 걷기, 사료 먹기, 풀 뜯기, 저작, 반추, 물 마시기 등 수의적 움직임을 위한 동물의 근육 움직임이 포함된 모든 동작의 결과로 발생하는 열량이 포함되며, 에너지 소비량 중 가장 변이가 심한 부분이다. 큰 동물일수록 몸무게를 지탱하기 위해 활동에너지 소비량이 많아진다.

3) 열 증가량(heat increment, HI)

열 증가량은 사료 섭취량에 뒤따르는 저작, 소화, 흡수, 대사, 이동, 저장 등을 위해 생산하는 열량으로, 섭취하는 영양소에 따라 발생량이 다르다. 고단백질을 섭취하였을 때 HI가 가장 많이 발생하며, 지방을 섭취하였을 때 가장 적어진다. 따라서 고지방 사료의 경우 동일한 양의 대사에너지를 섭취하였어도 정미에너지(NE)의 생산효율이 가장 좋아진다.

표 1-5. 동물별 · 영양소별 HI 비율 (% ME)

영 양 소	닭	돼지(포유동물)	소
탄수화물	23	22	46
지 방	22	15	21
단백질	45	36	55
배합사료	25	30	50

[1] 유지 요구량 이상 섭취할 때. (자료: Blaxter K., 1989)

축종에 따라 섭취하는 사료의 성상이 다르기 때문에 HI 양도 달라진다. 닭, 돼지(포유동물) 및 소에서 영양소별 HI는 표 1-5와 같다. 일반적으로 지방을 섭취할 때 HI 비율이 가장 적으며, 단백질은 가장 높은 비율의 HI를 생산한다. 개와 말의 경우 일반 배합사료를 섭취할 때 대사에너지 중 HI 비율은 각각 30%와 40%나 된다.

HI는 체내에 축적되지 않고 주변 환경으로 발산되어 사라지는 열량이므로 저온 환경에서는 체온 유지에 도움이 될 수 있다.

4) 적응을 위한 에너지(adaptive thermogenesis)

환경온도는 동물의 에너지 소비량에 적지 않은 영향을 미친다. 환경온도가 임계점보다 낮을 때 동물은 체온 유지를 위해 추가로 에너지를 필요하게 된다. HI와 HF는 일부분 또는 전체가 필요에 따라 체온의 유지에 이용될 수 있다. 환경온도가 쾌적온도 보다 더 높을 때도 체온 상승의 방지를 위하여 에너지가 추가로 사용된다. 여기에는 일반호흡, 천속호흡(淺速呼吸, panting), 심장박동률의 증가 등이 해당된다. 환경온도 이외에 사육밀도, 상처, 질병 등 여러 가지 스트레스의 적응을 위해 소모되는 에너지도 여기에 속한다.

7. 무기질

7.1 일반적 특징

(1) 무기 성분의 고형, 결정성 화학물질

(2) 동·식물체의 총 무기질을 일반적으로 조회분(crude ash)이라 부른다.

(3) 동물체의 무기질은 고형물 중량의 3~5%를 차지하며, 체내 총 무기물 중 칼슘이 약 1/2, 인이 약 1/4, 그리고 나머지 무기질들이 1/4을 차지한다.

(4) 각 무기질은 고유한 영양적 기능을 갖고 있다.

(5) 영양적으로 필수 및 비필수 무기질로 구분되며, 동물체에 존재하지만 필수성이 인정되지 않는 것도 많다.

(6) 모든 무기질은 과량 섭취 시 중독의 위험이 있으며, 특히 미량무기질은 더 예민하다.

7.2 필수 무기질과 비필수 무기질

필수 무기질은 체조직에서 발견되고, 무기질이 결핍될 때 결핍증상이 나타나며, 무기질의 공급에 의해 그 증세가 완화 또는 완치되는 것을 말한다. 비필수 무기질 역시 체조직에서 발견되기도 하며, 체내에서 특정 역할(약리적)을 하는 것도 있으나, 이들은 결핍되어도 영양적인 문제를 야기하지 않는다.

1) 필수 다량무기질(macro mineral)

(1) 동물체에 고농도로 존재하며, 사료에서 비교적 다량으로 요구되는 무기질

(2) Ca, P, Na, Cl, Mg, K, S의 7가지

2) 필수 미량무기질(trace mineral)

(1) 동물체에 매우 적은 양이 존재하며, 사료에서 매우 소량으로 요구되는 무기질

(2) Fe, Zn, Mn, Cu, I, Se, Co, Cr, Mo, Si, V, Ni, As, B, Li, Al, Pb 17개 (Nielsen F., 1998)

(3) 필수 무기질이 될 가능성은 있으나 더 확실한 증거가 필요한 것: F, Cd, Br, Ge, Sn

(4) 초미량 무기질(ultra-trace elements): 미량 무기질 중 사료 1 ppm(1kg 당 1mg) 이하로 요구되는 무기질. Mn, I, Se, Co, Cr, Si, V, Ni, As, B, Li, Al, Pb 13개

(5) 미량무기질들은 과량 섭취 시 중독증이 발생하기 쉬움

3) 비필수 무기질

(1) 체내에서 발견되지만 영양적 필수성이 충분히 인정되지 않은 무기질

(2) Ag, Au, Ba, Bi, Hg 등

7.3 무기질의 기능, 결핍증 및 중독증

(1) 개별 무기질의 기능, 결핍증, 중독증, 그리고 상호관계는 표 1-6과 같다.

(2) 무기질의 일반적 기능

- 골격형성 및 유지 : Ca, P, Mg, Cu, Mn
- 단백질 합성에서의 기능 : P, S, Zn
- 산소 운반(빈혈) : Fe, Cu
- 체액의 삼투압 조절 : Na, Cl, K
- 체액 산-염기 균형 조절 : Na, Cl, K
- 효소계의 조효소 : Cu, Fe, Mo, Se, Zn
- 호르몬 작용의 조절 : Ca, Cr, I, Mg, Mn, Na, K, Zn
- 비타민 작용 또는 구성성분 : Ca, P, Co, Se
- 항산화 작용 : Se, Zn
- 산화촉진 작용 : Fe, Cu

(3) 토양의 무기질 함량(Se, Co, Mo)과 원료사료의 무기질 함량 사이에 연관성이 깊다.

7.4 무기질 공급원

목초는 일반적으로 대부분 무기질의 좋은 공공급원이다. 곡류에는 P은 비교적 많으나 Ca 등 다른 무기질의 함량이 매우 낮다. 곡류의 P은 phytate로 인해 이용성이 크게 제한된다. 따라서 닭, 돼지는 별도의 무기질 premix를 사료에 첨가해 주어야 한다. 특히 Ca 과 P은 di- 또는 tri-calcium phosphate 형태로 공급이 필요하며, 석회석은 Ca의 좋은 공급원이다.

식물성 원료사료에 들어있는 총인(總燐, total P)은 50～70%가 phytate형태 인(또는 phytin태 P)으로, 나머지가 비(非) 피틴태 인(non-phytate P)으로 존재한다. 비피틴태 인은 단위동물의 소장에서 흡수될 수 있기 때문에 유효인(有效燐, available P)이라고도 부른다.

7.5 소화 및 흡수

(1) 무기질 화합물은 위산에 의해 이온 형태로 분리되고, 주로 소장에서 흡수된다.

(2) 흡수는 능동흡수(active absorption: Ca, P, Na)나 확산(기타 무기질)으로 이루어진다.

표 1-6. 무기질의 기능, 결핍증, 중독증 및 상호관계

무기질	주요 기능	주요 결핍증	중독증 및 상호관계
칼슘 (Ca)	뼈 및 치아 형성. 혈액 응고. 근육수축. 신경기능. 세포 투과성. 유 생산. 난각 형성	구루병(rickets, 어린동물). 골연화증(osteomalacia, 성축). tetany. 연각난. 난생산 감소, 유우의 저칼슘혈증 (유열, milk fever)	비정상 골 발달(osteopetrosis). 연조직 석회화. 타 무기질(Zn, Mg, Fe, I, Mn, Cu)의 흡수 방해
인 (P)	뼈, 치아 형성. 인지질, APT 등 인산염의 구성 성분으로 인산화에 관여,. 세포 내 액의 주요 음이온기, 산-염기 균형 유지. 인산화에 관여	구루병(어린 동물), 골연화증(성축), 난생산 감소, Ca 결핍과 유사 증상	골 발달 저해. Ca과 Mg의 흡수 저해. 설사 유발. 수컷 반추동물에서 요결석 유발 가능
나트륨 (Na)	세포 외액의 주요 양이온. 삼투압 및 산-염기 평형에 관계. 근육수축 작용. 세포 투과성	성장지연, 식욕부진, 근육 위축. 번식력 저하(수컷은 불임, 암컷은 성숙 지연)	식염중독증. 고혈압. 비틀거림, 골 발달 저해. 시력손상. 신경장애
염소 (Cl)	산-염기 균형 및 삼투압에 관계하는 주요 음이온(chlorine shift). 위산의 이온염산	저염소성 알칼리 중독증(보통 결핍증보다는 구토와 같은 생리적 장애에 의함), 성장 감소	과잉 NaCl 섭취 시 발생. 염소 자체 중독증 거의 없음
마그네슘 (Mg)	주로 해당계(glycolytic system)에서 효소활성제, 골격형성	혈관 확장. 경련(tetany), 평형 상실, 경련성 과민 반응	과잉시 Ca과 P 대사 장애. 중독증 거의 없음
칼륨 (K)	삼투압과 산-염기 균형. 세포내액의 주요 양이온. 근육활동	근육 약화. 혼수상태 및 폐사. 설사. 성장저하. 비정상 심근도	신장 장애나 음수제한 때 발생. Mg 흡수저해(반추동물)
황 (S)	함유황아미노산, biotin, thiamin, CoA의 구성성분	반추동물 성장 저하, 털 생산 저하	무기태 S 장내 흡수율 저조. 유기태 S(함유황아미노산) 중독 위험.
철 (Fe)	Hemoglobin, myoglobin의 구성성분. 산소 운반. 빈혈 예방	빈혈(혈색소 감소성 소적혈구성). 신생 자돈에서 특히 예민. 성장저하. 피로	비타민 C, 유기산, 아미노산(histidine) 등에 의해 흡수율 증가. Cu, P, 비타민 E 등에 의해 중독증 완화

(계 속)

무기질	주요 기능	특정한 결핍증상	중독증 및 상호관계
구리 (Cu)	적혈구 생성 및 Fe 대사. 골격 형성. 털, 우모깃털 색소 형성. Myelin 형성	적혈구 생성 저하 및 빈혈. 신경증상 또는 보행실조. 절둑거림. 관절의 팽창 및 골 형성 부진. 털, 우모깃털의 퇴색	양, 송아지에서 더 예민. Hb 혈증 및 황달. 과잉의 Zn, Mo 첨가에 의해 중독 완화. 간 기능 저하
아연 (Zn)	Peptidase와 carbonic anhydrase를 포함한 여러 효소계의 성분 혹은 보조인자, 뼈와 깃털의 발달	털 또는 깃털의 발달 저하 및 양모가 벗겨짐. 돼지에서 거칠고 두꺼운 피부나 부전각화증	고수준의 Ca 또는 phytate가 Zn과 결합. 과잉의 Zn이 Cu 대사를 방해하여 빈혈 유발 가능
망간 (Mn)	골격 형성. Chondroitin sulfate형성. 연골 조직 형성. 탄수화물 및 지방산대사 조효소. 성장과 번식에 필요	성장 저하, 장골 길이가 짧아짐. 번식장애(수컷의 정소의 퇴화, 암컷의 배란에 결함), 보행장애. 각약증 또는 가금에서 slipped tendon	내성 강한 편. 타 무기질의 이용 방해(Ca, P 이용 방해 및 Fe 결핍 초래)
코발트 (Co)	비타민 B_{12}의 성분, 반추위 bacteria의 성장과 비타민 B_{12} 합성에 필요	빈혈(정적혈구-정혈색에서 거대적혈모세포 또는 대적혈구까지 다양), 반추가축에서 결핍되면 식욕감소, 성장 및 체중 감소, 폐사	비타민 B_{12}의 구성성분 식욕감퇴. 빈혈
요오드 (I)	Thyroxine 합성	갑상선종, 사산, 출생 시 털이 없는 돼지 또는 양	장기간 과량 급여 시 갑상선에서의 I 흡수가 감소
셀레늄 (Se)	Glutathione 보조인자, 비타민 E 절약 작용	가금의 폐사, 비타민 E가 결핍되거나 부족하면 삼출성 소질(닭), 근육 영양실조(양) 또는 간 괴사(돼지)	10~20 ppm 만성중독 시 선회병(blind staggers). 5~10 ppm시 알칼리성 질병. 20 ppm 이상에서 급성중독증, 급사, SO_4가 독성 예방
몰리브덴 (Mo)	Purine 대사, 반추위에서 미생물체 활성 자극	Xanthine의 요산 전환 방해. 일반 사료에 결핍되지 않음	과잉시 Cu의 효소 활성화 방해, 빈혈과 설사 유발, SO_4가 독성 예방
불소 (F)	미량으로 충치 예방, 골다공증 예방	가축 생산에서 결핍보다 과잉증으로 인한 문제에 더 관심	5~10 ppm 이상에서 Mn을 교란하여 산화적 효소 방해, 사기질 결합 및 기관 퇴화, Ca과 Al염이 독성 예방, 중독 시 골격 형성 장애

(3) 무기질의 흡수는 다음과 같이 사료적 요인 및 동물 자체 요인 등 여러 요인에 의해 영향을 받는다.

- 동물의 연령: 매우 어린 나이 또는 나이든 동물에서 흡수율이 저조하다.
- 장관의 pH: pH가 낮을수록 흡수율이 더 좋다.
- 공급 형태(유기태, 무기태): 공급 형태에 따라 흡수율이 크게 달라진다. 무기태의 경우 구성 화합물의 성격에 따라 흡수율이 큰 영향을 받기 때문에 화학 구조식의 확인이 반드시 필요하다. 특히 oxalate와 결합된 원소의 흡수율은 매우 저조하다. 유기태인 phytate는 특히 P을 포함한 여러 가지 무기질의 흡수를 크게 방해한다. 최근 무기질의 흡수율을 높이기 위한 유기태 결합물이 많이 개발되고 있다. 좋은 chelator인 특정 아미노산(histidine 등), peptide 또는 유기산(citrate, lactate 등)과의 결합 형태로 급여하면 나쁜 chelator인 phytate와의 결합을 방지하여 장내 흡수율이 좋아 질 수 있다.
- 지방산의 영향: 지방을 많이 급여하면 긴 사슬지방산과 무기질이 비누화 결정(예, Ca-soap 등)을 이루어 무기질의 흡수가 방해된다.
- 섬유소: 과도한 양의 섬유소를 섭취하면 장내에서 물리적인 장벽과 같은 기능에 의해 무기질을 포함한 모든 영양소의 흡수가 방해될 수 있다.
- 과량 또는 무기질 사이의 상호작용: 장내 흡수 기전이 비슷한 무기질 사이에는 흡수를 위한 경쟁이 있다. 따라서 어떤 무기질이 과량으로 존재하면 이와 동일한 흡수군에 속하는 다른 무기질의 흡수가 방해된다. 예를 들어 Ca, P, Zn, Mg, Mn, Fe, Cu 등은 섭취량이 과도할 때 서로 간에 직접적 또는 간접적으로 다른 무기질의 흡수를 방해한다. 이런 관계는 S, Se, Zn 간에도 적용된다.

8. 비타민

8.1 일반적 특징

(1) 비타민의 정의: 유기물이지만 그 자체가 에너지를 발생하지는 않으며, 매우 적은 양으로 동물의 정상적인 성장과 생명유지에 필요한 반응을 촉진하고 조절하는 물질이다.

(2) 단위동물의 체조직 내에서 일부를 제외하고는 합성이 불가능하다. 비타민 D_3는 피하에서 합성되며, 비타민 C도 대부분의 가축에서 합성된다. 비타민 K와

biotin은 장내 박테리아에 의해 합성되어 흡수될 수 있다.

(3) 일반 원료사료에 자연적으로 존재하지만 요구량에 미달하거나 이용성이 매우 낮을 수 있어 별도로 사료에 첨가해 줄 필요가 있다.

(4) 요구량을 충족하지 못하면 각 비타민 고유의 특정 결핍증상이 초래될 수 있다.

(5) 비타민의 전구체: β-carotene은 비타민 A의 전구체로서 녹황색 식물체에 존재한다. 비타민 A 자체는 식물성에 존재하지 않는다. 콜레스테롤은 비타민 D의 전구체이다. 아미노산인 tryptophan은 체내에서 niacin으로 전환될 수 있으며, 전환 비율이 60 : 1 정도이다.

(6) 비타민 C와 E는 체내에서 중요한 항산화 작용을 한다.

8.2 분류와 구조

비타민은 크게 지용성(fat-soluble)과 수용성(water-soluble) 비타민 두 가지로 분류된다. 지용성 비타민에는 A, D, E, K가 있으며, 수용성 비타민에는 B 복합체(complex)와 비타민 C가 있다. B 복합체에는 B_1, B_2, niacin, pantothenic acid, B_6, biotin과 엽산, B_{12} 등이 있다.

1) 지용성 비타민과 수용성 비타민의 비교

(1) 구성 원소: 지용성 비타민은 C, H, O만을 함유하는데 비해 수용성 비타민은 이 세 원소 이외에 N, S, Co 등 함유

(2) 존재 형태: 지용성 비타민 중 A, D, K는 동물성과 식물성 간에 구조적인 차이를 갖고 있으나 수용성 비타민에는 그런 차이가 없다.

(3) 생리적 작용: 수용성 B 비타민은 대부분 에너지 대사와 관계가 있다. 지용성 비타민은 여러 가지 생리, 생화학적 대사 조절에 필요

(4) 흡 수: 지용성 비타민은 지방의 존재 하에 혼합 미셀(mixed micelle)을 형성하여 장관으로부터 흡수된다. 수용성 비타민의 흡수는 비교적 단순한 과정에 의한다.

(5) 저 장: 지용성 비타민은 체내에 저장될 수 있고, 비타민의 섭취량이 증가하면 저장량도 증가한다. 수용성 비타민은 저장되지 않거나 저장량이 매우 제한(B_{12})된다.

(6) 배 설: 지용성 비타민은 전적으로 분을 통해 배설된다. 수용성 비타민도 분에 존재할 수 있으나, 대사에 사용된 후 주로 요를 통해 배설된다.

(7) 장내 합성 : 일반적으로 반추위 미생물들은 수용성 비타민을 합성할 수 있으며, 비타민 K는 미생물에 의해 합성되는 유일한 지용성 비타민이다. 단위동물은 대장 미생물에 의해 비타민 K와 biotin이 합성되며, 동시에 흡수도 가능하지만 요구량을 충족시킬 수 있는 정도는 아니다.

2) 지용성 비타민

■ 비타민 A

비타민 A 자체는 동물체에만 존재하며 retinol, retinal 및 retinoic acid의 세 가지 형태가 있다. 식물성에는 비타민 A 전구체(provitamin A)인 카로티노이드 형태로 존재한다. 시판되는 비타민 A는 안정성이 좋은 비타민 A palmitate 형태로 유통된다. 0.3 μg retinol을 1 IU로 하고 있다.

카로티노이드에는 α-, β-, 및 γ-carotene, crptoxanthin, zeaxanthin, xanthophyll 등이 있다. Zeaxanthin과 xanthophyll은 비타민 A 역가를 갖고 있지 않다. 카로티노이드의 비타민 A 역가는 동물 종에 따라 달라진다. 쥐에서 retinol의 상대적 역가는 β-carotene이 50으로 가장 좋은 편이며, α-carotene, 25 ; γ-carotene, 14의 비율이다.

따라서 사료의 비타민 A 역가는 여러 물질의 역가를 종합해서 비타민 A 동등가(retinol equivalent, RE)로 나타내기도 하는데, 1 RE는 1 μg의 retinol, 기름에 용해된 2 μg의 β-carotene, 일반 식품에 들어 있는 6 μg의 그 외 provitanim A 카로티노이드에 해당한다. 최근에 일반 식품에 들어 있는 카로티노이드의 흡수율이 실제로는 절반이라는 연구 결과에 따라 식품(주로 과일) 중 카로티노이드의 비타민 A 역가를 절반 수준으로 낮춘 RAE(retinol activity equivalent)가 제안되었다.

$$\text{Retinol equivalent}(\mu g) = \mu g \text{ retinol} + \frac{\mu g\, \beta\text{-}carotene}{6} + \frac{\mu g\ other\ provitamin\ A}{12}$$

비타민 A는 정상적인 시력 유지와 야맹증 방지효과가 있으며, 호흡기, 번식기관, 소화기 및 피부 등의 상피세포 건강유지에 도움을 준다. 또한 뼈 성장과 형성, 태아의 세포분화에도 관여하며, 항산화작용도 나타낸다. 그러나 일당 요구량의 50~500배를 섭취하면 중독증(hypervitaminosis A)으로 식욕저하, 체중 감소, 거친 피부, 골절, 사망 등이 초래될 수 있다. 새끼돼지의 경우 뼈가 기형이 될 수 있다. 다른 지용성 비타민의 흡수를 방해할 수 있다.

β-Carotene은 알팔파, 황색옥수수, 옥수수 글루텐 같이 녹황색 사료에 많이 들어

있다. 닭은 카로티노이드의 흡수율이 좋아 피부에 황색이 축적될 수 있으나, 돼지나 토끼는 흡수율이 매우 낮아 황색옥수수를 먹여도 지방색에 영향을 주지 않는다.

■ 비타민 D

식물성(ergocalciferol, D_2)과 동물성(cholecalciferol, D_3)의 두 가지가 있다. 대부분의 포유동물들에서 D_2와 D_3의 역가는 동일하나, 닭에서는 D_2의 역가가 D_3의 10% 이하로 매우 낮다. 식물체의 ergosterol은 자외선 조사에 의해 D_2로 변하며, 동물체 피하의 7-dehydrocholesterol은 자외선 조사에 의해 D_3로 전환된다.

비타민 D의 주 기능은 혈중 Ca 농도를 정상으로 유지시켜 뼈의 Ca 축적이 원활하게 하는 것이다. 장에서 흡수되었거나 피하에서 합성된 비타민 D는 반드시 활성화 과정을 거쳐야만 비타민 D의 기능을 발휘할 수 있다.

섭취한 비타민 D_3가 간에서 25-hydroxy D_3 [25-(OH)D_3]로 전환되고, 이것이 콩팥에서 활성 비타민 D_3인 1, 25-dihydroxy D_3 [1,25-$(OH)_2D_3$]로 전환되어 비로소 활성을 갖게 된다. 이 활성 비타민 D_3(calcitriol)가 혈액 순환에 의해 필요한 조직에 가서 Ca-binding protein 합성을 통해 Ca 흡수(소장)와 재흡수(신장)를 촉진하고, 뼈의 Ca 축적을 도와준다. 신장에서 1,25-$(OH)_2D_3$의 합성을 위해 부갑상선 호르몬(parathyroid hormone)의 도움이 필요하다.

비타민 D의 결핍 증세는 Ca, P의 결핍 증세와 거의 동일하다. 어린 동물에서는 구루병(rickets), 성축에서는 골다공증(osteoporosis)이 발생하며, 이는 유기질 기반에 Ca 축적이 불충분해서 일어나는 현상으로 결국 다리가 휘거나 절뚝거리게 되고, 심하면 골절로 진전된다.

비타민 D를 과잉 섭취(hypervitaminosis D)하면 콩팥, 대동맥, 폐 같은 연조직에 Ca의 비정상적인 축적이 일어나고, 뼈에서 Ca이 유리되어 뼈가 약해지며, 기형과 골

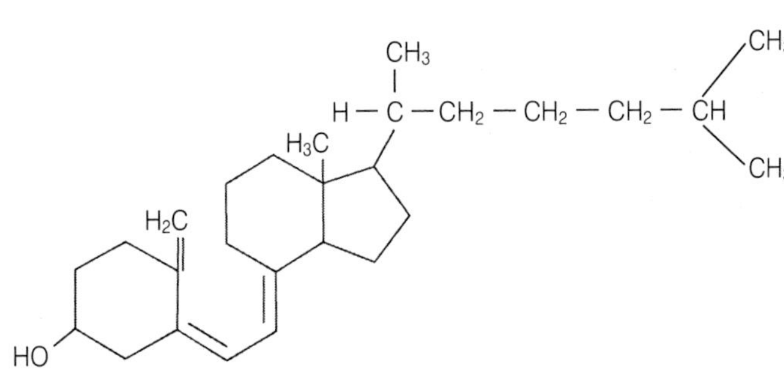

Cholecalciferol(D_3)

절이 일어날 수 있다. 유아의 경우 요구량의 10배 정도만 섭취해도 중독 증상이 나타날 정도로 비타민 D는 중독되기 쉬운 비타민이다. 여러 종류의 식물체에 활성 비타민 D_3 유사물질이 들어 있어 이를 섭취한 반추동물에서 체중 감소, 전구 마비, 수척, 고칼슘 혈증(hypercalcemia)이 나타나고 사망하였다는 보고가 있다.

비타민 D 요구량은 동물에 따라 다르다. 송아지나 돼지새끼는 병아리보다 요구량이 적고, 칠면조나 꿩은 병아리보다 요구량이 더 많다. 일반적으로 성장 속도가 빠른 동물일수록 비타민 D 결핍에 더 예민하다.

■ 비타민 E(α-tocopherol)

비타민 E에는 α, β, γ, δ-tocopherol과 α, β, γ, δ-tocotrienol의 8개 이성체가 있다. 이 중 D-α-tocopherol 형태가 가장 활성이 좋으며 널리 분포되어 있다. 비타민 E는 무기질이나 불포화지방산에 의해 쉽게 산화된다. 그러나 acetate와 ester결합이 되면 안정성이 좋아지므로 DL-α-tocopheryl acetate 형태가 상업적으로 널리 사용되고 있다.

비타민 E는 주로 세포막에 존재하며, 과산화 반응으로부터 세포막을 보호하는 항산화작용으로 세포막의 건전성 유지에 도움을 준다. 그 외에 대식세포의 glutathione peroxidase과 T-임파구의 활성을 높여 면역능력을 향상시키기도 한다. 닭에서 뇌연화증(encephalomalacia, crazy chick disease), 근이영양증(muscular dystrophy)을 방지해 주며, 돼지에서 성장 지연, 간 괴사(necrosis), 분만 14일 이내 자돈의 폐사 방지, 이유체중 증가 등의 효과가 있다. 비타민 E의 항산화 작용은 Se과 밀접한 관계가 있다. Se은 지방산화에서 발생하는 과산화물을 제거하는 효소인 glutathione peroxidase의 구성성분으로 비타민 E의 절약효과를 나타낼 수 있다.

■ 비타민 K

식물성(phylloquinone, vitamin K_1), 동물성(menaquinone, K_2) 및 합성(menadione, K_3) 비타민 K 등의 세 가지 형태가 사용된다. 식물성 K_1은 녹색채소에 들어 있고, K_2는 동물의 장내 박테리아에 의해 합성된다. 생물학적 역가는 K_2이 우수하고, K_1은 K_2의 절반 수준이다. 합성 비타민 K 중 menadione bisulfate는 역가가 K_2보다 더 좋고, 안정성이 높아 많이 사용된다.

비타민 K의 주작용은 혈액응고를 도와주는 것으로 간에서 prothrombin 합성에 필요하다. 이 비타민은 대장 미생물에 의해 합성되며, 또 대장에서 흡수될 수 있어 동물에게 도움이 된다. 그러나 육계의 콕시듐 예방약인 sulfaquinoxaline은 비타민 K의 길항물질이므로 주의를 요한다.

3) 수용성 비타민

■ Thiamin(B_1)

Thiamin은 탄수화물 대사에서 thiamin pyrophosphate(TPP) 형태로 매우 중요한 역할을 하는데, 탄수화물 섭취가 많을수록 이 비타민의 요구량이 많아진다. 돼지는 조직 내에 이 비타민을 상당량 저장하고 있어 돼지고기는 이 비타민의 가장 좋은 식품 공공급원이다.

Thiamin이 부족하면 일반적으로 식욕이 감퇴되며, 사람에서는 각기병(beriberi), 닭이나 쥐에서는 다발성 신경염(polyneuritis)이 나타나며, 돼지를 비롯한 모든 동물에서 심장박동이 늦어질 수 있다. 또한 체온이 저하되며, 부신이 확대된다.

■ Riboflavin(B_2)

Riboflavin은 탄수화물을 비롯한 영양소 대사에서 FAD, FMN의 형태로 중요한 조효소 역할을 한다.

고 갈락토오스 사료를 급여한 쥐에서 riboflavin 결핍이 발생하면서 백내장이 나타났다. 돼지에서도 이 비타민이 결핍되었을 때 각막 변화가 보고되었고, 식욕감퇴, 부신 출혈, 콩팥 장애, 구토, 사산자돈 출산 등의 증세가 있었다. 성장 중인 돼지에서 고지방, 저단백질 사료를 급여하거나, 고온 환경에서 이 비타민의 요구량이 증가하였다. 닭에서는 이 비타민 결핍 시 curled-toe paralysis 증세가 나타난다.

■ Niacin(nicotinamide, nicotinic acid)

Niacin은 nicotinamide와 nicotinic acid 모두를 통합해서 부르는 명칭이며, nicotinic acid는 nicotinamide의 provitamin에 해당된다. Tryptophan이 nicotinamide로 60 : 1의 비율로 전환될 수 있으며, 이 과정에 비타민 B_6, B_2, Cu, Fe, Mg 등 여러 가지가 조효소로 요구된다. Niacin은 세포내 산화-환원과정에서 수소 운반체인 NAD와 NADP 형태로 존재한다.

Niacin이 결핍되면 성장저해, 식욕부진이 나타나며 돼지에서 설사, 구토, 피부염, 장궤양 증세가 생긴다. 닭에서는 깃털발생 불량, 피부염, spectacled eye가, 개에서는 혀(흑설병)와 구강 주위가 검은색으로 변한다. 사람에서는 pellagra의 증세로 혀가 붉고 선명해지며 구강염, 식욕부진, 구토 등이 나타난다. 반추동물에서는 장내 미생물에 의해 합성되기 때문에 niacin을 급여할 필요가 없다.

■ Pantothenic acid

Pantothenic acid는 사료에 acyl carrier protein, CoA 및 CoA ester 등 여러 가지 형태로 존재한다. 이 비타민은 에너지 대사에서 중요한 역할을 하는 CoA의 구성성분이다. 결핍되면 성장률이 저하되며, 병아리에서 피부염, 쥐나 여우에서 털이 갈색으로 변한다. 돼지에서는 신경계에 영향을 미쳐 거위걸음(goose-stepping)이라는 특징적인 증세를 보인다. 개에서는 구토, 위염, 장염, 흉선과 신장의 출혈이 나타난다. 반추동물에서는 공급할 필요가 없다.

■ 비타민 B_6

Pyridoxine, pyridoxal, pyridoxamine의 세 가지 형태가 있다. 이들의 흡수율은 pyridoxine > pyridoxamine > pyridoxal의 순서로 나타난다. 세 가지 형태 모두 소장에서 pyridoxal 형태로 전환되어 흡수되며(흡수율 50%), 혈중의 주요 형태도 pyridoxal이다. 이 비타민은 단백질과 질소 대사와 관련된 효소작용의 조효소로 중요하다.

결핍되면 신경계에 이상이 생겨 혼수상태에 빠질 수 있다. 돼지에서 항체 생성력이 저하될 수 있다. 산란계에서 산란율과 부화율이 저하된다. 여러 동물에서 지질대사에 이상이 생겨 도체지방이 감소되거나 지방간이 발생할 수 있고, 혈중 지질과 콜레스테롤 수준이 높아질 수 있다. 닭, 돼지, 송아지에서 피부질환이 보고된 것은 없다. 반추동물에서는 공급할 필요가 없다.

■ Biotin

과거에 비타민 H라고 불리었다. 체내에서 carboxylation에 관여하는 여러 효소의 조효소 역할을 한다. 요구량이 매우 적고, 일반 원료사료에 어느 정도 들어 있어 결핍증이 쉽게 나타나진 않지만 주의를 요하는 비타민이다.

결핍증으로 쥐에서 각질성 피부염, 탈모가 생긴다. 임신 암컷에서 결핍될 때에는 새끼의 심장과 혈액 순환계에 이상을 초래하고, 숫컷에서는 생식기에 이상을 초래한다. 닭에서 피부염과 perosis를 일으키며, 육계에서 fatty liver and kidney syndrome으로 인한 급사(sudden death)를 일으켜 육계사료에 biotin 첨가가 일상화되고 있다. 돼지에서도 결핍증이 보고된 적이 있으며 탈모, 후구 경련, 지루성 피부염, 발굽 파손 같은 증세가 나타난다.

계란 난백에 들어 있는 avidin이라는 단백질은 장내에서 biotin과 결합하여 안정적인 결합물을 만들어 biotin의 흡수를 방해한다. 그러나 avidin은 열처리에 의해 쉽게 파괴되며, 또한 biotin의 결핍을 초래하기 위해서는 다량의 난백을 섭취해야 하기 때문에 보통의 경우에는 문제가 되지는 않는다.

■ Folacin(folic acid, 엽산)

엽산(葉酸)은 단일 탄소(single carbon unit) 전달 반응에 관여한다. 적혈구 생산에 관여하며, choline과 methionine 대사에도 관여한다. 엽산 공급원은 버섯, 녹색채소 등이며, 열에 약하다.

엽산의 결핍은 비타민 B_{12} 결핍 시와 마찬가지로 거대적아구성 빈혈을 일으키며, 중추신경계 발달에 영향을 미친다. 자연계에 널리 분포되어 있기 때문에 닭이나 돼지에서 결핍될 가능성이 적다.

■ 비타민 B_{12}(cyanocobalamin)

비타민 B_{12}는 Co, CN기, 아민기를 구성성분으로 갖고 있어 이런 특징에 따라 cyanocobalamin이라고도 불린다. 이 비타민은 자외선과 고열처리에서 약하며, pH 4 ~7에서 안정하다. 이 비타민은 식물체에 존재하지 않으며, 미생물 발효에 의해 합성

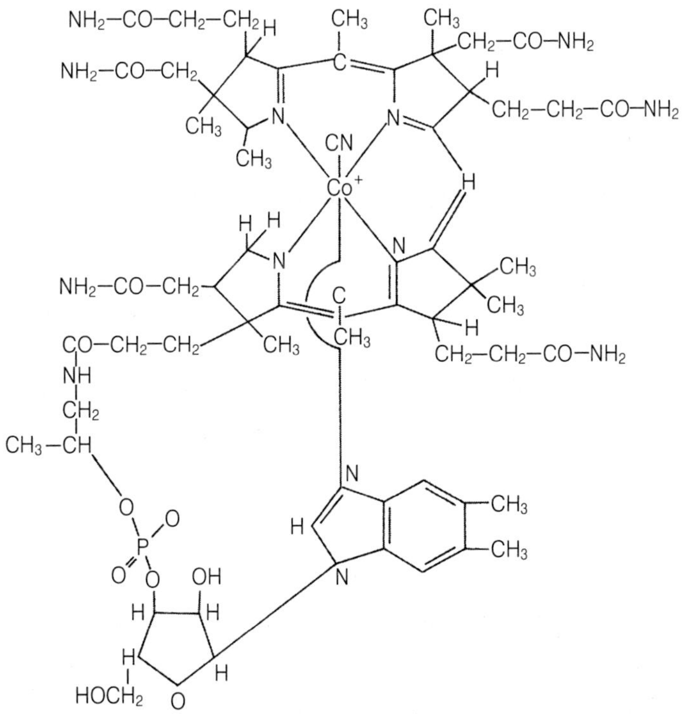

Cyanocobalamin

될 수 있다. 비타민 B_{12}는 엽산과 생체 내 작용이 밀접하게 연관되어 있어서 비타민 B_{12}가 결핍되면 엽산 결핍이 2차적으로 나타날 수 있다. 위장에서 생산된 내적인자(intrinsic factor)라는 단백질이 비타민 B_{12}의 소장 흡수를 위해 필요하다. 이 비타민은 수용성 비타민 중 간과 근육에 저장이 잘 되는 편이다.

식물성 사료만 급여하는 단위동물에서 비타민 B_{12} 결핍에 주의해야 한다. 반추동물에서 Co가 결핍된 사료를 장기간 급여하면 비타민 B_{12} 결핍이 일어나기 쉽다. 결핍되면 모든 동물에서 성장이 지연되며, 지방간이 발생한다. 닭에서는 깃털 불량, 콩팥과 갑상선 기능부진, perosis, 혈당 증가, 심장과 갑상선 확대, 부화율 저하 등의 증세가 나타난다. 어린 돼지에서는 털이 거칠어지고, 후구 동작이 불균형해지며, 간장과 갑상선이 커진다. 어미돼지에서는 유산 증가, 한배 새끼 수 감소, 비정상 태아 등의 현상이 발생한다.

■ 비타민 C(ascorbic acid)

돼지, 개, 고양이 같은 대부분의 포유동물이나 닭 같은 조류는 모두 체내에서 비타민 C를 합성할 수 있다. 사람, 영장류, 기니피그 등과 어류(무지개송어, 은연어), 누에 등은 l-gulonolactone oxidase 효소가 없어 이 비타민을 합성하지 못한다. 비타민 C는 항산화제 기능, collagen 합성에 필요한 hyroxyproline 형성, 소장의 철분 흡수, dopamine 대사 등에 중요한 역할을 한다. 매우 어린 병아리의 경우 비타민 C 공급은 collagen 합성을 통한 뼈의 유기질 형성에 도움을 준다. 산란계나 육계에서도 고온 환경에서 비타민 C 공급에 의해 스트레스가 완화된다고 한다. 어린 돼지에서도 특별한 경우 비타민 C 첨가에 의해 성장 개선 효과를 기대할 수 있다는 보고가 있다.

4) 기타 유사 비타민

그밖에 체내에서 비타민과 비슷한 중요한 기능을 수행하고 있으나 필수 영양소로 인정받지 못하고 있는 물질들로 choline, inositol, PABA, lipoic acid, carnitine, ubiquinone(Coenzyme Q) 등이 있다. 이들은 일반 사료원료에 풍부하게 들어 있는 편이며, 체내에서 합성되기도 한다.

■ Choline

과거에 비타민으로 분류되기도 한 choline은 methyl기를 세 개나 갖고 있어 methyl donor 로서 중요한 역할을 하며, acetylcholine의 구성성분이다. 간장에 지방축적을 방지해 주며, 장벽에서 chylo-micron의 합성과 분비를 촉진시킨다.

이 비타민이 결핍되면 모든 종의 동물에서 지방간이 발생할 수 있다. Methionine이

돼지, 쥐에서 choline의 역할을 대치할 수 있다. 병아리에서 choline 결핍은 Mn이나 biotin 결핍 증세와 유사하다. 돼지에서는 지방간 외에 걸음걸이 이상과 번식장애가 나타난다. Choline은 비타민 중 요구량이 가장 많은 비타민이며, 또한 여러 원료사료에 상당한 양이 존재한다. Choline은 수분 흡수력이 매우 강해 다른 비타민들과 같이 보관하지 않는 것이 좋다. Choline chloride나 −hydroxide, −tartrate 등 형태로 사료에 첨가된다.

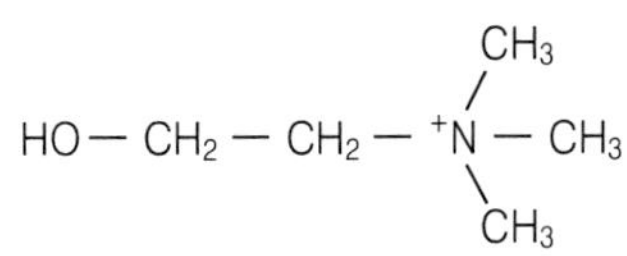

Choline

■ Myo-inositol

식물체에 다량으로 존재한다. Inositol 자체는 쉽게 흡수된다. 동물조직 내에서 합성될 수도 있으며, free form이나 phosphotidyl inositol의 형태로 세포에 존재한다. 동물 세포배양의 필수 성분이며, 쥐(rat)와 gerbil에서 필수 영양소라고 보고된 바 있다.

Inositol은 세포막의 지방대사에서 중요한 역할을 하며, 결핍 시 체지방조직으로부터 지방산 유리가 많아지며 지방간을 일으킨다. Phytate는 inositol에 6개의 P이 ester 결합으로 이뤄진 것이다.

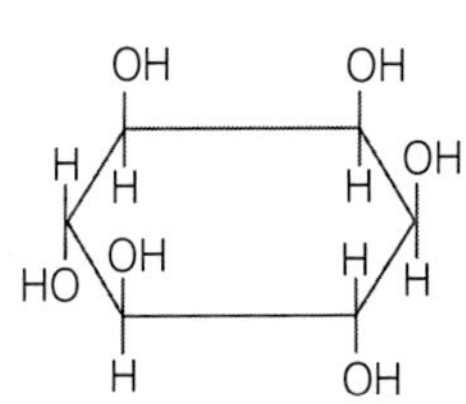

Myo−inositol

■ Para-aminobenzoic acid(PABA)

엽산 구조의 일부분이다. Inositol과 마찬가지로 장내 미생물에 의해 합성되며, 미생물의 성장에 필요한 물질이지만 동물에서의 필수성은 입증되지 않았다. 최근에 자외선 피부암에 대한 방지효과, 과산화물질의 제거능력, 염증 억제기능 등이 보고되고 있다.

8.3 기능 및 결핍증

(1) 비타민들은 대사 조절제로서 다양한 역할을 수행하기 때문에 성장과 생명 유지에 반드시 필요하다. 사료에 적절한 수준의 비타민을 첨가하는 것은 특정 결핍증상을 예방한다는 관점에서 뿐만 아니라 일반적인 건강상태와 활력, 그리고 스트레스와 질병에 대항하는 능력을 증진시킨다는 면에서도 중요하다. 대부분의 비타민들은 면역성을 높이는 항체 형성과정에도 관여한다.

(2) 동물의 나이가 많아지면 비타민 흡수와 이용률이 감소하므로 요구량이 증가될 수 있다. 가축과 실험동물 사료에 한계 수준(marginal level) 정도의 비타민을 급여하면 눈에 띄지 않을 정도의 결핍증이 장기화 되어 경제적 손실을 야기할 수 있으므로 충분한 양의 비타민을 첨가해 주는 것이 필요하다.

(3) 비타민의 기능과 결핍증, 그리고 중독증상에 대한 요약은 표 1-7에서와 같다.

8.4 비타민 공급원

(1) 비타민 A(β-carotene) : 목초, 건초 등 carotene이 풍부한 사료, 즉 알팔파 분말, 황색옥수수 및 전지유, 어유 등

(2) 비타민 D : 생선 간유, 자연건초, 자외선 조사 효모

(3) 비타민 E : 식물종자 배아, 배아유, 목초, 건초

(4) 비타민 K : 목초, 잘 저장된 건초, 어분, menadione(합성 비타민 K_3)

(5) Thiamin : 목초, 잘 저장된 건초, 곡류(특히 종실의 겨), 맥주효모

(6) Riboflavin : 목초, 건초, 사일리지, 우유 및 유제품, 육분, 어분, 주정 부산물

(7) Pantothenic acid : 맥주효모, 간분, 건조 알팔파 분말, 어즙, 일반 원료사료

(8) Niacin : 동물 부산물, 맥주효모, 녹색 알팔파, 일반 원료사료에 어느 정도 존재, 곡류의 niacin은 단위동물에서 거의 이용되지 못함.

(9) Pyridoxine : 일반 원료사료, 곡류 및 곡류 부산물, 쌀 및 쌀겨, 녹색 목초, 알팔파 건초, 효모

(10) Biotin : 널리 분포됨. 특히 난황, 간, 신장, 우유 및 효모에 풍부

(11) Folacin : 녹색 목초, 알팔파 분말, 일부 동물성 단백질

(12) 비타민 B_{12} : 동물성 단백질 사료, 발효 산물

(13) Choline : 난황, 건조 효모 등

(14) Inositol : phytin 함유 식물

표 1-7. 비타민의 기능, 주요 결핍증 및 중독증

비타민	주요 기능	주요 결핍증	중독증상 및 기타
A	시력(rhodopsin). 상피조직 건강유지. 항산화작용. 성장. 골격 형성	안구건조증. 야맹증. 골격 손상. 성장 감소. 번식장애. 산란율 및 부화율 감소. 우모깃털 불량	요구량의 50~500배 이상 섭취 시 중독증. 임신 중 과다 섭취 시 기형아. 새끼돼지 모피 불량. 신경과민. 보행 불량
D	골격 형성(Ca 흡수, 세뇨관에서 Ca 재흡수, 조골세포 형성 및 석회화). 혈중 Ca, P 농도 유지. 성장(골격 형성과 관계)	골격 발달 부진. 구루병(성장기). 골연화증(성축). 연각난. 산란율 및 부화율 저하	요구량의 10배 정도 섭취 시 중독 가능. 골격의 탈석회화 및 연조직의 석회화.
E	항산화 역할(세포막). 번식(정액 생산 상피조직).	근이영양증. 뇌연화증. 삼출성 소질. 번식장애. 지방조직염	독성이 낮음. 타 지용성 비타민의 흡수 방해. Se과 상호작용
K	혈액 응고. Prothrombin 형성	혈액 응고 지연. Prothrombin 결핍으로 자발적 출혈 증가	Dicumarol과 Warfarin에 의한 길항작용
Thiamin	탄수화물 대사에 중요. Thiamin pyrophosphate. α-Ketoglutarate dehydrogenase 조효소	식욕감퇴 및 쇠약. 다발성 신경염(닭). 심혈관 장애. 심장박동 저하(돼지). 각기병 (사람)	중독 가능성 적음. 두통. 경련. 일부 생선에 있는 thiaminase에 의한 길항작용
Riboflavin	산화-환원반응. Flavin mononucleotide(FMN)와 flavin adenine dinucleotide(FAD) 구성	식욕감퇴. 피부염 및 탈모. 오그라든 발가락 마비(가금). 야맹증(돼지, 말). 입 주위 피부 염증	중독 가능성 적음. 일반 가금과 돼지 사료에 결핍
Pantothenic acid	Coenzyme A 구성요소. 에너지, 탄수화물, 지질, 단백질 대사에 필수	피로. 구토. 피부염. 탈모 및 회색털. 돼지 거위걸음, 마비. 장염. 성장, 번식장애	중독 가능성 적음. 소화기 장애. 설사. 일반 가금과 돼지사료에 결핍
Niacin	Nicotinamide adenine dinucleotide(NAD)와 nicotiamide adenine dinucleotide phosphate (NADP)의 구성. 에너지, 지방, 단백질 대사에 관여	3D's-피부염(dermatitis), 설사(diarrhea). 치매(dementia), Pellagra(흑설병, 혀, 피부)	과량 섭취 시 콜레스테롤 저하효과. 간 기능 저하. 지방간. 피부의 가려움과 화끈거림을 동반한 혈관 확장. 소화기 장애

(계 속)

비타민	주요 기능	결핍증상	중독증상 및 기타
Pyridoxine	아미노산대사. Transamination. Decarboxylation. Glycogen 대사.	혈색소 감소성, 소적혈구성 빈혈. 경련. 신경염 및 자극 과민성. 경련. 피로	신경장애. 경련. 지각이상. 폐사
Biotin	대사과정에서 CO_2고정(carboxylation)	피부염, 탈모, 성장저해, 발굽 약화, 각약증(perosis, 닭). 지방간-신장증후군(FLKS), 급사(육계)	과량의 생계란 섭취 시 난백(avidin)과 결합에 의해 흡수 저하. 대장에서 합성 흡수됨
Folacin (Folic acid)	아미노산, 퓨린대사. 세포분열. 단일 탄소 전달. 비타민 B_{12} 대사와 밀접한 관련	거대적아구성 빈혈 및 백혈구 감소증, 칠면조에서 경부의 마비, 성장장애	소화기 장애. 비타민 B_{12} 결핍초래
비타민 B_{12}	단일 탄소 Methyl기 대사 Folacin 대사와 관련	거대적아구성 빈혈 신경계 교란 닭의 부화장애, 성장장애	식물성 원료에 없음 발효사료 및 동물성 원료에 함유
Choline	Methyl기 제공 항지방간 물질 Acetylcholine과 인지질의 성분	지방간 및 신장 퇴화 돼지의 번식과 비유장애 닭에서 각약증(perosis)	체내 합성 가능 과다 섭취 시 지속적인 설사 발생
Inositol	Lipotropic factor 미생물의 성장 인자	간에 지방 축적	거의 결핍되지 않음
비타민 C	Collagen 합성 항산화 작용 수소의 수송	괴혈병(해면상 잇몸, 부종, 체중저하, 쇠약) Collagen 형성 부진 (상처치료 지연, 관절 팽창, 출혈)	체내 합성(사람 제외) 철분 흡수에 도움 더위 스트레스 완화 효과 과다 섭취 시 산화 촉진(pro-oxidant)

(15) Para-aminobenzoic acid : 효모, 쌀겨, 밀의 씨눈 등

(16) 비타민 C : 감귤류, 녹색잎 목초, 잘 저장된 건초

8.5 비타민의 소화 흡수

(1) 지용성 비타민은 비교적 소장 상·중부에서, 수용성 비타민은 소장 중·하부에서 흡수된다.

(2) 수용성 비타민은 빠르게 흡수되나, 지용성 비타민은 지방과 같이 mixed micelle을 형성하여 흡수되어 흡수속도가 늦은 편이다. Carotenoid는 수동확산에 의해 흡수된다.

(3) 비타민의 흡수는 비타민 종류, 섭취량 등에 따라 흡수 방식이 좌우되며, 일반적으로 수동확산, 촉진확산, 능동흡수 등의 여러 형태를 취한다.

(4) 비타민 B_{12}는 회장에서 흡수되며, 비타민 K와 biotin은 대장에서도 흡수된다.

8.6 측정 단위

1) 국제단위(international unit, IU)

국제적으로 정의된 표준단위 역가로서 비타민별로 유효성이 좋고, 안정적인 물질의 작용 단위를 기준한다.

■ 비타민 A

(1) 비타민 A 1 IU(USP) = 0.3 ㎍ 비타민 A alcohol(retinol) = 0.344 ㎍ 비타민 A acetate = 0.55 ㎍ 비타민 A palmitate

(2) Retinol equivalent(RE)와 retinol activity equivalent(RAE) : RE에서는 β-carotene의 비타민 A 활성을 retinol의 1/6로 간주한다. 최근 식품 중 β-carotene의 이용률을 종전의 1/6에서 1/12로 바꾸면서 비타민 A 활성도를 나타내는 표현으로 RAE을 제시하였다.

1 RAE = 1 ㎍ retinol = 12 ㎍ β-carotene = 24 ㎍ α-carotene
또는 β-cryptoxanthin 등의 기타 카로티노이드

(3) 동물이 사료의 β-carotene을 비타민 A로 전환시키는 능력은 동물 종류뿐만 아니라 같은 종 내에서도 계통과 개체에 따라 다르다.

- 쥐와 가금 : 1 mg β-carotene = 약 1667 IU 비타민 A
- 소, 양, 말 : 1 mg β-carotene = 약 400 IU 비타민 A
- 돼지 : 1 mg β-carotene = 약 200～500 IU 비타민 A

■ 비타민 D

(1) 비타민 D 1 IU = 0.025 ㎍ cholecalciferol(D_3) 또는 ergocalciferol(D_2), 1 mg의 D_2와 D_3는 40,000 IU 활성에 해당

(2) 국제가금단위(international chick unit, ICU): 가금에서는 비타민 D_2와 비타민 D_3의 활성이 같지 않기 때문에 가금의 비타민 D_3 요구량을 나타내기 위해 종종 사용한다. 가금에서 비타민 D_2는 비타민 D_3에 비해 10% 이하의 효과를 나타낸다. 비타민 D_3 1 IU = 1 ICU

■ 비타민 E

(1) 1 mg DL-α-tocopheryl acetate = 1 IU
(2) 1 mg DL-α-tocopherol(alcohol) = 1.1 IU
(3) 1 mg D-α-tocopheryl acetate = 1.36 IU
(4) 1 mg D-α-tocopherol(alcohol) = 1.49 IU

■ 비타민 C

사료의 비타민 C 값은 보통 mg으로 나타낸다. 0.05 mg ascorbic acid의 활성을 1 IU로 한다(또는 1 mg = 20 IU).

2) 그 외 비타민

중량 단위(μg, mg, g 등)로 나타냄.

■ 비타민 K

(1) 0.3 mg menadione = 1 mg 비타민 K_1(식물성)
(2) 0.5 mg menadione sodium bisulfate = 1 mg K_1

■ Pantothenic acid

(1) DL-calcium pantothenate는 자연에 존재하는 pantothenic acid 활성의 47%에 해당

8.7 비타민의 안정성 및 용해성

비타민의 저장 중 안정성은 여러 요인(저장기간, 저장온도, 무기질 함량, 습도 그리고 자외선의 존재 유무 등)에 의해 영향을 받는다. 일반적으로 지용성 비타민이 수용성 비타민에 비해 더 파괴되기 쉽다. 사료와 premix에 함유된 비타민의 안정성은 ester 결합이나 항산화제, 유화제, 분무 건조시킨 gelatin과 자당(蔗糖) 및 기타 물리적 보호방법에 의해 많이 개선된다.

1) 요인별 안정 비타민(표 1-8)

표 1-8. 각 요인에 대해 비교적 안정한 비타민

열	산 화	무기질	광 선
비타민 E Riboflavin Niacin Pyridoxine Choline chloride 비타민 C	비타민 K(MSB) Riboflavin Niacin Pyridoxine Ca pantothenate Biotin Choline chloride Folic acid	Riboflavin Ca pantothenate Biotin Choline chloride	비타민 E Thiamin HCl Niacin Pyridoxine Ca pantothenate Biotin Choline chloride

2) 요인별 불안정 비타민(표 1-9)

표 1-9. 각 요인에 대해 불안정한 비타민

열	산 화	무기질	광 선
비타민 A 비타민 D 비타민 K(MSB) Thiamin HCl	비타민 A Thiamin HCl 비타민 D	비타민 A 비타민 D 비타민 K(MSB) Thiamin HCl Niacin Pyridoxine 비타민 C	비타민 A 비타민 D Riboflavin Folic acid 비타민 C

3) 완전배합사료에서 보통 저장되는 상태에서의 안정성 순서

① Choline chloride ② Biotin ③ 비타민 B_{12}
④ Ca pantothenate ⑤ Pyridoxine ⑥ 비타민 E
⑦ Niacin ⑧ Riboflavin ⑨ Folic acid
⑩ Thiamin HCl ⑪ 비타민 K(MSB) ⑫ 비타민 C
⑬ 비타민 D ⑭ 비타민 A

4) 물에 대한 용해성(용해도가 높은 순서부터)

① Choline chloride ② Thiamin HCl ③ 비타민 K(MSB)
④ Ca pantothenate ⑤ 비타민 C ⑥ Biotin
⑦ Niacin ⑧ 비타민 B_{12} ⑨ Riboflavin
⑩ Folic acid

연습문제

1. 진위 문제

(1) 비필수 아미노산도 조직단백질 합성에 반드시 필요하다.
(2) 지방은 탄수화물의 2.25배에 해당하는 대사에너지를 방출한다.
(3) 무기질은 효소반응의 활성제로 매우 중요한 역할을 한다.
(4) 요소는 닭에서 단백질 최종 분해산물의 한 형태이다.
(5) 포도당과 유당(lactose)은 모두 이당류에 속한다.
(6) 비타민 D는 칼슘의 흡수를 방해한다.

2. 선택형 문제 (가장 알맞은 답 고르기)

(1) 비타민 B_{12}의 구성성분인 미량무기질은?

① 요오드 ② 철 ③ 구리
④ 코발트 ⑤ 마그네슘

(2) 중성지방은 3개의 지방산과 한 분자의 (　　)으로 구성된다.

① Glucose ② Glycerol ③ Inositol
④ Isoleucine ⑤ Glycogen

(3) 단백질에는 질소가 평균 몇 % 들어 있는가?

① 6.25 ② 10 ③ 16 ④ 20 ⑤ 26

(4) 다음 중 공통성이 가장 낮은 영양소는?

① Methionine ② Lysine ③ Linoleic acid
④ Oleic acid ⑤ Linolenic acid

제 2 장

소화와 흡수

《학습목표》

- 가축의 소화기관의 부위 및 기능을 확인한다.
- 가축의 종류에 따른 소화기관의 차이점과 유사점을 비교한다.
- 사료의 소화와 영양소의 흡수를 이해한다.

1. 서 언

소화관(GIT)은 사료가 섭취된 후 통과하는 구강으로부터 항문에 이르는 일련의 위장관(胃腸管)을 말한다. 소화관의 여러 기관과 분비선, 그리고 기타 구조들은 사료를 포착・저작하고 삼키는 과정 및 영양소의 소화・흡수와 배설기능에 관계된다.

아래의 용어들은 동물의 소화를 연구하는 데 사용되는 용어들이다.

(1) 포착(捕捉, prehension) : 사료를 고정하여 입 안으로 넣기까지의 동작

(2) 저작(咀嚼, mastication) : 입 속의 먹이를 침과 잘 혼합하고, 이빨로 씹어 소화가 용이하도록 입자 크기를 감소시키는 과정

(3) 연하(嚥下, deglutition) : 삼키는 작용

(4) 역출(逆出, regurgitation) : 소화되지 않은 내용물을 구강으로 되올림

(5) 소화(消化, digestion) : 영양소의 흡수에 적당한 형태로의 분해하는 작용

(6) 흡수(吸收, absorption) : 소화된 성분을 소화관으로부터 혈관이나 임파관으로 이동

(7) 동화작용(同化作用, anabolism) : 분자량을 크게 합성하는 작용으로 ATP를 소비함

(8) 이화작용(異化作用, catabolism) : 분자량을 작게 분해하는 작용으로 ATP를 생산함
(9) 대사작용(代謝作用, metabolism) : 동화작용과 이화작용을 함께 일컫는 말로서, 이화작용에서 생산된 ATP를 동화작용에서 소모함
(10) 배설(排泄, excretion) : 오줌과 똥을 몸 밖으로 제거
(11) 초식동물(草食動物, herbivores) : 사료를 전적으로 식물에 의존하는 동물
(12) 육식동물(肉食動物, carnivores) : 사료를 다른 동물의 고기에 의존하는 동물
(13) 잡식동물(雜食動物, omnivores) : 식물과 동물을 모두 섭취하는 동물

2. 단위동물의 소화기관

단위동물은 그림 2-1에 도해로 나타낸 바와 같이 하나로 구획된 위를 가진 돼지 · 말 · 개 · 고양이 또는 가금과 같은 동물들이다. 대부분의 단위동물들은 섬유질성 사료를 소화하기 어려워 직접적으로 잘 이용하지 못하지만, 말의 경우 맹장과 대장에서 일어나는 미생물 발효로 인하여 섬유질성 사료를 효과적으로 이용할 수 있다.

2.1 돼 지

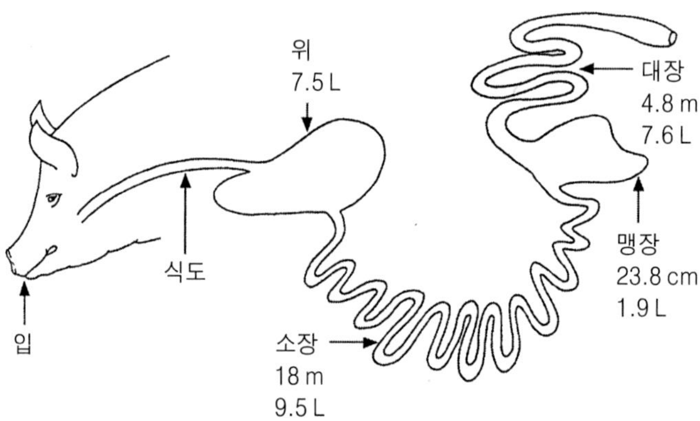

단순한 소화관, 몸 길이의 14배, 총 용량 26.5 L, 이 44개

그림 2-1. 돼지의 소화기관

1) 입(mouth)

3가지의 부속기관을 가진 소화기관의 첫 부분

■ 혀 : 포착, 혼합, 삼키기

■ 치 아 : 포착과 저작

■ 침 샘

침을 분비하는 3쌍의 선. 침의 성분과 기능은 아래와 같다.

(1) 수 분 : 섭취한 사료의 습윤
(2) 뮤 신(mucin) : 당단백질로 되어 있어서 삼키기 좋게 윤활작용
(3) 중탄산염 : 위의 pH 조절을 위한 완충작용
(4) 효 소 : 침에는 amylase가 있어 탄수화물 분해를 시작하지만 그 양이 매우 적음

2) 식도(esophagus)

섭취물을 구강에서 위로 운반하는 속이 빈 관. 섭취된 물질이 연동(peristaltic wave)이라고 불리는 일련의 근육 수축작용에 의하여 이동된다.

3) 위(stomach)

속이 빈 서양배 형태의 근육질로 된 소화기관

■ 기 능

(1) 섭취된 사료의 저장
(2) 근육운동으로 사료의 물리적 분해
(3) 소화액 분비
  - 염산
  - pepsin
  - rennin
(4) 위 내용물은 pH 2
(5) 위에서 소장으로 내려가는 물질은 미즙(chyme)이라 부른다.

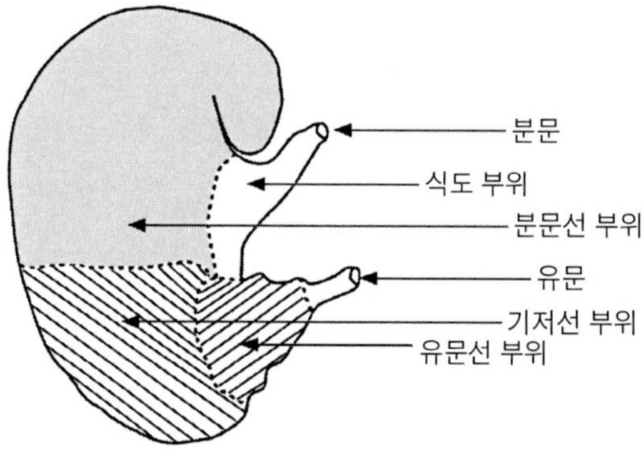

그림 2-2. 돼지의 위

■ 위의 부분적 명칭

위는 다량의 사료를 저장하며, 소장으로 조금씩 방출하면서 특히 단백질 소화를 개시한다. 그림 2-2에서 보는 바와 같이 분문선 부위(cardia region), 기저선 부위(fundic region) 및 유문선 부위(pyloric region)로 나뉘어진다. 부위에 따라 다양한 형태의 위액 분비선(gastric glands)들이 존재한다. 위액 분비선에는 세 가지 형태의 세포들이 존재하면서 위액을 분비한다.

(1) Neck cell : 위 내벽을 보호하는 점액(mucus) 생산

(2) Parietal cells : Oxyntic cell이라고도 하며, 염산 생산

(3) Chief cells : Pepsinogen을 생산하고, 물과 전해질(Na^+, K^+, Cl^-) 분비

4) 소장(small intestine)

■ 3부위로 구분

(1) 십이지장(duodenum) : 첫 번째 부위
- 췌장, 간, 담낭, 그리고 소장벽으로부터 분비된 소화액을 수용
- 소화가 활발한 부위

(2) 공장(jejunum) : 중간 부위. 영양소의 흡수가 활발한 부위

(3) 회장(ileum) : 마지막 부위. 영양소의 흡수가 활발한 부위

■ 소장벽은 흡수 면적을 증가시키는 데 이바지하는 융모(villi)라고 불리는 손가락 형태의 돌출물들이 늘어서 있다. 각 융모에는 세동맥, 세정맥 및 임파계의 흡수관

인 유미임파관이 있다. 세정맥은 궁극적으로 간으로 직접 연결되는 문맥으로 유입된다. 임파계는 흉관을 통하여 대정맥으로 유입된다.

■ 소장 내용물은 대략 pH 6~7 정도

5) 대장(large intestine)

■ 3부위로 구분

(1) 맹장(cecum) : 첫 번째 부위. 동물 종류에 다라 크기가 다양

(2) 결장(colon) : 중간 부위. 대장의 가장 큰 부위

(3) 직장(rectum) : 마지막 부위

■ 대장의 기능

(1) 수분 재흡수 장소

(2) Ca과 같은 일부 무기질의 분비

(3) 소화되지 않은 소화관 내용물의 저장소

(4) 미생물에 의한 발효

(5) 일부 수용성 비타민과 비타민 K의 합성
- 섬유성 사료 성분의 분해
- 일부 단백질의 합성

(6) 영양소의 제한적 흡수(사료 또는 미생물체)

2.2 말

1) 입

(1) 포착기관. 광의적으로 치아, 위 입술, 그리고 혀가 포함됨

(2) 치 아
- 수평 및 수직방향의 턱운동으로 기능 수행
- 위턱이 아래턱보다 넓으므로 한 번에 구강의 한쪽으로만 저장 가능
- 암컷은 36개(송곳니가 없음), 수컷은 40개

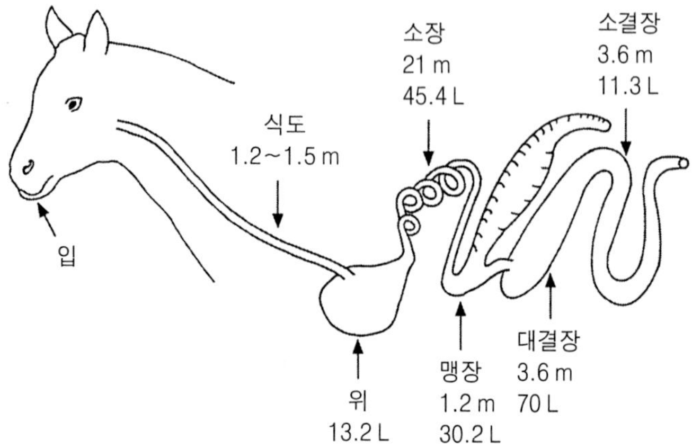

좀 더 복잡한 소화관, 몸 길이의 14배, 총 용량 170 L, 이 ♀ 36개 · ♂40개

그림 2-3. 말의 소화기관

(3) 타 액
- 효소가 없음
- 사료가 내부 뺨의 점액막을 기계적으로 자극하여 분비 촉진
- 일일 38 L까지 분비 가능(성축)

2) 식 도

(1) 목의 왼편에 위치한 입으로부터 위에 이르는 125~150 cm 길이의 관

(2) 한 방향으로만 연동운동을 하여 토하기가 어려움

3) 위

(1) 말은 다른 동물에 비하여 위의 크기가 작아서 사료를 소량씩 여러 번 급여함

(2) 다른 동물 종류처럼 위의 광범위한 근육운동이 없으므로 섭취물이 층으로 배열된다. 따라서 위에서 소화장애가 일어나기 쉬움

4) 소 장

돼지와 유사하나 말은 담낭이 없으므로 간에서 생산된 담즙이 직접 십이지장으로 분비됨

5) 대 장

(1) 소화관 용적의 60% 이상을 차지

(2) 맹장, 대결장, 소결장, 그리고 직장으로 구분

(3) 맹장 및 대결장

- 반추동물의 반추위에 존재하는 미생물과 비슷한 활성 박테리아군 존재
  - 섬유소와 기타 탄수화물을 분해하여 휘발성 지방산(acetic acid, propionic acid, butyric acid)을 생산하므로 많은 섬유질성 사료 이용 가능
  - 수용성 비타민의 합성
  - 단백질의 합성
- 미생물 발효에 의해 생산되는 휘발성 지방산과 영양소는 맹장으로부터 흡수되어 대결장에서 대부분 흡수됨
- 소결장 : 소장 내용물로부터 물이 재흡수되는 주된 장소
- 대장은 대개 섭취물로 인해 확장되므로 쉽게 막힐 수 있음

2.3 가 금

1) 입

(1) 치아가 없음. 혀와 타액선을 가짐

(2) 부리는 사료의 작은 입자를 재빨리 집기에 알맞게 되어 있으며, 사료 입자를 삼킬 수 있는 크기로 감소시키는 역할도 함

(3) 타액은 amylase 함유

2) 식 도

곤충을 먹는 종류를 제외하고는 대부분의 새들이 식도에 소낭이라고 하는 확장된 부분을 가짐. 소낭의 기능은

(1) 섭취물을 일단 저장하여 불리는 역할

(2) 타액 amylase에 의한 분해작용을 유도

(3) 일부 종류에서는 발효 기능이 있음

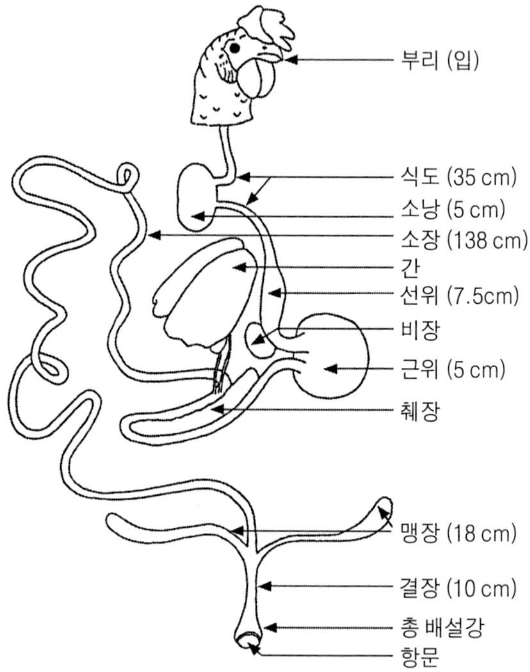

총 길이 2 m, 총 용량 85 mL, 이는 없음

그림 2-4. 가금의 소화기관

3) 선위(proventriculus)

(1) 위액의 생산 장소(염산, pepsin). 선위 내 pH는 1.8 정도

(2) 섭취물이 약 14초 정도로 빨리 통과

4) 근위(gizzard 또는 ventriculus)

(1) 포유류의 저작과 비슷하게 섭취물의 입자도를 물리적으로 감소시키는 두꺼운 근육성 기관이며, 안쪽은 각질화된 상피세포의 벽으로 되어 있다. 근육의 수축은 반사적으로 매 20~30초마다 발생

(2) 근위의 내면은 선분비조직이 경화됨

(3) 일반적으로 작은 돌이나 단단한 입자 등의 연마물질이 들어 있어 섭취된 종자나 곡류를 분쇄함

(4) 효소를 분비하지는 않으나 선위에서 분비된 염산과 pepsin이 근위에서 작용

(5) 근위 내 pH는 2.5 정도

5) 소 장

(1) Lactase를 제외한 포유동물에 존재하는 대부분의 효소가 분비

(2) 소장 상부의 pH는 약산성

(3) 흡수과정은 포유류와 비슷함

6) 맹장(ceca)과 대장

(1) 포유류가 1개의 맹장을 가지는데 비해 가금의 소화관에는 2개의 끝이 막힌 주머니 모양의 맹장이 존재

(2) 맹장과 대장은 수분 재흡수 장소. 맹장에서는 박테리아에 의한 발효로 일부 섬유소의 소화와 수용성 비타민의 합성되나, 포유류에 비해서는 생성 수준이 매우 낮음

(3) 대장은 매우 짧고(5~7.5 cm), 분 배설물이 배출되는 총배설강으로 연결

3. 영양소의 소화

영양소의 소화는 사료 영양소들을 소화관에서 흡수될 수 있는 형태(최종 생산물)로 전환시키는 과정을 뜻한다. 대부분의 소화과정은 소화관으로 분비되는 여러 소화액에서 발견되는 효소들의 작용에 의하여 이루어진다. 효소는 그 자신은 파괴되지 않고 사료성분을 변화시키는 유기촉매이다. 대부분의 효소들은 끝에 "ase"를 붙여 명명한다. 몇 가지의 초기에 명명된 효소들은 "in"으로 끝난다.

소화액이 분비선이나 조직으로부터 소화관으로 분비되는 5군데의 주요 장소와 소화의 최종 생성물을 아래에 간단히 설명하였다.

3.1 타 액

(1) 전분을 maltose로 분해

(2) 반추동물과 돼지에서는 분비되지 않음. 다른 종류의 동물에서도 소화에 크게 기여하지 못함

3.2 위 액

(1) Pepsin : 단백질을 peptide로 분해

(2) Rennin(protease) : 우유를 응고시키거나 단백질을 변성시키는 효소

(3) Lipase : 지방을 분해하며, 위액에서 검출되지만 십이지장에서 역류된 것으로 보인다. 췌장액의 소화에 비해 작용이 약함

3.3 췌장액

(1) Trypsin : 단백질을 peptide와 아미노산으로 분해

(2) Chymotrypsin : 단백질을 peptide와 아미노산으로 분해

(3) Carboxypeptidase : 단백질을 peptide와 아미노산으로 분해

(4) Amylase : 소화되지 않은 탄수화물을 당류로 분해

(5) Lipase : 지방을 지방산과 glycerol로 분해

3.4 간

소화효소를 분비하지는 않지만 lipase가 지방과립에 잘 접근하거나 효소가 작용할 표면적을 넓게 해주는 유화제인 담즙산염(bile salts)을 생산하여 십이지장으로 분비한다.

3.5 소장액

(1) Aminopeptidase : 단백질을 peptide와 아미노산으로 분해

(2) Dipeptidase : Dipeptide를 아미노산으로 분해

(3) Nucleases(여러 유형) : 핵단백질을 purine과 pyrimidine 염기, phosphoric acid, 그리고 5탄당으로 분해

(4) Maltase : Maltose를 glucose로 분해

(5) Lactase : Lactose를 glucose와 galactose로 분해

(6) Sucrase : Sucrose를 glucose와 fructose로 분해

4. 영양소의 흡수

4.1 탄수화물의 흡수

모든 단당류는 소장에서 거의 대부분 흡수된다. 단당류의 흡수는 대체로 두 가지

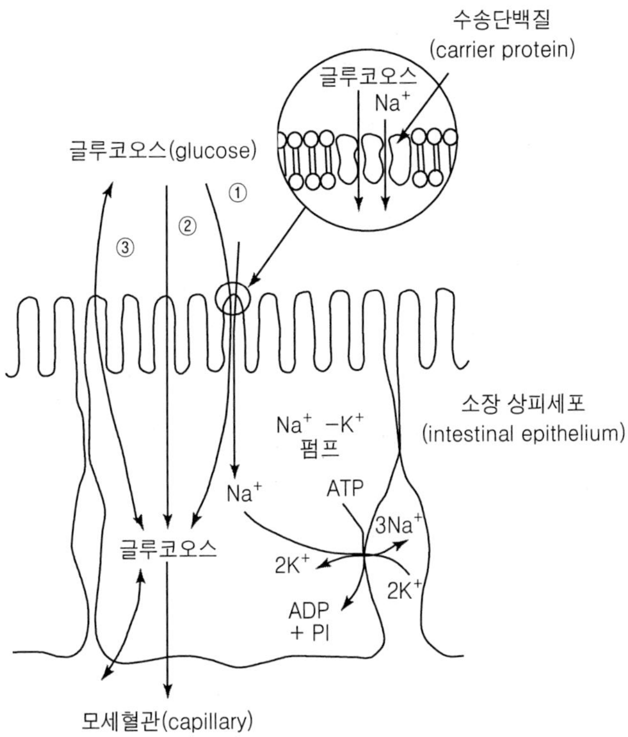

그림 2-5. 소장 상피세포의 글루코오스(glucose) 수송기전(Murray 등, 1990)

① Na^+ 의존성 능동수송 ② Na^+ 비의존성 수송 ③ 단순확산

기전에 의하여 장점막을 통과한다. 단순히 농도 차이에 의해 흡수되는 것을 단순확산(simple diffusion)이라 하고, 농도가 낮은 곳에서 높은 곳으로 거슬러서 흡수되는 것을 능동수송(active transport)라고 한다. 능동흡수는 그림 2-5에서와 같이 에너지와 운반체를 필요로 하는데, galactose와 glucose는 능동흡수에 의해, fructose와 mannose 및 5탄당은 단순확산에 의하여 흡수되는 것으로 알려져 있다.

4.2 단백질의 흡수

단백질은 아미노산과 peptide로 분해된 다음 아미노산은 glucose와 마찬가지로 능동흡수에 의하여 흡수된다. 아미노산 2~3분자로 구성된 small peptide는 직접 장상피세포로 들어가는데 비하여, 3~6분자 이상으로 된 peptide는 brush border에 부착되어 있는 peptidase에 의하여 dipeptide로 된 후 장상피세포로 들어간다(그림 2-6). 이들은 장상피세포 내에서 아미노산으로 분해된 후 능동흡수된다.

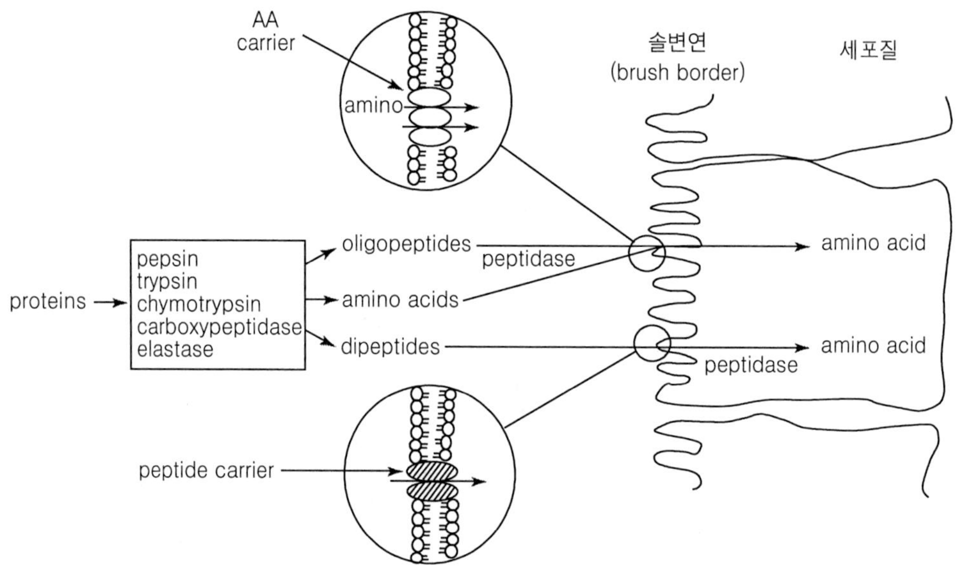

그림 2-6. 단백질 소화흡수 모형도(Murray 등, 1990)

4.3 지방의 흡수

사료 중의 중성지방(triglyceride)은 십이지장 내에서 담즙산염과 췌장 lipase 작용에 의해 유리지방산과 monoglyceride로 분해되며, 이들 분해산물은 담즙산염과 결합하여 수용성 미셀(lipid-bile salt micelle)을 형성한다. 이렇게 형성된 미셀은 주로 십이지장 하부와 공장 상부의 미세융모(microvilli)를 통해 장상피세포 내로 단순확산에 의해 쉽게 흡수된다. 이때 담즙산염들은 떨어져 나와서 재활용되다가 회장 하부에서 흡수되든가 아니면 분으로 배설된다.

또한 흡수된 미셀 중의 긴사슬 지방산과 monoglyceride는 소장 점막세포 내에서 다시 중성지방으로 합성되고, 이 중성지방은 다시 콜레스테롤, 인지질 등과 함께 단백질로 둘러싸여 chylomicron을 형성한다(그림 2-7). 이 chylomicron은 유미관으로 이동되어 흉관(thoracic duct)을 거쳐 대정맥으로 들어간다.

한편, lipase에 의해 분해된 글리세롤과 저급지방산(C2～C10)은 단순확산에 의해 장간막 정맥혈로 흡수되어 문맥을 통하여 간으로 이동한다. 또한 가금의 경우 흡수된 지질분해산물은 대부분 직접 문맥을 거쳐 간으로 수송된다.

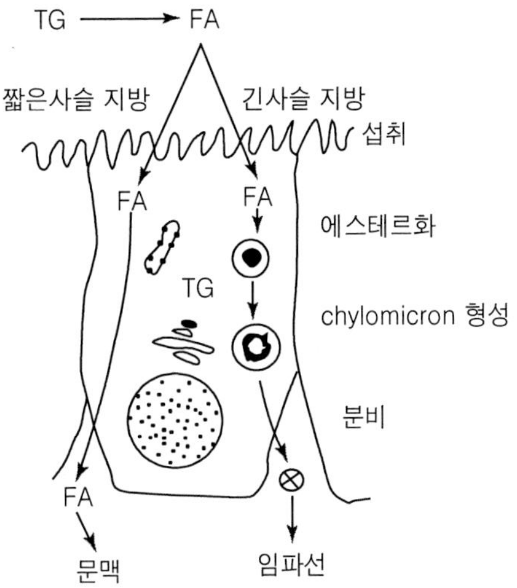

그림 2-7. 소장점막의 지방흡수(TG: triglyceride, FA: fatty acids)
(Murray 등, 1990)

4.4 수분, 무기질, 비타민

수분의 흡수는 주로 삼투질농도(osmolality)의 차이에 의해 소장점막에서 일어난다. 그러나 간혹 소장 내의 삼투질농도가 높을 경우 혈액에서 장관 내로 수분이 이동하는 경우도 있게 된다.

무기물은 종류에 따라 능동수송 또는 단순확산에 의해 이루어진다. Na, K 및 Cl의 흡수는 주로 십이지장에서 일어나며, K와 Cl의 대부분은 단순확산에 의해 흡수된다. 이에 반하여 Na는 소장벽에 대하여 높은 투과성을 가지고 있어 장관 내와 혈액 간에 상호 이동이 가능하고, 능동수송에 의한 흡수도 일어난다.

Ca와 P는 주로 십이지장과 공장에서 능동흡수와 단순확산에 의해 흡수되며, 소장 내 pH가 비교적 낮을 때 흡수는 능동수송에 의해 이루어진다. Fe는 Fe^{++}로 환원된 다음 소장 상부에서 능동수송에 의하여 흡수된다.

비타민 A, D, E 및 K는 지용성이기 때문에 지방의 흡수과정과 함께 하며, 수용성 비타민들은 소장 상부에서 단순확산에 의해 흡수되나, 비타민 B_{12}는 회장에서 pinocytosis에 의해 흡수되는데, 이때 위선에서 분비되는 intrinsic factor를 필요로 한다.

5. 반추동물의 소화기관, 소화 및 흡수

반추동물은 그림 2-8에 도해로 나타낸 바와 같이 여러 부분으로 나뉜 위를 가진 소나 양 같은 동물들이다. 반추위에서 일어나는 미생물 발효로 인해 반추동물들은 섬유소 함량이 높은 사료를 효과적으로 이용할 수 있고, 따라서 고섬유질 사료를 포함한 정량사료를 자주 급여 받는다. 이 동물들은 또한 새김질감을 반추한다. 동물의 새김질감은 이전에 섭취되어 1, 2위에 들어갔다가 식도를 통하여 역출되는 식괴(bolus)를 일컫는다. 이 식괴는 재저작된 후 다시 삼켜진다.

반추동물에서의 여러 가지 영양소의 소화와 흡수과정을 그림 2-9에 요약하였다.

5.1 입

(1) 위 앞니가 없음. 위 잇몸과 아래 앞니가 입술과 혀의 도움을 받아 사료를 포착

(2) 아래 위 어금니는 크고 형태를 잘 이루어 동물이 한번에 한쪽 턱으로도 씹을 수 있다. 턱의 측면 운동도 단단한 식물성 섬유소를 부수는 데 도움이 됨

(3) 타 액

- 쉬고 있을 때보다 사료를 섭취하거나 반추할 때 더 많은 양이 생산되지만 타액의 생산량은 비교적 일정하다. 성축우에서는 타액 생산량이 1일 45 L나 되고, 양에서도 1일 7.6 L 이상이 됨

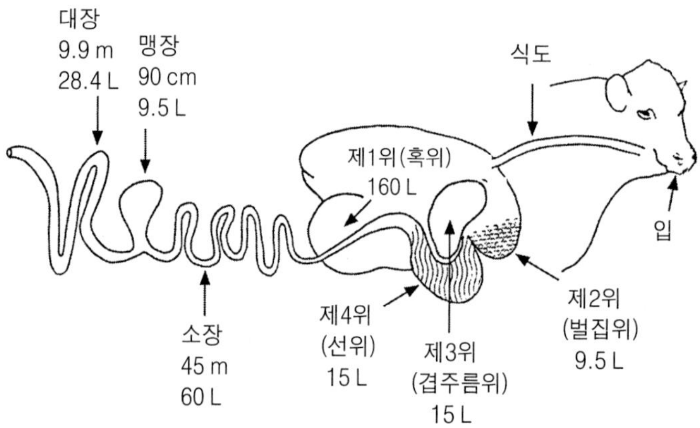

복잡한 소화관–몸 길이의 20배, 발효 후 재저작(반추), 위 용량 204 L, 이 32개

그림 2–8. 반추동물(소)의 소화기관

- 효소는 함유하지 않으나 반추위 미생물에 의해 이용되는 N(요소), P, Na 등을 공급
- 타액은 완충능력이 있어서 반추위의 적절한 pH를 유지하게 한다.

5.2 위

1) 제1위(rumen : 혹위)

(1) 횡격막으로부터 골반에 이르는 크고 속이 빈 근육 부위이며, 복강의 왼쪽 부위를 거의 채움

(2) 성숙된 제1위 벽은 유두(papillae)로 불리는 작은 혀 형태의 돌출물을 가지고 있으며, 이것은 육안으로도 쉽게 판별할 수 있다. 효소는 분비되지 않음

(3) 기 능

- 저 장
- 침 수
- 물리적인 혼합과 분해
- 발 효: 제1위와 제2위는 미생물(박테리아, 프로토조아 등)이 생존하고 성장하기에 매우 이상적인 환경을 제공한다. 즉 알맞은 습도, 온도, pH 및 혐기적 상태가 유지된다. 식괴의 유입과 끊임없이 발효 생성물이 생겨나고, 입자도가 큰 고형물은 반추되어 작아진 후 제3위로 이동된다. 여러 형태의 박테리아가 발견되며, 대체로 반추위액 mL당 250～500억 정도의 박테리아가 서식한다.
  이와 같이 제1위에서 소화 이전에 일어나는 광범위한 발효 결과,
  - 수용성 비타민과 비타민 K의 합성
  - 아미노산과 단백질의 합성. 박테리아는 사료단백질과 비단백태질소화합물로부터의 N과 탄수화물로부터의 C골격을 결합하여 그 자신의 체단백질을 형성한다. 박테리아가 제1위로부터 하부 소화기관, 즉 4위에 이르면 소화되어 숙주동물(반추동물)의 아미노산 공급원으로 된다.
  - 고섬유질 사료(cellulose를 다량 함유)를 분해한다. 박테리아는 전분뿐만 아니라 cellulose의 결합도 분해하는 효소를 분비한다. 탄수화물을 분해하는 과정에서 박테리아는 휘발성 지방산(acetic, propionic, butyric acid 등)을 생산한다. 휘발성 지방산은 제1위 벽을 통해 흡수되며, 반추동물에게 에너지원으로 제공된다.
  - 반추동물이 태어난 직후에는 반추위가 발달되지 않아 반추기능이 없으나 6

~8주령이 되면 기능을 거의 수행할 수 있게 된다.

2) 제2위(reticulum : 벌집위)

(1) 제1위와 완전히 분리되어 있지 않다. 식도의 분문(cardia)이 제1위와 제2위 부위에 공통으로 연결되어 있음

(2) 소의 경우 벽의 표면은 벌집 형태로 되어 있고, 그 내부가 다시 두 칸으로 몇 차례 분획되어 있다. 그러나 우리나라 재래산양 등은 위 표면이 아주 짧은 돌기에 의하여 5각 내지 6각(드물지만 4각도 있음)의 모양으로 분획되어 있으며, 소의 경우처럼 그 내부가 깊거나 재분획되어 있지는 않다. 분비선은 없으며, 각질화된 막으로 연결되어 있다. 소의 경우 이러한 위벽의 구조로 단단하고 거친 물질(손톱, 철사 등)이 제1위나 3위, 4위 등 다른 소화기관으로 이동되지 못하고 갇히게 된다.

(3) 효소는 분비하지 않음

(4) 섭취물을 제1위나 제3위로 이동시키거나 반추를 위해 역출시키는 기능

3) 제3위(omasum : 겹주름위)

(1) 제3위는 짧고 뾰족한 유두가 밀생되어 있는 얇은 근엽(80~100장)으로 채워진 구형의 기관이다. 위벽에서는 효소가 분비되지 않는다.

(2) 제3위는 제1위와 제2위의 오른쪽에 위치한다.

(3) 제3위의 기능은 식괴가 제4위로 들어가기 전에 식괴의 크기를 감소시키는 것과 일부 휘발성 지방산과 수분을 흡수한다.

4) 제4위(abomasum : 진위 또는 선위)

(1) 반추동물 소화관에서 처음으로 소화액을 분비하는 부위(위벽에서 효소가 분비)

(2) 제3위의 복측에 위치하고, 제1위의 오른쪽으로 꼬리형태로 뻗어 있다.

(3) 일반적으로 제4위의 소화액이 분비되는 부위는 단위동물의 위와 유사하다.

5.3 소장 및 대장

반추동물 소화관의 소장 및 대장은 구조와 기능에서 이미 설명된 돼지의 경우와 비슷하다.

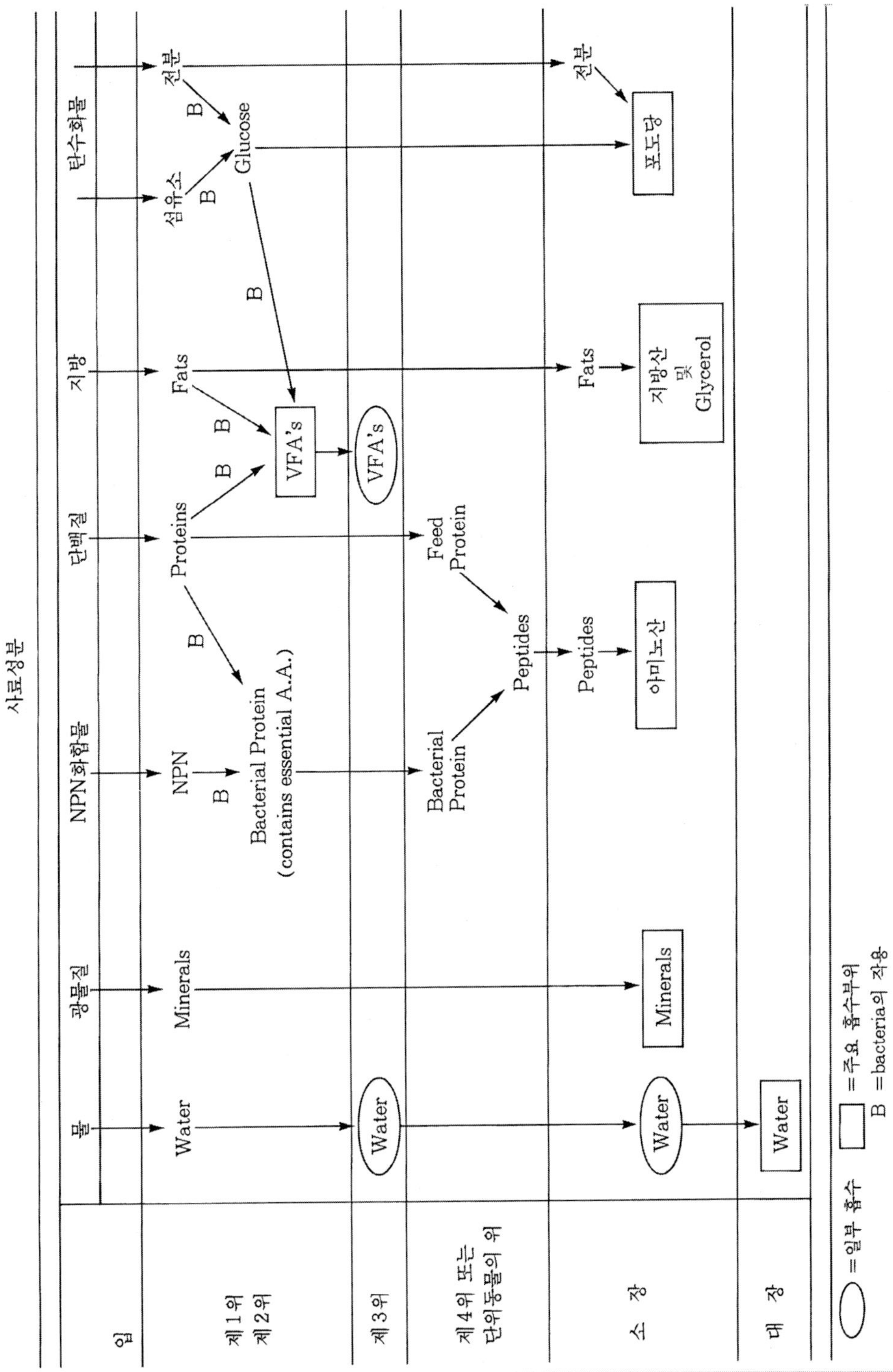

그림 2-9. 소화와 흡수과정의 요약

5.4 반추동물 소화체계의 기타 특성

1) 식도구(esophageal groove)

(1) 식도의 분문에서부터 제3위로 연결된 통로. 2개의 커다란 근육 주름으로 형성되었으며, 식괴(bolus)가 식도로부터 제3위로 직접 들어가도록 닫히거나 또는 열려서 식괴가 반추위로 들어가도록 한다.

(2) 젖먹이 동물에서 젖이 제1위와 제2위를 우회하여 박테리아에 의한 발효를 피하도록 하는 기능이다.

(3) 성축에서는 기능이 남아 있는 것 같지 않다.

2) 반 추(rumination)

(1) 동물이 사료를 우선 섭취하고, 이것을 나중에 새김질하여 다시 씹어서 삼키는 과정. 단계적으로 보면 섭취한 사료의 역출과정, 재저작, 침의 재분비 및 식괴와의 혼합, 그리고 마지막으로 도로 삼키는 과정이다. 역출 이외에는 채식 시의 과정과 거의 같다.

(2) 역출단계는 3단계로 세분된다.

- 제2위의 수축에 의해 그 내용물이 분문부를 누른다.
- 성문(聲門, glottis)이 폐쇄되고 흡식(吸息)에 의해 흉강내압이 내려가며, 결과적으로 식도내압도 저하된다.
- 제2위의 수축에 의한 양압과 식도 내의 음압의 차이가 60～80 mg Hg가 된다.

  이 압력의 차이와 순간적인 개구 및 역연동(reverse peristalsis)이 식괴를 입으로 밀어 올리게 된다. 과량의 액체는 압출되어 다시 삼켜지고 고형물은 재저작된 후 제1위로 보내진다.

(3) 역출된 식괴는 주로 조사료와 액체이며, 농후사료는 거의 없다.

(4) 소는 일일 평균 8시간 가량 반추한다. 1회의 반추과정에는 약 1분이 소요되는데, 그 중 3～4초는 역출 및 도로 삼키는 데 이용된다.

3) 트 림(eructation)

(1) 제1위에서의 미생물에 의한 발효작용으로 생긴 다량의 가스(주로 CO_2와 CH_4)들은 제거되어야만 한다.

(2) 제1위 상부낭의 수축이 가스를 앞뒤로 밀어낸다. 그리하여 분문이 자극되고 식도가 열리면 가스가 밖으로 배출된다.

(3) 고창증(bloat)은 가스가 외부로 배출되지 못하여 일어나는 흔한 대사장애이다. 고창증에 걸리면 제1위가 팽창되는데, 동물의 왼쪽에서 눈으로도 확인할 수 있다. 대부분의 경우 제1위에서 안정성이 높은 거품의 생성이 원인이 된다. 이 거품은 생리적인 트림을 방해하여 가스가 축적되게 된다. 그러므로 거품의 생성을 방지하고, 일단 형성된 후에는 빨리 제거해 주어야만 한다.

연습문제

1. 진위 문제

(1) 위로 들어가는 섭취물을 미즙(chyme)이라고 부른다.

(2) 가금에서 소낭(crop)은 소화작용의 중요 부분을 차지한다.

(3) 말에서 담즙은 담낭을 통하지 않고 직접 십이지장으로 분비된다.

(4) 단백질은 반추동물의 제4위(abomasum)에서 뇨소와 같은 비단백태질소화합물로부터 합성될 수 있다.

(5) 닭에서 근위는 돼지의 선위에 해당한다.

(6) 위선(gastric gland)에서 위의 안정된 pH 수준을 유지하기 위하여 중탄산소다(sodium bicarbonate)를 분비한다.

(7) 소화된 영양소가 순환계로 들어가는 흡수의 대부분은 대장에서 일어난다.

(8) Pepsin은 소장액에서 발견되는 단백질에 작용하는 효소이다.

(9) 지방의 흡수도 다른 영양소와 같이 활성흡수에 의한다.

2. 단답형 문제

(1) 반추위 부위 중 단위동물의 위와 가장 비슷한 기능을 하는 곳은?

(2) 소화관의 여러 부위 중 말에서 돼지나 닭에서 보다 더 잘 발달된 곳은?

(3) 반추위 부위 중 다량의 물을 흡수하는 곳은?

(4) 닭의 소화관 중에서 두 개가 있는 것은?

(5) 수분의 흡수는 무엇의 차이에 의해서 일어나는가?

제 3 장

사료 및 사료 첨가제

《학습목표》

- 사료의 명칭과 사료 성분
- 각종 사료의 특성
- 영양적 및 비영양적 사료 첨가제
- 사료 이용성 증진을 위한 가공방법
- 각종 사료의 수확 및 저장
- 사료섭취량에 영향을 미치는 요인
- 프리믹스의 목적과 이용방법

1. 서 언

사료(feeds, feedstuffs)란 가축이 생명을 유지하고, 축산물을 생산하며, 정상적인 번식을 하는 데 요구되는 영양소를 함유한 물질로서 섭취 가능한 상태로 된 것을 일컫는다. 따라서 지역 및 축종에 따라 사료로 이용되는 것은 매우 다양하다. 일찍이 미국의 Morrison은 1960년대에 농후사료 432종 청예(靑刈)사료 및 괴경류(塊莖類) 143종, 사일리지 46종 및 건초 173종 등에 대한 영양성분을 발표하였다. 또한 1971년 미국의 NRC(National Research Council)에서는 6,152종의 사료에 대한 화학적 성분 및 영양소 함량을 발표하였다.

우리나라에서는 농촌진흥청 축산기술연구소(현재 국립축산과학원)가 1981년도 544종의 사료에 대한 화학적 성분 및 사료의 영양소 함량에 대한 정보가 실린 '한국 표준사료 성분표'를 발표하였으며, 1988년, 2002년 및 2007년에는 개정판을 내었다. 본 교재의 부록에 제시된 사료 성분표는 주로 한국 표준사료 성분표에서 발췌 인용한 것이다. 일본에서도 자국의 표준사료 성분표를 발표하고 있으며, 대부분의 국가들은 고유의 사료성분표를 가지고 있고, 이를 주기적으로 수정 보완하고 있다.

모든 가축은 성장과 그 단계에 따라 영양소 요구량이 다르다. 이에 축종과 각 단계에 따른 영양소 요구량에 알맞은 사료를 공급함으로써 최대의 생산량과 수익을 가져올 수 있다. 그 영양소 요구량을 나타낸 것을 사양표준(feeding standard)이라고 하며, 사양표준에 따라 사료를 급여하는 것을 표준사양이라고 한다. 동일한 축종이라도 품종·기후 등에 따라 영양소 요구량이 다르므로 각국이 고유의 가축사양 표준을 제정하고 있다. 우리나라에서도 사양표준은 지속적으로 개정되어 왔으며, 최근 국립축산과학원에서 2017년 판 축종별 한국사양표준을 발행하였고, 5년마다 수정 보완작업을 진행하고 있다. 세계적으로 이용 빈도가 많은 표준으로는 미국의 NRC 사양표준이 있다.

2. 사료의 분류 및 명칭

2.1 사료의 분류

NRC에서는 국제사료연구소(International Feedstuffs Institute)의 제안에 따라 사료를 8가지로 분류하였고, 한국 표준사료 성분표에서는 사료의 가공방법, 영양소 함량, 사료의 가식 부분 등에 따라 관행으로 통용되는 명칭을 중심으로 14가지로 분류하였다.

1) IFI(국제사료연구소)의 분류

■ 건조한 목초 및 조사료(dry forages and roughages)

조섬유질 함량이 건물 기준 18% 이상이고, 세포벽 물질 함량이 35% 이상인 건조된 모든 목초와 이용 가능한 건조된 조사료가 여기에 속한다.

(1) 탄수화물성 조사료
- 화본과(禾本科) 건초
- 고간류(藁稈類, straw and stalks)

(2) 단백질성 조사료
- 두과 건초(荳科 乾草)
- 양질 혼합건초

■ 청예(靑刈)사료

목초지(牧草地, pasture)와 목야지(牧野地, range)의 생초(fresh cut) 상태로 급여하는 풀 사료

(1) 탄수화물성 청초(저단백질): 숙기가 늦은 화본과(禾本科) 목초

(2) 단백질성 청초(고단백질): 두과(豆科) 목초와 성장 중에 있는 어린 목초

■ 사일리지(silages)

옥수수·목초·야초 등의 사료작물로 제조한 사일리지를 말하며, 곡류·괴경류(고구마, 감자)·어류 등이 혼합된 사일리지는 이 부류에 포함시키지 않는다.

(1) 탄수화물성 사일리지: 옥수수·호맥 등 화본과 목초 사일리지

(2) 단백질성 사일리지: 알팔파·클로버 등 두과 목초 사일리지

■ 에너지사료

건물 기준으로 단백질 함량 20% 이하, 조섬유질 함량 18% 이하, 그리고 NDF 함량이 35% 이하인 곡류, 곡류 가공 부산물, 괴경류 등이 여기에 속한다. 이 부류에 속하는 사료로써 사일리지를 제조했더라도 에너지 사료에 속한다. 탄수화물성 농후사료가 주종을 이룬다.

(1) 곡류: 옥수수·귀리·보리·밀·호밀·수수 등

(2) 곡류 가공 부산물: 밀기울·쌀겨 등의 강류(糠類) 등

(3) 괴경류(塊莖類): 고구마·감자 등

■ 단백질 보충사료(protein supplements feeds)

조단백질 함량이 20% 이상인 식물성 및 동물성 단백질 사료를 말한다.

(1) 식물성 단백질사료
- 유박류(油粕類, oil meals): 대두박·면실박 등
- 곡류 가공 부산물: 옥수수 글루텐 밀·배아박 등
- 양조 부산물: 건조 맥주박 등

(2) 동물성 단백질사료
- 동물의 조직: 육분·육골분·혈분 등
- 어류: 어분·어즙 등

(3) 유가공 부산물: 건조유청·탈지분유 등

■ 무기질 첨가제

(1) 골분(bone meal)

(2) 석회석(limestone)

■ 비타민 첨가제

(1) 효모(yeasts)

(2) 카로티노이드(carotinoids)

(3) 혼합 비타민 제제 등

■ 첨가제(additives)

배합사료에 첨가하는 생균제(probiotics), 유기산(organic acids), 프로바이오틱스(probiotics), 효소(enzyme) 및 기타 기질

2) 한국 표준사료 성분표의 분류

(1) 곡 류: 옥수수·보리·밀 등

(2) 강피류: 쌀겨·보릿겨·밀기울 등

(3) 유박류: 대두박·호마박 등

(4) 가공부산물류: 전분박·주정박·맥아근 등

(5) 동물질 사료: 어분·우모분·혈분 등

(6) 과채류 및 괴경류: 무·호박·고구마·감자 등

(7) 농산부산물: 볏짚·보릿짚·콩깍지 등

(8) 청예작물류: 청예용 호밀·수수·수단그라스 등

(9) 사일리지류: 옥수수 사일리지·호맥 사일리지 등

(10) 총체곡류: 보리·밀·귀리 등

(11) 목초류: 오차드그라스·알팔파 등

(12) 야초류: 바랭이·솔새·칡 등

(13) 해초류: 감태·파래·말 등

(14) 수엽류: 아카시잎·뽕잎 등

(15) 기 타: 곤충·잠사부산물·효모 등

2.2 사료의 명칭

일반적으로 통용되는 동일명의 사료라도 품종, 생산환경, 이용되는 부위, 가공방법, 저장방법 등에 따라 사료적 가치는 크게 차이가 있으며, 지역이나 국가에 따라 상이한 이름으로 통용되므로 국제간의 사료 정보 이용에 혼돈을 가져올 수 있기에, 미국 유타(Utah)대학의 Harris 교수 등(1980)은 국제 사료명(IFN, International Feed Name)을 제안했고, 미국의 NRC와 대부분 국가는 이 제안을 받아들여 사료 성분표상의 사료 명칭은 국제 사료명(IFN)을 표기하고 있으며, 원산지명은 나라별 domain code를 사용하고 있다.

IFN은 다음 6가지 항목을 기준으로 사료명을 표기하도록 되어 있다.

(1) 사료의 원재료 : 학명 또는 일반명(품종 · 계통)

(2) 이용되는 부위

(3) 가공처리 방법

(4) 성장단계(성숙도)

(5) 예취 횟수(1번초 또는 2번초)

(6) 등급(보증된 공공 등급)

1) 사료의 원재료(origin)

사료로 이용되는 재료는 그 수가 많으므로 원재료의 이름을 부여하는 방법도 여러 가지가 있으나, 일반적으로 학명 또는 일반명을 이용한다. 일반명을 쓸 때는 종 · 품종을 함께 표시한다.

[예] Alfalfa, *Medicago sativa*

2) 사료로 이용되는 부위

사료로 이용되는 부위는 식물의 경우는 잎 · 줄기 · 종실 등이고, 동물에서는 주로 가공 부산물인 고기(肉)와 뼈가 이용되었으나, 현재는 곡류와 고기의 여러 가지 가공방법이 개발됨에 따라 그 부산물의 종류가 다양해져서 이용되는 부위의 명확한 정의가 요구된다. 예를 들면,

(1) 겨(bran) : 곡류의 과피

(2) 속대(cob) : 옥수수의 알곡을 제거한 후의 속 부분

(3) 배아(germ) : 종자 내의 배아로써 전분을 제조할 때 분리되는 부분

3) 가공처리(processes and treatments)

어떤 원료 사료는 이용성을 증진키 위하여 가공처리를 하게 되는데, 이처럼 함으로써 그 영양가가 현저히 변하는 것이 있다.

표 3-1. 사료에 이용되는 식물의 숙기에 대한 정의

구 분	정 의	유사어
1. 꽃이 피는 식물		
발아기(date of germination)	종자의 배아가 휴지기를 지나 성장을 시작하는 단계	Sprouted
출수 전(before heading out)	식물의 생장초기 단계로서 출수되기 전	성장 초기 영양 생장기
출수기(heading to bloom)	출수가 시작할 때부터 개화 전까지의 단계	성장 후기, 생식생장기, 개화 전
개화 초기(early bloom)	개화 시작에서부터 1/10 정도 개화가 진행될 때까지	
개화 중기(mid bloom)	개화가 1/10에서 2/3 이상 개화된 상태	
만개기(full bloom)	식물 전체가 2/3 이상 개화된 상태	
개화 후기(late bloom)	꽃잎이 마르고, 낙화되며, 일부는 종실을 형성할 때	유숙기 전
유숙기(milk stage)	종실이 잘 형성되었으나 아직은 연하고 미성숙된 상태	
호숙기(dough stage)	종실의 배유가 점성이 있는 상태	
황숙기(yellow ripe stage)	식물체에 엽록소가 소실되어 황갈색으로 변하는 시기	
완숙기(mature)	종실로서 수확이 가능한 단계	
재생영양 생장기 (regrowth vegetative)	1회 예취 후 재생되는 것으로 생식성장이 이루어지지 않은 상태	
재생생식 생장기(regrowth late vegetative)	수확 후 재생된 식물이 출수해서부터 개화가 되기 전까지의 단계	
2. 꽃이 피지 않는 식물		
성장 01~14일	성장이 시작된 후부터의 일수	
성장 15~28일	성장이 시작된 후부터의 일수	
성장 29~45일	성장이 시작된 후부터의 일수	

열처리함으로써 일부 영양소는 손실을 주는 한편, 일부는 사료 이용성이 향상되기도 한다. 분쇄는 소화율에 영향을 미칠 수도 있으며, 반추동물에게는 반추위내 휘발성 지방산(VFA: volatile fatty acids) 생성에 영향을 미쳐 유지율이 낮아지기도 한다. 그래서 사료 성분표의 사료에는 정확한 가공방법이 명시되어야 한다.

가공처리에 대한 주요 용어의 정의를 하면 다음과 같다.

(1) 생(生, fresh) : 생산 후 많은 시간이 경과 하지 않고 그대로 급여하는 것으로 시들거나 저장되지 않은 것

(2) 가수분해(hydrolyzed) : 복잡한 화학적 구조가 화학적 반응을 일으켜 단순한 분자 단위로 분리되는 것. 이러한 반응은 효소제·촉매제·산·열·압력 등의 처리로 이루어진다.

(3) 기계적 압출(mechanical-extracted) : 열과 기계적인 압력으로 종실(種實)에서 기름을 추출한 것. 부록의 사료 성분표에서는 압출로 표기되었다. 일반적으로 압출한 박류는 용매추출보다 지방함량은 많고 단백질 함량은 적다.

(4) 용매추출(solvent extracted) : 알코올 등의 용매를 이용해서 종실의 기름을 추출한 것. 부록에서는 추출로 표기하였다.

(5) 건조 및 지방 제거: 주로 동물조직을 증기로 쪄서 수분과 지방을 제거한 것

4) 성장단계(stage of maturity)

목초, 사일리지 등은 재료의 성장단계가 화학적 조성 및 영양가에 영향을 크게 미친다. 식물은 성장단계에 따라 잎·줄기·열매의 구성 비율에 차이가 있으며, 화학적 조성이 다르다. 식물의 성장단계를 정의하면 표 3-1과 같다.

5) 예취(cutting) 횟수

대부분의 사료작물은 1년에 수회 수확을 한다. 그래서 재료가 첫 번째 수확(1번초)한 것인지 1회 예취 후 재생된 것을 예취(2번초)한 것인가를 명시한다.

6) 등급(grade)

미국에서는 유통되는 모든 사료 또는 사료원료에 대해 화학적 조성분과 품질, 이물질 함량 등에 따라 공적인 등급을 설정하고 있다. 등급의 기준은 조섬유질, 조단백질, 지방함량 등을 최고·최저 함량을(%) 표기하여 나타내고 있다.

2.3 사료의 고유번호

국제 사료 명칭에는 6개 단위로 된 고유한 국제사료번호(International Feed Number)를 갖게 된다. 이 번호는 사료 명칭과 사료의 화학적, 생물학적인 data를 중심으로 표기된 것인데, 국제사료정보센터와 세계 여러 나라의 data bank와 연결되어 있다.

예를 들면,

Alfalfa, *Medicago sativa*

청예(fresh)	IFN 2-10-196
건초, 일광건조, 개화 초기	IFN 1-00-059
분말, 인공건조	IFN 1-00-022
사일리지, 건물 30～50%	IFN 3-08-150

IFN의 맨 앞의 숫자는 국제사료연구소의 분류에 의한 것이다.

2.4 사료 성분표

우리나라에서 주로 이용되는 주요 사료에 대한 화학적 성분은 <부록 6>에 나타내었다. 사료의 각종 조성분(組成分) 및 에너지가는 급여상태(as fed)를 기준으로 한 값을 나타내었다. 그러나 각 표의 처음 5종은 건물(乾物, dry matter)을 기준으로 한 값도 함께 표기하였다.

여기에 수록된 대부분의 data는 농촌진흥청 국립축산과학원에서 2017년에 발표한 한국 표준사료 성분표에서 발췌·인용한 것이다. 자료를 구할 수 없거나 사료배합표 작성에 영향을 미치지 않을 data는 (-)로서 나타내었다. 동일 종류의 사료라도 그 화학적 조성분 및 사료 영양가는 품종, 생산환경, 가공처리 방법, 저장방법 등에 따라 상당한 차이가 있을 수 있다. 그리하여 이용하는 사료의 가장 정확한 사료 성분은 직접적인 성분분석이고, 사료성분표를 이용하는 것은 차선의 방법이라 할 수 있다.

3. 농후사료(concentrates)

3.1 탄수화물성 농후사료

대부분의 사료용 곡물과 그 부산물로서 에너지가가 높은 사료이다. 국제사료명(IFN)명법에 따르면 조단백질 20% 이하, 조섬유질 18% 이하에 해당하는 사료이다.

〈일반적인 영양 특성〉

(1) 에너지 함량이 높음

(2) 섬유질 함량 낮음

(3) 저단백질(유박사료나 일부 양조 부산물에 비해서)

(4) 단백질의 질은 차이가 심하나 일반적으로 매우 낮음

(5) 무기질 함량 : 칼슘이 적고, 인의 이용성은 낮으나 목초에 비해 양호

(6) 비타민 수준

- 비타민 D와 A의 역가가 낮다(황색 옥수수 제외).
- Thiamin의 함량은 많다.
- Riboflavin, 비타민 B_{12}, 엽산의 함량은 적다.
- Niacin의 함량은 많지만, 소화율이 낮다.
- 비타민 E 함량이 적은 편이다.

1) 옥수수(corn, maize)

(1) 에너지 함량이 많다(TDN : 80% 이상).

(2) Ca의 함량이 적으며, P의 이용성이 비교적 낮다.

(3) Niacin 함량은 적지 않으나 돼지와 닭에서는 그 이용성이 낮다.

(4) 조단백질(CP : 8～9%), lysine, tryptophan, 비타민 D, riboflavin, 엽산 등의 함량이 적다.

(5) 황색 옥수수는 백색과 비교하면 비타민 A 전구물질의 함량이 많다.

(6) 옥수수의 등급은 수분함량, 충실치 않은 알곡의 비율, 이물질의 함량 등을 기준으로 하며, 수분함량을 기준으로 보면 아래와 같다.

등 급	용적중(g/L)	수분(%)	파쇄립과 협잡물(%)	피해립(%)	
				전피해립	열피해립
US No. 1	721 이상	14.0 이하	2.0 이하	3.0 이하	0.1 이하
US No. 2	696 이상	15.5 이하	3.0 이하	5.0 이하	0.2 이하
US No. 3	670 이상	17.5 이하	4.0 이하	7.0 이하	0.5 이하
US No. 4	631 이상	20.0 이하	5.0 이하	10.0 이하	1.0 이하
US No. 5	593 이상	23.0 이하	7.0 이하	15.0 이하	3.0 이하

(7) 옥수수의 이용

- 풍건(air-dry) 옥수수: 건물 함량 88～90%, 건조한 옥수수
- 고수분 옥수수(high moisture corn): 수분함량 20～34%. 이것은 주로 옥수수 생산 농가에서 건조하지 않고 그대로 이용하는데, 비육우에서는 사료 효율이 높다.
- 옥수수 이삭(corn ears): 탈곡하지 않은 옥수수 이삭을 그대로 분쇄하여 이용

2) 수수(sorghum, milo, kafir, 수수 잡종 등)

(1) 수수는 종이 많으나 사료용으로 이용되는 것은 grain sorghum으로 초장이 짧고 곡식알이 큰 것이다. 초장이 높고 곡식알이 작은 broon sorghum이나 sweet sorghum 등의 비 grain sorghum은 기타 곡물로 취급된다.

(2) 옥수수에 비해 에너지가가 낮다(TDN 75～78%). 사료가(feeding value)는 반추동물(소·면양)에서는 옥수수의 85～90%, 닭·돼지에서는 95～98%이다.

(3) 기호성과 에너지 이용성을 떨어뜨리는 타닌이(tannin) 존재하는데, 함량은 품종에 따라 다르다. 일반적으로 백색수수의 타닌 함량은 0.4% 이하인데 비하여 갈색 수수는 1～2%로 비교적 높다.

(4) 조단백질 함량은 옥수수에 비해 많으나 변이 폭이 크며(8～12%), 색이 노란 수수일지라도 carotene 함량은 적다. Ca 함량이 적으며, 소화율을 높이기 위해서 반드시 분쇄해야 한다.

(5) 수수 중의 타닌은 Bleach test로 확인할 수 있으며, 수수를 사용한 사료에 메티오닌이나 콜린 등의 메틸기가 있는 화합물을 첨가함으로써 타닌의 부작용을 완화시킬 수 있다.

(6) 곡식알의 색도는 백색에서 갈색까지 여러 색상을 나타낸다. 갈색의 착색 성분은 페놀류 화합물로서 쓴맛이 있어 기호성을 떨어뜨린다.

(7) 수수는 가뭄에 견디는 힘이 옥수수보다 강하므로 강우량이 적어서 옥수수 재배가 어려운 지대에서 주로 재배한다.

3) 귀리(燕麥, oats)

(1) TDN 65～70%, CP 12%

(2) 기호성이 좋고, 사료가는 전 가축에서 옥수수의 85% 정도 되나 껍질을 벗겼을

경우는 옥수수와 비슷한 사료가를 나타낸다.

(3) 조섬유질 함량이 많아서(11%) 비육말기 사료 또는 양계사료로는 부적합하다.

(4) 이 용

- 성장 중축에 좋다.
- 비육말기 사료에서는 20～25% 이하로 이용한다.
- 송아지 사료에서는 옥수수와의 비율을 50 : 50 이하로 한다.
- 양돈 사료에서는 옥수수 대체율을 20% 이하로 한다.
- 번식용 돼지에서는 제한이 없으며, 체중 조절에 이용한다.
- 말에서는 양호한 곡류 사료로써 이용된다.
- 조지방 함량이 높아(4.5%) 산패되기 쉬우므로 저장에 유의해야 한다.
- 용적중은 380 g/ L 이상이 좋다.

4) 보리(大麥, barley)

(1) TDN 70～75%, CP 12%

(2) 비타민 D와 carotene이 부족하고 riboflavin 함량도 낮다. 그러나 nicotinic acid 함량은 많으며, 비타민 A 공급능력은 거의 없다.

(3) 사료가는 반추동물은 옥수수의 88～90%, 돼지에서는 80%

(4) 섬유질 함량이 5～6% 정도 되므로 비반추동물(돼지 · 닭) 사료로는 제한적으로 이용한다. 돼지와 육우의 체지방 경도 및 지방색을 개선하는 효과가 있으나 보릿겨의 혼입으로 사료적 가치가 다소 떨어진다.

(5) 소에서는 농후사료로 보리만을 이용할 수 있으나, 이때 무기질 첨가는 필수적이다.

5) 호밀(胡麥, rye)

(1) TDN 75%, CP 12%

(2) 곡류 중에서 기호성이 불량한 편이다.

(3) 흑곰팡이의 일종인 ergot에 감염될 수 있으며, 감염된 호맥은 기호성이 떨어지고, 유산(流產)을 일으키거나 신체의 말단부(발굽, 귀 끝부분 등)에 혈액순환 장애를 유발할 수도 있다. 초생추, 종계, 자돈 및 임신우 사료에는 사용을 제한한다.

(4) 너무 곱게 분쇄하면 소화 장애가 나타날 수 있다.

(5) 전 사료의 1/3 이상 배합을 해서는 안 된다.

6) 밀(小麥, wheat)

(1) TDN 80%, CP 12～14%

(2) 소맥은 spring wheat와 winter wheat가 있으며, 일반적으로 spring wheat가 경질이 많다. 또한 입질(粒質)에 따라 배유조직이 치밀하고 단면이 반투명하며, 단백질 함량이 많은 경질 소맥과 조직이 거칠고 단면이 분상(粉狀)인 연질소맥으로 구분한다. 입색(粒色)에 의해 red wheat, white wheat로 구분하기도 한다.

(3) 돼지와 소에게 제한된 양을 급여할 때 옥수수의 105% 사료가를 나타내기도 한다(돼지와 비육우 사료에 50% 이상 초과하지 않도록 한다).

(4) 소맥의 회분 함량이 많다는 것은 겉껍질 부분이 두터운 것을 의미하므로 소맥분의 품질 판정에 회분 함량의 측정이 중요시 된다.

(5) 소맥은 소나 돼지에게 전립을 그대로 급여하면 소화불량을 야기하는 경우가 있고, 반대로 곱게 분쇄하면 입안 및 소화기 내에서 끈기가 있는 반죽모양의 식괴(pasty mass)를 형성하여 기호성을 떨어뜨릴 뿐만 아니라 소화기 장애를 일으키므로 거칠게 분쇄하거나 증기압편 처리를 하는 것이 좋다.

(6) 미국 농무성의 등급기준

등 급	용적중(g/l)	손상립(%)	열손립(%)	파쇄립(%)	이물(%)
US No. 1	773 이상	2.0 이하	0.1 이하	3.0 이하	3.0 이하
US No. 2	747 이상	4.0 이하	0.2 이하	5.0 이하	5.0 이하
US No. 3	721 이상	7.0 이하	0.5 이하	8.0 이하	10.0 이하
US No. 4	696 이상	10.0 이하	1.0 이하	12.0 이하	10.0 이하
US No. 5	657 이상	15.0 이하	3.0 이하	20.0 이하	10.0 이하

7) 타피오카(tapioca)

(1) 타피오카는 열대지방에서 생산되는 근괴류의 다년생 작물로서 cassava, mandioca 또는 ruca 등의 여러 이름으로 불리며, 뿌리는 30～40%의 건물을 함유하고 있으며, 뿌리 부분(건물 기준으로 약 85%의 전분을 함유)을 가공한 것이다.

(2) 전분 65% 이상, 조섬유 5.0% 이하
(3) 일반적으로 펠릿 형태로 유통된다.
(4) HCN의 존재가 중요한 장애 요인이나 일광건조가 충분하면 90% 이상이 제거되며, 사료에 methionine, cystine 등의 황 함유 아미노산이나 Na_2SO_4 등을 추가로 공급하면 HCN의 독성을 완화시킨다.

8) 트리티케일(triticale)

(1) 밀과 호밀의 교잡종에서 생산된 곡실이다.
(2) 타 곡류와 비교하면 단백질이 양질이나 lysine이 제한 아미노산이다.
(3) 기호성이 낮으며, 호밀처럼 ergot에 감염될 수도 있다.
(4) 전 사료의 50% 이상 배합은 금한다.

9) 분쇄 옥수수 이삭(corn and cob meal)

(1) 옥수수 이삭(corn ears)을 그대로 건조・분쇄한 것으로, 옥수수의 종실과 속대(cob)의 혼합 분쇄물 이다.
(2) TDN 73%, CP 8%
(3) 무게 비율로 보면 옥수수 알곡이 75~80%, 옥수수 속대가 20~25%로 구성되어 있다.
(4) 비육말기 사료 또는 말의 사료로는 우수하나 양돈・양계 사료로는 사용하지 않는다.

10) 건조 비트 펄프(dried beet pulp)

(1) 사탕무우에서 서당을 제조할 때 생기는 압착부산물을 건조시킨 것으로 시판되는 beet pulp는 다음의 4종류가 있다.
- Dried molassed beet pulp(DMBP) : beet pulp에 당밀을 첨가하여 건조시킨 것. 당밀 첨가량은 건물 환산으로 18~22%
- Dried beet pulp : Beet를 screw press로 압착하여 건조시킨 것
- Triple nuts : DMBP + urea + P + vitamin
- Magnesium nuts : DMBP에 1.5%의 마그네슘을 첨가한 것

(2) TDN 65~70%, CP 8~10%, 조섬유 15.0~19.0%

(3) 사탕무 가공 부산물이다.

(4) 조섬유질 함량이 18～19%나 되므로 조사료로 취급되기도 한다.

(5) Bulk 사료용이나 임신돈의 연하제로 사용되기도 한다.

(6) 사료곡류 15～20%를 대체할 수 있다.

11) 당밀(糖蜜, molasses)

(1) 사탕수수 또는 사탕무에서 설탕을 제조할 때의 부산물이다.

(2) TDN 55～75%, CP 3～7%(대부분 NPN)

(3) 보통 액상(건물 70～80%) 그대로 사료로 이용되나, 때로는 건조 후 사용하기도 한다.

(4) 당의 함량이 48% 이상으로 기호성이 좋으며, 에너지원으로 이용된다.

(5) 배합사료 공장에서는 먼지 발생을 막기 위한 재료로 이용하기도 한다.

(6) 요소를 첨가해서 이용하기도 한다.

(7) 반추 가축 또는 말의 사료 중 3～7%를 이용한다.

(8) 사료 중 당밀의 함량이 너무 많으면 K 함량이 높아서 설사를 유발하거나 반추위내의 미생물 생육에 장애를 일으키기도 한다. 15% 이상의 수준에서는 사료가 너무 끈적거려 취급하기가 불편하다.

12) 건조 감귤박(dried citrus pulp)

(1) 감귤류의 가공 부산물을 건조한 것이다.

(2) 섬유질 함량은 높고(13%), 조단백질 함량은 낮다(6～7%).

(3) P의 함량은 낮으나(0.12%), Ca 함량은 높다(2.0% 이상).

(4) 젖소 사료로 이용성이 좋으며, 비육우에도 이용 가능하다.

(5) 일반적으로 전 사료의 20～25% 미만을 권장한다.

13) 동물성 지방(animal fat)

(1) 동물의 조직으로부터 추출한 것이다.

(2) 다음과 같은 이유로 배합사료에 이용한다.

- 사료의 에너지가를 증가시킨다.
- 작업 중 발생되는 먼지를 줄인다.

- 사료의 기호성과 점도(粘度)를 개선한다.
- 펠릿 제조시 기계의 마모를 줄이고 작업 능률을 향상한다.

(3) 일반적으로 산패를 막기 위해 항산화제를 처리한다.

(4) 반추가축 사료에는 5%까지, 비반추가축 사료에는 10%까지 사용할 수 있다.

14) 제빵 부산물(bakery by-products)

(1) 제빵・제과 생산물과 기타 부산물을 혼합해서 건조한 다음 분쇄한 것을 말한다.

(2) 영양가는 옥수수와 비슷하지만, 지방함량(12～16%)이 높으며, 때에 따라서는 상당량의 식염이 함유되어 있다.

(3) 식염의 양을 고려해서 가축 사료로는 전 사료량의 20% 이상을 초과해서는 안 된다.

3.2 단백질성 농후사료

〈식물성 단백질사료〉

(1) 유박류 : 기름을 많이 함유한 종실로부터 채유하고 남는 부산물: 대두박, 면실박, 아마박, 채종박, 호마박, 임자박 등

(2) 제조박류

- 전분제조 부산물: 글루텐류 등
- 양조부산물: 장유박, 주정박 등

〈동물성 단백질사료〉

(1) 어류(fish) 및 가공 부산물: 어분, 어즙, 새우박 등

(2) 도축 부산물: 육분, 육골분, 혈분, 가금 부산물분, 모발분, 우모분 등

(3) 유가공 부산물: 전유, 유장, 탈지분유 등

(4) 피혁 부산물: 피혁분 등

(5) 기 타: 잠용박 등

〈비단백태질소화합물〉

(1) 요소, 뷰렛(biuret) 등

1) 식물성 단백질사료

■ 대두박(大豆粕, soybean meal)

(1) 대두박은 대두에서 기름을 짜고 난 부산물로서 단백질원으로 가장 많이 사용되고 있다. 조단백질 함량은 44～50% 정도이다.

(2) 영양적 특성
- 조단백질 : 용매추출박 44～50%, 기계압착박 41～44%
- 섬유질 : 조섬유질 7% 미만
- TDN : 71～80%
- 무기물 : Ca 0.30%, P 0.65%

(3) 사료효율과 안전성을 높이기 위해서 가열처리를 한다.
- Urease의 활성 파괴
- Pancreatic hypertrophy, hemagglutinin에 관여하는 인자의 활성 파괴
- 식욕감퇴를 유발하는 인자의 활성 파괴
- 사료 효율을 감소시키는 인자의 활성 파괴
- 단백질의 소화율 향상을 위해 소화가 쉬운 상태로 단백질을 변성시킴

(4) 대두박은 단백질 함량이 많을 뿐만 아니라 아미노산의 균형이 좋아 부족한 단백질과 아미노산 결함을 보충해 준다.

■ 면실박(棉實粕, cottonseed meal)

(1) 면실로부터 생면(linter)을 취한 다음, 기름을 짜고 남은 잔사를 건조, 분쇄한 것. 착유방법과 hull의 제거 정도에 따라 성분의 변이가 심함

(2) 영양적 특성
- 조단백질 : 36～41%
- TDN : 61～70%
- Ca 함량은 적고(0.17%), P 함량은 많음(1.1%)
- 조섬유 : 10～14%
- 단백질의 질은 낮다. 특히 lysine 함량이 결핍되어 있으므로 양돈・양계 사료로는 사용량을 제한한다.

(3) 양돈・양계 사료 이용 시 주의사항
- 면실박에는 gossypol이라는 중독물질이 0.03～0.3% 함유되어 있다. 반추가축

에서는 문제가 없으나 단위가축에서는 중독을 일으킬 수 있다. 특히 성장 중인 자돈에서는 더욱 주의를 필요로 한다.

- 육계에서는 사료 중 gossypol 함량 0.015%까지는 내성(耐性)이 있고, 성장 중인 돼지는 0.01% 수준까지 내성이 있다.
- Gossypol의 중독을 막기 위해 철분을 유리 gossypol 함량에 대해 1 : 1의 비율로 혼합한다.
- Gossypol의 전형적인 중독 증상은 복강에 물이 고이는 증상 외에는 폐렴 증상과 유사하다.
- 산란계에서는 사료 중 유리 gossypol 함량이 0.02% 수준까지는 영향을 받지 않으나, 달걀을 3개월 이상 저장을 하면 gossypol 함량 0.005% 수준에서도 노른자위가 푸른 반점이 생기거나 푸른색을 띤다. 어떤 면실박에는 cyclopropenoid라는 지방계통 물질이 있는데, 이것은 달걀의 흰자위 부분을 분홍색으로 만들기도 한다.

(4) 사료 권장량

- 양돈 · 양계 사료에서는 단백질 보충 사료의 25～30% 이상 사용은 금한다.
- 반추가축에서는 제한 없이 이용 가능하다.
- 면실(whole cottonseed)을 그대로 젖소사료로 이용할 수 있다(조단백질 23%, TDN 88%, 조섬유질 17～24%, 지방 20%).

■ 아마박(亞麻粕, linseed meal)

(1) 아마 종실에서 채유한 후의 부산물

(2) 영양적 특성

- 조단백질 함량 33～34%, 조섬유질 9%
- Ca 0.41%, P 0.87%, Se 함량은 0.90%로서 높다.
- 기호성은 좋은 편이며, 분이 연하게 된다.
- 대두박에 비해 lysine과 tryptophan의 함량이 낮다.

(3) 사료 이용

- 양돈 · 양계 사료에서는 대두박의 25～33%를 대체할 수 있다.
- 반추가축과 말에서는 훌륭한 단백질 보충 사료로 이용된다.
- 아마박에는 특유의 점질물(mucin)이 함유되어 있어 소에게 급여할 경우에는 정장작용을 하며, 피모의 광택을 양호하게 한다. 그러나 단위가축에 대한 사료가치는 높지 않고 다급하면 연변배설을 유발한다.

(4) 미숙한 아마종자 중에는 linamarin이라는 배당체와 linase라는 효소가 있어 적당한 온도(40∼50℃)와 pH 5(2∼8)에서 수분이 있으면 청산을 생성한다. 아마박에는 0.01∼0.03%의 청산에 해당하는 정도의 linamarin이 들어 있다. Linase는 가열에 의해 파괴되므로 채유 공정중에 처리되는 열로 파괴되며, 저온 채유 아마박 중에 함유된 linase도 비반추동물의 경우 산성의 소화액에서 파괴된다.

■ 채종박(菜種粕, rapeseed meal 또는 canola oil meal)

(1) 채종(유채)은 십자화과에 속하는 식물로서 온대 및 아열대 지방의 동계(冬季) 작물로서 캐나다에서 많이 재배하며, 우리나라에서는 제주도에서 많이 재배한다. 채종박은 채종의 종실에서 껍질과 기름을 제거한 다음 남는 부분이다.

(2) 영양적 특성
- 단백질 35∼40%, 조섬유 13∼14%
- Ca(0.60%)과 P(1.0%)의 함량이 높다.
- 기호성은 낮고, 에너지와 lysine은 대두박보다 낮다.

(3) 채종박의 사료가치 저하 요인
- 채종에는 erucic acid와 항갑상선 물질인 glucosinolates가 들어있다. 채종박 중에는 myrosinase가 glucosinolate와 작용하여 goitrin이라는 갑상선 비대 물질 OZT, ITC 등을 유리한다. 갑상선을 비대시키는 것은 ITC보다 OZT의 영향이 크다. 최근에는 이들의 함유량이 낮은 품종이 캐나다에서 개발되어 캐놀라(Canola)라는 명칭을 붙였다.
- 채유과정에서 erucic acid는 상당량이 제거되고, glucosinolate는 채유과정에서 온도를 100℃ 이상으로 급히 올리고, 수분함량을 6∼10%로 조정하면 불활성이 된다.
- 타닌 함량은 비교적 높고, 수수보다 많을 때도 있다.
- 채종박 중의 sinapine은 쓴맛을 내는 물질로 기호성을 떨어뜨린다.

(4) 이 용
- 자돈과 병아리 사료로는 전 사료의 5% 이상 사용은 금하며, 성돈과 산란계에는 전 사료의 12%까지 사용할 수 있다.
- 반추가축에서는 기호성이 좋지 않다.

■ 참깻묵(胡麻粕, sesame meal)

(1) 참깨에서 채유한 다음 나오는 갈색의 부산물이다.
(2) 조단백질 : 42(압착박)~46%(추출박), 임자박이나 채종박보다 높다.
(3) Methionine과 tryptophan의 함량은 높고, lysine의 함량은 낮다. 대두박과 함께 쓰면 좋은 효과를 기대할 수 있다.

■ 들깻묵(荏子粕, perilla oil meal)

(1) 들깨의 종실로부터 채유하고 남는 부산물이다.
(2) 조단백질 : 36%(압착박)~38%(추출박), 조섬유질 17~19%
(3) Lysine 함량이 적다.
(4) 기호성은 좋은 편이다.

■ 해바라기씨박(sunflower oil meal)

(1) 해바라기씨를 껍질을 벗기고 채유를 한 다음의 산물이다.
(2) 영양적 특성
  - 조단백질·조섬유질 함량은 채유방법과 채유과정에서 껍질을 벗기는 정도에 따라 많은 차이가 난다.
  - 조단백질 40%, P 1.0%
  - 비타민 B 복합물질의 함량이 풍부하다.
  - 대두박에 비해 lysine과 에너지 함량이 적다.
  - 독성은 없으나 너무 곱게 분쇄하면 먼지가 일고, 기호성이 감소한다.
(3) 이 용
  - 양계 및 양돈 사료에서 대두박의 30~50% 대체 가능(산란계 사료에 다량 사용 시 난각을 얼룩지게 할 수도 있다.)
  - 반추가축 사료로는 문제점이 없다.

■ 옥수수 글루텐(corn gluten)

(1) 옥수수 글루텐은 옥수수로부터 starch, syrup 등을 제조하는 과정에서 전분과 배아 및 옥피의 대부분을 제거하고 남은 글루텐 부분을 건조시켜 만든 것이다.
(2) 영양적 특성
  - 조단백질은 62%로서 변이 폭이 크며, 58% 이하는 저품질이다.

방 법	조단백질(%)	조섬유질(%)
종실 그대로 압착해서 용매추출	32.2	23.7
껍질을 벗기고 기계압착	40.5	12.7
껍질을 벗기고 용매추출	45.2	11.7

- TDN 72～76%
- Lysine 함량이 부족하여 단위 동물에게는 단일 단백질원으로는 적당치 않다.
- 색소인 xanthophyl이 다량 함유(400～430 mg/kg)되어 있어 산란계의 천연 착색제로도 이용된다. 과다 건조에 의한 dark yellow color의 것은 유용한 아미노산 및 색소가 파괴되어 이용성이 저하된다.
- 반추동물에서는 UDP(제1위 미분해단백질)의 함량이 높아, 고능력 젖소에게는 좋은 단백질 공급원이 된다.

(3) 이 용

- 양계 및 양돈 사료로 대두박과 함께 급여했을 때 좋은 결과를 나타낸다.
- 성우에서는 대두박 완전 대체가 가능하나, 송아지 사료에서는 대두박과 함께 급여하는 것이 좋다.

■ 주정박(酒精粕, distillers feeds, distillers dried grains with solubles)

(1) 주정박은 에타놀을 만드는 과정 중에 생기는 발효부산물인데, 사용되는 원료와 가공방법에 따라 사료가는 많은 차이가 있다. 옥수수·보리·고구마 등 전분을 당으로 변화시키고, 이것을 효모의 작용으로 알코올로 변화시키고 나서 증류하면 고형물이 5～7% 정도인 발효부산물이 나오는데 이것이 주정박이다.

(2) 옥수수의 가공공정에는 건식가공(dry milling)과 습식가공(wet milling)이 있으며, 바이오 에타놀 생산은 대부분이 건식공정으로 생산된다. 건식공정의 부산물에는 WDG(wet distiller's grains / 습고형 주정박), DDG(dried distiller's grains / 건조고형 주정박), WDGS(wet distiller's grains with solubles / 습주정박), DDGS(dried distiller's grains with solubles / 주정박), WDG에 DDG를 혼합하여 수분함량을 조정한 modified wet cake, 그리고 잔액을 농축한 CDS (condensed distiller's solubles / 농축잔액) 등이 있다. CDS와 WDG를 혼합한 WDGS의 일부는 건조하지 않은 상태로 인근 축우에게 이용되며, 나머지는 건조(DDGS)되어 유통된다.

(3) 주정박의 조단백질 함량은 사용된 원료 및 가공방법에 따라 차이가 크며(15～

32%), 옥수수 DDGS는 30% 정도 된다.

(4) 주정박은 효모를 함유하기 때문에 비타민 B군이 많이 함유되어 있다.

(5) Lysine과 tryptophan이 제한 아미노산이다.

(6) DDS에는 UGF(미지성장인자)가 상당량 함유되어 있다.

(7) 이 용

- 양돈 및 양계용 사료에는 10% 정도
- 젖소사료에는 총 건물의 20% 이하, 육우사료에는 총 건물의 40% 이하
- 건조 시 과다 열처리된 것은 색이 진하고 이용성이 저하된다.

■ 옥수수 배아박(胚芽粕, corn germ meal)

(1) 옥수수는 크게 전분부분, 글루텐부분, 배아부분으로 나눈다. 이 중에서 배아부분은 주로 단백질·지방·무기질로 구성되어 있고, 배아박은 옥수수 가공처리 과정 중 생산되는 배아에서 지방을 제거한 것이다.

(2) 영양적 특성 및 사료 이용

- 조단백질: 15~20%
- Ca은 낮고(0.06%), P은 높은 편(0.20%)이다.

(3) 양계용 사료로는 전 사료의 10% 정도 사용이 가능하고, 돼지와 소에서는 10~20% 정도 이용할 수 있다.

■ 맥주박(麥酒粕, brewers dried grain)

(1) 맥주박은 맥주를 제조할 때 나오는 부산물로서, 보리의 껍질 및 불용해성 물질의 혼합물로서 수분함량이 75% 정도 되는데, 이것을 생맥주박이라고 부른다. 그대로 젖소용 사료로 사용하기도 하지만, 말려서 배합사료의 원료로 사용한다.

(2) 영양적 특성

- 건조 맥주박 조단백질 25%, 조섬유질 15%
- 맥주박에는 hop가 함유되어 쓴맛이 난다.
- 부피가 크고 섬유질 함량이 많아서 닭, 돼지 사료로는 적합하지 않다.

(3) 이 용

- 양계와 양돈 사료로는 10% 이하로 이용한다.
- 젖소의 사료로 널리 이용된다. 건조된 맥주박은 전 농후사료 양의 1/3까지 이

용할 수 있다.

- 생맥주박은 수분함량(75%)이 많아 수송비용이 많이 드나 건조비용을 절약할 수 있으므로 많은 농가에서 이용한다. 여름철에는 쉽게 변패가 되므로 2일 이내에 먹여야 되고, 겨울에는 3일까지 저장이 가능하다.
- 생맥주박은 건조된 것에 비해 약 1/4의 사료가치가 있으므로 젖소 두당 10～15 kg 정도 급여한다.

■ 루핀(lupin seed)

(1) 품종은 blue, yellow, white 3가지로 구분된다.

(2) 영양적 특성

- 조단백질 30%, 조지방 5%, 조섬유 15%
- Trypsin inhibitor는 거의 없으며, 알칼로이드 함량이 높은 것은 쓴맛으로 기호성이 저하된다.
- 에타놀 추출, 익스트루젼 처리로 루핀의 이용성을 증가시킬 수 있지만, 경제적 부담이 따른다.

(3) 이 용

- 돼지는 알칼로이드의 쓴맛에 민감하므로 양돈용 사료에는 20% 이내로 제한하는 것이 좋다.
- 알칼로이드 함량은 0.04%를 초과하면 중독 증상이 우려되므로 사료로 사용하지 않는 것이 좋다.

■ 전립면실(whole cotton seed)

(1) 면실에서 솜을 취한 다음 남은 부산물로 종자의 핵과 외피 또는 껍질로 이루어져 있다. 외피 또는 껍질에 linter라 불리워지는 짧은 cellulose 섬유가 붙어있는 면실(FWC)과 linter가 제거된 면실(DWC)이 있다. 전립면실은 젖소에게 훌륭한 원료로 유지율을 높이고, 고유량을 지속시키며, 반추위 기능을 양호하게 한다.

(2) 영양적 특성

- 조단백질 함량은 19.0%(FWC) 및 23%(DWC), 조지방은 18.5%(FWC) 및 19.5%(DWC)
- 전립면실에는 free gossypol 이 0.4～1.4% 존재하므로 단위가축에는 사용하

지 말아야 한다. 반추가축에서는 루멘 발효에 의한 상당량의 gossypol을 루멘 미생물이 무해하도록 변화시키며 우유 중에 이행되지는 않는다.

- 전립면실을 젖소에 급여하면 분 중에 흑색 종자가 다소 보일 수도 있다. 분 중에 배설된 종자 수는 DWC와 FWC 간에 유의차는 없다. 분 중에 흑색 종자가 보이는 것을 피하기 위해 분쇄나 pellet으로 만들어 급여하면 유지율 개선 효과는 없어진다.

2) 동물성 단백질 사료

〈일반적 특성〉

(1) 몇 가지를 제외하면 일반적으로 단백질 함량이 높고, 아미노산 조성이 좋아 양질의 단백질 공급원이 된다. 특히 식물 단백질 사료에서 부족하기 쉬운 lysine의 함량이 높아서 식물 단백질 사료에 첨가하면 좋은 효과를 낸다.

(2) 어분이나 탈지분유 등을 제외한 동물성 단백질은 케라틴성 단백질로 구성되어 그 이용성이 낮고, 단백질 조성도 좋은 편이 아니므로 단백질 공급원으로 단용은 어렵다.

(3) 어분, 육분, 육골분, 새우박 등은 Ca・P의 함량이 높으나 우모분, 피혁분 등은 낮은 편이다.

(4) 반추동물의 경우 동물성 단백질사료는 UDP(제1위 미분해단백질)의 함량이 높으므로 고능력우의 중요한 단백질 공급원이 될 수 있다.

(5) 일반적으로 식물성 단백질사료의 5～10%를 대체하면 좋은 결과를 얻는다.

■ 어분(魚粉, fish meal)

(1) 각종 어류의 전어체 또는 생선의 불가식 부분을 자숙, 압착하여 어유(fish oil)를 분리하고 남은 어박을 건조시켜 분쇄한 것이다. 가공방법, 어종, 생산지 등에 따라 사료적 가치가 다르다.

(2) 조단백질 함량(52～62%)은 제품에 따라 차이가 크게 난다.

(3) 단백질의 질이 우수하고, 비타민 B 복합물질의 함량이 높다.

(4) Ca과 P의 함량이 높다.

(5) 품질 보존을 위하여 항산화제(에톡시퀸)를 사용하기도 한다.

■ 어즙(魚汁, fish solubles)

(1) 바다 물고기를 가공할 때 나오는 액상 부분을 농축한 것으로, 액체로 된 것과 말린 것이 있다. 농축된 어즙에 밀기울이나 쌀겨에 흡착시킨 것을 어즙흡착사료라 한다.

(2) 농축된 어즙은 조단백질 함량이 30% 정도 되며, 건조한 것에는 50% 정도 된다.

(3) 단백질의 질이 좋으며, 좋은 비타민 B 공급원이다.

■ 육분과 육골분(meat meal, meat and bone meal)

(1) Tankage 또는 meat scrap라고도 한다. 육가공 공장에서 생산되는 고기 찌꺼기를 가열하여 농축한 다음, 지방을 분리하고 말린 다음 분쇄한 것이다. 이것을 육분이라 하고, 뼈를 함께 넣었을 경우 육골분이라 한다. 이것은 인의 함량이 44%나 된다.

(2) 조단백질 함량이 45~55%로 높으며, 단백질의 질이 양호하다.

■ 혈분(血粉, blood meal)

(1) 혈분은 도축장에서 수집된 응고된 피를 건조 후 분쇄한 것이다.

(2) 혈분은 조단백질 함량이 80% 이상이나, 그 이용성은 낮다.

(3) 기호성이 불량하다.

(4) 혈분은 UDP(제1위 미분해단백질) 함량이 높아서 고능력우 사료로 이용된다.

■ 우유 및 유가공 부산물

(1) 전유(whole milk)는 어린 동물의 사료로 이용된다.

(2) 탈지분유(dried skim milk)는 전유에서 cream을 분리한 다음 건조한 것으로 주로 식용으로 쓰이고, 일부가 송아지용 대용유로 이용된다.

(3) 건조유청(dried whey)은 cheese제조 부산물로서 조단백질 함량은 11%이며, 유당 함량은 61%나 된다.

■ 피혁분(皮革粉, leather meal)

(1) 피혁분은 피혁제조 과정 또는 피혁제품 제조 중 나오는 불량품 또는 조각들을 가수분해 처리한 것이다.

(2) 조단백질 함량은 68%로 높으나 질은 낮다.

(3) Methionine, lysine, isoleucine, leucine 등의 함량은 낮다.

(4) 단일 단백질 급원으로는 이용할 수 없다.

(5) 피혁분에는 크롬(chrome)이 상당량 함유되었으므로 그 사용량은 극히 제한하는 것이 좋다.

■ 우모분(hydrolyzed feather meal)

(1) 가금의 우모를 고압으로 가열 처리하여 가수분해한 후 건조, 분쇄한 것이다.

(2) 조단백질 함량은 83%로 높으나 품질은 낮다.

- 0.0002% pepsin 소화율: 20%
- 우모 단백질의 85~90%는 케라틴으로 구성되어 있어서 소화 이용성이 나쁘다. 불용성 이물이 존재하거나 좋지 않은 냄새가 있는지 점검하여야 한다.
- 가수분해가 불량한 우모분, 과열처리된 우모분도 소화 이용성이 나쁘므로 pepsin 소화율을 점검해야 한다.
- 우모분에는 황 함유 아미노산인 cystine 함량이 높으나 과열처리하면 함유황 아미노산 또한 파괴된다.

(3) 단일 단백질 급원으로는 이용할 수 없다.

3) 비단백태질소화합물(NPN, non protein nitrogenous compound)

반추가축은 반추위내의 미생물의 작용으로 비단백태질소화합물을 분해하여 암모니아를 단백질 합성의 질소원으로 이용한다. NPN으로 이용할 수 있는 것으로 요소(urea), 뷰렛(biuret), 암모늄염(ammonium salt) 등이 있으나 요소를 주로 이용한다.

■ 요소(尿素, urea)

(1) 요소의 구조식은 다음과 같으며, N 함량은 45%이다. 이것은 조단백질로 환산하면 281%(45% × 6.25)가 된다.

$$\begin{array}{c} NH_2 \\ | \\ C=O \\ | \\ NH_2 \end{array}$$

(2) 요소는 에너지는 없고 N만 공급하므로 반드시 사료 중 에너지는 충분하고, 단

백질이 부족한 사료에서만 이용될 수 있다.

(3) NPN은 반추가축 사료로만 이용할 수 있다. 그러나 반추가축이라도 반추위의 발달이 덜 된 어린 가축에서는 사용하지 않는다.

(4) 과다 급여 시 중독을 일으킬 수 있다.

(5) 요소 또는 타 NPN의 사료 이용상의 요점

- 사료 중 총 질소함량의 1/3 이상을 NPN으로 이용하지 않는다.
- 전 사료의 1%, 또는 농후사료의 3% 이상은 사용하지 않는다.
- 옥수수 사일리지 제조 시 0.5% 미만 첨가할 수도 있다.
- 저질조사료 급여 시는 단백질 보충사료의 5% 이상은 대체하지 않는다.

■ 뷰렛(biuret)

(1) 요소 두 분자가 결합된 것이다.

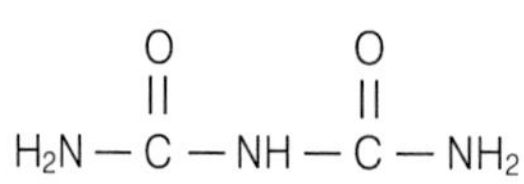

(2) 뷰렛은 반추위 내에서 요소보다 천천히 분해되므로 중독이 적고 안전성이 높다.

3.3 곡류가공 부산물

곡류를 도정하거나 제분할 때 생산되는 부산물인 강피류와 전분(澱粉)을 생산할 때의 부산물이 여기에 속한다.

〈일반적 특성〉

(1) 곡류보다 조섬유질 함량은 높고 에너지가는 낮다.

(2) 조단백질 함량은 10~20% 정도로 곡류보다 높다.

(3) 부피가 크므로 가축의 변비 예방 또는 영양제 희석제로도 사용된다.

(4) P의 함량은 곡류보다 높으나 주로 phytin태 인으로 그 이용성은 낮다.

(5) Lysine, methionine, tryptophan 함량은 낮으나 곡류보다 높다.

(6) 비타민 B군 함량은 비교적 풍부하다.

1) 밀기울(소맥피, wheat bran)

(1) 밀가루 생산 공정에서 과피, 종피, 외배유, 호분층, 배아 등이 혼재된 것을 체

로 분리하여 입자도에 따라 밀기울(12～15%), 말분(7～8%), 정강(1.5～4.5%), 배아(1%), 등외 소맥분으로 분류한다. 이 중 입자도가 가장 큰 것이 밀기울이다. 미국에서는 조섬유 함량 4% 이하의 고운 말분을 red dog, 7% 이하를 shorts, 9.5% 이하의 다소 거친 것을 middling 또는 millrun이라 부른다. 말분에는 고운 입자의 밀기울, 배아, 등외 밀가루가 혼재되어 있다. 정강은 말분보다 입자가 더 미세한 것이다. 그리고 공정 중 재료 정선과정에서 불량 종실 및 기타 종실이 혼입된 것을 분리해 내는데, 이를 세실(screenings)이라 한다.

(2) 기호성이 좋아 오래 전부터 농가의 자급 사료로 이용됨

(3) 사료적 가치

- 조단백질 함량 15～16%, 조섬유질 6～9%
- P의 함량은 많으나(1.5%) Ca 함량은 적으며(0.14%), P의 대부분은 phytin으로 이용률이 낮다.
- Mn, Mg의 함량이 많다.
- 비타민 A, D 함량은 적지만 비타민 E 함량은 많다.

(4) 사료 이용

- 젖소에서는 기호성이 좋으므로 전 사료의 25～30%까지 이용할 수 있다.
- 일반적으로 육계사료로는 잘 이용되지 않으나 산란계사료에는 10% 정도 이용할 수 있다.
- 비육돈과 자돈에는 잘 이용되지 않으나 번식돈에는 이용할 수 있다.

2) 쌀겨(米糠, rice bran)

(1) 벼를 도정할 때 처음 나오는 것은 벼의 과피인 왕겨인데, 이것은 사료로 이용하지 않는다. 왕겨만을 벗긴 것을 현미라고 하며, 현미를 다시 도정하면 백미(白米)와 쌀겨, 즉 미강으로 분리되는데, 미강은 현미의 5～8% 정도가 된다.

(2) 미강은 타 강피류에 비해 지방함량이 높으므로(14%) 산패의 위험성이 있다.

(3) 미강의 기름을 뺀 것을 탈지미강이라 한다. 탈지미강은 미강에 비해 저장성이 높고 기호성이 좋다.

(4) 사료적 가치

- 조단백질 13%, 지방 14%, 섬유질 10%이고, 탈지미강은 조단백질 16%, 지방 1%, 조섬유 9%이다.
- 불포화지방산의 함량이 높고, 다량 급여하면 체지방을 연하게 한다.

- Lysine과 methionine의 함량이 낮다.
- 미강 중에는 trypsin inhibitor가 높은 활성으로 존재하므로 열처리하지 않은 미강을 다급하면 단백질 소화 장애를 일으키는 경우가 있다. 펠렛팅 등의 처리로는 트립신 저해인자를 불활성화시킬 수 없다.
- Ca이 적고, P과 Mn은 많은 편이다.
- 에너지의 함량은 비교적 낮다(TDN 60～65%).

(5) 이 용

- 젖소에서는 농후사료의 30% 이내로 사용할 수 있나 그 이상은 하리를 일으키고, 버터를 연하게 한다.
- 양돈사료에서는 25～30%까지 사용할 수 있으나 출하 전에는 15% 이상의 사용은 금한다. 다량 급여 시 체지방을 연하게 하고, 체지방 색깔을 황색으로 한다.
- 탈지미강은 성계사료에는 10%까지, 병아리에서는 5% 정도 사용할 수 있다.

3) 보릿겨(麥糠, barley bran)

(1) 보리나 쌀보리를 보리쌀로 도정할 때 나오는 부산물을 총칭하여 보릿겨라 한다. 맥강은 보리의 40～45% 정도 생산된다. 보리를 1차 도정할 때 나오는 것을 황맥강이라 하고, 2차 도정 시 나오는 것을 정맥강이라 한다. 이들이 혼합된 것을 혼합맥강이라 한다.

(2) 황맥강, 정맥강, 혼합맥강의 영양소 함량은 다음과 같다.

(%)

종 류	수 분	조단백질	조지방	조섬유질	조회분	TDN
황맥강	9.4	9.1	4.7	19.1	8.0	49.6
정맥강	10.4	12.8	5.2	11.1	6.9	65.2
혼합맥강	10.8	10.7	5.6	14.1	7.6	54.9

(3) 황맥강은 조단백질 함량은 적고, 섬유질 함량은 높다.

(4) 사료 이용

- 맥강은 비육돈, 육우에 급여하면 육질을 좋게 한다.
- 양계용으로는 정맥강을 5% 정도 사용할 수 있다.

4) 단백피(corn gluten feed)

(1) 옥수수 전분과 syrup 제조과정 중 대부분의 전분과 배아, 콘글루텐을 얻은 후 남은 껍질부분에 corn steep liquor 등을 첨가하여 건조한 것이다.

(2) 조단백질 22.0%, 조지방 2.0%, 조섬유 10%

(3) 입자의 조성이 균일하여야 하고, 과열 건조로 인해 갈변되었거나 탄화된 부분이 적어야 하며, 색상은 엷은 황색에서 엷은 황갈색이다.

5) 대두피(大豆被, soybean hull)

(1) 대두피(콩껍질)는 탈피대두박을 생산할 때 나오는 대두의 외피(外被)를 말한다. 콩(대두)을 탈피하면 12～13%의 대두피가 생산된다.

(2) 대두피는 조섬유 함량이 30% 이상이고, 에너지 함량이 낮아서 조사료로 분류되기도 한다.

(3) 대두피를 증기로 처리한 후 압착한 것을 soybean hull flake라 하는데, 에너지가 대두피에 비하여 크게 향상된다.

(4) 조단백질 11%, 조섬유 30%

(5) 대두피는 비반추가축 사료로는 적당치 않고, 반추가축 사료로 이용하면 좋을 것으로 본다.

6) 옥수수겨(corn bran, hominy feed)

(1) 옥수수를 도정하여 옥수수분(粉)을 만들 때 생산되는 부산물로서 종피, 배아, 약간의 전분층으로 구성되는데, 이것을 통틀어 옥수수겨라 하며, hominy feed라고도 한다.

(2) 종피만을 corn bran이라고도 하는데, 이것은 조단백질 12～16%, 조섬유질 16%로서 부피가 크다.

(3) 옥수수 배아만을 corn germ meal이라 하여 분리하기도 하는데, 이것은 옥수수 배아에서 기름을 제거하고 건조한 것이다(기름을 제거하기 전의 것은 조단백질 8～10%, 기름을 제거한 것은 조단백질 20%).

(4) Hominy feed : 조단백질 10～11%, 조지방 4% 미만

(5) 사료의 이용

- 옥수수겨는 젖소에서 주로 많이 사용된다.

- 양돈사료로는 10% 수준까지 사용할 수 있으며, 연지방 생성에 주의해야 한다.
- 양계사료로 이용했을 때 밀기울보다는 좋으나 10% 이상은 사용하지 않는다.

7) 전분박(澱粉粕, starch pulp)

(1) 전분박은 감자, 고구마, 옥수수, 밀 등에서 전분을 빼고 남은 부분을 말한다. 사용한 원료에 따라 고구마 전분박, 감자 전분박 등으로 통용된다.

(2) 전분박은 생산 당시 수분이 80% 이상 되어 저장, 운반 등이 어려우므로 이용에 어려움이 있다.

(3) 건조된 전분박은 조단백질 7∼10%, 조섬유 3∼5%이다.

8) 맥아근(麥芽根, malted barley root)

(1) 보리를 온수에 담가 2∼3일 두면 발아하는데, 이를 건조 후 어린 싹과 뿌리를 분리하는데, 이를 맥아근이라 한다.

(2) 조단백질 함량 28%, 조섬유 함량 16%이다.

(3) 영양소 함량은 많으나 쓴맛이 기호성을 떨어뜨린다. 아주 적은 양을 다른 사료와 혼합해서 이용하며, 주로 반추가축에 쓰인다.

4. 조사료(粗飼料, roughages)

4.1 조사료의 영양적 특성

(1) 에너지 함량은 낮고, 조섬유질 함량은 18% 이상이다.

(2) 부피가 커서 반추가축에게 포만감을 준다.

(3) 미량무기질 함량이 높다.

(4) 지용성 비타민(비타민 A와 D)의 급원이 되기도 한다.

(5) 양계 및 양돈 사료로는 많이 이용되지 않는다.

(6) 비육말기 사료로서는 제한적으로 이용된다.

(7) 농후사료에 비해 동일종이라도 숙기, 저장방법 등에 따라 사료가의 변이 폭이 크다.

4.2 조사료의 분류

1) 사료 품질을 중심으로 한 분류

■ 양질 조사료 : 목초, 사료작물 등

(1) 단백질성 조사료: 조단백질 함량이 건물기준 10% 이상으로 콩과(豆科) 목초(alfalfa, clover 등)가 이에 속한다.

(2) 탄수화물성 조사료: 조단백질 함량이 건물기준 10% 이하인 조사료로 화본과(禾本科) 목초(orchard grass, timothy 등)와 옥수수 사일리지 등이다.

■ 저질 조사료

(1) 숙기가 지난 목초류

(2) 고간류(藁稈類): 볏짚, 보릿짚, 옥수숫대 등

2) 이용방법에 따른 분류

(1) 청 예: 청초를 베어서 즉시 사료로 이용하는 것

(2) 방 목: 가축이 직접 풀을 뜯어 먹도록 하는 것

(3) 건 초: 목초를 저장하기 위해 수분함량 13% 이하로 말린 것

(4) 사일리지: 목초를 저장하기 위해 수분함량 65~75%인 재료를 젖산 발효시킨 것

(5) 헤일리지(haylage): 목초의 수분함량이 45~55%인 것을 젖산 발효시킨 것

4.3 단백질성 사료

〈두과(豆科) 목초의 일반적인 특징〉

(1) 조단백질 함량이 많고(건물기준 10% 이상), 단백질의 질이 좋다.

(2) Ca 함량이 비교적 높다(0.9% 이상).

(3) 비타민 A 전구물질 함량이 많으며, 일광건조된 것은 비타민 D 함량이 많아진다.

(4) Lignin 함량은 화본과 목초보다 많다. 특히 줄기에 많이 함유되어 있다.

(5) 기호성이 좋다.

(6) 화본과 목초와 혼합 급여하면 사료 이용성이 좋다.

(7) 청초급여는 고창증(bloat)의 위험이 있다.

1) 두과 목초

■ Alfalfa

(1) 목초의 여왕으로 불리며, 사료가치가 높고 단위 면적당 수량도 많다.

(2) 심근성으로 가뭄에 견디는 힘이 강하며, 연간 2~4회 수확한다.

(3) 주로 건초로 이용되며, 근간에는 pelleting·cube 등으로 제조되기도 한다. 분쇄한 alfalfa meal은 양계와 양돈사료로도 이용된다.

(4) 건초의 영양가는 다음과 같다.

- 조단백질 15~25%(수확시 숙기에 따라 차이가 큼)
- TDN 50% 이상
- Ca 1.3~1.5%, P 0.24%

(5) 인공 건조된 alfalfa를 dehydrated alfalfa라고 하며, 일광건조된 건초에 비하여 사료가치가 높다.

(6) 방목 또는 청예 급여 시 고창증의 위험이 있다.

■ Red clover

(1) 다년생(3~4년) 목초로서 줄기는 직립형이며, 건초용으로 재배된다.

(2) Alfalfa와 비슷한 영양가를 나타내나, 조단백질 함량은 alfalfa보다 낮다(12~20%).

■ Ladino clover

(1) White clover 중에서 수량이 가장 많은 종으로서 줄기는 포복형이다.

(2) 방목용 초지에 많으며, 주로 화본과 목초인 orchardgrass 또는 tall fescue와 혼파 한다.

■ Birdsfoot trefoil

(1) 불량한 토양조건(산성토양, 염해가 있는 토양)에서도 잘 자라며, 잎과 줄기가

가늘고 기호성이 좋다.

(2) 두과 목초이지만 고창증(bloat)의 위험성이 없다.

(3) 조단백질 함량은 13~21%이다.

■ 청예대두

일년생 두과 목초로서 수량이 많으나 매년 파종을 해야 하므로 널리 이용되지 않고 있지만, 일부 농가에서는 재배한다(조단백질: 16%).

4.4 탄수화물성 조사료

1) 영년생 화본과 목초(perenial grasses)

■ Orchardgrass

(1) 우리나라 초지에서 가장 많이 재배되는 영년생 목초로서 그루터기(bunches)를 형성한다.

(2) 음지에서도 잘 자라며, 더위와 추위에도 비교적 강한 초종이다.

(3) 부드럽고 생산량도 많으며 기호성도 좋다.

(4) 출수기에 수확한 건초의 조단백질 함량은 8~12%이다.

(5) 방목, 건초, 청예용으로 이용된다.

■ Timothy

(1) 줄기 밑동에 영양저장 기관인 인경(鱗莖, corm)을 가지고 있으며, 더위에는 약하지만 추위에는 잘 견딘다. 우리나라 고냉지 초지에 많이 이용된다.

(2) 주로 건초용으로 재배되며, 기호성이 좋다.

(3) 출수 초기에 수확하면 양질의 건초가 된다.

(4) 조단백질 함량 8~12%(건물기준)

■ Reed canarygrass

(1) 성장이 왕성한 직립형 목초이며, 땅속줄기로 증식하고 방석형(sod form)이다.

(2) 습지에 잘 자라며, 추위와 더위에도 강하다.

(3) 잎과 줄기가 거칠어서 기호성은 타 목초에 비해 다소 떨어진다.

■ Tall fescue

(1) 뿌리가 깊게 뻗고, 생장력이 매우 강한 목초로서 사방용으로도 이용된다.

(2) 잎과 줄기가 거칠어서 기호성이 떨어져 고능력 젖소에게는 다소 부적합할 수도 있다.

(3) 어떤 지역에서는 tall fescue 방목지에서 소가 절룩거리는 증상이 나타나는데, 이것을 'fescue foot'이라고 한다. 이것은 말단부분의 혈액순환이 불량해서 나타나는 증상이다.

(4) 여름철 기온이 올라가고 출수가 될 때 알카로이드의 일종인 peroline이 형성되므로 기호성과 소화율이 떨어지고, 소의 털이 거칠어지고 체온이 올라가는 증상이 나타나기도 한다.

■ Perennial ryegrass

(1) 이 목초는 발아가 쉽고 초기 성장이 왕성하므로 혼합목초지 조성에 많이 이용한다.

(2) 방목용 또는 건초용으로 이용된다.

2) 일년생 및 월년생 화본과 목초(annual and winter annual grasses)

■ 수수×수단 교잡종(sorghum-sudangrass hybrid)

(1) 우리나라에서는 수단그라스 또는 청예용 수수로 통용되기도 하나 주로 재배되는 것은 수수×수단 교잡종이다. 이것은 기온이 높을 때 잘 자라는 난지형(남방형) 초종으로서 줄기가 가늘고(직경 6 mm 미만), 키가 크며(90∼150 cm), 잎이 비교적 부드럽다.

(2) 분얼(分蘖, tillering)이 왕성하고, 예취 후 재생이 잘 되어 수량이 많으며, 가뭄에 견디는 힘이 강하다.

(3) 우리나라에서는 주로 청예(靑刈, fresh cut)로 이용되나 계통에 따라 건초 또는 사일리지도 가능하다.

(4) 수단그라스 계통은 가끔 청산(hydrocyanic acid)이 미량 함유되어 있으며, 독성을 일으킬 수도 있어 생육초기에는 약간 말려서 급여하면 안전하다.

■ Pearl millet

(1) 직립형으로 키가 크나(180～400 cm) 줄기가 두텁고 거칠며 골이 있다.

(2) 재생력이 왕성하고 수량이 많다.

(3) 청예로 이용되며 건초로도 이용된다.

(4) 주로 소의 사료로 이용된다.

(5) 수단그라스 계통보다 조단백질 함량(6～20%)이 높고, 청산의 위험성이 없다.

■ Italian ryegrass

(1) 월년생 작물로서 가을에 파종해서 이듬해 5～6월까지 이용한다. 그래서 답리작으로 재배되기도 한다.

(2) 초기 성장이 왕성하고, 기호성이 좋다.

(3) 청예, 건초, 사일리지 등에 이용된다.

■ 화곡류 사료작물(귀리, 호밀, 보리 등)

(1) 곡류로 이용되는 화곡류(禾穀類)는 사료작물로도 이용된다. 곡류 이용 시에는 알곡만을 수확하게 되나 사료작물로 이용 시는 식물 전체(whole crops)를 이용한다.

(2) 화곡류 작물은 청예용으로 재배되나 건초 또는 사일리지 제조용으로도 이용된다.

(3) 옥수수는 단위 면적당 영양가, 생산량이 가장 많고, 수분함량이 사일리지 제조에 적합하므로 식물 전체(잎, 줄기, 열매)를 수확해서 젖산발효를 시켜 저장했다가 사료로 이용한다(상세한 것은 이 장의 사일리지 항목 참조).
옥수수 사일리지의 영양가를 다른 조사료와 비교하면 표 3-2와 같다.

표 3-2. 옥수수 사일리지와 주요 조사료의 영양가 비교

종 류	수분함량(%)	건물기준(%)		
		조단백질	조섬유	TDN
옥수수 사일리지	70	8.3	28	67
볏 짚	12	4.5	36	43
목 초	83	14.2	32	60
알팔파 건초	10	18.0	29	65

(4) 옥수수 사일리지의 조단백질은 목초, 알팔파 건초에 비해 낮으나 TDN 함량은 어느 것보다 높다.

(5) 옥수수 사일리지는 다즙질 사료로서 기호성이 좋아 섭취량이 많고, 소화가 용이하므로 한우 및 젖소의 조사료로서 경제적이다.

(6) 옥수수 사일리지에는 섬유질 함량이 많아서 농후사료를 다량 급여하는 젖소에 급여하면 섬유질 요구량을 충당할 수 있다.

4.5 조사료의 이용

1) 방목(grazing)

방목은 초지에서 가축이 풀을 직접 뜯어 먹는 것으로 초지가 풍부한 나라에서는 가장 자연스럽고 경제적인 초지이용 방법이다. 영국에서는 초식가축의 급여 영양분 중 53%가 목초에 의해 공급되고, 이 중 35%가 방목으로 공급된다. 미국에서는 젖소에게 공급되는 영양소 중 38%가 방목으로 해결된다고 한다.

■ 방목의 장점과 단점

〔장 점〕

(1) 청예, 건초, 사일리지 이용에서 소요되는 채초, 운반, 조제, 저장 및 급여에 소요되는 노력과 기계, 시설비 등이 절약된다.

(2) 가축이 신선한 목초를 직접 뜯어 먹기 때문에 양분의 손실이 없고, 가축 스스로 영양소가 풍부한 풀을 선택 채색한다.

(3) 방목 시 충분한 운동과 일광욕을 하므로 발육이 양호하고, 번식 장애 등을 방지한다.

(4) 방목 중 분뇨(糞尿)를 방목지에 환원한다.

〔단 점〕

(1) 방목 시의 제상(蹄傷)과 배분(排糞)으로 인한 손상으로 목초의 이용률이 채초 이용에 비해 감소한다(15～50% 정도 감소).

(2) 제상에 의하여 분얼경(tiller)과 포복경(runner)이 손상되거나 절단되어 초세가 약화되고, 선택채식에 의하여 기호성이 나쁜 불량초가 우세해져 식생 구성의 조화가 붕괴되기도 한다.

(3) 방목 가축의 계속된 답압에 의해 토양의 물리적 성질이 악화하고, 지표가 파괴되어 토양침식이 일어날 수도 있다.

(4) 방목가축은 내외 기생충의 피해를 받기 쉽다.

(5) 방목가축은 채식활동 및 외기온 등으로 유지에너지의 요구량이 많다.

(6) 방목을 위한 목책, 음수장 등의 시설이 필요하다.

■ 방목방법

(1) 연속방목(continuous grazing) : 고정방목이라고도 한다. 전체의 방목지에 봄부터 가을까지 계속 방목을 하는 방법이다. 이것은 주로 생산성이 낮은 초지 또는 야초지에서 면양 또는 육성우 등에 이용되는 조방적인 방목방법이다.

(2) 윤환방목(rotational grazing) : 방목지를 몇 개의 목구(牧區)로 분할하고, 각 목구에 순차적으로 윤환하여 방목하는 방법이다. 한 목구 내에서는 방목기간을 4～6일로 하며, 휴목기간을 5, 6월은 14～18일, 7～9월은 20～35일, 9월 중순～10월은 50～70일로 한다.

(3) 대상방목(帶狀放牧, stripe grazing) : 윤환방목의 목구를 다시 반나절 또는 1일 정도 방목할 수 있는 목구로 세분하여 방목하는 고도의 집약적 윤환방목법이다. 이것은 젖소 방목에 주로 이용되고 있다. 대상의 목구는 가동책(可動柵)으로 하는데, 주로 전기목책을 이용한다.

한우가 잘 조성된 초지에서 자유로이 풀을 뜯고 있다.

(4) 계목(繫牧, tethering) : 밧줄이나 쇠사슬로 가축을 초지에 계류하여 채식시키는 방법이다. 옛날 우리나라 농촌에서 한우를 고삐에 묶어서 풀이 있는 곳에서 풀을 뜯기는 것과 같은 방법이다. 계류한 범위 내의 풀을 다 뜯어 먹으면 말뚝을 이동하여 새 장소의 풀을 뜯어 먹게 하는 극히 집약적인 윤환방목법의 일종이다.

2) 청예(靑刈, fresh cut, zero grazing)

목초를 수확해서 즉시 가축에 급여하는 것을 말한다. 청예로 이용되는 것을 청예용 사료작물이라고 하며, 화본과 및 두과 목초가 주종을 이룬다.

■ 청예 이용의 장점과 단점

〔장 점〕

(1) 단위 면적당 수량 및 영양소 생산량이 건초나 사일리지 조제 시보다 많다.
(2) 건초나 사일리지 제조에 비하여 영양소 손실량을 최소로 한다.
(3) 방목과 같이 제상으로 손실되는 양이 없고 목책시설이 필요 없다.
(4) 방목에 비하여 고창증 발생의 위험을 줄일 수 있다.
(5) 낙농에서는 점차 방목보다 청예 이용이 증가하는 추세이다.

〔단 점〕

(1) 목초의 숙기와 날씨의 영향을 받으므로 일정한 질의 목초를 확보하기 힘들다.
(2) 비가 자주 오는 점질토양에서는 기계작업이 제한되어 수확에 어려움이 있다.
(3) 노동력과 기계비용이 증가된다.
(4) 일시에 많은 양이 수확되므로 이용기간 및 방법에 제한이 따른다.

3) 건초(乾草, hays)

생초를 저장하기 위하여 생초 중에 함유된 75~85%의 수분을 건조하여 13% 이하(장기 저장을 위해 10% 이하)로 말린 것을 건초라 한다.

■ 건초의 장점 및 단점

〔장 점〕

(1) 양건초의 경우 특별한 기계나 시설 없이 그리고 특별한 기술을 요구하지 않는다. 그러나 물량이 많은 경우 기계화 작업을 통해 대량 생산이 가능하다.

(2) 사일리지를 만들기 어려운 두과목초는 건초로 만들 수 있다.

(3) 기호성이 좋으며, 정장제(整腸劑)로서의 효과도 있다.

(4) 수분함량이 적으므로 운반과 취급이 편리하다.

(5) 일광건조된 건초는 비타민 D_2 함량이 높다.

〔단 점〕

(1) 건초 조제는 기후의 영향을 받는다. 건초 조제 중에 비를 맞힌 것은 영양소 손실이 크다.

(2) 곤포기 등을 사용하지 않을 경우, 부피가 커서 저장 공간이 많이 소요된다.

(3) 일광건조의 경우, 조제 과정 중 영양소 손실이 비교적 많다(16~30%).

(4) 노동력과 기계비용이 많이 소요된다.

(5) 저장 시 화재의 위험이 있다.

■ 건초의 조제과정

(1) 건초 조제에 가장 적합한 시기에 예취한다. 가장 적합한 시기란 단위 면적당 영양가 생산량이 가장 많으면서도 다음 수확에 손상을 입히지 않는 시기를 말한다.

건초가 곤포기에 의하여 잘 묶어져 건초창고에 저장되어 있다.

- 화본과 목초: 출수기
- 두과 목초: 개화초기(1/10 정도 개화 시)
- 혼파초지: 주 초종의 숙기

(2) 영양가 손실을 최소로 하면서 신속한 건조를 하기 위해 압쇄(壓碎, hay conditioning)를 한다. 굵은 줄기는 잘 마르지 않으므로 roller에 통과시켜 파쇄하는 것을 말하며, 이렇게 함으로써 건조시간을 약 반으로 줄일 수 있다.

(3) 뒤집기: 잘 마르지 않는 뒷부분은 뒤집어 준다. 2~3시간마다 hay tedder와 hay rake로 뒤집기를 4~5회 한다.

(4) 충분히 건조한 후 즉시 결속을 한다.

- 20~30 kg 장방형 bale(square bales)
- 300~500 kg의 큰 다발 bale(big round bales)
- 건초 낟가리(haystacks)

■ 건초 조제 중의 양분 손실

(1) 잎의 탈락에 의한 손실

- 잎은 줄기에 비해 영양소 함량이 2~3배 높다(특히 단백질과 carotene).
- 건초 조제 중 잎의 탈락은 화본과 목초는 약 8% 이상 되고, 두과 목초는 약 40% 정도 된다.

(2) 열에 의한 손실

- 건초의 수분함량이 25~30% 정도 된 것을 저장할 때도 있는데, 이 경우는 곰팡이가 피고, 발효열이 있어 영양소의 손실을 초래한다.
- 건초 내의 온도가 50℃ 이상이 되면 단백질의 손상이 있다.
- 저장한 건초의 온도가 70~75℃ 정도가 되면 자연발화의 위험도 있다.

(3) 식물호흡과 발효에 의한 손실

- 식물체내의 전분과 당이 식물의 호흡작용에 의해 CO_2와 H_2O로 분해되는데, 이것은 영양소의 손실이다(수분이 약 40% 될 때까지 호흡작용이 계속된다).
- 에너지가가 줄어들고 carotene이 파괴된다.
- 좋은 조건하의 건조라도 최소한 5~7%의 건물 손실이 있다.
- 되도록 빠른 시간에 건조가 되도록 하는 것이 식물의 호흡과 발효에 의한 손실을 최소로 한다.

(4) 퇴색(bleaching)

- 일광건조 시 건초의 색깔이 바래게 되는데, 이것은 엽록소의 파괴에서 온다.
- Carotene의 함량 또는 역가가 감소한다.

(5) 강우에 의한 손실

- 건초 조제 중 비를 맞히면 양분 용탈이 일어나고, 건초의 색깔이 퇴색된다.
- 비를 1～2회 맞으면 영양소가 40～50% 손실된다.

■ 일광건조와 인공건조의 영양가 손실 비교

두과 목초를 좋은 조건 하에서 건조할 때의 손실률을 표 3-3에 수록하였다.

■ 건초의 품질

(1) 녹색 정도: 녹색도가 선명한 건초는 적기에 수확해서 비를 맞히지 않고 건조되어 영양소 손실이 적은 양질의 건초이다.

(2) 잎의 비율: 잎의 비율은 영양가와 직결되므로 건초의 품질을 결정하는 중요한 요소가 된다.

(3) 수분함량: 수분함량 20% 이상은 저장이 어렵다.

(4) 순 도: 목초 이외의 물질(잡초, 짚류, 뿌리, 비닐 등) 혼입은 사료가치를 떨어뜨린다.

(5) 향기 및 촉감: 양질의 건초는 건초 특유의 향기가 있고 촉감이 부드럽다.

■ 건초의 가공

(1) 목초분말(grass meal): 목건초를 분쇄한 것을 grass meal이라 하며, 비반추 가축의 배합사료 원료로도 이용된다. Alfalfa로 만든 것을 alfalfa meal이라 하는데 단백질, carotene, minerals 등이 풍부하다.

(2) Hay pellet: 목건초를 분쇄하여 작은 원통형으로 성형한 것을 말한다.

표 3-3. 두과 목초를 좋은 조건하에서 건조 시 손실률

영양소	일광건조(%)	인공건조(%)	Haylage용(%)
건 물	20～30	16	16
단백질	27～30	18	16
TDN	25～28	13	19
carotene	90～97	76	81

(3) Hay cube : 목건초를 분쇄하지 않고(경우에 따라 분쇄 또는 세절하기도 함) 그대로 압축하여 입방체 모양으로 성형한 것을 말한다. 그리고 원반형으로 만든 것은 wafer라고 한다.

(4) 건초 성형(pellet 혹은 cube)의 이점

- 건물섭취량이 증가한다.
- 저장 공간을 최소로 하고, 운반 및 취급이 쉽다.
- 이용 시 기계화가 쉽고 보존성이 높다.

4) 사일리지(silage, 埋草)

사일리지란 청초를 저장하기 위해 사일로(silo)라는 용기 내에 충전하여 혐기상태(anaerobic condition)에서 젖산발효를 시킨 것이다.

■ 사일리지의 장단점

〔장 점〕

(1) 건초에 비해 날씨의 영향을 덜 받고 조제할 수도 있다.

(2) 생초를 다즙질 상태로 저장하므로 연중 다즙질 사료를 공급할 수 있다.

(3) 저장 공간을 적게 차지한다.

(4) 건초에 비해 조제 중 영양소 손실이 적을 수도 있다.

(5) 일반적으로 사일리지용 작물은 다수성(多收性)이므로 단위 면적당 영양소 생산량이 많고, 토지 이용성을 높일 수 있다.

(6) 건초 조제에 비해 기계화가 쉬운 예도 있다.

(7) 건조가 어려운 재료나 각종 부산물을 이용할 수 있다.

(8) 선택 채식 없이 가식부(可食部)를 증가시킨다.

(9) 대부분의 잡초 종자는 발효 중에 사멸하므로 간접적인 잡초방제 효과도 있다.

(10) 건초 저장 시와 같은 화재의 위험이 없다.

〔단 점〕

(1) 사일로, 절단기 또는 수확기 등이 필요하다.

(2) 노동력이 집중적으로 소요된다.

(3) 일광건초에 비해 비타민 D 함량이 적다.

■ 사일리지 조제

(1) 사일리지 발효의 기본 원리: 사일리지의 발효는 젖산발효가 주가 되어야 한다. 젖산발효가 왕성해져서 젖산의 생성량이 많아지면 pH가 낮아지고(4.2 이하), 부패를 일으키는 낙산균 등 잡균의 활동이 저지되어 기호성이 양호하며, 저장이 가능한 양질의 사일리지가 된다. 젖산발효가 왕성히 일어나도록 하기 위해서는 다음과 같다.

- 재료는 수용성 탄수화물 함량이 높은 것을 이용한다.
- 사일로는 내부가 혐기성 상태가 되도록 재료를 꼭꼭 다져 넣어 공기를 완전히 빼고 밀폐한다.
- 재료의 완충력이 높지 않아야 좋다.

(2) 사일리지의 재료: 사일리지의 재료는 탄수화물의 함량이 많은 다즙질 사료이면 모두 이용할 수 있다. 그러나 가장 널리 이용되는 것은 옥수수이다. 이외에 목초류, 야초류 등도 이용된다. 옥수수가 사일리지 작물로서 가장 많이 이용되는 이유는 다음과 같다.

- 적기에 수확한(황숙기) 옥수수는 수용성 탄수화물의 함량이 높고, 수분이 적당하여 사일리지 조제가 쉽다.
- 생산에서 이용에 이르기까지 기계화할 수 있다.
- 단위 면적당 수량이 가장 많다.
- 에너지 함량이 많고 기호성이 좋다.

(3) 사일리지 조제과정

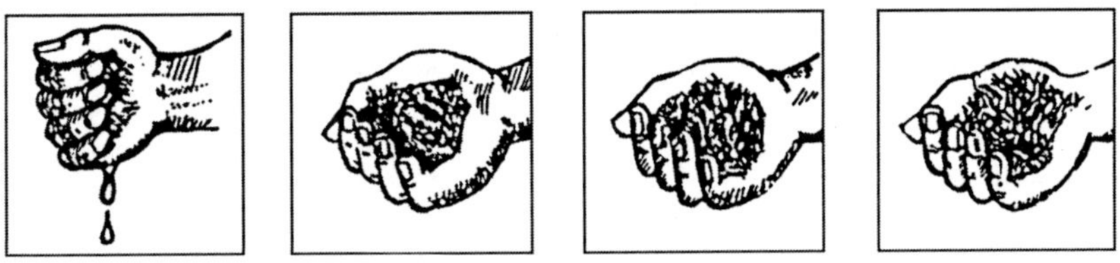

(a) (b) (c) (d)

그림 3-1. 사일리지 재료의 수분함량 측정

(a) 수분 85% 이상 : 물이 손가락 사이로 흘러내린다.
(b) 수분 75~80% : 손바닥에 물기가 있고, 덩어리가 흐트러지지 않고 뭉쳐져 있다.
(c) 수분 70~75% : 덩어리가 흐트러지지는 않으나 금이 가고 벌어진다(가장 적합).
(d) 수분 65% 이하 : 덩어리가 즉시 흐트러진다.

- 재료의 수분함량: 사일리지 재료의 수분함량이 65~75%일 때 젖산발효가 왕성하게 일어난다. 재료 중 수분이 적으면 즙액의 삼출이 적고, 재료의 압착이 불량하다. 그래서 젖산발효가 잘 일어나지 않고 호기성 부패균이나 곰팡이가 발생하며, 발효 온도가 너무 올라가 사일리지 품질이 떨어진다. 한편 재료의 수분이 많으면 즙액의 누출이 심하여 영양소가 손실되며, 젖산발효가 잘 일어나지 않아 불량한 사일리지가 된다. 수분이 적을 경우는 물을 뿌려 조절하고, 많을 경우는 말리거나 수분 조절제로서 볏짚이나 강피류 등을 이용한다. 재료의 수분함량을 현장에서 간단히 측정하는 방법을 소개하면 그림 3-1과 같다.
- 재료의 절단: 재료는 절단함으로써 즙액 삼출이 쉽고 압착이 잘 된다. 절단 길이는 재료에 따라 다르나 옥수수는 보통 1.5~2.0 cm 정도로 한다.
- 충전과 답압: 깨끗이 청소된 사일로에 재료를 넣고 충분히 압착 한다. 압착은 재료 내의 공기를 배출하고 즙액이 스며 나오도록 하는 데 있다. 사일로 안에 재료를 넣을 때는 되도록 계속 작업이 이루어지도록 한다. 하루 이상 작업이 중단되었을 경우 사일리지 발효환경의 변화 때문에 층이 생기고, 사일리지의 질을 떨어뜨린다. 탑형(원통형) 사일로에서는 작업을 중단하였다가 며칠 후 들어갈 때는 주의를 필요로 한다. 왜냐하면, 재료의 호흡작용과 발효작용으로 탄산가스와 질산가스 등이 사일로 내부에 차있을 수 있으므로 작업 시 사람이 질식할 위험이 있으므로 반드시 환기를 시킨 다음 들어가야 한다. 이것은 청소할 때나 밑바닥의 사일리지를 퍼낼 때도 해당된다.
- 피복과 누름: 재료의 충전이 끝나면 비닐로 피복하여 공기를 차단하고 빗물이 들어가는 것을 막는다. 비닐 위에는 가마니, 마대 또는 보온 덮개 등을 덮고 그 위에 모래주머니, 폐타이어, 돌 등을 얹어서 눌러 놓는다. 일반적으로 사일리지가 완성되기 전까지는 30~40일이 소요된다.

■ 사일리지의 품질

(1) 현장에서의 품질 감정

- 색 깔: 재료에 따라 다르기는 하지만, 일반적으로 발효가 잘 된 사료작물 사일리지는 황록갈색(올리브색) 또는 밝은 황록색을 띤다. 일반적으로 어두운 색깔을 띠는 것은 좋지 않다. 그러나 고구마 덩굴 사일리지는 고유의 색이 검다.
- 냄 새: 젖산발효가 잘 된 사일리지는 산뜻하고 향긋한 산취가 있다. 썩은 냄

새, 곰팡이 냄새, 암모니아 냄새 등은 발효가 이상적으로 이루어지지 않은 불량 사일리지이다.

- 촉 감: 양질의 사일리지는 촉촉하면서도 보송보송한 느낌이 난다. 만져서 질척거리거나 끈적끈적한 것은 좋지 않다.

(2) 화학적 방법에 따른 감정

- pH: 젖산발효가 잘 된 사일리지는 pH가 4.0 정도나 그 이하로 낮아진다.
- 유기산 조성 비율: 사일리지의 품질은 유기산(젖산, 초산, 낙산 등)의 조성에 따라 차이가 난다. 젖산의 함량은 높고, 다른 산의 함량은 낮을수록 양질의 사일리지이다. 일반적으로 젖산과 기타 산과의 비율이 8 : 2 정도면 양질의 사일리지라 한다.
- 질소화합물의 종류와 함량: 사일리지 발효 중에는 재료 중 단백질이 분해되어 암모니아 또는 암모니아 화합물을 생성하기도 한다. 이러한 물질이 있으면 사일리지의 영양가가 떨어지고 불쾌한 냄새의 원인이 된다.

■ 사일로

사일리지를 담글 때 담는 통을 silo라 한다. Silo는 그림 3-2와 같이 여러 종류가 있는데, 어떤 silo를 택할 것인가는 시설비, 가축두수, 기계화 정도, 장소 등에 따라 선택한다.

(1) 탑형 사일로(tower silo): 원통형으로 쌓아 올려서 함석 등으로 지붕을 한 사일로를 말한다. 탑형 사일로의 직경과 높이는 보통 1 : 2~3이 되도록 한다. 탑형 사일로는 차지하는 공간이 적고, 내벽이 매끄러워 답압이 잘 되고, 발효가 잘되며, 손실량이 적은 장점이 있다. 그러나 시설비가 많이 들고, 사일리지 제조 시나 꺼내 먹이는 데 노력이 많이 든다. 이러한 형태의 사일로는 요즈음은 거의 사용하지 않는다.

(2) 벙커 사일로(bunker silo): 지상에서 양 측면과 나머지 한쪽 면은 콘크리트 또는 나무 등으로 벽을 쌓고 바닥은 콘크리트로 한 사일로이다. 이 사일로는 사일리지 제조 시와 먹일 때도 작업이 쉬우며, 시설비가 비교적 적게 드는 장점이 있다. 그러나 표면적이 넓고, 답압이 불충분하면 사일리지 손실량이 많다.

(3) 트렌치 사일로(trench silo): 요즈음 우리나라에서 가장 흔히 볼 수 있는 사일로이다. 구덩이 사일로라고도 하는데, 벙커 사일로를 지면보다 낮게 만든 형태이다. 이 사일로는 시설비가 적게 들고, 재료의 투입과 답압이 용이하나 장소의

선정을 잘 해야 한다.

(4) 기밀 사일로(airtight silo): 사일리지의 발효는 혐기성 상태에서 잘 이루어지므로 사일로 내에 공기유입을 차단한다. 재료는 위로 넣고, 발효된 사일리지는 밑에서 꺼내 이용하게 되어 있어 계속해서 재료를 채우고 이용할 수 있도록 고안된 것이다. 하베스토어(harvestore)라는 상품명으로 통용되기도 한다. 이 사일로를 이용하면 답압이 필요 없고, 영양소 손실이 적으며, 노동력이 적게 드는 장점이 있으나 시설비가 너무 많이 들어 소규모 농가용으로는 부적합하다.

(5) 퇴적 사일로(stack): 사일리지 재료를 지상에 그대로 퇴적하고, 그 위에 비닐 등을 덮어 공기를 차단하는 가장 간단한 방법이다. 이것은 재료를 사일로에 충전한 후 재료가 남았을 때 간단히 이용할 수 있으나 부패에 의한 손실량이 크다.

(6) 비닐포장 진공 사일로: 비닐 백에 사일리지 재료를 다져 넣고 진공펌프로 공기를 뺀 후 밀봉하여 사일리지를 만드는 방법인데, 근래에는 기계화되어 이용 농가가 늘고 있다. 이 외에 추수 후의 볏짚이나 수단그래스류에 주로 이용하는 래핑(wrapping) 사일리지가 있다.

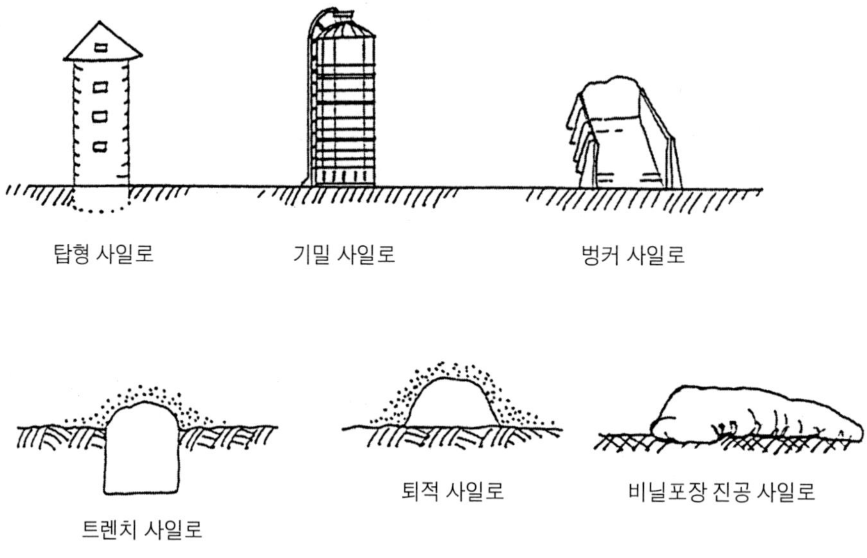

그림 3-2. 여러 가지 종류의 사일로

트렌치 사일로와 비닐 포장 진공 사일로

■ 저수분 사일리지(haylage)

저수분 사일리지란 수분함량이 40~60%인 재료로써 만든 사일리지를 말하는데, haylage란 hay와 silage의 합성어이다. 재료의 수분을 50% 정도로 건조하여 사일리지를 만든 것이다. 재료의 수분함량이 적으므로 일반 사일로에서는 혐기적 조건을 유지하기 어려워 정상적인 젖산발효가 어려우나, 기밀사일로(airtight silo) 내에서는 양질의 사일리지가 될 수 있다.

〔장 점〕

(1) 일반 사일리지보다 기호성이 좋고 건물섭취량이 많으며, 고능력 젖소의 사료로 적합하다.

(2) 사일로 내에서 발효가 적게 일어나 산의 함량이 적고, pH가 비교적 높다. 따라서 발효 중 영양소 손실이 적다.

(3) 즙액 유실에 의한 영양분 손실이 적다.

(4) 수분이 적어 운반과 취급이 편리하다.

표 3-4. 고수분 사일리지와 저수분 사일리지의 비교

사일리지	젖소의 건물 섭취량 kg/일	양분 손실률(%)		
		건 물	단백질	Carotene
고수분	9.7	10.3	4.8	22.2
저수분	11.3	8.3	2.3	38.3

〔단 점〕

(1) 일반 사일로에서는 곰팡이가 발생하고 부패하기 쉽다.
(2) 수분 50%까지의 예건에 기후의 지배를 받고, 노력과 시간이 든다.
(3) 발효 중 고온이 되기 쉬워 carotene의 파괴가 많다.
(4) 발효가 끝난 다음 먹이기 시작할 때 2차 발효를 일으키는 경우가 많다.

5) 고간류(藁稈類, straw and stalks)

곡류 생산의 부산물인 볏짚, 보릿짚 등의 짚류와 옥수수대(corn stalks) 등의 줄기(stalks) 부분이 많은 종류를 통틀어 고간류라고 한다.

■ 고간류의 화학적 조성 및 사료가치

주요 고간류의 화학적 조성 및 영양 가치를 주요 목초와 비교하면 표 3-5와 같다.
(1) 고간류는 목건초에 비하여 섬유질 함량과 세포벽 물질(NDF 등)의 함량은 높고, 단백질 함량은 낮으며, 가소화양분 총량(TDN) 및 증체에 이용되는 정미에너지(NEG) 함량도 낮다.
(2) 고간류의 세포벽 물질에는 lignin과 silica(규소) 등의 물질이 상당량 함유되어 있고, 이 물질들은 섬유질과 견고하게 물리·화학적 결합을 이루어 쉽게 용해되지 않고, 소화도 되지 않을 뿐 아니라 다른 영양소의 소화도 방해한다. 또한 기호성도 낮다.
(3) 고간류는 Ca, P, carotene의 함량도 낮다.
(4) 고간류는 부피가 많아 운반, 저장, 취급에도 어려움이 많다.

■ 고간류의 사료가치 증진

우리나라는 양질의 조사료 생산에 어려움이 많으므로 고간류를 반추가축의 주 조사료로 이용하고 있다. 고간류의 사료 이용상의 문제점은 세포벽 물질의 함량이 많아 소화율이 낮고, 기호성이 떨어지며, 단백질 함량이 낮고, 부피성 물질이라는 데 있다. 고간류의 문제점을 개선하려는 방법은 많이 개발되었으나 실제로 이용되는 것은 그리 많지 않다.

〈물리적 처리〉

(1) 세절(細切)과 분쇄(粉碎)

표 3-5. 고간류와 목초의 화학적 조성 및 영양가 비교(건물기준)

구 분	영 양 가				
	조단백질(%)	조섬유(%)	NDF(%)	TDN(%)	NEG※ Mcal/kg
볏 짚	5.6	33.0	77	43.2	0.20
보릿짚	3.9	46.8	76	43.9	0.21
옥수수대	5.7	33.8		50.9	0.45
콩깍지	7.2	38.6	88	50.8	0.44
알팔파(건초)	18.0	28.0	47	62.0	0.79
오차드그래스(건초)	10.0	34.0	65	57.0	0.65

※ 계산에 의함

- 저질조사료는 분쇄할수록 소화관내 통과시간이 단축되고, 소화율이 떨어진다.
- 적당한 길이로 세절(0.5～1.0 cm)한 것은 길게 한 것에 비해 소화율과 사료 이용성이 향상된다.
- 분쇄 후 pelleting한 것은 섭취량이 증가한다.

(2) 증기처리 : 고간류는 증기처리를 함으로써 소화율과 섭취량이 증가한다. 그러나 경제성을 검토하여야 한다.

〈화학적 처리〉

(1) 암모니아(NH_3) 처리 : 암모니아(NH_3)는 침투성이 강하고, 고간류 세포벽의 리그닌, 실리카 등의 물리·화학적 결합을 끊을 수 있어 소화율을 높일 수 있다. 또한, 암모니아의 질소는 고간류의 조단백질 함량을 향상시킬 수 있다. 그리고 처리방법이 간단하여 고간류의 사료가치 증진에 자주 이용되고 있다.

※ 암모니아 처리의 장점 및 단점

[장 점]

- 처리방법이 간단하여 어느 농가에서나 쉽게 적용할 수 있다.
- 가성소다 처리에 비하여 오염문제가 적다.
- 처리된 고간류의 조단백질 함량이 증가하고 기호성이 좋다.
- 고간류의 장기 저장에도 도움이 된다.
- 소화율이 향상된다.

[단 점]

- 반응이 안 된 암모니아의 유실량이 많다.
- 암모니아 취급 시 주의를 요한다.
- 우사 내에 암모니아 냄새가 난다.

※ 처리방법

- 사용되는 암모니아는 주로 무수암모니아(anhydrous ammonia)를 이용한다. 이것은 고압상태에서는 액체로 되어 있고, 압력이 떨어지면 암모니아 가스가 된다.
- 암모니아는 고간류 중량의 2～3%를 주입한다.
- 농가에서는 낟가리 방법(stack method)을 이용한다. 볏짚 또는 보릿짚 낟가리로 만들어 비닐로 밀폐하여 암모니아 가스가 새지 않도록 한다.
- 처리기간은 겨울철은 약 8주, 여름철은 4주 정도면 된다.
- 가축에 급여하기 전 미반응된 암모니아를 날려 보낸 후 급여한다.

(2) 가성소다(NaOH) 처리 : 고간류 세포벽의 소화되기 어려운 물질의 이화학적 결합을 끊거나 파괴시켜 소화율과 기호성을 증진하려는 방법으로서, 화학적으로 파괴력이 있는 알칼리 또는 산화제 등이 이용된다. 그 중에서 효과적인 것이 가성소다이다. 고간류에 가성소다를 처리함으로써 리그닌과 실리카・셀룰로오스・헤미셀룰로오스 등의 결합이 파괴되거나 용해되어 반추위내 미생물에 의한 소화가 쉽게 되어 소화율이 향상된다. 그러나 실제 농가에서 사용하기에는 어려운 예도 있다. 가성소다 처리의 장단점을 열거하면 다음과 같다.

- 고간류의 소화율과 사료섭취량을 향상시킨다.
- 취급 시 위험성이 따른다.
- 음수량이 많아지고, 뇨 배설량이 증가한다.
- 토양을 오염시킬 수 있다.
- 비교적 비용이 많이 소요된다.

5. 사료영양소 첨가제

5.1 무기질 급원

1) 다량 무기질

■ Ca과 P 공급제

(1) Ca과 P이 각각 함유된 첨가제와 Ca과 P이 함께 들어 있는 첨가제가 있다. 사료로 이용할 때는 함유된 보증 성분표를 확인해야 한다.

(2) Ca과 P 공급제로 주로 이용되는 재료를 들면 표 3-6과 같다.

- Ca 공급제는 종류에 따라 이용하는 가축별로 거의 차이가 없이 이용할 수 있다.
- P 공급제는 종류와 이용하는 가축에 따라 그 이용성이 크게 차이가 난다. 특히 단위 동물에서 큰 차이가 있다.
- 가공하지 않은 인광석(raw rock phosphate)은 불소(fluorine)의 함량이 높으므로 불소의 독성을 막기 위하여 탈불(脫弗, defluorinated)한 것을 이용하도록 한다.
- 식물에 함유된 인의 1/2~2/3는 phytic acid와 결합한 인(P)으로, 이것을 phytin태 인이라고 하는데, 단위동물에서는 이용률이 떨어진다. 반추동물은 식물에 함유된 P을 잘 이용할 수 있지만, 단위동물은 식물성 인의 1/3~1/2 정도 이용할 수 있다.

■ 소금(salt)

사료에 첨가되는 소금에는 여러 종류가 있다.

(1) 식 염

(2) 옥도가 첨가된 소금(iodized salt) : 옥도 함량이 0.007% 이하

표 3-6. 주요 Ca, P 공급제

종 류	Ca(%)	P(%)	비 고
석회석	33~38	0	
패분(貝粉)	37~39	0	
증제골분	24~30	12~14	CP, 12~13%
인광석	29~35	12~15	F, 24%
탈불인광석	32~33	16~18	
인산제2칼슘	23~28	18~22	
인산제2암모늄	0	20~24	
인 산	0	22~32	

(3) 미량 무기질 소금(trace mineralized salt) : 미량 무기질(Co, Mn, Fe, Zn, Cu 등)을 극소량 첨가한 소금

(4) 이상의 소금을 어느 것이든 덩어리(block) 또는 일반 소금의 형태로 구입해서 사료 중 0.2~0.5% 첨가하거나 가축이 자유로이 먹을 수 있도록 한다. 양자를 함께 택하기도 한다.

2) 미량 무기질

■ 사료에 이용되는 미량 무기질

(1) Mg(마그네슘, magnesium) : 산화마그네슘(magnesium oxide), 탄산마그네슘(magnesium carbonate), 황산마그네슘(magnesium sulfate)

(2) K(칼륨, potassium) : 염화칼륨(potassium chloride), 황산칼륨(potassium sulfate), 탄산칼륨(potassium carbonate)

(3) S(유황, sulfur) : 황산나트륨(sodium sulfate), 유황이 함유된 물질

(4) Fe(철, iron) : 황산 제1철(ferrous sulfate), 탄산 제1철(ferrous carbonate), 글루콘산 제1철(ferrous gluconate), 염화 제2철(ferric chloride), 산화철(ferric oxide)

(5) Cu(구리, 銅, copper) : 유산동(copper sulfate), 탄산동(copper carbonate)

(6) Mn(망간, manganese) : 황산망간(manganese sulfate), 탄산망간(manganese carbonate), 산화망간(manganese oxide)

(7) Zn(아연, zinc) : 산화아연(zinc oxide), 탄산아연(zinc carbonate), 황산아연(zinc sulfate)

(8) I(옥도, 요오드, iodine)

- 옥도칼슘(calcium iodide), 옥도칼륨(potassium iodide)
- Ethylendiamine dihydroioidide(EDDI) : 옥도칼슘과 옥도칼륨은 가축에 대한 이용성은 높으나, 사료에 첨가했을 때 쉽게 산화되거나 파괴되므로 근간에는 유기옥도인 EDDI를 사용한다.

(9) Co(코발트, cobalt) : 탄산코발트(cobalt carbonate), 염화코발트(cobalt chloride)

(10) Se(셀레늄, selenium) : sodium selenite 또는 sodium selenate

5.2 비타민 급원

가축사료에 첨가할 비타민의 급원은 개개의 비타민 또는 각종 비타민을 혼합한 종합비타민을 이용할 수 있다. 반추가축 사료에는 비타민 A · D · E 만을 첨가하지만, 닭 · 돼지 사료에는 종합비타민을 이용한다. 지용성 비타민은 그 역가를 오랫동안 유지하기 위하여 안정제(stabilizer) 또는 항산화제(antioxidant)가 첨가되어야 한다. 수용성 비타민도 열이나 장기적인 고온에 파괴될 수도 있다.

1) 지용성 비타민(fat-soluble vitamins)

■ 비타민 A

(1) 자연산

- Carotene(비타민 A 전구물질, provitamin A)은 모든 청초와 황색을 띤 곡류에 다량 함유
- 비타민 A는 물고기의 간유(肝油)와 당근 등에 함유

(2) 합성 비타민 A

■ 비타민 D

(1) 자연산

- 일광 건조된 건초: 비타민 D_2
- 물고기와 물고기 간유: 비타민 D_3

(2) 합성원

- 동물의 피하지방에 있는 7-dehydrocholesterol이 자외선 조사에 의하여 비타민 D_3가 된다.
- 식물체내에 있는 ergosterol이 자외선 조사로 비타민 D_2가 된다.

■ 비타민 E

비타민 E를 tocopherols라고도 한다.

(1) 자연산

- 곡류의 배아, 특히 밀배아 또는 밀배아유에 다량 함유
- 청초나 양질 건초

(2) 인공합성

■ 비타민 K

(1) 청초, 건초, 대부분의 종실에 함유
(2) 인공적으로 합성

2) 수용성 비타민(water-soluble vitamins)

■ Riboflavin(비타민 B_2)

(1) 다량 함유된 사료(자연산): 유가공 부산물, 간(肝), 효모(yeasts), 두과 건초 잎, 주정 부산물
(2) 발효과정에서 생성: 농축된 riboflavin은 곡물 발효액을 정제해서 만든다.

■ Niacin

(1) 대부분의 사료에 함유되어 있으나 곡류 중 niacin은 이용성이 낮다.
(2) 인공적으로 합성한다.

6. 비영양적 사료첨가제

6.1 일반적 고찰

가축사료에는 여러 가지 첨가제가 이용되고 있다. 여기에서는 사료영양소로 분류될 수 있는 무기물 및 비타민 제제는 언급하지 않기로 한다. 여기에 나열되는 첨가제는 일반적으로 사용되고 있는 것이나, 최근에 상당한 관심을 끌고 있는 것들로 첨가제 종류와 그 효능은 일부에 지나지 않는다. 좀 더 상세한 목록과 설명 그리고 효능에 대하여는 이 분야의 전문 책자를 통하여 알아 볼 수 있을 것이다.

그리고 대부분의 화학적 사료첨가제는 가축을 도축하기 전 상당기간 동안 급여를 중단해야 한다. 각 사료첨가제들이 주장하는 효능들에 대하여 모두 동감하지 않을 수도 있겠지만, 이는 사용자를 위한 안내일 뿐이다.

미국 FDA(Food and Drug Administration)에는 1,000개 이상의 사료첨가제가 등록되어 있으며, 가축의 질병예방과 치료를 통한 가축 건강을 도모하는 것, 가축의 성장을 촉진하는 것, 그리고 사료이용 효율을 증진 시키는 것 등이다. 어떤 것들은 해로운 잔류물을 남기기 때문에 FDA에서는 등록된 절반 이상의 제제에 대하여 도축 전 사용금지 기간을 정하고 있다. 우리나라에서도 농림부 고시(2004)로서 사료관리

법 제13조의 규정에 따라 유해사료의 범위와 기준을 정하고 있다.

6.2 성장촉진과 사료효율

1) 항생제

항생제는 살아있는 생물로부터 생산되는 물질로서 박테리아의 생육을 억제하거나 사멸케 할 수 있다. 일반적으로 항생제는 가축의 소화기관이나 호흡기관에 침입하는 박테리아의 활동을 억제하거나 침입 증상을 완화시키기 위하여 사용한다. 그뿐만 아니라 가축의 성장촉진과 사료 이용효율 증진에도 효과가 있다. 그러나 최근에 인체 내의 잔류 및 항생제에 대한 내성 유발 문제로 가축사료 내의 첨가가 금지되게 되었다.

2) 화학치료제

화학치료제는 생물체로부터 생산되지 않는 미생물의 성장을 억제하는 무기 또는 유기 화합물을 말한다. 여기에서도 가축의 성장촉진과 사료효율을 개선시키는 효과가 있는 것으로 알려진 것만을 다루기로 한다.

(1) 비소제(arsanilic acid) : 닭, 칠면조, 돼지

(2) 카바독스(carbadox) : 돼지

(3) 후라조리돈(furazolidone) : 칠면조

(4) 록사존(roxarsone) : 닭, 칠면조, 돼지

(5) 이프로니다졸(ipronidazole)

6.3 약용 제제

1) 콕시디오스태트(coccidiostats)

여러 종류의 약품이 닭의 콕시듐(coccidiosis) 예방과 치료를 위해 사용되며, 일부는 칠면조에도 쓰이고, 기타 가축의 다른 용도에도 쓰인다.

(1) 클로피돌(clopidol) : 닭(육계 후기 불가)

(2) 암프롤리움(amprolium) : 소, 닭, 칠면조

(3) 데코퀴네이트(decoquinate) : 소, 닭

(4) 할로휴기논 하이드로브로마이드(halofuginone hydrobromide) : 닭

(5) 라살로시드(lasalocid) : 닭, 면양

(6) 모넨신(monensin) : 닭, 소

(7) 니트로마이드(nitromide), 설파니트란(sulfanitran), 록사존(roxarsone) : 닭

(8) 로베니딘 하이드로 클로라이드(robenidine hydrochloride) : 닭

(9) 살리노마이신(salinomycin) : 닭

(10) 설파메독신과 오메토프림(sulfamethoxine and ormetoprim) : 닭, 칠면조

(11) 설파퀴녹살린(sulfaquinoxaline) : 닭, 칠면조

(12) 조알렌(zoalene) : 닭, 칠면조

6.4 기타 사료첨가제

1) 완충제와 중화제

소의 반추위에서 휘발성 지방산에 의해 낮아지는 pH를 방지한다. 그러나 pH를 크게 올라가게 하지는 않는다.

(1) 중조와 세스퀴카보네이트(sodiumbicarbonate and sesquicarbonate)

(2) 중탄산 칼륨(potassium bicarbonate)

(3) 탄산칼륨(potassium carbonate)

(4) 탄산마그네슘(magnesium carbonate)

(5) 마그네슘 옥사이드(magnesium oxide)

(6) 나트륨 벤토나이트(sodium bentonite)

2) 항산화제

불포화 지방산의 산패를 방지하는 것으로, 사료 톤당 125 g 정도 사용한다.

(1) 에톡시퀸(ethoxyquin)

(2) BHA(butylated hydroxyanisole)

(3) BHT(butylated hydroxytoluene)

(4) 비타민 E

3) 화학 보존제

영양소의 파괴를 막고 영양적 가치를 그대로 유지하게 한다(항곰팡이제, 항세균제).

(1) 비타민 C(ascorbic acid)
(2) 칼슘 소르베이트(calcium sorbate)
(3) 시트르산(citric acid)
(4) 인산(phophoric acid)
(5) 프로피온산(propionic acid)
(6) 프로필 갈레이트(propyl galate)
(7) 프로필렌 글리콜(propylene glycol)
(8) 소디움 메타비설파이트(sodium metabisulfite)
(9) 소디움 니트라이트(sodium nitrite)
(10) 소디움 프로피온산(sodium propionate)
(11) 소르빈산(sorbic acid)

4) 펠릿 결착제

(1) 벤토나이트(칼슘 또는 나트륨)
(2) 클레이(clay)
(3) 리그닌 설포네이트(lignin sulfonate)
(4) 헤미셀룰로오스 추출물(hemicellulose extracts)
(5) 당밀(molasses)

5) 생균제

(1) 생균제(probiotics)는 건강유지를 위하여 장내환경 변화를 유도할 수 있는 특정 미생물 또는 배양물 등을 포괄적으로 일컫는다.

(2) 현업에서 활용되는 생균제는 단일 균종보다는 복합균으로서 다음과 같은 것이 주종을 이룬다.

- 유산균군
  - 유산간균(*Lactobacilus acidophilus*, *Lactobacilus salivarius* 등)
  - 유산구균(*Enterococcus feacalis*, *Enterococcus feacium*, *Streptococcus feacalis*, *Streptococcus feacium* 등)
  - *Bifidus*균(*Bifidobacterium thermofilium*, *Bifidobacterium pseudolongum* 등)

- 효모(yeast) : *Saccharomyces cerevisiae* 등을 이용하며, 대개 곡물배지 위에 효모를 배양한 후 그 효모와 배지를 분리하지 않고 효모의 활력이 유지되도록 저온건조한 것을 사용하는데, 이를 효모 배양물(yeast culture)이라 한다.
- 곰팡이: *Aspergillus oryzae* 등의 발효추출물
- 바실러스: *Bacilus coagulans, Bacilus subtilis, Bacilus mesentericus* 등

(3) 생균제를 사용하는 이유

- 장내에 이로운 세균을 증가시키거나 균형을 이루게 함
- 소화 중 유독 부산물 감소
- 장내 pH 저하
- 식욕과 소화촉진
- 증체율과 사료이용률 개선
- 스트레스 증상을 완화

(4) 생균제는 어린 가축이나 스트레스가 많은 다음 축종에 흔히 사용된다.

- 갓난 돼지, 송아지, 병아리
- 비착유 중 젖소
- 장거리 이동 후의 소나 돼지
- 환축
- 이유 후 송아지와 자돈

(5) 생균제의 공급 형태

- 사료첨가제(펠릿팅 시의 열 및 장기 저장 시 유의)
- 음수에 희석
- 덩어리나 젤(gel) 형태

6.5 성장촉진용 호르몬 유사물질

호르몬이란 체내 내분비기관에서 분비되어 체액을 통해 작용하는 물질로서, 합성된 유사 화합물은 체내에서 분비되는 호르몬과 같은 작용을 하여 사료첨가제나 피부이식제로 사용할 때 가축의 성장촉진을 유도한다.

1) 사료첨가제

■ MGA(melangerolacetate)

(1) MGA는 합성 스테로이드로 프로게스테론(progesteron)과 구조식이 유사함

(2) 비육장 암송아지에게 지속적 급여 가능함. 일일 두당 0.25～0.50 mg, 임신하거나 난소를 제거한 암소에게는 효과가 없음

(3) 효 과

- 성장촉진, 7～11%
- 사료효율 개선, 6～10%
- 발정 억제

(4) 도축 48시간 전부터는 급여를 중단해야 함

(5) 작용기전은 발정을 억제하며, 에스트로겐 분비를 억제하고 성장호르몬 분비를 촉진하여 성장촉진 기대

2) 이식제(implants)

이식제란 가축의 몸체에 주입하여 그 화학물질이 서서히 그리고 지속적으로 녹아 성장 촉진과 사료이용률 개선, 그리고 특정 생리현상 조절 등의 역할을 하는 물질이다.

■ 제라놀(zeranol, zearalanol, $C_{18}H_{26}O_5$) : 피하주입 펠릿

(1) 보리의 붉은 곰팡이병의 원인체인 *Gibberella zeae*의 대사물질 zearalenone으로부터 만들어진 zeranol이 활력 물질임

(2) 비육우와 면양에 있어 10～12% 증체율 개선과 7～10% 사료효율 개선 효과

(3) 각 펠릿은 12 mg의 zearalanol을 함유(소는 3개, 면양은 1개 펠릿 주입)

(4) Zearalanol은 비육우와 면양에 있어 단백질 합성 촉진효과 있음

(5) 주입한 후 65일 이내에는 도축 금지

(6) 종축에는 사용금지

(7) 성장호르몬 분비를 촉진하여 강력한 체내 합성기능 항진. 질소 축적률을 높이고, 체지방 누적 없이 근육발달 촉진

■ 시노벡스(synovex) : 피하주입 펠릿

(1) Synovex-S(180 kg 이상 숫송아지용) : 각 펠릿은 200 mg의 progesterone과 20 mg의 estradiol benzoate 함유

(2) Synovex-H(100 kg 이상의 비육장 암송아지용) : 각 펠릿은 200 mg의 testo-

sterone과 20 mg의 estradiol benzoate 함유

(3) Synovex-C(45일령부터 체중 180 kg까지 숫송아지 또는 암송아지) : 각 펠릿은 100 mg의 progesterone과 20 mg의 estradiol benzoate 함유

(4) 송아지 고기용 송아지(veal)나 종축에는 사용금지

(5) 비육우에 있어 증체 효과(10～15%)와 사료효율 개선(8～12%) 효과

(6) 연속 이식 때는 1차 이식한 이후 70～100일 이후에 이식

(7) 작용기전은 세포 수준에서 근육 축적을 촉진하고 성장호르몬 분비 촉진

■ 컴퓨도즈(compudose)

실리콘 고무 이식제에 주입한 약품

(1) 활성 원료는 자연 스테로이드 estradiol-17β로 200여 일에 걸쳐 작용함. 각 이식제에는 24 mg의 estradiol 함유

(2) 암・수 송아지에 공히 작용하며, 비육장에서는 물론이고 포유송아지와 방목중인 육성우에 효력이 있음

(3) 포유 중 송아지는 5%, 육성우는 16%, 그리고 비육장에서는 17%까지 일당증체량 증가. 비육장에서는 사료이용률 7% 증진 효과

(4) Estradiol 분자는 가축의 혈류로 방출되어 갑상선을 자극하고 성장호르몬 분비를 촉진하여 단백질 축적을 증가시킴

■ 피나플릭스(finaplix) : 펠릿 이식제

(1) Finaplix-S(육성 및 비육장 비육 말기 숫송아지) : 각 이식제는 합성 androgen인 trenbolone acetate(TBA) 140 mg 함유

(2) Finaplix-H(비육장 비육말기 암소용) : 각 이식제는 200 mg TBA를 함유하고 있으며, 비육장 비육때만 사용하며, 도축 63일 전에는 회수

(3) 비육장에서 암・수 송아지 공히 5～10% 증체 및 5% 사료효율 개선

(4) Estradiol 제제와 함께 이식하면 증체와 사료 이용에 상승효과

(5) TBA는 근육 성장과 체내 단백질 합성에 직접적으로 작용하는 듯함. 유효기간은 60～80일

(6) 도체 품질을 저하시킬 수 있음(마블링 저조)

■ 레발로(revalor) : 펠릿 이식제

(1) 비육장 육성과 비육말기 숫송아지에게 적용. 각 펠릿은 TBA 120 mg과 estradiol 24 mg 함유

(2) 증체율 15~25% 증가와 사료효율 5% 개선

(3) 작용하는 기간은 대개 100일

(4) 도체품질 저하 가능성(마블링 저조)

7. 사료의 안전성 및 친환경 축산

7.1 유해사료의 범위

유해사료라 함은 사료 내에 중금속, 항생제, 농약 등이 잔류 허용기준을 초과하여 들어 있는 것을 말한다. 이에 관한 것은 농림부에서 별도의 규정을 제정하여 관리하고 있다. 사료내 유해물질의 범위 및 허용기준은 표 3-7, 표 3-8 및 표 3-9와 같다.

7.2 사료의 오염 방지

1) HACCP 제도

HACCP(해썹, Hazard Analysis Critical Control Point)은 '위해요소 중점관리기준'으로 통칭되고 있으며, 1959년 미 항공우주국(NASA)의 우주개발 계획 중의 일환으로 미생물학적으로 100% 안전한 우주식량을 제조하기 위하여 Pillsbury사(社)가 미 육군 NATICK 연구소와 공동으로 HACCP을 도입한 이래 FAO/WHO가 HACCP 적용을 위한 지침을 제공하였고, 1993년 CODEX(국제식품규격위원회) 제20차 총회에서 'HACCP 시스템의 적용지침'을 채택하여 HACCP 개념을 근거로 한 위생기준 도입을 각국에 권고하였다.

축산에 있어서는 가축의 사육, 도축, 가공, 유통의 전 과정에서 축산식품의 위생에 해로운 영향을 미칠 수 있는 위해요소를 분석하고, 이러한 위해요소를 방지, 제거하거나 안전성을 확보할 수 있는 단계에 중요 관리점을 설정하여 중점 관리하는 과학적, 체계적인 위생관리 기법이다. 즉 사료공장에서부터 포장처리업, 축산물 가공장, 축산물 보관・운반・판매업까지 HACCP은 축산물의 생산・가공・유통의 모든 분야에 적용된다. 우리나라에서는 2005. 1. 1부터 안전축산물 생산의 기초가 되는 배합사

표 3-7. 관리대상 중금속 및 곰팡이 독소

유해물질명	적용대상 사료의 종류			허용기준
비 소	배합사료	프리믹스사료		100 ppm
		기타 배합사료		10 ppm
	단미사료	광물성(식염류 제외)		100 ppm
불 소	배합사료	고기소용		100 ppm
		젖소용		50 ppm
		돼지용		150 ppm
		닭용		300 ppm
		프리믹스사료		1,800 ppm
	단미사료	다량 무기질류 및 미량 무기질류		1,800 ppm
		인산염류 및 칼슘염류		인 함량의 1/100 이하
크 롬	배합사료	전체 배합사료(프리믹스사료 제외)		100 ppm
	단미사료	동물성 단백질류	어분 및 어즙흡착사료	100 ppm
			우모·육분·육골분 및 동물성 단백질 혼합물	300 ppm
			피혁가공 부산물	1,000 ppm
		동물성 무기물		100 ppm
납	배합사료	프리믹스사료		30 ppm
		기타 배합사료		10 ppm
	단미사료	동물성 단백질류		10 ppm
		알팔파, 건초		10 ppm
		곡물류, 식물성 단백질류, 남은 음식물사료		20 ppm
		동물성 무기물류, 광물성(식염류 제외)		30 ppm
수 은	배합사료	프리믹스 사료		0.5 ppm
		기타 배합사료		0.4 ppm
	단미사료	동물성 단백질류 및 무기물류, 광물성(식염류 제외), 곡물류, 식물성 단백질류, 남은 음식물사료		0.5 ppm
		알팔파, 건초		0.4 ppm
카드뮴	배합사료	프리믹스사료		50 ppm
		기타 배합사료(기타동물·어류용 제외)		1.0 ppm
	단미사료	곡물류, 식물성 단백질류, 어분(배합사료 원료용 제외), 남은 음식물사료		2.5 ppm
		광물성(식염류 제외)		50 ppm
아플라톡신 B_1, B_2, G_1, G_2	배합사료	어린송아지 및 어린병아리용, 젖먹이·젖뗀돼지용, 육계 전기용, 비유 젖소용		10 ppb
		기타 배합사료(프리믹스사료 제외)		20 ppb
	단미사료	식물성 단백질류, 곡물류, 곡물부산물, 남은음식물사료		50 ppb
셀레늄	배합사료	전체 배합사료(프리믹스사료 제외)		2 ppm
오클라톡신A	배합사료	전체 배합사료(프리믹스사료 제외)		200 ppb
	단미사료	곡물류, 곡물 부산물류		200 ppb

(농림부, 2017)

표 3-8. 배합사료 및 섬유질사료의 관리 대상 잔류농약

농약 종류	허용 기준 (ppm)	농약 종류	허용 기준 (ppm)
다이아지논(diazinon)	5.0	엔드린(endrin)	0.01
파라티온(parathion)	1.0	이소펜포스(isofenphos)	1.0
페니트로티온(fenitrothion)	6.0	티아벤다졸(thiabendazole)	5.0
펜티온(fenthion)	1.0	에틸렌디브로마이드(EDB)	0.5
카바릴(carbaryl)	5.0	EPN	0.5
말라티온(malathion)	8.0	베노밀(benomyl)	20.0
펜토에이트(phenthoate)	1.0	퍼메트린(permethrin)	10.0
클로르피리포스메틸 (chlorphyrifos methyl)	6.0	에티온(ethion)	10.0
		클로르피리포스(chlorpyrifos)	0.5
피리미포스메틸(pirimiphos methyl)	5.0	페노브카브(fenobucarb)	1.0
디클로르보스(dichlorvos)	2.0	이소프로카브(isoprocarb)	0.5
비에이치시(BHC)	0.2	펜발러레이트(fenvalerate)	5.0
디디티(DDT)	0.5	에디펜포스(edifenphos)	50.0
디엘드린(알드린 포함) (dieldrin and aldrin)	0.02	헵타클로르(헵타클로르에폭사이드 포함) (heptachlor and heptachlor epoxide)	0.02

(농림부, 2017)

표 3-9. 사료 내 혼합가능 동물용 의약품의 종류 및 허용기준

동물용 의약품 종류	적용대상 사료 및 허용기준
클로르테트라사이클린, 옥시테트라사이클린 4급암모늄, 바시트라신아연, 엔라마이신, 타이로신, 황산콜리스틴, 황산네오마이신, 살리노마이신, 모넨신 나트륨, 라살로시드 나트륨, 버지니아마이신, 염산린코마이신 바시트라신메칠렌디살리실레이트, 밤버마이신, 티아무린, 페니실린, 나라신, 마두라마이신암모늄, 아프라마이신, 아빌라마이신, 샘두라마이신, 크로피돌, 설파치아졸, 펜벤다졸, 디클라주릴	▶ 배합사료 중 착유용, 산란용, 큰소 비육 후기용, 비육돈 출하용, 육계 출하용에 한하여는 검출되지 않아야 함 ▶ 다만, 산란용 배합사료는 바시트라신 아연, 버지니아마이신, 바시트라신메칠렌디살리실레이트, 밤버마이신의 적용을 제외

(농림부, 2017)

료 공장에 HACCP 인증업무를 실시하고 있다.

2) 위해요소의 제어

사료로부터의 위해를 방지하는 방법은 오염원으로부터 안전하게 생산된 것을 확보하여야 하며, 또한 구입 후의 관리도 매우 중요하다. 그리고 자가생산 사료에 있어 청예의 경우 포장의 배수관리, 목초용 약제의 살포 및 사후관리 등도 철저히 수행되어야 한다. 관리 요점은 우선 생물학적인 요소에 있어 설치류, 조류, 해충, 유해 미생물(세균, 곰팡이 등) 등에 의한 오염을 방지하는 것이 중요하다. 그리고 살충제, 제초제, 항생제 등에 의한 오염은 허용 기준치 이하여야 하며, 반추동물에게는 육골분 사료를 급여하지 말아야 한다.

또한, 사료 저장시설의 위생적 관리(환기, 청결, 온습도 관리 등), 사료 입고 시 철저한 품질 검사, 운반 차량의 소독도 필요하다. 그리고 유사시의 역학조사에 필요한 각종 사료 샘플의 냉동보관, 사료 및 기구의 반입에 대한 기록도 중요하다. 그리고 오염 위험이 있는 각종 화학제품은 사료 보관소로부터 격리된 곳에 두어야 하며, 위해요소로부터 특별히 위험한 시기에는 사료의 지대 포장의 경우 훈증소독을 실시할 수도 있다. 또한, 금속류 등 이물질 혼입 여부도 검사하여야 한다.

7.3 친환경 축산

1) 무항생제 축산물

항생제의 오용이나 남용으로 인한 폐해를 줄이기 위하여 동물사료에 이들을 첨가하는 것은 금지되어 있으며, 우리나라 무항생제 축산물의 인증기준은 친환경농업육성법 시행규칙 별표3 제5호에 규정되어 있다(부록 7 참조). 인증을 획득하기 위해서는 친환경농산물 인증신청서, 인증품 생산계획서 및 영농관련 자료를 인증기관에 제출하여 심의를 받아야 한다. 인증기관은 친환경농산물의 인증에 필요한 인력과 시설을 갖춘 전문기관으로써 국립농산물품질관리원으로부터 지정을 받아 인증업무를 수행한다.

2) 유기축산물

식품의 안전성에 관한 관심이 높아지면서 유기축산물에 대한 수요가 증가되고 있다. 우리나라 유기축산물의 인증기준은 친환경농업육성법 시행규칙 별표3 제3호에 규정되어 있다(부록 7 참조). 인증을 획득하기 위해서는 친환경농산물 인증신청서,

인증품 생산계획서 및 영농관련 자료를 인증기관에 제출하여 심의를 받아야 한다. 인증기관은 친환경농산물의 인증에 필요한 인력과 시설을 갖춘 전문기관으로써 국립농산물품질관리원으로부터 지정을 받아 인증업무를 수행한다. 그리고 친환경 농자재의 사용기준은 부록 7에 수록하였다.

8. 사료의 조리가공

8.1 사료를 가공하는 이유

(1) 사료이용 효율을 증진한다.

- 기호성 증진
- 소화율 향상
  - 사료의 표면적을 넓게 함으로써 미생물 또는 소화효소의 작용 면적을 넓게 한다.
  - 소화율 향상을 위한 일부 화학적 구조의 변화

(2) 사료의 밀도 변화

- 농후사료는 밀도를 저하시켜 부피감을 줌으로써 소화율을 향상
- 조사료는 부피를 감소하여 섭취량을 증가시킨다.

(3) 사료효율(feed efficiency)을 증진(5~15%)

(4) 사료의 취급을 능률적으로 한다(기계화가 가능)

8.2 가공방법

1) 분쇄(粉碎, grinding)

곡류의 알갱이를 부수어서 그 입자도(粒子度, particle size)를 더 작게 만드는 것이다. 분쇄의 효과는 사료의 종류, 가축의 종류에 따라 다르다.

■ 분쇄의 정도에 따른 일반적인 효과 또는 부작용

(1) 곱게 분쇄할수록 바람에 의한 손실량이 크다(공해발생 우려).

(2) 곱게 분쇄하면 소화기관 내에서 덩어리로 뭉쳐지고, 반추가축에서는 기호성이 떨어진다.

(3) 곱게 분쇄할수록 소화기관내 통과 속도가 빠르다.

(4) 너무 곱게 분쇄하면 소화기관의 질병을 유발할 수도 있다.

- 돼지 : 위궤양
- 소 : 반추위 내의 위벽 각질화(parakeratosis)

(5) 곱게 분쇄할수록 자동급이기의 사료 흐름에 지장이 있다.

■ 분쇄 정도

(1) 수수는 표피가 두껍기 때문에 반드시 알곡을 깨뜨려서 비육우에게 급여한다. 그러나 곱게 분쇄한 것은 거칠게 분쇄한 것에 비해 기호성이 저하되고, 사료효율이 감소된다.

(2) 옥수수를 전체 사료의 20% 이상 배합하여 비육우에게 급여 시 거칠게 분쇄하는 것이 효율적이다. 사일리지와 함께 급여 시는 중 정도로 곱게 분쇄해도 기호성에는 문제가 없다.

(3) 젖소사료용 곡류를 곱게 분쇄한 것은 유지방을 저하시킨다. 그래서 거칠게 분쇄한 것이 좋다.

(4) 돼지용 곡류는 중정도 이하로 곱게 분쇄하는 것이 좋다.

(5) 면양에 급여하는 곡류는 수수를 제외하고는 분쇄할 필요가 없다.

2) 펠릿(pelleting)

분쇄한 곡류나 조사료를 펠릿 제조기에서 증기를 불어 넣으며 가압하여 원통형의 사료를 만든 것을 펠릿이라 한다. 펠릿의 직경, 길이, 경도 등은 여러 가지가 있다.

■ 펠릿사료의 장점

(1) 가축 채식 시 먼지 발생량이 적고, 기호성이 증가한다.

(2) 부피가 적어서 저장 공간이 적게 소요되고, 운반과 취급이 용이하다.

(3) 선택채식을 방지한다.

(4) 가공 중 일부 전분이 젤라틴화(gelatinization)되어 소화율이 향상된다.

(5) 벌크사료로 이용되거나 자동급이기의 이용에 효과적이다.

■ 펠릿사료의 단점

(1) 제조경비가 많이 소요된다.
(2) 펠릿제조를 위해 모든 사료는 곱게 분쇄되어야 한다.
(3) 지방함량이 많은 사료는 펠릿 제조에 어려움이 있다.

■ 펠릿사료의 급여효과

(1) 돼지와 닭에게 펠릿사료를 급여하면 가루사료에 비해 증체율이 증가(0~5%)하고, 사료효율이 증가(5~10%)한다. 증체율은 사료섭취량 증가에 주로 기인되고, 사료효율 개선은 주로 사료 허실량의 감소에서 온다.
(2) 착유우에게 펠릿사료 급여는 권장하지 않는다. 착유우가 펠릿사료를 섭취하므로 반추위 내에서 초산(acetate)의 생성량이 감소되므로 유지방률이 낮아진다.
(3) 비육우에 대한 펠릿사료 효과는 급여되는 조사료와 농후사료의 비율에 따라 다르다.
  - 조사료 위주로 사양할 때
    - 사료섭취량 증가
    - 사료효율 개선
    - 증체량의 증가
  - 농후사료 위주로 사양할 때
    - 사료섭취량 감소
    - 사료효율 개선이 없다.
    - 증체량에는 크게 변동이 없다.

3) 곡류사료의 각종 가열처리 가공방법

곡류사료를 기호성, 사료효율, 소화율 등을 향상하기 위하여 여러 가지 열처리, 열가압처리법 등이 개발되었다.

■ 증기 rolling(steam rolling)

(1) 건조된 곡류를 짧은 시간(1~8분) 동안 증기처리 한 후 roller 사이를 통과시켜 얇은 조각을 만든다.
(2) Rolling된 곡류의 수분함량은 다소 증가된다.

(3) 증기 얇은 조각 처리(박편 : steam flaking)된 것에 비해 전분의 젤라틴화는 적게 일어난다.

■ 얇은 조각(박편 : flaking)

곡류를 증기처리만을 한 것(steam flaking) 또는 가압하여 증기처리 한 것(pressure flaking)을 roller 사이를 통과하여 알곡의 두께를 0.01~0.03 cm 두께로 박편을 만든 것을 말한다. 증기 rolling 한 것과 차이는 증기처리 시간을 길게(15~30분) 한 것이다.

(1) 박편처리는 rolling 한 것에 비해 제라틴화가 더 잘 되어 소화율이 향상된다.

(2) Flaking 한 옥수수를 비육우에 급여 시 pelleting 한 것에 비해 사료효율이 0~5% 개선된다.

■ 익스트루전(extrusion)

건조된 원료를 열과 압력을 가하여 나선형 모양의 통로를 통과시킨 다음 급격히 공기중에 배출하면 나선형 모양의 것이 팽창하여 가볍고(비중 0.3), 조직에 약간의 공극이 형성되기도 한다. 이것은 원래 인스턴트 식품생산을 목적으로 개발된 것인데, 근래에는 개, 고양이 등 애완용 동물의 사료와 양어용 사료의 생산에 이용된다.

(1) 전분이 젤라틴화 되어 소화율과 기호성이 향상된다.

(2) 비중이 낮아 물에 떠있는 시간이 길어 일부 양어용 사료로 이용된다.

(3) 동물의 종류에 따라 여러 가지 형태의 사료를 만들 수 있다.

■ 볶기(roasting)

건조된 곡류를 150℃ 정도의 온도에서 볶으면 약간 부풀어오르고 냄새가 좋으며, 수분함량은 줄어들고(5~9%) 사료의 부피는 증가한다.

(1) 볶기를 함으로써 사료효율이 개선된다.

(2) 사료 중 단백질의 일부가 변성되어 제1위 미분해율이 증가된다.

■ 마이크로나이징(micronizing)

건조된 곡류를 적외선으로 100~150℃로 가열처리한 것을 knorling rollers에 떨어뜨려 나선형으로 누른 것을 말한다. 이때 곡류는 튀겨지지는 않고 다소 부풀어오르고 젤라틴화 된다.

4) 고수분 곡류(high-moisture grain)

옥수수나 수수는 수확 당시의 수분함량이 20~35% 되는데, 이것을 그대로 저장하여 사료로 이용하는 것을 말한다.

(1) 고수분 곡류는 일반 silage silo에 저장하기도 하나, 주로 기밀사일로(airtight silo)를 이용한다.

(2) 고수분 곡류 이용의 장점은 다음과 같다.

- 조기 수확이 가능하므로 곡류의 손실량이 적다.
- 건조비용이 적게 소요된다.
- 건조된 곡류에 비해 사료효율이 5% 정도 개선된다.

9. 사료의 저장

원료 사료나 배합된 사료는 가축에 급여될 때까지는 저장하게 된다. 저장 시의 상태는 사료의 변질, 영양소 손실, 기호성 등에 영향을 미치게 된다.

9.1 사료 저장 시 사료의 품질에 영향을 미치는 요인

1) 사료의 수분함량

(1) 사료 중 수분함량이 높으면 세균·곰팡이 등이 증식하게 되어 열이 발생하게 된다.

- 건초는 갈색을 띠고, 단백질의 손상이 있다.
- 곡류는 영양소의 파괴가 일어나고 변질된다.
- 일시적인 고열은 화재의 위험이 따르게 된다.

(2) 곰팡이 발생은 기호성을 떨어뜨리고, 가축에게 독성을 유발할 수도 있다.

(3) 고수분 사료는 저장 중 덩어리가 형성되기도 한다.

(4) 일반 저장고 내에서 적정 수분함량

- 분쇄하지 않은 알곡: 대부분의 곡류는 13% 미만, 옥수수는 15.5%까지 저장할 수 있다.
- 분쇄된 곡류 또는 박편처리 된 사료는 11% 이하가 안전하다.

(5) 고수분 사료의 저장

- 저장고 내에 열풍을 불어넣는다.
- 공기를 강하게 불어넣는다.

2) 곤충의 피해

(1) 곡물에 기생하는 곤충들은 곡물을 먹고 살면서 곡물을 깨뜨리거나 구멍을 내어 곡물에 피해를 준다.

(2) 곤충이 분비하는 배설물이나 분비물로써 곡물을 오염시킨다.

(3) 곤충의 호흡 중 발생되는 열에 의해 수분이 응축되고, 곰팡이 발생을 일으킨다.

(4) 곤충의 피해 정도는 저장고의 온도, 습도, 저장 기간에 따라 다르다.

(5) 곤충이 활동하기 가장 좋은 온도는 30～33℃이며, 20℃ 미만에서는 번식과 성장이 둔화한다. 곤충 대부분은 상대습도 40% 이하, 온도 10℃ 이하에서는 활동이 정지되고, 60℃에서 10분 정도면 치명적이다. 곡물 중 수분함량 14% 이상에서 번식이 왕성하고, 그 이하에서는 둔화한다.

(6) 살충 방법에는 여러 가지가 있으나, 주로 화학 훈증제를 이용한다.

3) 설치류(rodent)의 피해

(1) 시궁쥐, 곰쥐, 생쥐, 등줄쥐(들쥐) 등의 설치류는 곡물 저장 중 피해를 준다.

(2) 설치류가 먹어서 손실되는 양과 그들의 배설물에 의한 오염의 피해가 크다.

(3) 설치류에 오염된 곡물은 기호성이 떨어지고, 전염병의 전파경로가 된다.

(4) 설치류의 방제

- 설치류의 침입을 막는 저장시설 및 퇴치기를 설치한다.
- 저장고를 사용하지 않을 때는 완전히 비우고 깨끗이 청소해 둔다.
- 저장 중에는 쥐덫과 쥐약을 계획에 따라 놓아야 한다.

10. 사료 건물섭취량에 영향을 미치는 요인

10.1 기호성

1) 사료의 기호성

사료의 기호성은 맛, 냄새(odor), 모양, 촉감, 사료의 온도 등의 복합적인 요인에 영향을 받는다.

2) 화학적 요인

■ 맛에 영향을 주는 주성분 또는 원료

(1) 감미(甘味, sweet taste): 자당(설탕, sucrose)

(2) 짠 맛: 식염

(3) 산미, 고미: 식물 알칼로이드, 타닌(tannins), 시안화 물질(cyanogenic compounds)

■ 냄새(芳香, odors)

냄새를 나게 하는 물질은 주로 휘발성 물질이다. 좋은 냄새는 가축을 사료에 접근토록 유도하나, 섭취량에는 크게 영향을 미치지 않는다.

■ 세포벽 물질

세포벽에 함유된 규소(silica)나 lignin은 사료를 거칠게 하므로 섭취량을 떨어뜨린다.

3) 물리적 요인

(1) 거친 사료는 기호성을 저하시킨다.

(2) 사료의 촉감 또는 입자의 크기는 섭취량에 영향을 미친다.

10.2 사료의 에너지 함량

(1) 만일 어떤 사료가 기호성이 좋을 때 동물은 영양소 요구량을 충족시키기 위해 소화기관의 용적이 허용할 때까지 사료를 섭취한다.

(2) 에너지 요구량에 제한을 받지 않을 때는 제한을 받는 동물에 비해 사료섭취량이 증가한다.

(3) 기호성에 문제가 없을 때 에너지 함량이 낮은 사료는 고에너지 사료에 비해 사료섭취량이 증가한다.

10.3 동물의 연령과 크기

(1) 영양소 요구량이 많은 육성 중인 동물이나 젖 생산량이 많은 성우는 영양소 요구량이 적은 동물에 비해 단위 체중당 사료섭취량이 많다.

(2) 큰 동물은 작은 동물에 비해 단위 체중당 사료섭취량은 적다. 완전 성장한 동물의 에너지 요구량은 체중에 0.75승 한 값에 비례한다. 이것을 대사체중(代謝體重, metabolic body weight)이라 한다.

$$\text{대사체중} = \text{체중}^{0.75}, \quad \text{MBW} = \text{body weight}^{0.75}$$

그래서 대사 체중은 가축 영양에서 널리 이용되고 있다.

10.4 환경온도

(1) 체온 조절을 위해 에너지의 요구가 없는 환경온도에서 대사율(metabolic rate)은 최저가 된다. 이때의 환경온도 범위를 열적 중성대(thermoneutrality)라 한다.

(2) 고온에서는 사료섭취량이 줄어들고, 저온에서는 일반적으로 기호성을 유발하여 사료섭취량이 증가한다.

10.5 음수량

음수량이 부족할 때 사료 건물섭취량은 감소한다. 오염된 물, 고형물이 용해된 물, 탁하고 더러운 물을 급여할 때 음수량과 사료섭취량은 줄어든다.

10.6 건강상태

대부분의 전염성 질환, 내부 기생충 감염은 사료섭취량을 줄인다. 또한 대사성 질환(케토시스, 고창증, 설사 등)과 스트레스를 유발하는 조건(소음, 과격하게 다룰 때, 번잡 등) 하에서는 사료섭취량이 줄어든다.

10.7 사료섭취량

사료섭취량은 위에서 본 바와 같이 여러 가지 요인에 의해 영향은 받지만, 일반적인 가축별 하루 중 건물섭취량을 나타내면 다음과 같다(체중에 대한 %, 건물기준).

(1) 가 금: 5~6%

(2) 돼 지: 4~5%

(3) 면 양: 3~4%

(4) 소: 2~3%

(5) 말: 1.5~2.5%

(6) 개, 고양이: 2~3%

연습문제

아래의 물음에 답하세요.

1. 곡류사료 중 옥수수, 밀, 보리의 영양적 특성을 비교하여 설명하시오.
2. 주요 식물성 단백질 사료의 사용에 있어 제한적 요소에 대하여 설명하시오.
3. 고간류의 사료가치 증진법에 대하여 설명하시오.
4. NPN의 이용 시 고려해야 할 사항에 관하여 기술하시오.
5. 주요 두과 및 화본과 목초의 사료적 특성을 설명하시오.
6. 사일리지 조제 시 화본과 목초가 두과 목초보다 재료의 이화학적 특성상 유리한 점을 설명하시오.
7. 사료 pelleting의 장·단점에 대하여 설명하시오.
8. 사료섭취량에 영향을 미치는 요인에 대하여 설명하시오.

제 4 장

사료의 품질 평가

《학습목표》

- 일반성분 분석을 위한 시료의 채취 요령과 영양소 함량의 표현방법 (건물 기준, 풍건물, 급여상태 기준 등)의 이해
- 사료 영양성분의 평가를 위한 여러 방법의 원리 이해
- 사료 영양가의 화학적 평가와 생물학적 평가방법의 이해
- 에너지가의 평가방법과 에너지 함량의 활용방법 이해

동물사료는 매우 다양한 성격의 원료들로 구성되기 때문에 동물 배합사료는 화학적, 물리적으로 복잡한 성격을 갖게 되며, 영양소뿐만 아니라 비영양물질과 항영양물질 등 헤아릴 수 없을 정도로 다양한 성분의 물질들이 존재하게 된다. 이들 성분은 동물의 소화기 안에서도 서로 간에 여러 형태의 복잡한 상호작용을 할 수도 있다. 이런 특징을 갖고 있는 동물사료의 영양적 품질을 합리적으로 평가하는 것은 쉬운 일이 아니다.

사료의 영양적 평가는 두 가지 관점에서 이뤄진다. 하나는 개별 영양소 함량을 화학적으로 정량 분석하는 것이고, 다른 하나는 동물을 이용한 생물학적 평가이다. 후자에는 사양실험에 의한 생산성 평가, 소화율이나 단백질 이용성 평가(BV, PER, NPU), 대사에너지 측정 같은 것을 들 수 있다.

동물 사용의 여러 가지 어려움으로 인해 최근에는 그 대안으로 미생물의 성장 반응을 이용하거나, 동물 소화효소의 소화력을 이용한 평가방법들이 많이 개발되고 있다. 사료 품질의 영양적 평가방법은 현재의 어느 방법도 완벽할 수 없고, 앞으로도 계속적인 개선이 필요하다.

(1) 화학적 분석 : 중량방법, 적정방법, 비색방법, 크로마토그라피 방법 등

(2) 생물학적 방법 : 병아리, 돼지, 쥐 같은 실험동물로 실제 동물에서의 이용 정도 평가

(3) 기타 방법: 미생물 성장반응이나 동물체의 소화효소를 이용하는 방법으로 화학적 방법과 생물학적 방법의 장점을 이용한다. 그러나 동물(in vivo)에서의 실제 이용 정도를 나타내는 데는 미흡하다.

1. 영양성분의 분석방법

사료의 품질은 시료 채취 및 가공, 영양소 함량 분석, 동물실험 등의 절차를 거쳐 평가된다.

1.1 시료 채취

분석의 정확성은 시료 채취로부터 시작된다. 채취한 소량의 시료가 분석하고자 하는 사료 전체를 대표할 수 있어야 하기 때문에 어떻게 대표적인 시료를 채취하는가는 대단히 중요하다.

1) 시료의 명칭 표시

시료 채취의 첫 단계는 사료에 관련된 사항을 기록하는 것이다. 시료 채취용 용기에 채취자의 이름, 주소, 시료 번호, 사료 이름과 종류, 채취 일자, 그리고 식물성 사료의 경우 성숙도, 수확일자 등을 표시한다. 사료가 저장되었던 장소, 색깔, 냄새, 곰팡이 부패 정도 등의 특별한 내용을 기록하는 것도 도움이 된다.

2) 시료 채취

대표되는 시료를 채취할 때 유의할 사항은 아래와 같다.

■ 곡류, 배합사료

(1) 포장된 사료는 4개 이상의 포대에서 각 포대마다 두 개의 시료(시료당 두 손 가득히)를 채취한다. 포대를 찔러 시료를 채취하는 도구(grain probe)를 사용하면 좋고, 이것이 없을 경우 포대 내용물을 깨끗하고 편평한 곳에 쏟아 잘 섞은 후에 채취하면 된다.

(2) 사료 빈(bin)에 들어 있는 것은 사료가 실제로 급여될 때 채취하는 것이 쉽다. 이 시료들의 채취 간격은 가급적 멀리 하여 10개 이상 채취하는 것이 필요하다.

(3) 이렇게 임의로 채취한 시료는 깨끗한 그릇에서 잘 섞은 후 2분법(또는 4분법)

에 의해 최종적으로 약 0.5∼1.0 kg의 시료를 채취하여 실험실에 보낸다. 시료들을 섞을 때 입자 크기가 다른 원료들이 분리되지 않도록 주의해야 한다.

■ 건 초

(1) 건초는 줄기와 잎을 포함한 대표되는 시료를 채취하는 것이 필요한데, 드릴(drill) 형태의 core sampler를 사용하면 정확한 시료 채취가 가능하다.

(2) 높게 쌓아 놓았거나, 절단한 건초더미는 옆에 노출된 쪽에서 충분히 다져진 시료를 취하거나, 건초더미 위에 올라서서 딛고 선 양발 사이에서 중심 내부의 시료를 취한다. 정사각형으로 만든 건초더미는 한쪽 옆에서 건너편 쪽으로, 둥그렇게 다진 건초는 중심부를 향해, 높게 쌓은 건초는 중심 밑을 향해 core sampler를 30∼40 cm 깊이로 삽입한다.

(3) 각 건초더미로부터 10개 이상의 시료를 취한다. 베일(bale) 형태로 된 건초에서는 한 베일당 한 개씩 취한다. 쌓아놓은 건초는 core sampler의 손잡이를 길게 하여 중심부에서 시료를 취한다.

(4) Core sampler가 없으면 적어도 한 줌(grab)씩 10번의 시료를 취한다. 베일로 된 건초는 풀어헤친 후(급여를 위해 풀어놓을 때)에 중심부에서 줄기와 잎이 분리되지 않도록 한 줌씩 시료를 취한다.

(5) Core sampler로 취한 시료 또는 한 줌씩 모은 시료는 2∼4 cm 길이로 절단한 후 깨끗한 통에서 줄기와 잎이 분리되지 않도록 잘 섞는다. 혼합된 시료에서 임의로 일부분을 취하여 포장해서 실험실로 보낸다.

■ 사일리지와 헤일리지

(1) 탑형의 사일로에서는 급여 장치가 작동중일 때에는 어느 때나 시료 채취가 가능하다. 수동 급여할 때는 사일로에서 사일리지를 꺼내 운반용 손수레에 실을 때 시료를 채취한다.

(2) 벙커형 사일로에서는 사일리지 표면의 신선한 부분에서 매일 4∼5회 정도 한 줌씩 채취한다.

(3) 변질된 사료는 가축이 먹지 않기 때문에 시료를 채취할 필요가 없다. 탑형의 사일로에서는 시료 채취 전 맨 위에서 60∼90 cm만큼 들어내며, 벙커형에서는 변두리로부터 30∼45 cm 이내 범위에서는 시료를 채취하지 않도록 한다. 실제로 가축이 먹는 사료 부분만을 채취한다.

(4) 급여 조사료의 정확한 성분을 알기 위해 매일 0.5~1.0 kg의 시료를 2~4일간 계속 채취해야 한다.

(5) 시료는 채취 후 바로 얼리며, 그 날 채취한 것은 같은 봉지에 담는다. 수분이 많은 시료는 냉동하면 세균에 의한 발효와 수분 손실을 막을 수 있어 정확한 분석이 가능하다.

(6) 채취 시료는 깨끗한 장소에서 철저히 혼합한 후 분석할 시료를 무작위로 채취한다. 시료는 시료병에 넣어 공기를 차단하도록 철저히 밀폐한 후 냉동하여 분석실로 보낸다.

■ 수확시기의 시료 채취

수확하는 동안에 시료를 채취하는 것은 편리하고 또한 신뢰도가 높은 방법이다. 이렇게 채취한 시료를 통해 특정 목초지의 성분을 알 수 있고, 또한 급여 사료의 성분 함량을 알 수 있다. 저장 동안에 어떤 변화가 있거나 사료 급여 시 색깔, 냄새 등에 현저한 차이가 보이면 시료를 다시 채취해야 한다.

3) 채취 시료의 가공 및 보관

시료 채취 후 분석할 때까지 저장한다. 영양가 손실과 변화를 방지하기 위하여 냉장이나 냉동 보관하는 것이 좋다.

영양소 함량의 양적(%) 변화는 수분함량의 변화에 따라 크게 영향을 받는다. 따라서 채취한 시료는 채취 당시의 수분함량을 조사한 후 풍건물로 만들어 풍건물 상태로 보관하면서 분석에 이용하는 것이 필요하다. 풍건물 상태가 아닌 시료는 취급 중에 언제나 수분함량에 변화가 생길 가능성이 있어 분석값의 정확성에 큰 영향을 미치게 되므로 분석할 시료는 반드시 풍건물 상태를 유지토록 하는 것이 중요하다.

시료의 입자크기를 균일하게 하고 균일한 혼합을 위하여 시료를 분쇄한다. 이때 대개 0.75 mm 구멍을 통과할 정도 크기로 분쇄하는데, 열에 예민한 성분이 있을 때는 2 mm 크기로 분쇄한다.

1.2 사료 영양소 함량 분석

1) 사료 성분 분석을 위한 실험기기

■ 근적외선 분광광도계(NIRS, near infrared reflectance spectroscopy)

이 기술은 시료의 분쇄라는 단순한 전 처리과정에 의해 특정 화학적 성분을 빠르게 분석할 수 있게 해준다. 기본 원리는 시료의 성분마다 근적외선(400~2,500 nm)을 흡수하는 성질에 특이성이 있어 대상물을 통해 나온 변형된 광 에너지를 측정하여 성분을 정량, 정성 분석한다. NIRS 분석은 시약이 필요 없고, 시료의 가열이나 추출 등의 전처리 없이 한 번의 조작으로 여러 성분을 분석할 수 있으며, 시료의 손실 없이 단시간에 여러 성분을 분석할 수 있다는 장점이 있다. 이 장비의 단점은 측정하고자 하는 시료의 성분마다 많은 시료를 이용한 calibration이 필요한데 이를 위하여 computer modelling과 통계처리가 필요하다.

NIRS는 아직도 개발이 계속되고 있는 기술이다. 이 기술은 분석결과를 신속하게 알려 주기 때문에 사료산업에서 그 중요성이 매우 높다. 예를 들어 옥수수, 소맥, 대두나 건초 같은 것의 거래 현장에서 수분, 단백질, 지방, 총당, 아밀로스, 섬유소 등 귀중한 자료를 즉시 제공해 줄 수 있다. AOAC(2006)에서 공인된 NIRS 분석 성분은 수분, Kjeldahl N, ADF와 목초 성분 등이다. 최근에는 많은 자료의 축적에 의해 사료 아미노산 함량 평가에도 적용되고 있다.

■ 원자흡광분석기(atomic absorption spectrophotometry, AAS)

AAS는 무기질 함량 분석에 많이 사용되고 있는 분석 장비 중의 하나이다. 측정 원리는 원자들에 의한 복사선의 흡수 현상의 차이를 응용해서 시료에 존재하는 원소들을 검출한다. 특정한 파장에서는 특정한 원자만의 빛을 흡수하며, 흡수된 빛의 양은 존재하는 입자의 양에 비례한다는 원리를 이용한다. 시료 중의 금속 원소를 버너를 이용하여 불꽃으로 원자화시킨다. 혈액이나 뇨 같은 시료는 가수분해 없이 직접 주입할 수 있다.

■ 유도결합 플라즈마 분광분석기(inductively coupled plasma spectroscopy, ICP)

무기물의 분석에서 고주파 유도결합 플라즈마(ICP)를 광원으로 사용하며, 생성된 고온의 아르곤 플라즈마에 시료를 주입시켜 시료 중의 각종 원소가 방출하는 복사선을 검출기에서 검출하는 분석 장치이다. 이 기기는 AAS에 비해 가격이 비싸지만 감도(ppb, subppb)가 더 좋으며, 여러 무기 원소를 동시에 정확하게 분석(정량, 정성)할 수 있다는 장점 때문에 식품, 제약, 환경, 반도체 등 광범위한 분야에서 널리 사용되고 있다.

■ 고속액체크로마토그라피(HPLC, High performance liquid chromatography)

비교적 분자량이 크고 극성의 비휘발성 유기 성분의 분석에 주로 사용된다. 시료 중의 특정 성분을 용매로 추출한 후 액체 이동상(mobile phase)과 함께 column에 주입하여 chromatography 원리에 의해 성분을 분리한다. 사료에서 비타민, 아미노산, 탄수화물, 사료 독소, polyphenol 성분 등의 분석에 사용되며, 지방산도 분석할 수 있다. 분석과정에서 높은 온도가 사용되지 않아 시료 성분의 변화를 일으키지 않고 분석이 가능한 비파괴적 분석이라는 장점이 있다.

■ 가스크로마토그라피(GC, GLC, Gas liquid chromatography)

가스(N_2, He)를 이동상으로 이용하며 휘발화 된 시료를 이동상과 고정상의 상호작용에 의해 분리, 분석하는 장치이다. Capillary column을 사용한 GC는 HPLC에 비해 성분의 분리 능력이 뛰어나다. 그러나 휘발성화 된 시료만 분석이 가능한 것과 높은 온도에서 분석이 이뤄지기 때문에 시료가 파괴되어 회수가 불가능하다는 단점이 있다. 사료 성분 중 주로 지방산 분석에 많이 이용된다.

■ Bomb calorimetry

사료의 총에너지(gross energy) 함량을 측정하는 장치로 대사에너지 함량 평가에 절대적으로 필요한 장치이다. 측정원리는 기기 내부의 bomb에 시료와 산소를 채우고 점화하면 시료의 연소로 인하여 bomb 몸체 온도가 상승한다. 이 열이 bomb 주변의 증류수에 전달되며, 수온의 변화를 읽어 시료가 생산하는 총에너지 함량(kilocalorie, 또는 kilojoule/g)을 나타낸다.

2) 사료의 일반성분 분석(proximate analysis)

사료의 일반성분이란 수분, 조단백질, 조지방, 조섬유, 조회분 및 가용무질소물(可溶無窒素物, nitrogen-free extract, NFE)의 6가지를 말한다. 탄수화물을 조섬유와 가용무질소물로 나누고 있다. 조섬유는 거의 소화가 되지 않는 물질이지만 근래에 섬유소의 기능적 중요성이 인식되면서 더 세분화된 분석 방법들이 제안되었다. 일반성분 분석방법의 대표적인 것으로 미국 AOAC의 방법을 들 수 있다.

■ 수 분(水分, moisture)

일반적으로 물의 끓는점 이상의 온도(100℃)에서 시료를 보관하면 수분 손실에 의해 시료 무게가 감소한다. 비등점 이하의 온도에서도 수분 손실이 일어날 수 있다. 수분 손실로 인해 감소되는 무게가 수분함량이 된다. 전체 무게에서 수분함량을 제하면 건물함량이 된다.

사일리지나 기타 발효 사료의 휘발성 성분은 50℃ 정도의 가열에 의해서도 손실될 수 있으며, 이 경우 수분함량이 과대평가되는 잘못을 저지를 수 있다. 이런 문제를 피하면서 수분을 정량하기 위한 방법으로 톨루엔(toluene) 증류법, 진공건조(vacuum drying)법, 냉동건조(freeze-drying) 방법 등이 있다.

■ 조회분(粗灰分, crude ash)

일정량의 시료를 550～600℃의 머플 회화로(Muffle furnace)에서 3시간 이상 태운다. 타고 남은 무기물이 조회분이다. 이 과정에서 수분, 조지방, 조단백질, 탄수화물 등 유기물은 제거된다. 이렇게 높은 온도에서 염소, 아연, 셀레늄, 옥도 같은 무기질은 일부 휘발되기도 하며, 이런 성분들을 분석할 때는 wet digestion 방법에 의해 회화시킨다.

■ 조단백질(粗蛋白質, crude protein, Kjeldahl 방식)

단백질은 평균 16%의 질소를 함유하고 있다. 따라서 사료에 들어 있는 질소량 × 6.25(=100/16)에 의해 조단백질 함량을 구할 수 있다. 조단백질 분석의 가장 기본적인 방법은 Kjeldahl 방법이다. 이 방법은 세 단계로 구성된다. 처음 분해 단계에서는 시료를 황산 용액으로 분해하여 유기물을 제거하면서 시료 내 모든 암모니아태 질소가 황산암모니아[$(NH_4)_2SO_4$]로 전환된다. 증류 단계에서는 황산암모니아를 가성소다($NaOH$)용액으로 중화시킨 후 증류시켜 발생되는 암모니아를 산성 용액(예, 붕산수) 안으로 유도하여 붙잡는다. 마지막으로 적정 단계에서 붕산수 용액에 들어 있는 암모니아를 표준산 용액으로 적정하여 시료 내 질소 양을 측정한다.

그런데 Kjeldahl 방법은 유기태와 무기태의 모든 암모니아태 질소가 똑같은 반응을 보여 순단백질(true protein)과 요소(urea) 같은 비단백태질소화합물(NPN, nonprotein nitrogenous compound)을 구별하지 못하므로 주의할 필요가 있다. 질산염 질소는 이 방법에 의해 암모니아로 전환되지 않는다.

■ 조지방(粗脂肪, crude fat, 또는 ether extract, EE)

건조된 시료를 속슬렛(Soxhlet) 장치를 이용하여 유기용매 에테르(ether)로 24시간 이상 지방을 추출한다. 지방이 제거된 시료 무게와 처음 무게와의 차이로서 조지방 함량을 구한다. 이 과정에서 지방 이외에 에테르에 녹는 다른 성분들(예, 클로로필, 휘발성 유지, 레진, 색소, 식물성 왁스 등)도 지방과 같이 제거되므로 이를 조지방이라고 부른다.

■ 탄수화물(炭水化物, carbohydrate)

사료 내 탄수화물은 크게 조섬유 성분과 NFE(가용무질소물)의 두 가지로 구성된다. 조섬유 함량은 직접 분석에 의해 구하지만 NFE 함량은 계산에 의해 구해진다. 탄수화물과 섬유소의 영양학적 중요성이 새롭게 인식되면서 탄수화물의 분류에 많은 변화가 일어나고 있다. 섬유소에서 조섬유, ADF, NDF, 식이섬유(dietary fiber)같은 것들이 구분되며, 이외에 비전분성 탄수화물(non-starch polysaccharides, NSP) 또는 난소화성 탄수화물 등의 개념이 추가되고 있다.

(1) 조섬유(crude fiber)

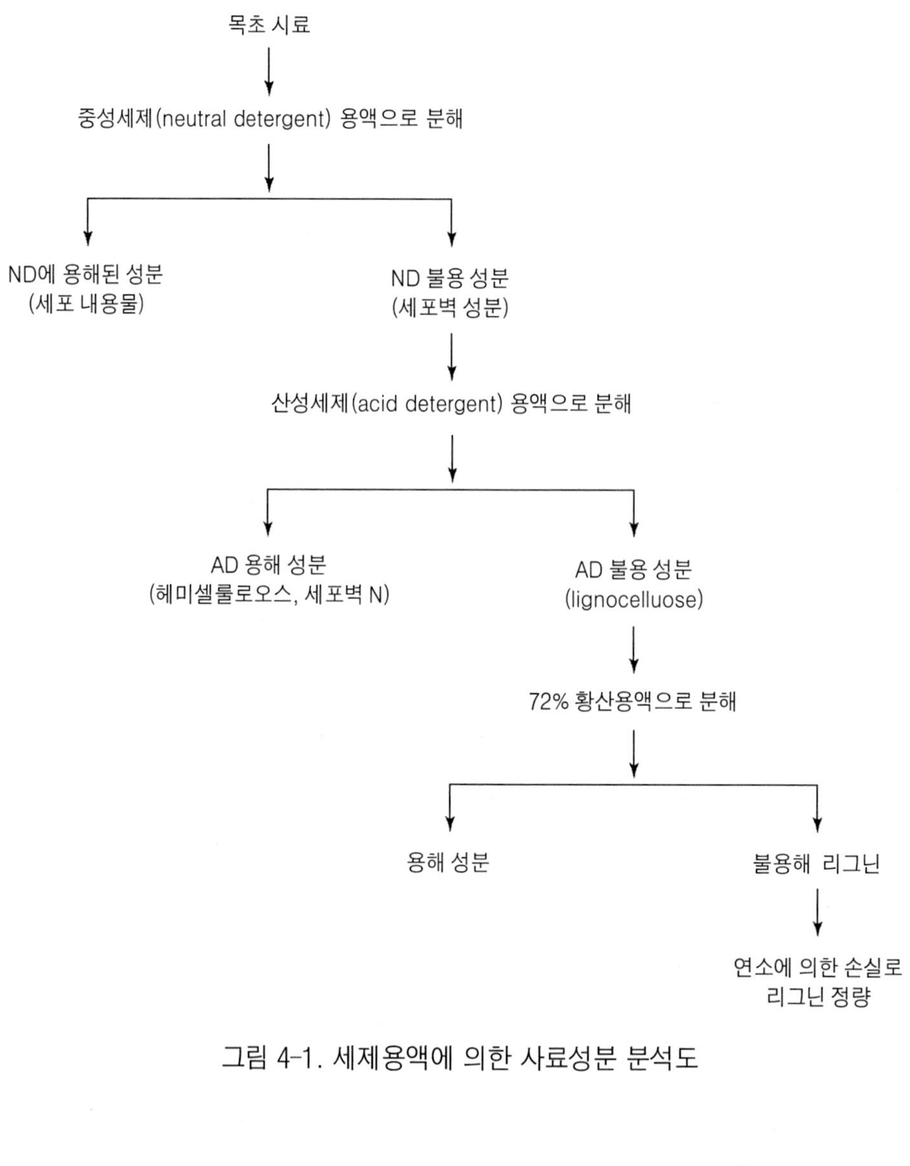

그림 4-1. 세제용액에 의한 사료성분 분석도

조섬유는 헤미셀룰로오스(hemicellulose), 셀룰로오스(cellulose), 불용성 리그닌 등 단위동물에서 소화되기 곤란한 성분들로 구성된다. 분석 방법은 탈지한 시료를 약산(0.255 *N* H_2SO_4)과 약알칼리(0.312 *N* NaOH) 용액에서 각각 30분씩 끓인 것을 여과해서조단백질, 당류 등을 제거하면 셀룰로오스, 리그닌, 무기질 성분들은 남게 된다. 이 잔류물 중 유기물을 머플 회화로(550℃)에서 태워 감소된 무게가 조섬유 함량이 된다.

(2) ADF(acid detergent fiber) 및 NDF(neutral detergent fiber)

Van Soest가 제안한 것으로 반추동물 사료의 관점에서 식물체 중 비교적 소화가 잘 되는 부분과 그렇지 않은 성분으로 나누기 위한 방법이다. ADF는 cetyl trimethyl-ammonium bromide를 녹인 황산용액으로 1시간 끓여 용해되는 성분을 제외하고 남은 cellulose, lignin, cutin 등을 말한다. ADF는 조섬유와 성분이 비슷하며, 조섬유 측정방법에 비해 반복성이 더 좋고, 분석시간이 짧은 장점이 있다. NDF는 중성세제인 sodium laurel sulfate를 함유한 용액에서 1시간 끓여 용해되는 성분을 제외하고 남은 것으로 cellulose, hemicellulose와 lignin이 들어 있어 식이섬유소의 비수용성 성분들과 구성이 비슷하다. ADF와 NDF의 중요한 차이로 후자에 hemicellulose가 들어 있다.

(3) 식이섬유(dietary fiber)

총 식이섬유(total dietary fiber, TDF)는 수용성(SDF)과 비수용성(IDF)으로 나눠진다(구성성분은 표 1-3 참조). 총 식이섬유는 열 안전성이 높은 α-amylase로 호화시킨 후 protease와 amyloglucosidase로 가수분해하고 여기에 95% ethyl alcohol을 첨가하여 침전된 탄수화물 성분이다. 비수용성 식이섬유는 효소처리한 가수분해물을 여과하여 여과액을 제외하고 남은 탄수화물 성분이다. 수용성 식이섬유는 TDF-IDF에 의해 구한다.

(4) 가용무질소물(可溶無窒素物, NFE, nitrogen-free extract)

NFE는 주로 쉽게 용해되는 탄수화물, 즉 당류와 전분으로 구성되지만, 목초 같은 사료에서는 약간의 헤미셀룰로오스와 리그닌이 포함되기도 한다. NFE 함량은 직접적인 분석에 의해 구하지 않고 아래와 같은 방법으로 구한다.

NFE(%) = 100%-(수분 % + 조단백질 % + 조지방 % + 조섬유 % + 조회분 %)

3) 아미노산 분석

사료의 필수아미노산 분석은 사료품질 평가에서 대단히 중요하다. 아미노산 분석은 주로 아미노산 전용 분석기(amino acid analyzer) 또는 HPLC에 의해 이뤄지며, gas chromatography에 의해서도 가능하다. 단백질의 구성 아미노산을 분리하기 위한 첫 과정은 산 가수분해이다. 대부분의 아미노산은 산 가수분해 조건(예, 6N HCl, 110℃, 20시간)에서 비교적 안정하지만, 함유황 아미노산(methionine, cystine, cysteine)은 부분적으로 손실될 수 있다. Tryptophan은 거의 완전히 파괴된다. 따라서 함유황 아미노산들은 performic acid로 미리 가수분해하여 산에 안정한 형태로 전환시킨 후 산 가수분해를 한다. 이때 cysteine은 완전히 cystine으로 전환된다.

Tryptophan은 별도로 알카리 가수분해(4.2N NaOH, 110℃, 20시간) 후에 UV 분광분석기(280 nm)나 HPLC, 아미노산 분석기 등으로 측정한다. 그 외에 asparagine과 glutamine도 대부분 aspartic acid와 glutamic acid로 전환된다.

1.3 사료 수분함량에 따른 영양소 함량의 표기

사료의 수분함량 변화에 따라 모든 영양소 함량이 크게 달라질 수 있다. 아래의 여러 표현 기준과 영양소 함량의 변화를 계산하는 방법을 이해하는 것은 매우 중요하다.

1) 건물 기준(dry matter basis)

수분이 없는 상태, 즉 건물 상태를 기준하여 영양소 함량을 나타내는 방식이다. 수분함량이 다른 여러 사료에서 영양소 함량의 단순 비교는 매우 곤란하다. 이때 건물 기준으로 영양소 함량을 나타내면 일정한 기준에서 보다 정확하게 비교하는 것이 가능해진다.

2) 급여상태 기준(as-fed basis 또는 as-is basis)

동물에게 급여하는 시점에 사료에 들어 있는 영양소 함량을 나타내는 방식이다. 이때의 사료의 수분함량은 사료에 따라 크게 달라지는데, 일반 배합사료는 풍건물 상태와 같으나 발효사료, 습식사료, 목초 등은 수분함량이 많을 수 있다. 이런 사료들은 섭취하는 동안 수분함량이 계속 변화하기 때문에 영양소 섭취량의 정확한 평가가 힘들다. 수분함량이 많은 급여상태 기준을 건물이나 풍건물 기준으로 환산하면 영양소 농도(%)가 높아지며, 섭취한 사료의 무게는 감소한다.

3) 풍건물 기준(air-dry basis)

통기상태에서 장기간 보존하면 사료의 수분함량이 주변 대기의 수분함량과 평형을 이루게 된다. 이런 상태를 풍건물 상태라 하며, 이때 대부분의 사료는 10% 내외의 수분을 갖게 된다. 따라서 풍건물 기준에서는 일반적으로 건물 함량 90%를 기준하고 있다. 풍건물 상태의 시료는 수분함량이 비교적 일정하게 유지되므로 시료의 취급이 용이하다. 분석할 시료는 무엇보다 먼저 일단 풍건물 상태로 만든 후 다음 처리과정(분쇄, 성분분석 등)으로 들어가는 것이 좋은 방법이다.

4) 수분함량에 따른 영양소 함량의 변화 계산

[예 1] 알팔파 사일리지에 급여상태 기준으로 수분 60%(건물 40%), 조단백질이 7%들어 있다면 건물 기준으로 표현할 때 알팔파 사일리지의 조단백질 함량은 다음 공식에 의해 구할 수 있다.

$$\frac{\text{영양소 함량, \% (급여상태 기준)}}{\text{사료의 건물, \%}} = \frac{\text{영양소 함량, \% (건물기준)}}{\text{100\% 건물}}$$

$$\frac{7}{40} = \frac{X}{100} \qquad X = \frac{700}{40} = 17.5$$

즉, 알팔파 사일리지에는 건물기준으로 17.5%의 조단백질이 들어 있다.

[예 2] 아마박에 건물기준으로 10%의 조섬유가 들어있다. 아마박의 건물 함량이 91%였다면 급여상태 기준으로 나타낼 때 조섬유의 함량(%)은?

$$\frac{X}{91} = \frac{10}{100} \qquad X = \frac{910}{100} = 9.1$$

아마박의 조섬유 함량은 급여상태를 기준할 때 9.1%이다.

[예 3] 옥수수 사일리지 시료의 가소화에너지(DE)가 1,230 kcal/kg(풍건물)이고, 풍건물의 수분함량은 10%였다. 급여상태(수분 40%)를 기준할 때 가소화에너지 함량은?

$$\frac{X}{100-40} = \frac{1{,}230}{100-10} \qquad X = 820\ \text{kcal/kg(급여상태)}$$

2. 사양실험 및 대사실험

2.1 사양실험과 대사실험의 필요성

사료의 영양가를 평가하는 첫 단계는 화학분석이다. 화학적 분석 결과는 영양가 평가의 좋은 참고 자료가 되긴 하지만 실제 그 동물에서 사료의 기호성 여부, 또 체내에서 실제로 소화되는 정도 등 영양적 적합성 등에 대한 정보를 알려 주기에는 충분하지 못하므로 동물을 이용한 사양실험이 필요해진다. 사양실험을 통해 사료를 섭취한 동물의 사료섭취량, 성장반응, 사료 이용효율과 사료가 실제로 동물의 생산성에 미치는 영향 등에 대한 기본적인 자료를 얻을 수 있다.

사양실험에서는 실험목적에 따라 실험규모와 실험기간이 결정된다. 여러 가지 요인을 고려하여 실험목적에 맞는 합리적인 실험설계를 하는 것이 중요하다. 사양실험에서 나타난 결과에 대한 원인을 파악하기 위해 소화실험 또는 대사실험 등을 추가로 실시하는 경우가 많다. 일반적으로 영양소의 소화율을 평가하기 위한 소화실험은 대사실험의 일부로서 이뤄진다.

2.2 대사실험의 절차

(1) 먼저 조사 시료의 화학성분을 분석 후 실험사료를 배합한다.

(2) 동물에게 일정기간 동안 실험 사료를 먹이면서 정확한 섭취량과 동물의 체중 변화 등 반응을 조사한다.

(3) 분과 뇨의 정확한 채취-섭취량 측정과 분 · 뇨 채취는 동일한 기간에 이뤄져야 사료의 소화율이나 대사율 측정이 가능해진다. 이를 위해 대사틀(metaboic crate)이나 분 채취용 주머니 등이 사용된다. 대사틀은 동물을 제한된 공간 안에 수용하면서 분과 뇨를 분리, 채취할 수 있는 시설이다. 이 시설에서 중요한 부분은 동물이 자유롭게 눕거나 서 있을 수 있는 공간이 있어야 하며, 채취하는 분에 오줌성분이 오염되지 않도록 해야 한다. 방목중인 동물은 분과 뇨를 채취할 수 있도록 특별히 고안된 주머니를 동물의 몸에 부착하여 사용한다.

(4) 분과 뇨의 화학성분 분석

(5) 섭취한 영양소와 분으로 배설된 영양소 양의 차이가 소화 흡수된 양이며, 섭취한 영양소 중에서 소화 흡수된 양의 비율(%)이 일반소화율(apparent digestibility)이다.

(6) 대사율이란 섭취한 영양소와 분 · 뇨로 배설된 영양소 양의 차이, 즉 체내에 축

적된 영양소 양을 섭취한 영양소 양에 대한 비율로 나타낸 것이다. 사료의 대사 에너지(ME)가 대사율 방법에 의해 구해진 좋은 예가 될 수 있다.

$$일반대사율(\%) = \frac{영양소\ 섭취량(g) - (분+뇨)\ 중의\ 영양소(g)}{영양소\ 섭취량(g)} \times 100$$

2.3 소화율 측정

소화율은 사료의 생물학적 가치에 대한 일차적 정보를 제공해 주기 때문에 대사실험에서 이뤄지는 소화율 측정과정을 좀 더 세부적으로 알아볼 필요가 있다.

1) 소화율에 영향을 미치는 요인

소화율 측정에서 배설분의 정확한 평가는 필수적이다. 실험동물에 따라 전분(全糞) 채취법에 의해 배설분 전체를 정량적으로 채취하는 것이 가능하다. 그러나 전분의 채취가 곤란한 경우나 또 실험의 편의를 위해 표시제나 지시제를 활용하여 소화율을 측정한다.

(1) 동물 종: 일반적으로 반추동물, 돼지, 닭의 순으로 소화능력이 감소한다.
(2) 나 이: 어린 동물의 경우 소화능력이 낮을 수 있다.
(3) 사료 급원과 성분: 특히 사료의 조섬유 종류와 함량의 차이
(4) 입자 크기와 사료의 가공 정도에 따라 큰 영향
(5) 사료섭취량이 어느 수준 이상으로 더 많아지면 소화율이 감소하는 경향이 있다.
(6) 소화관의 통과속도가 빠른 경우 완전한 소화와 흡수를 위한 시간이 충분하지 않다. 반대로 속도가 느린 경우 일반적으로 소화율이 높아진다. 그러나 불필요한 낭비적인 발효가 일어나기 쉽다.
(7) 영양소 과잉섭취 시 흡수경쟁 관계에 있는 다른 영양소의 흡수 방해 가능성
(8) 배합사료 등 혼합사료의 소화율이 구성 원료들의 개별적 평균 소화율과 반드시 일치하지는 않는다.
(9) 질병 또는 기생충 감염

2) 실험동물 마릿수

소화율은 실험동물의 종·나이 등에 의해서 영향을 받지만, 개체간의 변이도 큰 영

향을 미친다. 개체변이로 인한 실험오차를 줄이고, 좋은 실험결과를 얻기 위해서는 한 실험처리당 공시동물의 개체 수를 늘리는 것이 바람직하다.

3) 실험기간

소화실험은 대개 두 단계의 실험기간으로 구성된다.

(1) 예비실험 또는 적응기간 : 실험 전에 섭취하였던 사료가 소화관에서 완전히 제거되는 데 필요한 기간과 동물이 실험시설에 적응하는 데 필요한 기간

(2) 채취기간(본 실험기간) : 실험사료 섭취량 조사와 분의 채취가 이뤄지는 기간. 이 기간이 길수록 더 정확한 data를 얻을 수 있다.

(3) 단위동물에서는 예비실험과 본 실험 모두 각각 3～5일 정도의 기간이 필요하다. 반추동물에서는 두 기간 모두 8～10일 정도로 연장되어야 한다.

4) 사료 급여방법

원료사료의 성격에 따라 사료 급여방법이 달라진다. 단일 급원으로 먹여도 실험기간 동안 별다른 부작용이 나타나지 않는 원료사료(배합사료)는 단독 급여에 의한 측정이 가능하다. 그러나 고단백질사료, 고지방사료 같은 특수 성분의 원료는 단독으로 급여하면 대사장애 같은 원인으로 소화율 측정이 어려워질 수 있다. 반추동물은 조사료 없이 농후사료만 급여하면서 소화율을 구할 수는 없다. 이런 특수한 경우 원료사료의 소화율은 차이법(差異法, by-difference method)에 의해 측정한다.

차이법에서는 기초사료(단위동물의 경우 배합사료)의 소화율을 구하고, 그 기초사료에 조사하고자 하는 원료를 일정 수준으로 첨가한 혼합사료의 소화율을 구한 후 계산에 의해 원료사료만의 소화율을 구한다(Pond 등, 1995).

5) 소화율 측정을 위한 표시제 및 지시제 사용

소화율 측정에서 배설된 영양소의 양적 평가는 필수적이다. 배설분 전체를 정량적으로 채취, 분석하는 것이 가장 좋은 방법이지만 실험동물에 따라 전분의 채취가 곤란한 경우가 있다. 그런 경우에 실험 편의상 표시제나 지시제를 활용하여 소화율을 측정한다.

■ 표시제(marker) 방법

실험 초기와 말기에 실험사료에 표시제를 혼합해서 급여한다. 표시제의 색깔을 이용하여 실험사료가 분으로 배설되는 시작과 마지막 부분을 파악할 수 있다.

(1) 표시제 물질로서 바람직한 성질
- 육안으로 쉽게 식별될 수 있는 것
- 생리적으로 불활성일 것
- 분석코자 하는 성분이 포함되어 있지 않은 것
- 소화관에서 흡수되지 않을 것

(2) 표시제 종류 : 카민(carmine), 산화철(ferric oxide), 산화크롬(chromic oxide)이나 숯검댕(soot)을 사용한다.

(3) 표시제는 반추동물 같이 소화기관의 용적이 크고 구조가 복잡한 동물에서는 적합하지 않다.

(4) 표시제를 이용할 경우 사료섭취량을 정확하게 측정해야 한다.

■ 지시제(indicator) 방법

지시제 방법에서는 소량의 지시제를 혼합한 실험사료를 전 실험기간 동안 급여한다. 이 방법의 장점은 섭취한 사료나 배설 분의 정확한 양을 측정하는 것이 불필요하며, 사료나 분의 부분적 채취를 통해 소화율을 알 수 있게 해 준다. 지시제로 불활성의 표준물질을 이용하는데, 사료와 분에서 이것을 추가로 분석하는 것이 이 방법의 단점이라 할 수 있다.

(1) 지시제의 적합한 조건
- 소화나 흡수가 되지 않는 물질
- 소화기관에 어떤 약리작용도 미치지 않는 물질
- 소화관을 일정한 속도로 통과하는 성질
- 화학적으로 분석이 용이한 것

분석하고자 하는 사료에 천연적으로 들어 있는 물질도 이상의 조건에 부합되면 지시제로 사용할 수 있다.

(2) 지시제로 사용되는 물질
- 내부 지시제(internal indicator)와 외부 지시제(external indicator)로 나눔
- 내부 지시제는 본래 사료에 들어 있는 성분을 지시제로 활용하는 것. 예) 목초에 들어 있는 lignin이나 일반사료의 산(酸) 불용성 조회분(acid insoluble ash) 같은 것
- 외부 지시제는 사료에 본래 들어 있지 않는 성분을 의도적으로 사료에 첨가해서 지시제로 활용하는 것. 예) 가장 많이 사용되는 것으로 산화크롬(chromic

oxide), 그 외 희귀 원소(lanthanum, cerium, ytterbium)나 천연 chromogen 물질들도 사용

6) 일반소화율의 문제점과 순소화율의 장점

일반소화율이란 단순히 항문에서 채취한 시료에 들어있는 영양소 함량을 그대로 배설 영양소함량으로 적용하여 구한 소화율이다. 순소화율도 항문에서 채취한 시료를 사용하는 것은 같으나 별도의 실험군으로부터 항문시료를 채취하여 분 성분 중 내생 성분 양을 구하여 계산하는 것이 다르다. 일반 분 배설물에는 실험사료에서 유래된 불소화물 이외에 여러 소화기관에서 유래된 내생성분들 까지 포함되어 있다. 이런 내생성분들을 제외하고 순수하게 섭취한 사료에서만 유래된 불소화 성분만을 대상으로 소화율을 구한 것을 순소화율(true digestibility, 진정소화율)이라고 한다.

분에 함유되어 있는 내생성분들에는

(1) 소화기관으로 분비된 효소물질

(2) 장내 박테리아에서 유래된 성분

(3) 노쇠하거나 탈락된 소화기관의 점막 상피조직에서 유래된 영양소(주로 단백질 성분)

(4) 소화기관으로 분비된 무기질, 기타 유기질 등이 있다.

동물 체내에서 유래된 분 성분 중에 단백질 성분을 대사성 분질소(metabolic fecal nitrogen)라 하며, 뇨 성분을 내생뇨질소(endogenous urinary N)라고 한다. 분뇨(糞尿)에 들어 있는 내생성분의 영양소 함량은 단백질의 경우 무단백질 사료(N- free diet)를 급여하는 방법으로 구할 수 있다.

7) 일반소화율 계산

일반소화율은 분으로 배설된 영양소 함량의 평가 문제 때문에 정확성이 떨어지며, 동일한 단백질을 섭취함에도 불구하고 섭취량에 따라 소화율이 달라지는 문제가 있다. 그러나 순소화율 방식으로 비교해 보면 단백질의 섭취량이 달라도 동일한 단백질의 경우 같은 소화율 값이 나타난다.

■ 전분채취법에 의한 일반소화율 계산

$$\text{일반소화율}(\%) = \frac{\text{영양소 섭취량}(g) - \text{분 영양소}(g)}{\text{영양소 섭취량}(g)} \times 100$$

$$= \frac{\text{사료섭취량(g)} \times \text{사료 영양소(\%)} - \text{분 배설량(g)} \times \text{분 영양소(\%)}}{\text{사료섭취량(g)} \times \text{사료 영양소(\%)}} \times 100$$

■ 지시제 방법에 의한 일반소화율 계산

사료와 분의 해당 영양소 농도(%)와 지시제 농도(%)의 비율에 의해 다음 공식을 이용하여 계산할 수 있다. 지시제 방법에 의한 소화율 계산 예는 표 4-1과 같다.

$$\text{일반소화율(\%)} = 100 - 100 \times \frac{\text{사료 지시제(\%)}}{\text{분 지시제(\%)}} \times \frac{\text{분 영양소(\%)}}{\text{사료 영양소(\%)}}$$

표 4-1. 사료단백질의 일반 소화율 계산

조사항목	주어진 조건	비 고
섭취한 사료	100 g	사료섭취량 기록
사료의 질소함량	2.5%	사료성분 분석
사료의 chromic oxide	1.0%	사료성분 분석
배설한 분량	20 g	분의 정량 채취
분 중 질소함량	2.0%	분시료의 성분분석
분 중 chromic oxide	5.0%	분시료의 성분분석

일반 소화율 계산:

섭취량 기록과 분의 정량 채취에 의한 계산:

단백질 섭취량 = 100 g × 2.5% = 2.5 g N

단백질 배설량 = 20 g × 2% = 0.4 g N

$$\text{소화율} = \frac{2.5 - 0.4}{2.5} \times 100 = 84\%$$

지시제(指示劑, indicator) 방법에 의한 계산:

$$\text{소화율} = 100 - 100 \times \frac{1.0}{5.0} \times \frac{2.0}{2.5}$$

$$= 100 - 16 = 84\%$$

2.4 사료단백질의 질적 평가

사료단백질의 질적 평가는 크게 화학적 방법과 생물학적 방법의 두 가지 방법에 의해 이뤄진다.

1) 화학적 방법

가장 대표적인 방법으로 chemical score(amino acid score) 방법을 들 수 있으며, KOH 용해도, pepsin 소화율 방법도 있다. 생물학적 방법에 비해 일반적으로 시간이 단축되며 비용 절감, 노동 절약 등의 장점이 있으나 실제 동물에서의 이용 정도와 일치하지 않는 단점이 있다.

■ Chemical score(또는 amino acid score, AAS)

동물의 아미노산 요구량(%)과 단백질 내 각 필수아미노산 함량(%)을 비교하여 제1제한 아미노산에 해당되는 아미노산의 비교치를 chemical score로 한다. 제한 아미노산의 개념이 적용되었다는 점에서 합리성을 가진다.

■ KOH 용해도

원료사료에 0.2% KOH 용액에 녹는 단백질을 측정하여 원래의 단백질 값에 대한 백분율을 구한다. 단백질의 질을 평가하는 방법으로 원료사료에 적당한 열처리는 소화율을 향상시키지만 지나친 열처리는 필수아미노산을 파괴하여 단백질의 용해도를 저해시킨다.

■ Pepsin 소화율

위장에서의 pH와 비슷한 조건의 용액에 일정 농도의 pepsin을 넣고, 체온과 비슷한 온도에서 일정 시간 동안 단백질을 가수분해하여 분해 정도를 측정한다.

2) 생물학적 방법

■ 생물가(biological value, BV) : 흡수된 단백질(N) 중 체내에 축적된 단백질(N)의 양적 비율

$$\text{BV}(\%) = \frac{\text{N 섭취량} - (\text{분 N} - \text{대사성 분 N}) - (\text{뇨 N} - \text{내생뇨 N})}{\text{N 섭취량} - (\text{분 N} - \text{대사성 분 N})} \times 100$$

계란단백질이 자연단백질 중 가장 높은 생물가(94% 이상)를 나타내는데, 일반적으로 동물성 단백질의 생물가(60～80%)가 식물성 단백질의 생물가(40～65%) 보다 높다. 생물가는 단백질의 소화율이 고려되지 않은 것이 단점으로 지적될 수 있다. 그러나 사람의 식품 단백질 평가에서는 유용하게 쓰인다.

서로 다른 단백질들의 적절한 혼합에 의해 아미노산 조성이 좋아지면 개별적으로는 매우 낮은 BV를 가지는 단백질들도 질이 좋은 단백질과 비슷한 BV를 나타낼 수

있다. 사료의 에너지 함량이 적절한 경우 70 이상의 BV를 가진 단백질은 동물의 성장을 유지할 수 있다고 생각된다. 70 이하의 BV를 가진 단백질도 섭취량을 늘리면 성장을 유지할 수 있다.

■ 단백질 효율(protein efficiency ratio, PER)

섭취한 단백질(N) g당 동물의 체중 증가량을 비교하여 단백질 품질을 평가하는 방법으로 가장 간편한 방법이다. 이 방법은 섭취한 단백질만 체중 증가에 반영된다는 전제를 하고 있다는 것과 유지에 사용되는 단백질의 기여도가 고려되지 않고 있는 것이 이론적인 단점이다.

$$\text{PER} = \frac{\text{증체량, g}}{\text{단백질 섭취량, g}}$$

■ 정미단백 이용률(net protein utilization, NPU) 또는 정미단백질가(net protein value, NPV)

시료 단백질군 이외에 무단백질군을 더 두어 유지를 위해 사용되는 시료 단백질의 기여도를 고려하면서 순수하게 체조직에 축적된 단백질 효율을 평가하는 방법이다. NPU(NPV)는 소화율이 고려되면서 실제로 몸에 축적된 단백질량을 기준한다는 점에서 BV보다 더 유용한 평가방법이다.

$$\text{NPU(\%)} = \frac{\text{시료 단백질군의 체 N(g)} - \text{무단백질군의 체 N(g)}}{\text{N 섭취량(g)}} \times 100$$

NPU는 다음과 같이 NPU, BV 및 순소화율 간에 아래와 같은 공식이 성립되는 것을 이용하여 구하는 것도 가능하다.

$$\text{NPU} = \text{BV} \times \text{순소화율(\%)}$$

■ PDCAAS(protein digestibility-corrected amino acid score)

Chemical score와 소화율을 같이 고려한 새로운 방식으로 현재 미국 FDA에서 식품단백질 labelling을 위한 공식적인 평가방법이다. 여기서 사용되는 소화율은 순소화율 값이다. PDCAAS를 위한 chemical score 값은 어린이들의 아미노산 요구량(WHO/FAO)을 기준하여 계산한다.

$$\text{PDCAAS(\%)} = \text{chemical score} \times \text{true digestibility(\%)}$$

3. 사료에너지의 측정

동물은 섭취한 탄수화물, 지방, 단백질로부터 에너지를 생산한다. 사료를 섭취하는 주목적이 필요한 에너지를 섭취하기 위한 것이기 때문에 사료의 에너지 농도는 동물의 사료섭취량을 좌우하는 가장 중요한 요인이다. 따라서 사료에너지 함량의 정확한 평가는 과학적 사양을 위하여 반드시 필요하다. 사료에너지 함량의 정확한 평가와 표현 방법을 위하여 오랜 세월에 걸쳐 많은 변화가 있었으며, 이 분야는 앞으로도 이론적, 기술적인 변화가 계속되리라 예상된다.

3.1 가소화 양분 총량(TDN, total digestible nutrients)

(1) TDN 함량은 가소화 조단백질, 가소화 조지방, 가소화 NFE, 가소화 조섬유소 함량을 더하여 구한다. 다만 지방 (9 kcal/g)은 탄수화물(4 kcal)이나 단백질(4 kcal)에 비해 2.25배 더 많은 대사에너지 값을 갖기 때문에 가소화 조지방 함량에는 2.25배를 곱해서 적용한다.

(2) TDN은 단백질의 가소화 에너지 값을 탄수화물과 같은 값으로 간주한 모순과 초식동물의 경우 메탄가스와 같은 가연성 가스의 손실을 고려하지 않았으며, 옥수수와 조사료의 경우 동일한 TDN 값이라도 실제 NE 값이 달라지는 문제점을 갖고 있다.

TDN 1파운드(옥수수 1.2파운드) ≃ 1.2 Mcal NE
TDN 1파운드(양질 건초 2.1파운드) ≃ 1.0 Mcal NE
TDN 1파운드(불량 건초 2.4파운드) ≃ 0.8 Mcal NE

Maynard의 corrected TDN

Corrected TDN(%, 또는 kg) = 가소화 조단백량 × 1.36 + 가소화 조섬유량
+ 가소화 NFE량 + 가소화 조지방량 × 2.25

(3) TDN의 현대적 의미 : TDN 이론의 일부 모순은 Maynard에 의해 교정되었으나, 여전히 이론적으로 많은 문제점을 갖고 있다. TDN의 기본 이론은 사람에서의 소화율에 근거한 Atwater의 생리적 연소열가(4, 9, 4 kcal/g 단백질, 지방, 탄수화물)에서 유래되었는데, Atwater가 사용한 조리된 식품의 소화율과 가축 사료의 소화율이 일치하지 않는다는 점이 간과되었고, Maynard가 가소화조단

백질의 에너지에 제시한 1.36도 옳지 않으며(1.29), 가소화조지방의 2.25배도 조지방과 탄수화물의 대사에너지 함량의 비율이지 가소화에너지 함량의 비율이 아니기 때문이다.

이상의 이유로 최근에 TDN 계산에 일반적으로 사용되는 공식은,

$$TDN = DE/0.044$$

즉, 1 kg의 TDN이 4.4 Mcal의 DE에 해당된다.

3.2 대사에너지(ME) 및 정미에너지(NE)

1) 일반 대사에너지(apparent metabolizable energy, AME)와 순대사에너지(true metabolizable energy, TME)

대사에너지(ME)는 닭 · 돼지 사료의 에너지 함량 표시를 위해 일반적으로 사용되고 있는 표현방식이다. 대사에너지는 사람 식품의 에너지가를 나타내는 Atwater의 생리적 연소열가와 동일한 개념이며, 단위동물의 경우 소화과정에서 발생하는 가스에너지가 거의 무시할 수준이기 때문에 분과 뇨로 배설되는 에너지만을 고려하면 되므로 측정이 쉬운 편이다.

대사에너지는 분 · 뇨로 배설되는 에너지의 구성에서 사료로부터 유래되는 것과 내생에너지의 구별 여부에 따라 일반대사에너지와 순대사에너지로 구분될 수 있다. 일반대사에너지는 섭취한 에너지 총량과 배설되는 분뇨 전체의 에너지 값의 차이이다. 순대사에너지는 총 배설에너지 중 내생에너지($E_{endogenous}$)에 해당하는 값을 제외한 순수하게 사료에서 유래된 분뇨에너지[$(F+U)-E_{endogenous}$]만을 고려하여 계산한 것이다.

내생에너지 손실량은 20시간 정도 절식한 동물에서 추가로 24시간 절식시킨 동안 분뇨로 배설되는 에너지로 구한다(Sibbald, 1982). 따라서 일반대사에너지에 비해 순대사에너지는 내생에너지에 해당하는 에너지 값만큼 더 높아지게 된다. 순대사에너지의 장점은 측정 시 사료섭취량의 영향을 받지 않는다는 것이다. 일반대사에너지는 사료섭취량이 적으면 에너지 값이 크게 저하될 수 있다(그림 4-2).

질소보정 일반대사에너지(nitrogen-corrected AME, AMEn)는 대사에너지 측정치가 사료의 필수아미노산 균형 상태에 따라 달라지는 것을 방지하기 위해 일정한 기준(질소 균형상태)에 맞추어 보정하기 위한 방법이며, TMEn도 마찬가지다. 섭취한 질소량이 배설 질소량보다 많을 때, 즉 질소의 축적이 일어날 때는 사료의 AMEn 값이 AME 값보다 더 낮게 나온다. NRC 가금 사양표준에서는 AMEn을 사료에너지 표현의 표준 방식으로 사용하고 있다.

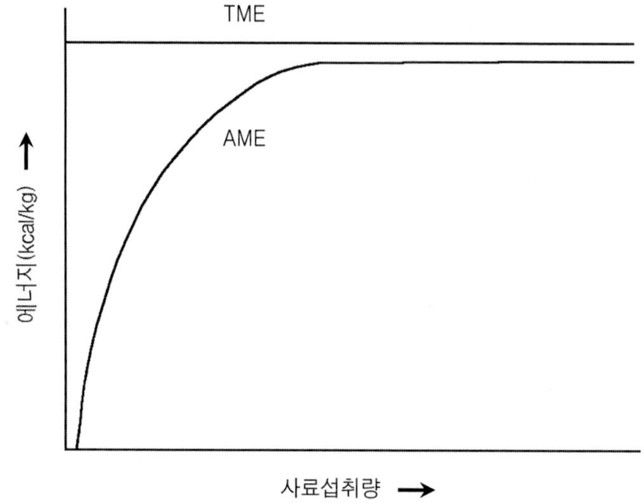

그림 4-2. 사료섭취량이 AME 및 TME 값에 미치는 영향

(Guillaume와 Summers, 1970)

대사에너지는 분뇨로 손실되는 에너지를 분리하지 않고 같이 측정할 수 있는 장점이 있어 특히 닭에서 매우 편리하게 이용될 수 있다. 대사에너지는 돼지에서도 가소화에너지보다 측정 시 변이가 적고, 이용되지 않고 뇨로 배설되는 에너지를 제외하므로 실제로 이용될 수 있는 유효에너지 값에 더 근접하는 장점이 있다.

2) 돼지와 가금을 위한 에너지

■ 돼 지

돼지의 에너지 요구량과 사료의 에너지 함량은 대개 DE나 ME(kcal/kg) 값으로 나타내고 있다. 돼지사료의 ME 값은 다음 공식들에 의해 DE 값으로부터 계산할 수 있다.

$$\text{ME(kcal/kg)} = \text{DE} \times \frac{(96 - 0.202 \times \text{조단백질, \%})}{100} \qquad \text{(Jurgens, 1993)}$$

■ 가 금

가금은 총배설강을 통해 분뇨가 같이 배설되기 때문에 소화율 측정은 곤란하지만

ME를 측정하기에는 좋은 조건을 갖추고 있다. 가금에서 가스에너지의 손실은 무시할 정도여서 사료의 ME 값은 섭취한 총에너지(GE)에서 배설물(분+뇨)의 GE를 빼주면 된다. 사료(원료사료)의 필수아미노산 균형에 의해 배설되는 N 함량이 달라지며, 이것이 사료 ME 값에 미치는 영향을 보정할 필요가 있다.

일반적으로 N 축적이 없는 상태(zero nitrogen retention)를 기준해서 보정해 주며, 이렇게 해서 구한 대사에너지를 질소보정 일반 대사에너지(nitrogen-corrected apparent ME, AMEn 또는 MEn)라 부른다. 축적(positive balance)되거나 배설(negative balance)된 질소 1 g당 적용하는 질소보정계수는 닭의 경우 뇨산의 에너지 값인 8.22 kcal GE로 간주하여 계산한다.

3) 대사에너지 측정 실험 예

닭을 사용하여 밀기울의 AMEn 함량을 측정한 실험 예를 들어본다. 밀기울만 단독으로 급여하는 것도 가능하나, 여기서는 일반 배합사료(기초사료)에 밀기울을 40% 수준으로 대체 첨가하여 기초사료와 실험사료(60% 배합사료 + 40% 밀기울) 두 가지 사료를 각각 실험 닭에게 일정기간 급여하였다. 전분 채취한 분뇨를 풍건상태로 만들어 분석하였고, 사료와 배설물의 분석 결과는 표 4-2와 같다.

계산 과정은

(1) 기초사료의 AMEn 값

표 4-2. By-difference 방법에 의한 밀기울의 AMEn 값 측정

분 석 치	사 료	배설물(분+뇨)
1. 기초사료(basal diet)		
사료 섭취량, 1,000 g		
분뇨 배설량, 300 g		
N 함량, g/g	0.035	0.080
GE, kcal/g	4.500	4.800
2. 실험사료		
사료 섭취량, 750 g		
분뇨 배설량, 280 g		
N 함량, g/g	0.030	0.060
GE, kcal/g	4.300	4.600

$$= \frac{1{,}000 \times 4.50 - [300 \times 4.80 + (1{,}000 \times 0.035 - 300 \times 0.080) \times 8.22]}{1{,}000\ \text{g}}$$

$$= 2{,}970\ \text{kcal/kg}$$

(2) 실험사료의 AMEn 값

$$= \frac{750 \times 4.30 - [280 \times 4.60 + (750 \times 0.03 - 280 \times 0.06) \times 8.22]}{750\ \text{g}}$$

$$= 2{,}520\ \text{kcal/kg}$$

(3) 밀기울의 AMEn 값

$$= 2970 - \frac{(2970 - 2520)}{0.40}$$

$$= 1{,}845\ \text{kcal/kg}$$

4. 아미노산 및 무기질의 생체 이용성 측정

4.1 아미노산의 생체 이용성(bioavailability)

동물영양학에서 생체 이용성(bioavailability, biological availability)이란 용어는 소장에서의 흡수 가능성이란 의미로 사용하기도 하며, 조직에 축적될 수 있는 정도(무기질)를 나타내는 뜻으로 사용되기도 한다.

아미노산의 경우 생체에서 이용 가능한 아미노산이란 사료 내 아미노산 중 실제로 소장에서 소화 흡수될 수 있는 아미노산을 뜻한다. 다시 말하면 아미노산의 생체 이용성은 소화율 측정에 의하여 섭취한 양과 분으로 배설되는 양의 차이로부터 흡수된 아미노산의 양을 구해 백분율(%)로 나타낸다.

아미노산의 생체 이용성은 배설 시료의 채취 장소에 따라 정확도가 달라질 수 있다. 일반적으로 아미노산은 회장 말단 이전에 완전히 흡수되며, 맹장, 결장을 포함한 대장 부위에서는 더 이상 아미노산의 흡수가 이뤄지지 않는다. 그러나 대장을 통과하면서 장내 박테리아에 의해 여러 아미노산의 대사(변형)가 일어나기 때문에 항문에서 채취한 시료에 의한 소화율은 정확도가 낮아진다.

아미노산의 정확한 생체 이용성 측정을 위하여 회장 말단 이전의 시료를 채취하는 것이 중요하며, 이를 위하여 돼지의 경우 회장 말단에 T-cannula를 설치하여 회장 말단 부위의 시료를 채취한다. 닭의 경우도 인공항문을 설치하여 회장분을 채취하거나, 맹장분 혼입을 방지하는 수술을 한 후 항문에서 시료를 채취하기도 한다. 회장에서 채취한 시료를 사용한 소화율을 회장소화율이라 하며, 이는 항문에서 채취한 시료를 사용한 항문소화율 보다 정확성이 더 좋다.

회장이나 항문 소화율은 또 내생단백질에 대한 보정 여부에 따라 일반소화율(apparent digestibility, 또는 일반 생체 이용성, apparent bioavailability)과 순소화율(true digestibility, 또는 순생체 이용성, true bioavailability)으로 나눌 수 있다. 아래 공식에서 무단백질 사료(N-free diet)를 급여한 상태에서의 분(항문분 또는 회장분) 배설 아미노산 함량을 측정하는 것은 내생단백질에서 유래된 아미노산 함량을 알기 위한 것이다.

$$\text{아미노산 생체 이용성}(\%) = \frac{\text{AA 섭취량} - (\text{분AA}_{\text{Protein}} - \text{분AA}_{\text{N-free diet}})}{\text{AA 섭취량}} \times 100$$

AA 섭취량 = 특정 아미노산의 섭취량(g)

$\text{분AA}_{\text{Protein}}$ = 단백질 섭취 동물의 배설 분AA량(g)

$\text{분AA}_{\text{N-free diet}}$ = 무단백질 사료를 섭취한 동물의 배설 분AA량(g)

4.2 무기질의 이용성

1) 이용성 평가 필요성

사료의 무기질은 원료사료 자체에 함유된 것과 첨가된 무기질의 두 가지 형태로 공급된다. 원료사료 자체의 무기질은 주로 유기물의 구성성분으로서 유기물과 결합된 형태로 존재한다. 이 무기질들이 소화 흡수되기 위해서는 유기물로부터 완전히 분리되어야 하는데, 유기물의 성분이나 결합 형태에 따라 분리가 어려워져 흡수율이 낮아질 수도 있다. 더구나 강피류 같이 P을 많이 함유한 사료에서 P의 정확한 이용정도를 파악하는 것은 배합사료의 Ca과 P의 균형유지에 크게 도움 된다.

사료에서 일반적으로 중요시하는 무기질은 Ca과 P이다. 이 중에서도 P의 공급이 더 중요하게 인식되고 있는 이유는 P 공급원의 가격이 더 비싸기 때문이다. 또한 일반 배합사료의 식물성 원료에 들어 있는 P의 50～70%가 phytate의 형태로 존재하며, 이 유기태 P은 단위동물에서 phytate의 분해효소인 phytase가 존재하지 않기 때문에 흡수, 이용되지 못하고 배설된다. 가축의 배설물에 의한 P의 토양 오염방지를 위하여 사료 내 총 P 함량을 줄이는 것이 중요해지고 있다. 이를 위하여 P의 이용성을 개선하기 위한 여러 가지 방법이 시도되고 있는데 그 방법들의 효과를 확인할 필요가 있다.

미량 무기물 중에서도 Zn, Fe, Se 같은 주요 영양소의 장내 흡수율을 높이기 위하여 수많은 chelate 제품들이 개발되고 있다. Chelate 제품의 경우 연결물질(ligand)로 peptide, 아미노산(methionine, cystine, histidine 등), 유기산 등이 많이 사용되고 있는데 이들 제품은 제조방법이 복잡하며, 가격도 비싼 편이다. 이런 chelate 제품들의 효과 검증을 위해서도 무기질의 생체 이용성 평가가 필요하다.

2) 무기질의 생체 이용성 측정

■ 측정 원리

무기질의 경우 일반소화율 측정에 의한 생체 이용성 평가는 이론적인 면에서 큰 의미를 부여하기 곤란하다. 무기질의 소화율이 일반적으로 매우 낮은 편이며, 분 배설 무기질 중 내생 무기질이 차지하는 비율이 너무 높아 섭취한 무기질의 소화율이 부정확하기 때문이다. 내생 무기질의 기여도를 측정하기 위하여 동위원소를 혈관으로 주입하여 일반 소화율과 순소화율을 구하기도 하지만, 이 방법(Zafar 등, 2004)은 일반적으로 적용하기에는 어려움이 많다.

무기질의 대표적인 생체 이용성 측정 방법은 표준물질에 대한 상대적인 값을 구하는 것이다. 표준물질을 여러 수준으로 급여하면서 나타나는 동물의 반응(slope)으로부터 회귀 방정식을 구한 다음 측정코자 하는 물질에 대한 동물의 반응을 이 방정식에 대입하여 표준물질의 해당되는 첨가수준을 확인한다. 이렇게 동일한 반응수준을 나타내는 표준물질의 첨가수준과 측정하는 물질의 첨가수준을 비교하여 표준물질에 대한 상대적 생체 이용성(%)을 구할 수 있다.

여기서 중요한 것은 표준물질의 선택과 동물 반응의 정확성이다. 표준물질은 순도가 높고 생체 이용성이 우수한 것을 선택하는 것이 필요하며, 동물 반응은 영양소 공급 수준에 대해 예민하게 비례적인 반응을 보이는 성분(혈액, 조직)을 생체지표(biomarker)로 선택해야 한다.

기초사료(basal diet)는 원료로부터 유래되는 무기질의 함량을 최소화하기 위하여 고도로 정제된 원료를 사용하는 것이 바람직하다. 실험동물은 성장 중인 어린 것을 사용하면 더 예민한 반응을 기대할 수 있다.

■ P의 생체 이용성 측정 예

무기질 공급원 중 P의 생체 이용성이 가장 일반적으로 평가되고 있다. P의 생체 이용성 평가 원리는 Ca의 평가에도 적용될 수 있다. Ca이나 P에 대한 동물실험에서는 뼈 회분함량(%)의 변화를 생체지표로 많이 이용한다. P의 표준물질(이용성 100%로 간주)로 시약급의 인산가리(KH_2PO_4)나 인산나트리움(NaH_2PO_4)을 사용한다. 실험사료를 급여하기 전에 P이 결핍된 사료를 일정기간 급여하여 체내에서 P을 미리 고갈시켜 더 예민한 반응을 유도하기도 한다.

기초사료에 요구량보다 낮은 세 가지 수준으로 P 급원을 첨가하여 표준 사료군을 만든다. 시험원료도 표준 사료군의 기대 범위 안에 들어올 수 있는 수준으로 첨가한다. 2～4주간 실험사료를 급여한 후 뼈(경골, 고골)를 채취하여 뼈의 회분함량을 측정한다.

그림 4-3은 P 함량이 0.1～0.4% 되게 첨가한 표준사료를 급여한 병아리의 뼈 회분함량으로 표준곡선을 만들어 시료 P의 생체 이용성을 측정한 예이다. 조사시료의 P 함량을 0.3과 0.4% 두 수준으로 첨가한 사료를 급여한 결과 각각 그림 Y 축에서와 같은 뼈 회분함량을 얻었다. 이를 표준곡선(또는 회귀식)에 대입한 결과 X축에서 각각 0.25와 0.35%의 P 수준에 해당하는 값을 얻었다면 아래와 같은 방법으로 시료 P의 생체 이용성을 계산할 수 있다.

측정 1 = 실험결과 값(0.25%) / 실제 수준(0.3%) × 100 = 83.3%

측정 2 = 실험결과 값(0.35%) / 실제 수준(0.4%) × 100 = 87.5%

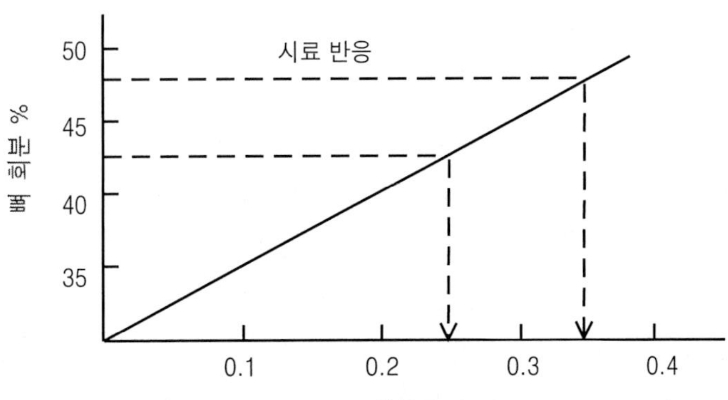

그림 4-3. 뼈 회분함량(%)을 이용한 시료 P의 생체 이용성 측정 예

표준물질 P의 생체 이용성을 100%로 간주할 때 시료 P의 생체 이용성은 85.4%로서 표준물질보다 생체 이용성이 14.6% 만큼 더 낮았다.

5. 지방의 화학적 성질 측정

(1) 요오드가(iodine number) : 지방이나 지방산의 불포화도를 나타낸다. 불포화지방은 쉽게 요오드와 결합하는데, 각 이중결합에 2분자의 요오드가 첨가된다. 요오드가는 지방 100 g에 부가될 수 있는 요오드 g수이다.

(2) 검화가(saponification number) : 중성지방을 구성하는 3개 지방산의 평균 사슬길이의 측정값이다. 지방을 알칼리(NaOH 또는 KOH)와 함께 끓이면 glycerol과 지방산의 알칼리염(비누)으로 분리된다. 따라서 검화가는 지방 1 g을 가수분해하는 데 필요한 알칼리 mg 수로 나타낸다. 지방산 분자가 작을수록(저급지방산) 지방 g 당 검화가가 높아진다.

(3) 과산화물가(peroxide value) : 저장중인 지방의 산화과정에서 발생하는 과산화물량을 측정하는 가장 일반적인 방법이며, 지방 1 kg당 산소의 milli-당량으로 표현한다. 과산화물가의 측정은 요오드나 electrochemical 방법 등에 의한다. PV가 1이하는 신선한 지방이며, 저장기간이 길면 10 정도까지도 나올 수 있다.

(4) 산가(acid value) : 1 g 지방을 중화하는 데 필요한 KOH mg수로 나타낸다. 중성지방에서 유리지방산 함량이 증가할수록 산가가 높아진다. 유리지방산(FFA, free fatty acid) 함량과 산가는 다음의 관계를 가진다.

$$\%\ FFA = 0.503 \times \text{산가}$$

(5) Reichert-Meissl(RM) number : 지방에 존재하는 휘발성 지방산(저급 지방산)의 양을 측정한다. RM number는 지방 5 g을 가수분해하여 얻어지는 휘발성 지방산을 중화하는 데 필요한 0.1N KOH 용액의 mL수이다. 라드(lard)나 분자량이 큰 지방은 VFA를 거의 함유하지 않지만(RM number가 0), 버터 지방은 많은 양의 VFA를 함유한다(RM number가 20～33).

(6) 융 점(melting point) : 지방이 고체상태에서 액체상태로 변화되는 온도를 지방의 융점이라고 한다. 융점은 분자의 사슬길이와 불포화도에 영향을 받는다. 분자량이 작은 저급지방산이 더 휘발성을 띠고 융점이 낮다. 탄소사슬의 길이가 길어질수록 융점은 상승한다. 이중결합 수가 증가할수록(불포화도가 커질수록) 융점은 낮아진다.

연습문제

1. 진위 문제

(1) 사료단백질의 소화율 측정을 위해 분과 뇨로 배설되는 단백질 함량을 모두 알아야 한다.
(2) 사료의 ME 값은 GE - (FE + UE)에 의해 측정된다.
(3) TDN은 목초, 특히 저질 목초의 이용에너지를 과소평가하는 경향이 있다.
(4) NFE에는 탄수화물 중 소화가 잘 되지 않는 성분이 주로 포함된다.

2. 주관식 문제

(1) 어떤 원료사료의 성분조성(풍건물 기준)이 아래와 같다.

조회분	2.0%	조단백질	9.0%
조지방	4.0%	조섬유	3.0%
NFE	72.0%	칼슘	0.03%

① 건물 함량은 얼마인가?
② 건물 기준으로 조단백질 함량은 얼마인가?
③ 사료 내 칼슘 함량은 몇 ppm인가? (풍건물 기준)

(2) 닭의 대사실험에서 다음과 같은 결과를 얻었다. 이 사료의 AME(kcal/kg 풍건물) 함량은(사료와 분뇨 배설량은 풍건물 기준임)?

사료 섭취량	100.0 g	사료 GE	4,000 kcal/kg
분뇨 배설량	15.0 g	분뇨 GE	3,000 kcal/kg

제 5 장

가금 사양

《학습목표》

- 산란계, 육계 및 오리 생산에 필요한 사양 프로그램을 논한다.
- 사양 프로그램에 사용되는 특정 영양소 요구량에 대하여 학습한다.
- 가금사료에 일반적으로 사용되는 원료사료와 가금 성장단계에 적합한 사료 의 종류를 설명한다.
- 산란계, 육계 및 오리 사양을 한정적으로 논한다.
- 가금용 사료 를 작성한다.

가금영양과 사양에 관한 자료들은 한국가금사양표준(2017)으로부터 인용, 편집되었다. 본 장에서는 산란계와 육계 및 오리의 영양소 요구량과 사양관리와 관련된 사항을 설명하였으므로, 산란종계 및 육용종계의 영양소 요구량 및 사양관리, 그리고 부화장 관련 부분은 전문적인 문헌의 활용이 필요하다. 이외에도 국내에서는 주로 갈색 산란계가 사육되므로 백색 산란계와 관련되는 사양관리는 취급하지 않았다.

1. 가금에 요구되는 영양소

1.1 에너지

닭은 다른 가축과 같은 방식으로 하루에 필요한 에너지를 충족하기 위하여 사료섭취량을 조절하는 능력을 갖춘다. 가금사료에서 에너지 함량은 주로 ME값으로 표시하는데, 이는 가금이 이용 가능한 사료 에너지로 ME가 가장 적합하기 때문이다. ME는 측정방법에 따라서 AME(외관상 대사에너지)와 TME(진정 대사에너지)로 구분된다.

1) 에너지 관련 용어

AME는 섭취한 사료의 총에너지에서 분, 뇨 및 소화과정 중에 발생되는 가스에 포함된 총에너지를 감해서 구한다. 그러나 가금에서는 가스 생성이 미미하므로 AME는 사료 총에너지에서 배설물(분 + 뇨)의 총에너지를 감하여 사용한다. AMEn는 AME에서 체내 질소 축적에 대한 에너지 값을 보정하여 산출한다.

TME는 섭취한 사료의 총에너지에서 배설물 중 사료로부터 유래된 총에너지를 감한 것이다. TMEn은 TME에서 체내 질소 축적에 대한 에너지 값을 보정하여 산출한다.

2) 사료 에너지의 이용

표 5-1은 산란계에서 섭취한 사료 에너지의 이용을 나타내었다. 사료 1 kg을 섭취한 후에 단계별 에너지의 이용과 배출되는 에너지의 상호관계를 보여준다. 사료 1kg에서 4,000 kcal가 공급되면 그 중에서 2,900 kcal가 대사에너지로 그리고 약 2,300 kcal가 정미에너지로 이용된다. 대사에너지와 정미에너지의 비율은 사료의 조성, 닭의 연령 및 환경에 따라 달라진다.

표 5-1. 산란계에서 섭취에너지의 이용 경로

구 분	이용된 에너지 (kcal)	에너지 이용경로 (kcal)	총에너지에 대한 비율 (%)
정미에너지	2,300	유지 : 1,500 생산 : 800	57.5
대사에너지	2,900	+열량 증가 : 600	72.5
가소화에너지	3,200	+뇨에너지 : 300	80.0
총에너지	4,000	+분에너지 : 800	100.0

1.2 단백질 및 아미노산

단백질 요구량은 가금사료 배합에서 가장 중요한 인자 중의 하나로 간주된다. 가금사료에서 단백질 : 에너지의 적절한 비율의 유지가 필수적이므로 단백질 요구량은 에너지 수준과 함께 표기되어야 한다. 가금에서 단백질 : 에너지 비율은 지방축적에 영향을 미치므로 사료를 무제한 급여 시에 에너지와 비교하면 단백질 수준이 낮으면 지방축적이 현저히 증가하고, 에너지에 비하여 단백질 수준이 높으면 체내 지방축적이 낮아진다. 그러므로 사료내 단백질 수준을 최대 성장에 필요한 이상으로 증가시키면 지방축적이 감소된다.

에너지와 단백질 수준 사이의 생리적 관계는 필수아미노산 수준에까지 확장된다. 이러한 관계를 설명하는 부록 1-1～부록 1-9에는 육성계, 산란계, 산란종계 및 육용계에 대한 영양소 요구량을 나타내었다. 산란계와 중추에서 사료내 영양소 함량을 임의로 증가시킬 수 없는 이유는 지방이 과다하게 축적되며, 행동 장애로서 식우증(feather-picking)을 유발하고, 카니발리즘(cannibalism)을 발생할 위험이 크기 때문이다.

이상적인 가금 배합사료는 에너지, 조단백질, 그리고 11종의 필수아미노산을 부록 1-10～1-11)에 나타내었다. 그러나 실제로 이러한 영양소 요구량의 완전한 충족은 어렵다. 대부분의 가금사료에서 곡류와 대두박은 에너지와 단백질의 주요 공급원이다. 이러한 사료에서는 methionine이 제1제한아미노산이 된다. 배합사료에서 다량의 대두박을 면실박과 같은 다른 식물성 단백질 원료사료로 대치하면 lysine이 제1제한아미노산이 된다.

Cystine은 methionine에 의해 대치될 수 있고, tyrosine는 phenylalanine으로 대치될 수 있으므로, 이들은 준필수 아미노산으로 간주한다. 예를 들어 부록 1-1에서 보면 갈색종 육성계(어린 병아리)의 성장을 위해 0.32%의 methionine과 0.33%의 cystine을 요구되므로 이 요구량은 0.65%의 methionine을 공급하여 충족할 수 있다.

어떤 아미노산과 비타민 사이에는 중요한 작용을 한다. Methionine은 choline을 어느 정도 절감하며, tryptophan은 niacin을 절감할 수 있다. 그러나 이러한 2종류의 아미노산보다 2종류의 비타민이 더 경제적으로 공급될 수 있기 때문에 아미노산으로 비타민을 대체하는 것은 비효율적인 경영이다.

1.3 지 방

지방은 사료 내 총에너지 함량을 높게 하며, 생산성과 사료 효율 개선을 목적으로 사료에 첨가한다. 사료에 첨가되는 지방의 공급원은 매우 다양한데, 식당 폐유, 동물 도체에서 얻은 지방, 그리고 식물성 유지 정제시에 얻어지는 유지가 주요 공급원이다.

지방을 높은 수준으로 첨가하면 각각의 원료 사료의 대사에너지를 합한 것보다 더 높아지는 경우가 있다. 이는 고지방 사료의 급여는 사료의 장내 체류 시간을 증가시켜 지방 이외의 기타 성분이 더 완전히 소화・흡수되도록 돕기 때문인데, 이를 지방의 잉여 열량효과(extra calorific effect of fat)라고 한다.

가금에서 지방산 합성은 주로 간에서 일어난다. 그러나 지방을 사료에 혼합하여 급여하면 간에서 지방 합성량이 적어지므로 에너지 효율은 탄수화물로부터 지방합성에 비하여 높다. 산란계도 사료에 지방을 첨가하여 급여하면 반응을 보인다. 난황에 지질은 대부분 사료에서 유래하는 지방산과 새로 합성된 지방산들을 이용하여 간에서 형성된다. 그러므로 사료를 통하여 지방을 공급하면 간에서 지방산 합성의 필요성이 낮게 되며 난황과 난중을 증가시킨다.

체조직이나 난지질의 지방산 조성은 사료의 지방산 조성과 유사한데, 장에서 흡수된 지방은 간으로 운반되고, 여기서 약간의 변화가 일어난다. 불포화지방산은 거의 변하지 않지만, 포화지방산은 불포화 과정을 거치는데, 특히 스테아르산은 올레산으로 전환된다.

리놀산은 사료 중 요구량이 입증된 유일한 필수지방산으로서 리놀산 결핍의 주요 증상은 세포막 기능의 손상이다. 가금에서 특징적인 리놀산 결핍증상은 음수량이 증가하고, 질병에 대한 저항성이 감소되며, 수탉에서는 정자생산이 저하되어 수정률도 저하된다. 이외에도 계란 내의 리놀산 함량이 감소하면 배아 발달에 부정적인 영향을 미칠 수 있다. 육성계와 성계의 리놀산 요구량은 사료에서 1%가 함유되면 충족되지만, 산란계에서 난중을 높게 하려면 사료 내 리놀산 함량을 더욱 높게 할 필요가 있다.

1.4 비타민

비타민은 A, D, E 및 K와 같은 지용성 비타민과 수용성인 비타민 B군과 비타민 C로 분류한다. 비타민 C는 가금에서 합성되므로 사료 영양소로 요구되지 않는다. 그러나 가금사료에 비타민 C를 첨가하면 스트레스를 완화하는 반응이 나타난다. 대부분의 비타민 요구량은 사료 kg당 mg으로 표시하지만, 예외적으로 비타민 A, D 및 E는 보통 IU(International Unit)로 표시한다. 왜냐하면, 이들 비타민은 형태에 따라 생물학적 활성이 다르기 때문이다.

비타민 A 요구량은 사료 kg당 IU 또는 USP로 표현하였다. 비타민 A와 β-carotene에 근거한 비타민 A 활성도의 국제표준은 다음과 같다:

비타민 A 1 IU = 1 USP 단위 = 0.344 μg 비타민 A acetate = 0.550 μg의 비타민 A palmitate = 0.300 μg의 결정형 비타민 A alcohol에 해당한다.

β-Carotene은 provitamin A의 기준이다. 비타민 A 1 IU 활성도는 β-carotene 0.6 μg에 상당한다. 1 mg β-carotene = 1,667 IU 비타민 A로서 이러한 비타민 A의 국제기준은 쥐에서 비타민 A와 β-carotene이 이용되는 정도를 근거로 하였다. 닭은 carotene 섭취량이 비타민 A 활성도를 요구량을 크게 초과하여 공급할 때를 제외하

면 쥐에서와 같이 0.6 ㎍의 β-carotene이 비타민 A 1 IU에 상당한다.

식물성 유래의 비타민 D_2는 대부분 포유동물에서는 활성이 있지만, 가금에서는 활성이 매우 낮다. 1 USP 또는 1 IU의 비타민 D_3는 0.025 ㎍의 D_3(콜레칼시페롤)로서 정의한다. 1 IU의 비타민 E는 1 mg의 합성 DL-α-토코페롤 아세테이트, 0.735 mg의 D-α-토코페롤 아세테이트, 0.671 mg의 D-α-토코페롤 또는 0.909 mg의 DL-α-토코페롤의 활성을 가진다. 비타민 E 요구량은 사료내 지방 수준, Se 수준, 그리고 비타민 E 이외의 항산화제의 존재 여부에 따라 큰 차이가 있다. 닭은 비타민 E가 검출되지 않은 순수 저지방 사료를 급여할 때에도 성장이 양호하다.

비타민 K 활성은 물과 지방에 용해도가 다른 수많은 자연 및 인공 합성화합물로 표시되는데, 메나디온은 비타민 K 활성의 표준이 되는 지용성 합성 비타민 K이다. 천연에는 비타민 K_1(필로퀴논)과 K_2(메나퀴논)의 두 가지 형태가 있다.

일반적으로 사료에는 안전 요인을 고려하여 최소 요구량보다 상당히 많은 양의 비타민을 첨가한다. 즉 비타민 A는 최소 요구량의 10～30배, D_3는 4～10배, 염화콜린은 2～4배이다. 나이아신, 리보플라빈 및 판토텐산은 요구량의 10～20배 수준까지 첨가하며, 비타민 E는 요구수준의 100배도 허용된다.

1.5 무기질

무기질은 골격형성에 필요하며, 가금 체내에서 특정 기능을 수행하는 다양한 화합물의 구성성분, 효소들의 보조인자, 그리고 삼투압 균형 유지에 요구된다. 칼슘과 인은 골격형성과 유지에 필수적이다. 나트륨, 칼륨, 마그네슘과 염소는 인산염 및 중탄산염과 함께 체내 삼투압과 pH 항상성(homeostasis)을 유지하는 작용을 한다. 가금사료의 칼슘은 성장 중에는 골격형성, 그리고 산란계에서는 난각 형성에 이용된다. 칼슘은 혈액 응고와 세포 간의 2차적 신호전달의 역할을 한다.

사료 중 과잉의 칼슘은 인, 마그네슘, 망간, 아연과 같은 다른 무기질들의 이용성을 저해하므로 산란계 사료 이외의 가금사료에는 대체로 칼슘과 비피틴태인의 비율을 2 : 1로, 난각 형성을 위해 칼슘 요구량이 높은 산란계에서는 12 : 1로 하여 준다. 탄산칼슘(석회석)과 인산칼슘의 함량이 높은 사료는 기호성이 낮으며, 마그네슘 함량이 높은 칼슘 공급원은 가금사료로 사용이 불가하다.

인은 골격형성 기능 이외에 에너지 이용과 세포의 구조적 성분으로서 필요한데, 인을 함유하는 화합물로는 ATP와 인지질이 있다. 식물성 사료 내에 함유된 인은 가금에서 보통 30～40%가 소화・흡수가 가능하다. 그러나 동물성과 광물성 사료 원료에 존재하는 인은 대개 잘 이용된다.

나트륨과 염소는 모든 동물에게 대개 소금의 형태로 급여하는데, 첨가수준이 높으면 음수량이 증가하여 환기 조절과 계분의 수분함량 때문에 문제가 발생한다. 이들은 또한 칼륨을 포함한 다른 전해질들과 함께 체내의 산·염기 균형에 관여한다. 다양한 환경조건에 따른 전해질 간의 이상적인 균형은 더욱 정확하게 구명해야 한다. 미량원소들인 구리, 요오드, 철, 망간, 셀레늄과 아연은 사료 중 소량이 요구된다. 코발트도 필요하지만 비타민 B_{12}의 요구량만 채워 주면 더 이상의 코발트는 불필요하다. 이들 미량무기질들은 더 큰 유기분자의 구성성분으로 작용하는데, 예를 들면 철은 헤모글로빈과 사이토크롬, 요오드는 티록신의 구성성분이다. 구리, 망간, 셀레늄과 아연은 효소의 필수 보조인자로서 결핍하면 생명 유지가 어렵게 된다.

1.6 물

닭의 음수량은 사료섭취량의 약 2배로서 물의 정확한 요구량은 주변 환경온도, 상대습도, 사료의 조성과 형태, 성장률, 산란율 및 개체변이에 따라 달라진다. 사료에서 여러 요인이 음수량과 물 : 사료 비율에 영향을 미치는데, 조단백질이 증가하면 이들의 비율도 증가한다. 또한, 크럼블과 펠릿 같은 가공 사료는 가루 사료보다 물과 사료섭취량을 증가시키지만 물 : 사료 비율은 비교적 일정하게 2 : 1이다. 사료 중에 소금함량이 증가하면 음수량이 증가한다.

음수량은 물의 소금함량과 pH에 따라서 다르며 비타민과 기타 약제들의 음수로 급여에 따라서 다르다. 산란계에서는 종종 생산성을 유지하면서 계분 중의 수분함량을 낮추거나 사료섭취량 조절을 위하여 간헐적 급수를 이용한다.

물에는 황 또는 황산염, 질산염과 다양한 미량무기질이 함유되어 있다. 이러한 성분은 장에서 쉽게 흡수되며, 그 양에 따라 가금에게 유익하게 또는 유해하게 작용하므로, 양계 농가에서는 정수기를 사용하여 유해한 물질의 제거는 중요하게 생각하는 경향이 있다.

2. 가금의 영양소 요구량

2.1 산란계의 영양소 요구량

산란계의 영양소 요구량은 크게 육성기와 산란기로 나누어 설정하였다. 육성기 영양소 요구량은 성장 및 발육단계를 기준으로 어린 병아리(0～4주), 중병아리(4～12주), 큰 병아리(12～16주), 산란 전(16주～1% 산란)의 4기로 구분하였다.

산란기 영양소 요구량은 국내 현실에 맞추어 산란 초기(1% 산란~36주), 산란 중기(36~52주) 및 산란 후기(52주 이후)의 3기로 구분하였다. 이러한 기별 사양방식은 유지와 난생산에 필요하다고 예상되는 요구량에 따라 1일 영양소 섭취량을 조정하였다. 산란 초기에는 비교적 사료섭취량이 적으므로 이 시기에는 고농도의 영양소 사용이 요구된다.

2.2 육계의 영양소 요구량

육용계의 영양소 요구량(부록 1-7)은 최적 환경조건 아래에서 사료의 자유섭취를 조건으로 하여 작성되었다. 특히 국내에서는 육계 사육농가들이 1.5 kg 전후에서 조기 출하를 고려하여 초기(0~2주령), 전기(2~4주령), 그리고 후기(4주령 이후)로 나누어 성장 및 사료 효율을 지표로 하여 경제성을 고려한 영양소 요구량을 제시하였다.

본 영양소 요구량은 출하 체중이 2~2.2 kg일 때에도 사육 주령 구분을 3단계 급여방법으로 하면 적합하게 이용될 수 있을 것이다. 영양소 요구량 단위는 전부 풍건사료 단위 중량당 양으로(mg/kg, kcal/kg, IU/kg) 표시하였다. 영양소 요구량을 1일 수당 필요량으로 하면 수수나 체중을 계속 측정해서 영양소 요구량을 결정해야 하는 어려움이 동반되고, 또 영양소 요구량 자체가 대략 되므로 적합하지 않을 경우도 있다.

가금의 사료섭취량은 사료 중의 에너지 함량에 의하여 변화되므로 사료 배합시 영양소 함량은 사료의 에너지 함량을 충분히 고려하여야 한다. 특히 필수아미노산의 요구량을 결정할 때는 ME 1 kcal당의 양으로 결정하였는데, 이 때 1일 수당 필요량을 참고하였다.

사료의 ME와 조단백질 수준은 각각 사육 기간에 따른 실용적인 범위에서 성장과 사료 효율을 지표로 경제성을 고려하여 결정하였다. 따라서 사료 에너지 함량을 임의로 변화시키면 다른 영양소 함량을 보정할 필요가 있다. 육계가 필요로 하는 에너지는 체중, 환경 온도, 성장 등에 따라서 영향을 받는다. 일반적으로 에너지 수준을 높이면 사료 효율은 개선되지만, 너무 높으면 체지방이 증가하게 된다. 따라서 특히 육계 전기와 후기사료에서 에너지 함량을 변화시키려면 조단백질 및 아미노산 수준의 조정이 필요하다.

2.3 오리의 영양소 요구량

표 5-2. 오리의 주령별 평균체중 및 사료섭취량

주 령	체중(kg)		주당 사료섭취량(kg)		누적 사료섭취량(kg)	
	수 컷	암 컷	수 컷	암 컷	수 컷	암 컷
0	0.06	0.06	0.00	0.00	0.00	0.00
1	0.22	0.22	0.18	0.18	0.18	0.18
2	0.70	0.66	0.54	0.51	0.72	0.69
3	1.38	1.28	1.19	1.16	1.91	1.85
4	2.06	1.91	1.67	1.65	3.58	3.50
5	2.75	2.54	1.84	1.82	5.42	5.32
6	3.43	3.17	2.26	2.18	7.68	7.50
7	3.86	3.55	1.74	1.69	9.42	9.19
8	4.19	3.81	1.73	1.67	11.15	10.86

현재 국내에는 오리를 위한 영양소 요구량 혹은 사양표준에 관한 연구가 거의 전무하다. 따라서 현실적으로 볼 때, 우리나라도 오리의 경우 NRC(2004)에 준하여 사육하는 것이 큰 무리가 없지만, 국내 현실에 비추어 볼 때 다소 높은 것으로 사료된다. 따라서 NRC(2004)의 오리의 기별 ME 요구량에서 일률적으로 사료 kg당 100 kcal 씩 감하여 국내에서 오리 사료 배합에 적응하도록 하였고, 단백질 및 아미노산 요구량도 이에 비례하여 조절하였다.

오리는 가루사료보다 펠렛사료를 더 효율적으로 이용하는데, 이는 펠렛사료가 가루사료에 비해 섭취하기가 쉬우므로 손실되는 양도 적다. 0~2주령의 유추기에는 직경이 3.18 mm, 그 이후에는 4.76 mm의 크기가 좋다고 하였다.

오리의 성장률은 사료의 에너지 함량에 의해 크게 영향을 받지 않는다. 그러나 에너지 함량이 높으면 사료효율이 좋아지고, 도체지방 함량도 증가한다. 원료사료들의 오리에 대한 ME 수치들은 육계에 대한 수치와 비슷하였다고 보고하고 있다. 표 5-2에는 부화 후부터 8주령까지의 성별 체중과 사료섭취량 자료를 수록하였다.

3. 영양소 요구량에 영향을 미치는 환경요인 및 사양관리

3.1 온 도

1) 산란계 육추시 적정 온도

표 5-3. 산란계 육추시 적정 온도

동절기						
장소 \ 주령	1	2	3	4	5	6
삿갓온도(℃)	32	29	26	23	20	18
실내온도(℃)	26	24	22	20	18	12~18

하절기				
장소 \ 주령	1	2	3	4
삿갓온도(℃)	32	28	24	20
실내온도(℃)	26	24	20	18

우수한 품종의 산란계를 영양적으로 균형이 맞는 사료를 급여하여 쾌적한 환경에서 사육하면 닭의 생산성을 높일 수 있다. 환경조건으로 특히 중요한 것은 온도, 습도 및 환기이다. 산란계의 사료섭취량은 환경온도가 낮아지면 증가하고, 환경온도가 높아지면 감소한다. 환경온도 변화에 따른 사료섭취량의 변화는 저온 시에 비하여 고온 시에 더욱 심한 변화를 나타낸다.

산란계 육추시 적정 온도는 육추삿갓 끝에서부터 15 cm에 위치하는 병아리 등 높이(바닥에서 5 cm)에서 측정하며 병아리의 활력, 소리 및 분포상태에 따라 조절한다. 처음 1주 동안은 31~33℃ 정도를 유지하며, 1주일 간격으로 겨울철에는 2~3℃, 여름철에는 3~4℃씩 낮추고, 7주령부터 여름철은 실온이 24℃를 초과하지 않도록 하고, 겨울철에는 계속 보온하여 적정 온도 범위가 16~24℃가 되면 적당하다. 적절한 온도 범위를 유지하지 않으면 산란계는 생리 기능이 저하되어 생산능력이 낮아진다.

30℃ 이상의 고온에서 산란계는 피부 온도가 상승하고, 호흡수가 많아지며, 음수량이 현저히 증가하는 동시에 사료섭취량이 매우 감소되어 난각이 얇아진다. 한편 산란계는 저온에 대한 저항력이 비교적 강하나 갑작스럽게 저온이 되면 사료섭취량이 증가하고 산란율이 낮아지므로 사료 효율이 크게 악화된다.

2) 육계 육추시 적정 온도

초생추는 37~38℃의 부화기 속에서 발생하므로 깃털은 솜 깃으로만 구성된다. 이

표 5-4. 육계의 적정 육추 온도

구 분	열풍 급온시	삿갓 급온시	구 분	열풍 급온시	삿갓 급온시
1~2일령	34℃	32℃ 이상	4주	24~25℃	26℃
3~4일령	32℃	32℃	5주	22~23℃	24℃
5~7일령	30~32℃	28~32℃	6주	21~22℃	22℃
2주	28~29℃	30℃	7주	18~21℃	18~21℃
3주	26~27℃	28℃			

시기에 보온력이 낮아 저온에 대한 체온조절 능력이 약하여 육추 초기에는 온도에 민감하다. 그러므로 부화 후 처음 1주일간은 약 32℃를 유지하며, 특히 이 기간에 온도가 너무 높거나 낮으면 병아리가 스트레스를 받아 성장이 지연되거나 폐사율이 증가한다.

겨울철에는 적정 온도를 유지하려면 입추 약 24시간 전부터 열원을 정상적으로 가동시키며, 그 후 1주일에 약 2~3℃씩 온도를 내려주어 병아리의 식욕을 증진시킨다. 육추 후기에 생리적인 적온은 21℃ 전후이며, 온도가 1℃ 내려감에 따라 사료섭취량은 약 1.2~1.5%씩 증가하므로 사료 요구율이 악화된다.

3.2 습 도

1) 산란계

처음 2주간은 상대습도 60~70%를 반드시 유지하며, 특히 고온에 의한 건조에 주의한다. 습도가 부족하게 되면 탈수증이 생기고, 우모 발생이 불량해지며, 반대로 지나치게 습하면 질병 발생위험이 크다. 2주령 이후에는 급수기의 위치 및 급수량을 자주 점검하여 급수기 주위에 물을 흘리지 않도록 하여 될 수 있는 대로 습도 증가요인을 제거하도록 한다. 계사내 습도는 육성기에는 60%, 산란기에는 45~60%를 유지하며 과습에 주의한다.

2) 육 계

육추 초기에 고온으로 인하여 실내가 건조하므로 습도가 부족하게 되면 탈수증이 생기고 깃털 발생이 불량해지며 식욕감퇴, 성장부진, 항문폐색증 등을 보인다. 특히 추운 겨울철에는 공기 중의 습도가 부족하며, 온도 유지를 위하여 많은 열을 공급하면 공기가 건조하게 되므로 이 시기에는 가습기를 활용하여 적당한 습도를 유지하도록 한다. 그러나 병아리 입추 후 2~3주령 이후부터는 각종 습도 증가요인에 의하여 오히려 과습의 우려가 있다.

계사가 너무 습하면 곰팡이의 발생이 많아지고 각종 질병에 걸리기 쉬우며, 가슴 부위에 수포가 발생하여 상품 가치를 낮게 하며 성장이 지연되므로 급수기를 자주 점검하여 급수기 주변에 흐트러진 물이 없도록 하고, 강제 환기 등의 인위적인 방법으로 적당한 습도를 유지한다. 육계에서 적당한 습도는 육추 초기에는 약 70%, 육추 후기에는 약 60%가 적당하다.

3.3 환 기

환기로 계사내 열기와 습기의 제거, 탄산가스 및 암모니아 가스 등의 제거, 먼지와 병원체 등은 계사 외부로 방출되고 신선한 공기를 유입한다. 육추사의 환기 불량원인은 밀사시 병아리 호흡에 의한 산소 감소와 탄산가스의 증가, 급온설비의 연소에 의한 산소 소모, 수증기 발생과 먼지에 의한 공기 오염, 배설물 및 깔짚의 부패에 의한 가스량 증가, 고온에 의한 공기의 팽창 및 관리자의 호흡 및 흡연이다,

환기는 육추기 가동과 함께 시작하며, 깔짚, 분뇨 등의 부패로 질소화합물이 분해되어 발생하는 암모니아가스(표 5-5)는 닭의 호흡기 점막을 자극하여 각종 호흡기 질환을 유발한다.

표 5-5. 계사 내 가스의 한계수준

구 분	치사수준	실제 허용수준
탄산가스(CO_2)	30% 이상	1% 이하
황화수소(H_2S)	500 mg/kg 이상	40 mg/kg 이하
암모니아가스(NH_3)	500 mg/kg 이상	25 mg/kg 이하

3.4 급 수

물은 영양소 대사와 온도조절 및 산란과 난중 유지에 필요하며, 물 소비량은 계군의 건강을 확인하는 데 중요한 자료로 이용된다. 계사 주위 온도와 사료섭취량 및 기타 요인들에 의하여 음수량이 급격하게 저하되면 닭의 건강에 문제가 발생하였다는 경고로 취급하여야 한다. 더운 기후에서는 가능하면 세균이 오염되지 않은 시원한 물(약 16℃)을 닭에게 공급하도록 한다. 계사의 온도가 30℃ 이상인 더운 기후에서는

표 5-6. 육성계의 음수량(L, 100수/일)

주 령	외부온도 21℃	외부온도 30℃
2	3.6	6.8
4	6.0	11.4
6	8.4	16.0
8	10.4	19.0
10	11.2	21.3
12	12.6	23.9
14	14.0	26.6
16	15.0	28.5
18	16.2	30.8
20	18.0	34.2

※ 물의 온도는 16℃

21℃에 비하여 약 2배의 물을 소비하며, 계사온도가 21℃일 경우에 성계는 사료섭취량에 대하여 약 2배의 물을 요구한다. 즉 산란시 외부온도 21℃일 때 수당 1일 사료섭취량이 100 g이면 100마리당 1일 20 ℓ의 물이 필요하다.

3.5 계사의 형태와 영양소 섭취량의 관계

닭의 사육형태는 평사와 케이지사로 구분할 수 있는데, 평사는 닭이 자유롭게 활동하며 케이지 사육에 비해 시설비가 저렴하나 전염병이 발생하면 계사를 철저하게 소독하기가 어렵고, 계사내 환기가 불량해지기 쉬우며, 밀사로 인하여 계군의 산란 및 성장능력이 불균형될 수 있다. 케이지 사육은 자동화 시설의 정도에 따라 다르지만 평사에 비해 단위 면적당 사육수수가 많고, 사양관리 노력이 적게 소요되며, 사료이용률이 높고, 청결한 계란 집란이 가능하므로 위생관리가 용이하다.

닭을 평사에서 사육하면 활동에 필요한 에너지 요구량이 유지 요구량의 약 50%이지만, 케이지에서 사육하면 유지 요구량의 약 37%이다. 따라서 케이지에서 사육하면 평사(平飼)에 비하여 활동에너지 요구량의 차이로 인하여 약 6~7%의 사료를 절약할 수 있다.

한편, 계사의 형태는 개방계사와 무창계사로 분류되며, 무창계사는 개방계사에 비하여 점등시간을 조절할 수 있으므로 닭의 활동에 필요한 에너지 요구량과 사료섭취량이 감소한다. 따라서 무창계사용 사료는 에너지를 제외한 단백질, 비타민, 무기질 등의 영양소 함량이 증가하여야 한다.

3.6 사료 가공형태

닭 사료의 형태는 일반적으로 가루 사료, 크럼블 사료 및 펠렛 사료로 나눌 수 있다.닭의 사료섭취량은 이들 사료의 형태에 따라 영향을 받으며, 일반적으로 가루 사료보다는 크럼블이나 펠릿 사료 급여 시 사료 및 영양소 섭취량이 증가하는 경향이 있다. 가루 사료는 원료 사료가 미세하거나 조그만 입자형태로 알맞게 고루 분쇄된 사료 형태를 말한다. 닭에게 너무 미세한 입자의 사료를 급여하면 기호성이 저하되므로 닭이 섭취하기에 적합한 크기로 분쇄하여 급여가 중요하다.

크럼블 사료는 펠렛 사료를 롤러로 압착 하여 거칠게 분쇄한 것으로 펠렛과 가루 사료의 중간 형태의 사료를 말한다. 크럼블 사료는 펠렛사료의 장점을 취하고 가루 사료의 단점을 보완한 형태의 사료로서 펠렛 사료보다 입자가 작으므로 어린 병아리 사료로 급여가 가능하다.

부피가 크거나 가루 형태의 사료밀도를 증대할 목적으로 증기로 가압하여 만드는 과정을 펠렛팅이라고 하며, 이러한 과정을 통하여 제조된 사료를 펠렛 사료라고 한다. 펠렛의 크기는 지름의 크기에 따라 조절되며, 닭의 크기에 따라 조절한다. 펠렛 사료를 급여하면 사료섭취량이 증가하고, 사료 효율이 향상되며, 사료의 허실로 인한 낭비가 적고, 급여가 쉽다. 그러나 펠렛팅 과정에서 이용되는 고온으로 인하여 비타민 등의 영양소가 파괴될 수 있으며, 음수량이 증가하고, 계분내 수분이 증가하며, 식우성이 유발될 수도 있다.

3.7 사료와 계산물의 품질

난용계의 최종 생산물인 계란은 외관상 난중과 난각질 등으로 품질을 평가한다. 생산자는 원하는 난중에 도달하는 사양관리 방식을 선택하지만, 산란이 사양관리 매뉴얼에 비하여 조기에 시작되면 산란수는 증가하나 난중은 감소된다. 그러나 성성숙의 지연으로 초산시기가 늦어지면 산란수는 감소하나 난중은 증가한다. 사료내 칼슘과 인의 함량 및 비율, 아미노산 특히 메치오닌의 수준, 필수지방산의 수준 등에 따라 난중과 난각의 질은 좌우된다.

계육은 원료 사료의 종류에 따라서 피부 색깔이 변화되는데 황색 옥수수, 양질의 녹사료, 해조류 등을 급여하면 착색도가 높아지며, 생선찌꺼기, 번데기를 다량 사용하면 그 원료의 특이한 냄새가 발생하므로 사용에 주의해야 한다. 또한 항생제를 비롯한 각종 약품은 적정량을 사용하고 반드시 약품별로 제시된 휴약기간을 엄수한다.

3.8 사료 첨가제

사료 첨가제란 가축의 생명유지와 축산물 생산의 극대화를 위하여 에너지와 단백질 공급을 주로 하는 가축용 배합사료에 소량 첨가하거나 보충하는 물질로서 사료적 가치의 제고를 위하여 사료에 첨가하는 보조 사료를 의미한다.

사료 첨가제로 사용되는 물질들은 아주 적은 양으로 사료에 첨가되면 가축에서 효과적으로 작용하므로 각국은 이러한 사료첨가제의 생산과 사용, 관리를 엄격하게 법으로 규제했다. 또한, 잔류 가능성이 있는 사료 첨가제는 반드시 휴약기간을 준수하여 축산물의 안전성을 유지하도록 하여야 한다.

표 5-7. 사료 첨가제제의 분류

용 도	구 분	종 류
사료 영양소 보충	비타민 프로비타민 미량무기질 아미노산	수용성과 지용성 비타민 비타민 전구체 철, 구리, 아연, 망간, 요오드 등 미량무기질 라이신, 메치오닌, 트립토판 등의 아미노산
영양소 이용률 개선	효소 생균제 항생물질 항균제 유기산	파이태이스, 아밀레이스, 셀룰로오스, 프로테오스 유산균, 고초균, 황국균, 효모균 등 테트라사이클 등 항생물질 설파제, 항원충제 등 항균제 구연산, 초산, 부틸산 등
사료품질 저하 예방	항산화제	BHA, BHT, 에톡시퀸 등
	항곰팡이제	프로피온산, 솔빈산 등 곰팡이 발육 억제제

3.9 기별 급여

산란계는 산란 시기에 따라 산란율, 난중 및 체중 등의 차이에 따라서 영양소 요구량이 다르다. 기별 급여란 산란 시기에 따라 사료의 영양소 함량을 다르게 급여하여 사료비를 절감하고 지방계 발생을 방지한다.

1) 산란 초기

산란 초기는 시산 시부터 산란피크 기간이 거의 끝나는 18～36주령 사이의 기간을 말하며, 이 기간에 산란율이 5%에 도달하면서 매주 거의 약 2배로 증가하여 90~95%에 도달하고, 난중은 약 60 g까지 증가하며, 체중은 약 2.1 kg까지 증가한다. 만일 산란율이나 난중의 증가속도가 표준에 비하여 느리거나 피크때의 산란율이 낮으면 즉각적인 점검이 필요하다.

산란 피크 이후에는 일반적으로 산란율의 하강 속도가 비슷하므로 산란 피크의 높이에 따라 전체 산란성적이 좌우된다. 따라서 산란 피크 관리가 중요한데, 산란 피크를 높게 올리고 오랫동안 지속시키려면

(1) 햇닭이 물과 사료를 충분하게 섭취할 수 있도록 하며 단백질, 에너지, 비타민 및 무기질 등의 영양소를 충분히 공급해야 한다.

(2) 놀라지 않게 한다. 특히 초산계는 생리적으로 예민한 반응을 보이는 시기이므로 놀라게 되면 그 영향이 전체 생산능력에 미치게 된다.

(3) 온도, 습도, 환기상태 등을 수시로 점검하여 최적의 환경조건을 제공한다.

(4) 일단 연장된 점등시간은 지속적으로 유지하며 백색계는 10 lux 이상, 갈색계는 20 lux 이상의 조도를 유지하며, 특히 전구에 먼지가 묻어 광도가 떨어지는 일이 없도록 해야 한다.

(5) 환경의 급격한 변화는 초산계의 능력에 좋지 않은 영향을 주므로 방한 설비의 설치 또는 제거는 서서히 한다.

(6) 산란 피크에 도달하면 생리적으로 질병에 대한 저항력이 약해지므로 이 기간 중에 질병이 발생하지 않도록 해야 하며, 뉴캣슬이나 산란저하증후군 등의 예방접종을 산란개시 전에 완료하여 항병력을 높여야 하며, 산란피크 기간 중에는 예방접종을 실시하지 않도록 한다.

2) 산란 중기

산란 중기는 닭의 성장이 거의 끝나는 36주령부터 52주령까지의 기간을 말하며, 이 기간 중에 산란율은 서서히 감소하지만, 난중은 계속 증가하므로 1일 1수당 산란량은 거의 변화가 없는 시기이므로 산란 초기보다 증체에 필요한 만큼 영양소 요구량이 감소한다. 산란 중기에는 산란 초기보다 단백질 요구량은 약간 감소하지만 난각질의 저하를 방지하기 위하여 칼슘 요구량은 오히려 증가하여야 한다.

3) 산란 후기

52주령 이후 산란 후기에는 체중 변화가 거의 없으며, 난중도 변화가 없지만, 산란

율이 조금씩 낮아지므로 영양소 요구량도 감소된다. 따라서 이 기간에는 영양소 공급량이 감소하여야 하는데, 고에너지·고단백질 사료를 계속해서 급여하면 사료비가 낭비되고, 닭의 체내에 지방이 축적되어 지방계가 되기 때문에 오히려 산란 후기의 산란율이 급격하게 저하된다. 산란계 기별 사양에서 요점은 산란기가 지남에 따라 사료 중의 단백질 수준을 낮추고 칼슘 수준은 증가시키는 것으로 요약될 수 있다.

3.10 계절별 사양

일반적으로 닭은 더운 계절보다 추운 계절, 즉 환경 온도가 낮을수록 체온유지를 위한 에너지 요구량이 증가하므로 닭은 이 요구량을 보충하기 위해 더욱 사료를 섭취하지만, 반대로 고온다습한 여름철에는 사료섭취량이 감소한다.

그러나 닭은 계절과 관계없이 체유지와 생산을 위하여 필요한 아미노산, 비타민, 무기질 등의 영양소 요구량은 변화가 없이 일정하다. 그러므로 동일한 영양 수준의 사료를 연중 급여하면 여름철에는 사료섭취량의 감소로 인하여 영양소 섭취량이 부족하게 된다.

이처럼 환경의 차이로 인하여 사료섭취량의 차이에서 기인하는 영양소 섭취량의 부족 현상을 보완하려면 계절에 따라서 사료의 각종 영양소의 함량을 조절하여 사료섭취량의 변화와 관계없이 단백질, 비타민 및 무기질 등의 영양소 섭취량이 과·부족되지 않도록 사료의 영양 수준을 다르게 해야 한다. 즉, 여름철 고온에서는 사료섭취량의 감소가 성장 및 산란능력 저하의 원인이 되므로 사료섭취량이 감소하지 않도록 환경관리를 철저히 하고, 사료 중의 단백질, 비타민 및 무기질의 함량을 증가시켜 사료섭취량의 저하로 인한 각종 영양소의 결핍을 방지한다.

겨울철 저온환경에서는 유지 에너지 요구량이 증가하므로 사료섭취량이 증가한다. 따라서 사료 중의 영양소 함량을 조절하지 않으면 값이 비싼 단백질이 과잉으로 공급되어 체지방으로 축적되거나 체외로 배설되기 때문에 다른 영양소의 이용효율도 낮아진다.

3.11 영양장애

가금의 생산성을 개선하려면 필요한 영양소를 사양표준에 적합하게 급여할 필요가 있지만, 어떤 원인으로 특정 영양소의 공급이 장기적으로 부족하게 되면 결핍증상이 나타난다. 영양장애는 가축에 급여하는 사료에 영양소가 결핍되었을 때 발생하거나, 또는 사료 중에 적당한 양의 영양소가 함유되어도 질병 등의 이유로 소화·흡수가 적절하게 이루어지지 못하는 경우에도 발생한다.

표 5-8. 주요 영양성 질병

질 병 명	결핍 원인	주요 증상
구루병	비타민 D 부족 비타민 D와 칼슘, 인의 불균형	보행불량, 식용부진
뇌연화증	비타민 E와 부족	보행불량, 소뇌에 암적색의 부분이 산재
삼출성 소질	비타민 E와 셀레늄 부족	피하에 장액이 고임
근육위축증	비타민 E와 함유황아미노산 부족	근육의 변성
건이탈증	망간, 콜린 부족	골 형성의 이상, 건의 이탈
출혈성 증후군	비타민 K 부족	피하, 근육, 복강 등의 출혈 혈액 중의 과립구 소실

닭의 영양장애 현상은 일반적으로 성장률 저하, 식욕부진, 우모 발생부진, 약추 등의 공통적인 증상을 나타낸다. 대표적인 영양성 질병과 주요 증상은 표 5-8에 나타내었다.

4. 컴퓨터에 의한 가금 사료배합

사료 작성은 사용하려는 원료 사료나 요구하는 영양소 종류가 비교적 적고, 또 가격을 고려하지 않은 단순한 일 경우에는 컴퓨터를 사용하지 않고서도 가능하다. 그러나 실제로 고려해야 할 영양소 종류가 많고 동일한 용도로 적용되는 원료 사료의 종류와 가격이 다양하면 배합하는 사료 가격의 최소화를 위하여 복잡한 방정식을 세우고 컴퓨터를 이용하여 계산한다. 이러한 과정을 선형계획(linear program-ming ; LP)에 의한 최저가격사료배합(least cost formulation ; LCF)이라고 한다.

4.1 선형계획(linear programming)이란?

(1) 선형계획이란 가축의 모든 영양소 요구량을 충족시키면서 배합사료 가격의 최소화를 위한 여러 종류의 원료 사료를 최적 비율로 조합되도록 하는 수학적 기법이다.

(2) 기본적으로 선형계획이란 여러 개의 다원 일차방정식을 연립방정식 해결방법으로 계산하는 것이다. 따라서 사료 의 조건이나 요구하는 바를 수학적 방법으로 묘사하는 일련의 방정식을 수립해야 한다.

4.2 필요한 사항 및 기구

(1) 컴퓨터: 메모리 용량이 충분해야 하며, 최소 총 메모리 640 Kb 이상 필요함

(2) 선형계획 프로그램: 개인용 컴퓨터(personal computer)에 적합하도록 만들어진 여러 가지 프로그램들이 개발되어 시판되고 있다.

4.3 필요한 정보

사료배합을 하려면 컴퓨터에 다음과 같은 정보를 입력시켜야 한다.

(1) 사용 가능한 원료사료의 종류와 현재 가격

(2) 각 원료사료의 영양소 함량. 사료성분표에 나타난 영양소 함량은 실제 사용할 원료의 성분과 차이가 있을 수 있으므로 사용하려는 원료의 현재 영양소 함량에 가깝도록 최대한 노력한다.

(3) 대상 가축의 최소・최대 그리고 정확한 영양소 요구량: 일반적으로 사양표준에 수록되어 있는 사료성분표나 영양소 요구량은 원료사료의 평균 영양소 함량이나 평균 성장을 위한 영양소 요구량이 표시되어 있으므로 사육조건이나 관리상태를 감안하여 조절한다. 흔히 컴퓨터를 사용하려 할 때 알려진 영양소 요구량을 모두 입력시키려 하는데, 실제로 최소 요구량에 필요한 영양소는 약 10종 내외에 불과하다. 이러한 숫자는 사용 가능한 원료의 질과 종류에 따라 크게 달라지며, 경험에 의해 어느 영양소의 최소 요구량을 컴퓨터에 입력해야 하는지 쉽게 판단하게 될 것이다.

(4) 물리적 요인에 의해 또는 비영양적인 이유 때문에 사육이 제한되는 원료사료
- 독성이 있는 원료: 제한된 양만 사용한다.
- 고기나 우유 및 달걀의 품질에 부정적으로 작용하기 때문에 사용 제한되는 원료
- 물량이 충분하지 못한 원료
- 사료의 성상이나 저장에 영향을 주는 원료: 가금에 당밀과 같은 원료사료를 과다하게 사용하면 사료빈(bin)에 브릿지(bridge) 현상을 초래하거나 배합사료의 원활한 흐름을 방해한다.
- 어떤 특정 성분만 과도하게 함유된 성분: 제과부산물과 알팔파 건초에는 각각 소금과 섬유질이 과다하게 함유되어 있으므로 다량 급여시에 가축의 능력이 저하될 수 있다.

- 영양소 함량의 변이가 큰 원료나 도축부산물은 사용할 때 주의가 필요하다.

(5) 사료회사의 가축영양 담당자는 컴퓨터의 계산 속도와 능력 때문에 상당한 역할 변화를 가져왔다. 전에는 많은 시간을 사료 작성과 수정작업에 보내곤 하였으나 이제 이런 일은 순식간에 처리하게 되었다. 따라서 보다 많은 시간을 원료 사료의 검사나 영양소 요구량 설정 및 품질관리를 위하여 사용하게 되었다.

(6) 컴퓨터에 의한 최저가격 사료배합 예작성

- 선형계획을 이용하는 컴퓨터 최저가격 사료배합 예 프로그램은 표 5-9와 같은 일련의 방정식을 계산하도록 설계되어 있다.

표 5-9. LP에 사용하기 위한 제약조건 방정식

합 계 :	X_1	+	X_2	+	···············	+	X_n	=	100(%)
단백질 :	$10.09X_1$	+	$0.44X_2$	+	···············	+	$0X_n$	≧	20%
에너지 :	$3.44X_1$	+	$2.45X_2$	+	···············	+	$0X_n$	≧	300.0
	⋮						⋮		
칼 슘 :	$0.0014X_1$	+	$0.0043X_2$	+	···············	+	$0.27X_n$	≧	0.8
인 :	$0.0027X_1$	+	$0.0070X_2$	+	···············	+	$0.19X_n$	≧	0.6
	$X_1 \geqq 0$,		$X_2 \geqq 0$,		························		X_n	≧	0

단, X_1 = 옥수수, X_2 = 대두박 ························ X_n = 인산칼슘

- 제약조건 방정식은 사료배합 예에 요구하고 싶은 최저 또는 최대 영양소 숫자, 그리고 원료별 사용량 제한에 따라 그 숫자가 정해진다(표 5-9). 사료배합 예에는 사용 가능한 모든 원료(X_1에서부터 X_n까지)를 포함시킨다. 목적함수 방정식의 P(가상 최저가격)는 컴퓨터가 임의의 잠정가격을 택하여 첫 배합 예를 만들고, 점점 P값을 낮추어 가며 되풀이 계산하여 더 이상 P 값이 낮아지지 않을 때에 컴퓨터는 비로소 최저가격 사료배합 예로 원료의 X값(%)을 결정하여 계산을 완료하게 된다.

- 목적함수(최저가격) 방정식

$$180원 \times X_1 + 320원 \times X_2 \cdots\cdots\cdots\cdots 280원 \times X_n \geqq P_n(가상최저가격)$$

- 컴퓨터 입력자료: 컴퓨터 프로그램의 지시에 따라 다음과 같은 자료를 입력한다.
  - 사용가능 원료의 영양소 함량과 현재 가격
  - 원료별 사용 제한량
  - 최소 또는 최대한도의 제한이 필요한 영양소 종류와 한계
- 최저가격 사료배합 예 작성을 위한 프로그램에는 여러 가지 있으나 그 원리는 모두 유사하며, 다만 활용할 때 세부적 주의사항은 프로그램 제작회사의 지침을 따르도록 한다.

4.4 육계사료 배합 예

사료배합용 LP를 사용하여 육계 전기사료를 배합한 결과는 표 5-10과 5-11에 수록되어 있다. 표 5-10에는 원료사료의 사용량과 가격, 그리고 가격범위가 사용량이 많은 원료사료 순으로 기재되어 있으며, 10개의 원료를 사용하여 총 1,000 kg의 육계 전기 사료를 배합하고 있다.

표 5-10. 육계 전기사료 배합례, 사료가격 및 원료 사용 범위

Ingredient		Percent of mix	Cost (₩/kg)	Range(₩/kg)		Ingredient(%)	
Num	Name			Low	High	Min.	Max.
1	Corn	50.872	125		150.0		
30	Soy 48	28.055	245	228.4	324.7		
21	Wheat shorts	10.000	100			10.0	10.0
57	Meat & bone meal	4.623	320	219.2	340.3		5.0
71	A-V Fat	3.991	300	203.9	634.3	1.0	
95	Vit.-min. premix	1.000	1000			1.0	1.0
80	Limestone	0.892	35		404.4		
83	Salt	0.351	100		8696.3		
60	MHA	0.190	3000	214.1	6423.4		
61	L-Lysine	0.026	2000	367.7	3075.8		
Total		100.000	185.99				
Ingredient		Percent of mix	Cost (₩/kg)	Range(₩/kg)		Ingredient(%)	
Num	Name			Low	High	Min.	Max.
14	Corn gluten meal	410.0	288.4				5.0
81	Dicalphosphate	450.0	374.4				

표 5-11. 배합된 육계 전기사료의 영양소 함량

Num	Restriction	Unit	Min.	Actual	Max.	Nutrient Cost (₩0.1%)
1	Weight	kg	1.00	1.00	1.00	
2	ME poultry	kcal/kg	3000.00	3000.00		0.04599
5	Crude protein	%	22.00	22.00		0.12216
8	Calcium	%	0.90	0.90	0.97	0.23446
10	Av. phos.	%	0.40	0.40		2.09374
11	Methionine	%	0.50	0.54		
12	Meth+cyst	%	0.85	0.85		2.84406
13	Lysine	%	1.20	1.20		2.30624
14	Arginine	%		1.47		
15	Tryptophan	%		0.28		
17	Leucine	%		1.79		
18	Isoleucine	%		1.12		
21	Threonine	%		0.88		
22	Valine	%		1.08		
24	Linoleic acid	%	1.00	1.72		
25	Vit A	IU/kg	8000.00	8800.00		
26	Vit D_3	IU/kg	1500.00	3300.00		
27	Vit E	IU/kg	11.00	58.75		
28	Vit K	mg/kg	1.50	3.30		
29	Choline	mg/kg	900.00	2197.79		
33	Folic acid	mg/kg	0.90	1.39		
34	Biotin	mg/kg	0.20	0.39		
35	Niacin	mg/kg	20.00	78.07		
38	Xanthophyll	mg/kg		12.72		
39	Manganese	mg/kg	55.00	110.38		
40	Iron	mg/kg	30.00	60.11		
41	Copper	mg/kg	5.00	22.77		
42	Zinc	mg/kg	50.00	114.20		
43	Selenium	mg/kg	0.30	0.45		
44	Sodium	g/kg	2.10	2.10	2.10	
45	Potassium	g/kg		8.86		
48	Chloride	g/kg	2.20	2.69		
50	Dry Matter	%		89.16		

각 원료사료의 가격 범위는 이 범위 내에서는 전체 사료 배합 예에서 해당 원료사료의 사용수준이 변하지 않음을 뜻한다. 즉 대두박의 경우 ₩228.4～324.7/kg에서는 대두박 사용 수준이 28.055%에서 고정됨을 뜻한다. 또한 표 5-10의 맨 오른쪽 컬럼은 원료사료들의 최소·최대 사용 수준을 표시하고 있다. 이와 같은 원료사료 사용수준 범위는 사료배합 예를 계산하기 전에 주어지는 전제조건으로서 다른 모든 수학적 계산에 우선한다.

예를 들면 wheat shorts의 경우 최소 10%, 최대 10% 수준으로 제한함으로써 실제로는 wheat shorts의 사용수준을 10%로 고정시켰는데, 이는 양질의 펠렛사료를 생산하기 위해서 불가피한 선택이었음을 알 수 있다. Meat & bone meal의 최대 사용수준을 5%로 한 것은 이것의 품질 변화가 심하므로 더 많이 사용할 경우 위험부담이 따르기 때문이다. Corn gluten meal의 경우 ₩410/kg, dicalcium phospahte는 ₩450/kg으로 다른 원료사료에 비해 가격이 너무 비싸서 배합 예에 적용되지 못하였다. 만약에 corn gluten meal 가격이 288.4원/kg 이하, 그리고 dicalcium phosphate가 374.4원/kg 이하였다면 이들을 배합 예에 사용하였을 수도 있다.

표 5-11은 최소가격으로 배합된 육계 전기사료의 영양소 함량을 보여주고 있다. 최소 요구량 및 최대 허용량은 주어진 조건이며, 실제 배합율은 Actual 컬럼에 수록되어 있다. 실제 배합률은 대부분의 경우 최소 요구량과 같거나 아니면 근소하게 높은 수치를 보이게 된다. 각종 영양소의 최대 허용량은 몇 가지를 빼곤 거의 제시되지 않고 있는 바, 그 이유는 최소가격 사료 배합 예를 짜다 보면 영양소의 최대 허용량이 필요 없게 되기 때문이다. Ca 의 경우는 Ca : P 적정 비율을 유지하고자 최대 허용량을 설정하였다. 맨 오른쪽 컬럼은 영양소 비용을 보여주고 있다. 가장 높은 수치는 meth + cyst 항목인 바, 이 영양소 수준을 0.1% 낮추어 줄 경우 kg당 사료비가 2.84원 감소함을 보여주고 있다.

또한, 최근의 LP program들은 다양한 기능들이 있어서 배합 예 작성자에게 유익한 정보들을 제공해 줄 수 있다. 즉 합성 라이신의 사용수준을 1.1%에서 1.3%까지 0.01% 단위로 점증시킬 때의 가격 변화라든가 wheat shorts의 함유 비율을 변화시킬 때의 배합사료 가격의 변화를 알 수 있다.

연습문제

1. 진위 문제

(1) 가금의 비타민 D 요구량은 ICU로 표시하는데, 이는 비타민 D_2 활성에 근거한 것이다.
(2) 비타민 E 요구량은 사료의 지방과 Se 수준에 따라 달라진다.
(3) 산란계 사료의 칼슘 요구량은 3%를 초과할 수 있다.
(4) 산란계의 케이지 피로(cage fatigue)는 사료 Ca 결핍 때문에 발생할 수 있다.
(5) 아마박에서 발견되는 gossypol은 난황에 반점과 푸른색을 띠게 한다.

2. 연결하기

아래의 문장과 알맞은 글자를 연결하세요.

① 3.5～4.0　② 16～18　③ 0.25～0.4　④ 29～32　⑤ 60

(1) 산란계 사료의 조단백질 함량(%)
(2) 가금사료에 첨가되는 식염 %
(3) 산란계 사료의 Ca %
(4) 환경 온도가 ( )℃ 이상으로 증가하면 산란계의 사료섭취량은 감소한다.
(5) 산란 예비계(replacement pullet)의 사양에서 사료비는 총 비용의 약 ( )%를 차지한다.

3. 단답형 문제

(1) 어느 형태의 비타민 D가 가금사료에서 가장 효율적으로 이용되는가?
(2) 산란계의 영양에서 가장 중요한 무기질은 무엇인가? 그 이유는?
(3) 가금사료에서 무기태인의 최소 수준을 유지시키는 것은 왜 중요한가?
(4) 가금사료에 어분을 사용할 때의 장점과 단점은 무엇인가?
(5) 어린 암탉의 대추용 사료는 육계 후기사료와 어떻게 다른가?

제 6 장

돼지 사양관리

《학습목표》

- 돼지 생활사의 이해
- 돼지 사양에 필요한 기본지식
- 번식돈 및 육성·비육돈을 위한 사양방법
- 양돈사료의 배합표 작성
- 돼지의 특수 사양관리

돼지고기는 쇠고기와 닭고기와 함께 한국인이 많이 소비하는 3대 육류에 속하고, 국민 1인당 섭취량이 닭고기와 쇠고기 보다 훨씬 많다. 작물을 포함한 모든 농업분야에서 양돈이 국제경쟁력이 매우 높은 품목으로 알려져 있고, 축산의 여러 축종에서 현재까지 가장 안정적으로 수익을 올릴 수 있었던 것은 양돈이었다. 그 동안 국내의 돼지 사양기술이 과거에 비해서 엄청나게 발전했으나 아직도 개선할 여지가 많이 있다.

돼지 사양기술은 다른 축종, 즉 산란계, 육계, 유우 및 육우의 사양기술에 비해 훨씬 복잡하고 발전의 속도가 매우 빠른 특징이 있다. 더욱 사양관리 기술을 복잡하게 하는 요인으로는 ① 유럽에서 육종되는 돼지는 살코기가 많도록 육종되어서 체지방이 적고, 반면 미국에서 육종되는 돼지는 체지방이 상당히 높기 때문에 번식돈 관리에 혼동을 가져오기 쉽고, ② 양돈의 최종 목적이 최대 수익을 얻기 위한 것이므로 돼지의 능력이 최대한 발휘되지 않더라도 수익성을 고려한 사양관리를 해야 한다는 점, ③ 온도의 연교차 또는 일교차가 심하기 때문에 이에 따른 사양관리, ④ 그 나라의 도체등급 기준에 따라서 높은 등급을 받기 위한 사양관리가 다르게 요구되는 점 등이다.

본고에서는 위의 사항을 고려해서 현재 국내 양돈기술의 평균치보다는 높은 목표를 향한 사양관리 기술에 관해서 기술하려 한다.

1. 사양관리 기술의 이해를 위한 선행지식

1.1 돼지의 생활사

그림 6-1은 일관생산을 기준으로 비육돈이 생산되는 과정을 잘 보여주고 있다. 먼저 전문 종돈회사에서 암퇘지(후보돈)을 구입해서 초교배 일령이 되면 교배를 시킨다(대개 인공수정). 그리고 모돈이 너무 늙어서 산자수가 적어지거나 또는 다리를 다치는 등의 사고로 인해 매월 일정수의 모돈이 도태되고 그만큼 채워진다.

일단 수정이 되면 임신사에 옮겨서 사육하고, 분만 7일 전에 분만사로 옮긴다. 7일 전에 옮기는 이유는 임신 모돈이 분만사에 적응해서 큰 어려움 없이 분만하게 하고, 또 예정보다 며칠 빨리 분만하는 모돈이 있기 때문이다. 분만사에서 분만한 후 24일 동안 포유하게 되는데, 이 기간 동안 자돈은 약 7kg 까지 자라게 되고, 어미는 포유하면서 다음 임신을 위한 생식기관의 준비가 이뤄진다. 이유 후 자돈은 자돈사로 옮겨져서 27kg까지 성장하고, 그 다음 비육사로 옮겨져서 도축 시까지 성장한다.

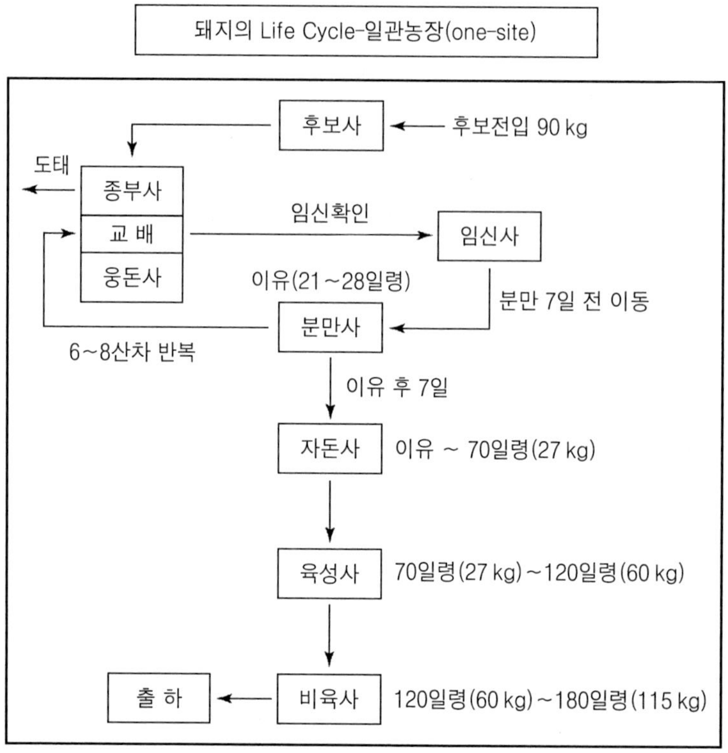

그림 6-1. 돼지의 생활사

한편, 모돈은 이유 후 5일 이내에 발정재귀가 와서 다시 수정, 임신, 분만, 포유가 이뤄지는데, 일생동안 약 6~7회 분만을 하고 도태하게 된다. 이렇게 여러 산차 동안 많은 자돈을 분만하고 포유하기 위해서는 세심한 사양관리를 통해서 모돈의 연산성(longevity)이 유지되도록 해야 한다.

1.2 돼지의 생리지표 및 양돈기술 지표

돼지의 생리지표는 돼지의 생리에 관한 사항이므로 사육기술이나 설정목표에 따라 변할 수 없는 항목이고, 양돈 기술지표는 양돈기술의 수준 또는 수익 최대를 위한 목표설정에 따라 얼마든지 변동될 수 있는 항목이다. 아래의 기술지표의 설정은 현재 국내 양돈의 상위 10% 또는 권장목표 수준을 기준으로 제시한 것이다.

1) 돼지의 생리지표

(1) 모돈의 임신기간: 115일
(2) 모돈의 발정주기: 21일
(3) 자돈 두당 생시체중: 1.5 kg
(4) 모돈의 비유 peak시기: 분만 후 3~4주

2) 양돈 기술지표(번식)

(1) 복당 총 산자수: 12두
(2) 복당 포유개시 산자수: 11두
(3) 복당 이유 산자수: 10두
(4) 연간 모돈 분만 회수: 2.3회
(5) 연간 모돈 두당 이유 자돈수: 23두
(6) 연간 모돈 두당 출하 돼지수: 21두
(7) 분만율: 85%
(8) 발정재귀일: 6일 이내
(9) 모돈 사용 산차: 6~7산차
(10) 첫 교배 체중: 130~140 kg
(11) 첫 교배 일령: 240일령

3) 양돈 기술지표(성장)

(1) 포유기간: 24일

(2) 이유시 체중: 7 kg
(3) 70일령(10주) 체중: 27 kg
(4) 출하 체중: 115 kg
(5) 출하 체중에 이르는 데 소요기간: 180일
(6) 체중 27 kg 때부터 115 kg 되기까지의 사료 요구율: 2.5

위의 여러 항목 중 중요 항목을 설명하면 다음과 같다.

포유기간은 전에는 24일보다 약간 짧은 것이 권장되었는데, 최근에는 28일 쪽으로 가고 있는 실정이다. 출하 체중은 돼지의 품종, 각 나라의 돼지고기 먹는 식습관 및 사료가격 등에 따라 달라지는데, 일반적으로 120 kg을 넘지 않는 것이 좋다. 그 이유는 이때부터 체지방 축적이 급증하게 되어 사료효율이 떨어지고, 도체의 품질이 떨어지기 때문이다. 총 돈육 생산비 중 이유자돈 생산비의 비중을 줄이기 위해서는 출하 체중이 클수록 좋지만, 위에서 설명한 제약 때문에 쉽지 않다. 돼지 사양가는 115kg 근처에서 체중 1 kg 증가시키는 데 사료비가 얼마나 더 들고, 돼지가격이 얼마나 올라가며, 비육돈사의 추가 사용에 의한 비용이 얼마나 되는가를 따져서 최종 출하 체중을 조절하게 된다.

복당 총 산자수는 모돈의 산자수에 대한 유전적인 능력을 나타내고, 이유 산자수는 포유기간 동안의 산유량 또는 설사 등 질병을 고려한 것으로 매우 중요하다. 연간 모돈 두당 이유 자돈수는 piglets / sow / year(PSY)라고 부르는데, 이는 양돈가의 양돈기술을 나타내는 중요한 지표이다. 최근에는 이유한 후에도 질병에 의해 많이 폐사하기 때문에 연간 두당 출하두수(marketed pigs / sow / year, MSY)가 더 중요시되고 있다.

분만율은 수정시킨 모돈 중에 몇 마리가 최종적으로 분만하느냐를 나타내는 것인데, 분만율 85%의 뜻은 수정시킨 돼지의 15%는 분만하지 못한다는 뜻이다. 이 중의 상당부분이 수정이나 착상이 잘못 되었기 때문인데, 수정은 사양가의 실수이고, 착상은 모돈 자체의 문제인데 여러 가지 요인이 여기에 관여해서 원인 규명이 쉽지 않다. 발정재귀일 6일 이내의 뜻은 모돈이 이유한 후 돈군의 대부분이 6일 이내에 발정이 와서 수정이 가능하게 된다는 뜻이다. 모돈 사용 산차는 모돈이 일생동안 15회 정도 돼지를 낳을 수 있지만 수익성이 높은 산차는 6회 또는 7회까지이다. 그 이후는 복당 산자수가 적든지 발정재귀가 불규칙한 원인 등으로 높은 수익을 기대하기 어렵게 된다. 초교배 체중 130~140 kg은 상당히 높은 편인데, 유럽종인 경우 체지방의 축적이 적다는 점, 우리나라의 겨울철의 낮은 온도, 그리고 좋지 않은 사육환경 가운데서 연산성(longevity)을 고려해서 좀 늦게 첫 교배를 시키게 된다.

1.3 영어로 표기된 돼지의 종류

우리나라에서는 돼지라는 명칭 밖에 없어서 암돼지, 수돼지 또는 거세한 돼지 등으로 앞에 접두사를 붙여서 사용하는데, 영어에서는 각 돼지마다 이름이 따로 있기에 이를 이해해야지만 영어로 된 양돈서적을 이해할 수 있다. 먼저 수돼지는 거세 유무에 따라 boar와 barrow로 나눠지고, 암돼지는 새끼를 낳은 경험이 있는 유무에 따라 gilt와 sow로 나눠진다. 구체적으로 설명하면 다음과 같다.

(1) Boar : 거세하지 않은 수돼지를 말한다. 정액 생산과 암돼지의 발정 check를 위해 번식에 주로 이용이 되나, 식용 돼지고기 생산을 위해서도 거세를 하지 않는 경우도 간혹 있다. 우리말로 비거세돈으로 부른다.

(2) Barrow : 고기에서 나는 수컷 냄새(웅취)를 없애기 위해서 돼지가 어릴 때 정소를 제거한 돼지를 말한다. 우리말로 거세돈으로 부른다.

(3) Gilt : 아직 새끼를 낳은 경험이 없는 암돼지를 말하는데, 우리말로 미경산돈으로 부른다.

(4) Sow : 새끼 낳은 경험이 있는 암돼지를 말하는데, 우리말로 경산돈으로 부른다.

(5) Replacing gilt : 늙어서 생산성이 떨어져서 또는 사고에 의해서 도태되는 모돈을 교체하기 위해서 키우는 암돼지를 말하는데, 우리말로 후보모돈으로 부른다.

위의 돼지 중에서 우리가 식용으로 만나게 되는 돼지는 대부분이 gilt와 barrow 이다. 웅취 제거를 위해서 대부분의 나라에서 식용을 위한 수돼지는 거세하지만, 일부 국가에서는 거세하지 않는 경우도 있기에 boar가 식용으로 이용되기도 한다.

1.4 사육형태 : 일관사육과 분리사육

앞의 돼지의 생활사에서 설명한 대로 어느 농장에서 일정한 수의 모돈을 유지하면서 수정, 임신, 분만, 포유, 자돈 및 비육돈 육성 모두를 담당하는 형태를 일관사육이라고 한다. 분리사육은 번식모돈을 유지하면서 임신, 포유, 그리고 자돈사육(70일령 27 kg) 때까지만 한 농장에서 담당하고, 그 이후부터 출하 때까지를 다른 농장에서 담당하는 형태를 말한다. 자돈 이후의 사육은 다시 ① 위탁사육 : 제2의 농장주에게 돈을 주고 사육을 위탁하는 경우, ② 자돈판매 : 제2의 농장주에게 아예 자돈을 판매하는 경우, ③ 자돈 이동사육 : 이 경우 본래 자돈을 생산한 농장주가 자돈 이후의 사육을 담당하지만 다른 곳에 위치한 농장에서 사육하는 경우이다. 최근에 와서 분리사육이 느는 추세에 있는데 서로의 역할 분담에 그 의의가 있다. 즉 자돈 생산까지는 수준 높은 기술과 여러 종류의 돈사와 자본이 필요하고, 자돈 이후는 비육돈사만 필

표 6-1. 비거세돈, 거세돈 및 암퇘지의 능력비교

	일당 증체량	1일 사료섭취량	사료요구율	1일 축적량	
				단백질	지방
비거세돈	1,186 g	3.21 kg	2.72	196 g	317 g
거세돈	1,057 g	3.67 kg	3.46	139 g	462 g
암퇘지	1,011 g	3.38 kg	3.34	148 g	411 g

요하나 분뇨처리를 담당해야 한다. 분리사육의 가장 큰 이점은 질병을 줄일 수 있는 점이다.

1.5 수퇘지 거세의 이유

아직도 많은 사람들이 수퇘지 거세의 이유를 육질 개선과 성질 온순으로 알고 있는데 이것은 잘못된 지식이다. 한우를 포함한 육우의 경우 거세하는 이유가 육질 개선이다. 즉 거세에 의해 웅성호르몬을 분비하지 못하기에 근내 지방이 많아져서 육질이 크게 증가되는데 반해, 돼지는 근내 지방이 거의 생성되지 않기 때문에 거세에 의해 근내 지방이 증가하지 않는다.

수퇘지를 거세하는 이유는 웅취(boar taint)의 제거에 있다. 웅취를 내는 물질은 성성숙이 진행된 수퇘지의 정소에서 만들어져서 혈액를 타고 지방조직에 침착하게 된다. 돼지고기를 먹기 위해서 끓이게 되면 냄새가 좋지 않은 웅취가 나게 된다. 거세돈(barrow)은 비거세돈(boar)에 비해 성장률, 사료효율, 도체 품질(비거세돈에 비해 지방에 너무 많음)이 모두 떨어지기 때문에 최근에 와서 웅취는 제거하면서 성장 생산성은 비거세돈의 그것을 유지하는 방법을 찾는 연구가 진행 중에 있다. 한편 비거세돈의 1일 단백질 축적량 및 일당 증체량이 높기 때문에 거세돈 사료보다 사료의 영양소 함량, 특히 단백질 함량이 높아야 할 것으로 알려져 있다.

표 6-1에서 보는 대로 비거세돈이 거세돈에 비해 일당 증체량과 사료효율이 높고 1일 지방 축적량은 적기 때문에 웅취 문제만 없다면 거세하지 않는 것이 유리하다.

2. 번식모돈의 사양관리

최근에 유럽에서 육종되는 돼지는 살코기가 많고 지방이 적도록 육종되었고, 미국 돼지는 지방이 유럽 종에 비해서 상당히 많은 편이다. 번식 모돈은 체지방이 상당히 축적되어 있어야만 번식 주기에 따른 기능을 잘 수행할 수 있기 때문에 돼지의 원산지에 따라 사양방법이 달라진다. 예를 들면 미국종은 모돈의 초교배 체중이 120~130 kg이면 충분한데, 유럽종은 체중이 130~140 kg은 되어야 한다. 이런 사항 때문에 번식모돈의 사양관리에 대한 설명은 혼동을 가져올 수 있는데, 현재 한국에서 유럽종이 많기 때문에 본고에서는 주로 유럽종에 기준해서 기술하려 한다.

2.1 초교배까지 후보모돈 사양관리

초교배시 모돈의 체중이 130~140 kg, 일령이 240일령, 등지방 두께가 18~20mm가 되게 한다. 이런 상태에서는 대략 3회째 발정 시에 초교배를 시키게 되는데, 이렇게 늦게 초교배를 시키는 이유는 7산차까지 새끼를 많이 낳을 수 있도록 좋은 몸 상태를 갖추기 위함이다. 이를 달성하기 위해서 체중 90 kg 때까지는 무제한 급여하고, 이때부터 초교배시까지 제한 급여하는데, 초교배 직전 2주 동안은 증량 급여하는데 이를 강정사양(flushing)이라고 한다. 강정사양의 목적은 모돈의 배란수를 증가시키기 위해서이다. 위에서 설명한 대로 후보 모돈을 상당기간 제한급여하는 이유는 체성숙을 지연시키면서 체내에 광물질을 충분히 축적시켜 돼지 다리를 튼튼하게 하기 위함이다.

2.2 임신돈과 포유돈의 사양관리

그림 6-2는 임신과 포유를 포함한 번식모돈의 사료급여량을 나타내고 있다. 번식모돈의 사양관리 방법을 생리적 기능에 따라 구분해서 설명하면 다음과 같다.

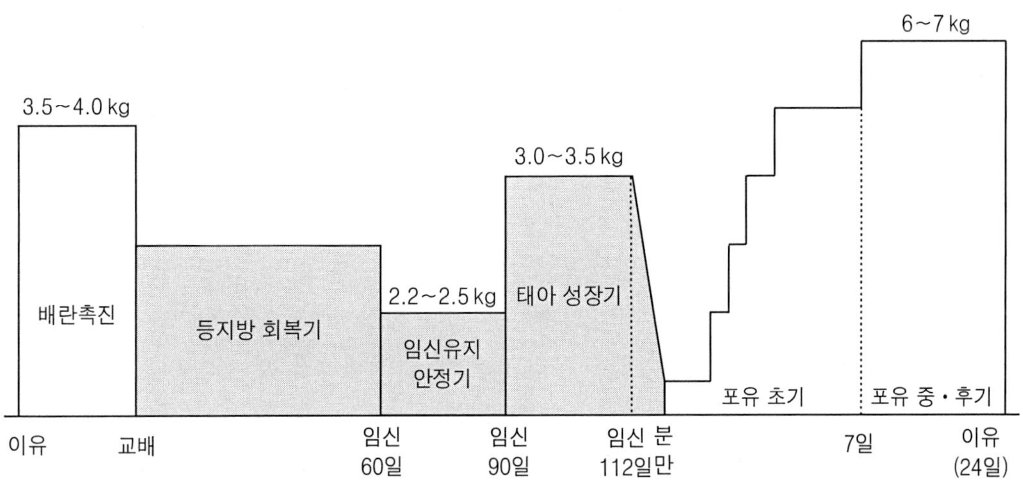

그림 6-2. 임신돈과 포유돈의 사료 급여량

1) 이유-교배기간의 강정사양

자돈은 하루에 24회 정도 젖을 빤다. 젖 빠는 행위를 중단하면 즉, 이유시키면 곧 바로 어미 돼지는 다음 임신을 준비하게 되는데, 대개 이유 5일 후에 재발정이 와서 교배시키게 된다. 그림 6-2에서 보는 바와 같이 이유 후 교배시까지 상당히 많은 사료량(하루에 3.5~4.0 kg)을 급여하는데, 이것을 강정사양(flushing)이라고 부른다. 이 강정사양의 주목적은 모돈의 배란수 증가에 있다. 이 5일 동안에 포유기간 24일 동안 잃은 체지방을 회복하기는 어렵고, 체지방 회복은 임신 전기에 사료급여량을 조절함으로써 가능하다.

2) 임신기의 사료급여

돼지의 임신기간은 115일인데, 임신기 사양의 대원칙은 태아가 많이 자라는 마지막 3주를 제외하고는 상당히 적게 급여한다는 것이다. 임신기 때 적게 급여해야 하는 중요한 이유 중의 하나는 임신기 때 사료를 많이 먹은 돼지는 사료를 가장 많이 먹어야 하는 시기인 포유기 때 적게 먹기 때문이다.

임신기 115일 동안의 단계별 사양관리에 대해서는 여러 이론이 있는데 여기서는 최근의 이론, 즉 그림 6-2에 나타나 있는 것을 위주로 설명하려 한다. 임신 전기 60일 동안은 포유기 때 잃은 체지방을 회복하는 시기이므로 그림 6-2에서 보는 것처럼 사료를 상당히 많이 급여하는데 돼지의 상태에 따라 급여량을 조절한다. 포유기 때 잃은 체지방을 빨리 회복해야 하므로 교배 후 처음 30일(1차 등지방 회복기)은 그 다음 30일(2차 등지방 회복기)보다 더 많이 급여한다. 등지방 회복을 위해 임신 전기에 많이 급여해야 한다는 주장과는 반대로 임신 초기 3주 동안 매우 적게 급여해야 한다는 주장도 있다. 이에 대한 이유는 사료를 많이 급여하면 임신유지 호르몬인 progesterone의 혈중 농도가 감소하기 때문으로 알려져 있는데, 이 주장에 대해서 모두가 공감하지는 않고 있다. 그래서 일부 학자는 처음 3일 동안만 적게 급여하면 혈중 progesterone 농도 저하의 염려는 없다고 주장하기도 한다.

임신 60일부터 임신 90일 동안 30일 동안은 매우 적게 급여하는 것이 좋은데, 특히 임신 75일부터 90일까지는 유선 발육기간이기 때문에 더욱 적게 급여하는 것이 권장되고 있다. 임신 90일부터 분만 시까지는 태아 성장기이기 때문에 많이 급여해야 하는데, 분만 3일 전, 즉 임신 112일부터는 적게 급여해야지 분만의 어려움이 적다.

3) 포유기간의 사료급여

포유기간 사료급여의 원칙은 영양소 함량이 높은 사료를 최대한 많이 급여하는 것이다. 그 이유는 돈유생산을 위해 체지방과 체단백질의 손실을 최소화해서 몸이 덜 상한 상태에서 이유하기 위함이다. 이렇게 함으로써 발정재귀도 빨리 오고, 배란수도 많아지고, 착상도 잘 되어 산자수가 많아지기 때문이다. 따라서 하루에 6~7 kg 정도는 먹을 수 있어야 한다.

그러나 포유초기 7일간은 그림 6-2에서 보는 바와 같이 계단식으로 제한사양을 해야 한다. 그 이유는 다음과 같다. ① 처음부터 많이 급여해서 빨리 비유 피크에 이르면 비유 곡선이 빨리 하강하기 때문이다. 최근에 와서 포유기간이 28일로 길어지면서 더욱 비유 피크가 늦게 와서 높은 비유곡선이 오래 지속되는 것이 중요하다. ② 자돈의 체중이 작아서 돈유가 많이 필요하지 않은데 사료를 많이 급여해서 돈유를 많이 생산할 필요가 없다.

2.3 포유모돈 사양관리의 중요성

1) 양돈의 성공과 실패는 포유기간 동안의 사료섭취량에 달려 있다

모돈은 수정, 임신, 분만 및 포유, 발정재귀, 그리고 다시 수정과 임신 등을 반복하게 된다. 포유기간 동안에 사료섭취량이 부족하면 자돈을 정상적으로 기르기 위해서 산유량을 크게 안 떨어지게 하기 위한 방안으로 모돈의 체 단백질과 체지방으로 보충하게 되어 체중이 크게 감소한다. 이 경우 이유시 모돈의 몸의 상태가 좋지 않아서 발정재귀가 지연되고, 배란수도 적게 되는 것이다. 모돈은 하루에 자돈 두당 1 kg의 돈유를 생산하게 된다. 즉 자돈이 10마리이면 하루에 10 kg의 돈유를 생산하게 되는데 돈유 속에는 8%의 지방이 들어 있고, 고형물(dry matter)이 20%가 함유되어 있기 때문에 엄청난 양의 영양소를 돈유로 분비하기에 사료섭취량을 최대한 많게 해야 한다. 즉, 10 kg 비유의 경우 2 kg이 고형물인데 이 고형물은 대부분이 지방, 단백질, 유당으로 구성되어 있다. 사료섭취량을 늘리기 위한 방안은 다음과 같다.

① 임신기 때 너무 많이 먹이지 말 것. 임신기 때 사료섭취량과 포유기 때 사료섭취량은 반비례의 관계에 있다. ② 돈사 내의 온도, 특히 여름철에 돈사 내의 온도가 너무 높지 않도록 해야 한다. ③ 사료 급여시간은 사람의 편리성에 맞추지 말고 돼지의 편안함에 맞춰서 여름에 더울 때는 이른 새벽에 사료를 급여하도록 해야 한다. ④ 사료급여 회수는 무제한 급여보다는 하루에 2~3회 정도 급여하면 더 많이 먹는다. ⑤ 물 섭취량은 니쁠에서 1분당 2 L의 물이 나오도록 해서 쉽게 물을 많이 먹을 수 있도록 해야 한다.

돼지 중에 가장 크게 제한사양을 하는 것이 임신돈이고, 반대로 가장 많이 급여해야 하는 돼지는 포유모돈이다. 모돈의 기능 수행상 이 두 시기는 연결되어 있는데도 사료급여량은 정반대이다. 이 사실은 최대의 능력발휘를 위해서 돼지의 생리에 맞게 정확하게 사료섭취량을 조절해야 됨의 중요성을 말해 준다.

2) 초산 포유모돈의 영양소 요구량

앞에서는 주로 사료섭취량에 대해서 언급했는데 여기서는 사료 중 영양소 함량, 특히 초산 포유모돈의 영양소 요구량에 대해서 설명하고자 한다. 외국에서 값비싼 종돈을 구입해서 2산차에 가서 도태해야 하는 경우가 흔히 있는데, 그 이유는 초산 모돈의 영양소 섭취량에 문제가 있기 때문이다.

초산 모돈은 최근에 유전적으로 체지방 축적이 적은 돼지가 많고 또 초교배 체중이 작아서 체지방을 충분히 갖추지 못한 상태에서 초산 모돈이 임신하는 경우가 많다. 이 경우 포유기 때 체지방을 잃게 되면 모돈의 몸이 크게 상하게 된다. 더 큰 문제는 초산 포유모돈은 3산이나 4산의 모돈에 비해 사료섭취량이 적은 데 있다. 이런 상황에서 할 수 있는 것은 사료 중 영양소 함량을 올리는 것인데, 사료 중 lysine 함

표 6-2. 포유모돈의 질소 축적량

	Dietary protein, %					
	6.3	9.8	13.3	16.8	20.3	23.8
Early lactation						
Live wt, kg	144.6	149.2	145.3	147.2	145.2	148.3
N metabolism, g/d						
Intake	39.9	63.5	85.5	108.7	129.6	149.2
Feces	5.6	7.8	10.6	11.3	13.4	14.2
Urine	12.1	19.1	29.4	39.3	52.8	68.5
Milk	58.9	59.5	68.6	70.0	65.9	73.3
Retention	−36.7	−26.2	−23.1	−13.9	−2.5	−6.7
Late lactation						
Live wt, kg	128.7	135.7	132.9	136.8	138.8	139.3
N metabolism, g/d						
Intake	39.7	61.8	84.9	107.2	128.8	147.5
Feces	6.6	8.8	10.9	12.7	14.3	14.4
Urine	7.3	14.7	25.0	34.7	46.6	64.5
Milk	51.7	58.1	65.9	72.7	67.7	75.3
Retention	−25.9	−19.8	−16.1	−12.9	− .2	−6.7

량이 1%, 에너지 함량은 DE 3,400 kcal/kg이 권장되고 있다. 즉 초산 포유모돈은 여러 번식모돈 중 사료의 영양소 함량이 가장 높은 것을 요구한다.

호주에서는 초산 포유모돈의 사료 중 단백질 요구량을 결정하기 위해서 질소 축적률(nitrogen retention)을 모돈의 질소 섭취량(단백질 섭취량을 대신함)과 똥, 오줌 및 젖으로 손실되는 질소 양을 측정해서 계산했다. 표 6-2에 나타낸 바와 같이 포유초기 및 포유 말기 모두 사료단백질 함량이 16.8%는 되어야 질소의 음균형을 최소화할 수 있음을 나타낸다. 그리고 NRC 사양표준에서도 17% 정도를 요구하고 있다. 똥으로 손실되는 질소량은 오줌으로 손실되는 질소량에 비해서 매우 적었고, 돈유로 손실되는 양이 가장 많았다.

2.4 포유모돈 사료의 적정 lysine 함량 계산하기

Lysine은 곡류를 위주로 한 돼지 사료에 흔히 제한아미노산으로 분류되기 때문에 농장주는 자신이 기르고 있는 포유모돈의 사료 중 적정 lysine 함량을 아는 것이 중요하다. 아래에 lysine 함량 계산에 필요한 조건과 계산과정이 나타나 있는데, 요구량 계산에서 고려해야 할 중요한 사항은 체중, 산유량, 체중 감소량, 사료섭취량이다. 이 중에서 체중은 lysine의 유지 요구량 계산에 필요하고(대사체중 kg당 하루에 38 mg), 산유량은 하루에 자돈 1마리당 1 kg 분비하는 것으로 간주하고(10마리이면 10 kg), 체중 감소는 돼지 체조직에 들어 있는 lysine으로 말미암아 사료로부터 공급받는 lysine 요구량 감소에 기여한다.

1) 조 건

(1) 하루에 10 kg 비유하고 체중 감소는 1일 600 g

(2) 1일 lysine 유지요구량 2 g($170^{0.75} \times 38$ mg)

(3) 돈유에는 lysine 0.4%, 체조직에는 1% 함유되어 있음

(4) 체내에서의 lysine 이용률: 60%

(5) 사료섭취량: 하루에 6 kg

- 비유량: 자돈 두당 1 kg 비유하는 것으로 간주함

2) 계산 과정

(1) 요구량 = 유지 + 비유 − 체분해

- 유지: 2 g
- 비유: 10,000 g × 0.004 = 40 g

- 체분해 : $600 \times 0.01 = 6$ g
  - 요구량 $2 + 40 - 6 = 36$ g
  - 이용률을 감안한 요구량 $36 \div 0.6 = 60$ g

(2) 사료 중 lysine 함량

$6 \text{ kg} \times \chi = 60 \text{ g} \qquad \chi = 0.01$

즉, 사료 중 1% 함유

2.5 웅돈의 사양관리

최근에 국내의 거의 모든 양돈장에서 인공수정에 의해 수정을 하고 있고, 정액은 전문 정액생산 농장에서 생산하여 각 농장에 공급하는 실정이다. 1회 사정에 의해 20마리의 암돼지에게 수정할 수 있으므로 질이 우수한 정액 생산의 중요성이 커졌고, 이를 위해 웅돈의 사양관리가 매우 중요하다. 이를 위해 웅돈은 다리를 튼튼하게 하기 위해서 첫 정액 채취까지 너무 빨리 자라게 하지 않는 것이 좋고, 성숙한 정자를 채취하기 위해서 너무 이른 나이에 정액을 채취하지 않는 것이 좋다. 특히 중요한 것은 과비하면 승가의욕을 상실하기 쉬우므로 정액생산을 시작한 후에는 바람직한 체중을 유지하기 위해서 계속 제한 사양해야 한다.

7.5개월령까지 무제한 사양해서 125 kg에 이르게 하고, 이때부터 제한 사양하고(하루 2.3 kg 급여해서) 승가연습을 시키고, 140 kg에 이르는 9개월령부터 본격적으로 정액을 채취하는 것이 좋다. 이후부터 약 20개월 동안 정액채취를 할 수 있는데 과비하지 않도록 하루에 2.3 kg 정도만 급여하고, 5일에 1회 정액 채취한다.

3. 육성 · 비육돈의 사양관리

여기에서는 돼지가 태어날 때부터 출하하기까지의 전 기간 동안의 사양관리를 번식과는 관계없이 돼지의 성장과 관련해서 기술하고자 한다. 먼저 몇 가지 기본원리에 대해서 설명하고자 한다.

3.1 육성 · 비육돈의 사양의 기본원리

1) 초유 급여의 중요성

동물은 종류에 따라 임신 중에 태반을 통해서 어미의 항체가 새끼에게 전달되는

표 6-3. 초유와 상유에 함유된 감마글로부린 수준(g/100 mL)

출생후 시간	총 단백질	감마글로부린	생후일령	총 단백질	감마글로부린
0	19.6	8.6	2	3.5	0.7
1	18.8	8.2	7	3.3	0.5
2	15.7	6.8	14	3.3	0.5
3	14.3	6.0	21	3.3	0.5
4	12.7	5.2	28	3.3	0.5
8	8.6	2.9			
16	4.3	1.2			
24	4.1	0.9			

것도 있지만 돼지의 경우 전달되지 않는다. 초유(분만 후 처음 2~3일 동안에 나오는 항체와 영양소가 높은 젖)를 통해서 항체를 새끼에게 전달되게 한다. 그래서 갓난 돼지에게 가장 중요한 것은 최대한 빨리 많은 양의 초유를 급여해서 많은 양의 항체를 공급해야 한다. 자돈은 초유를 먹지 않으면 생존할 수 없다. 표 6-3에 나타낸 바와 같이 분만 후 시간 경과에 따라 돈유 속의 항체량이 급속히 감소하기 때문에 최대한 빨리 급여해야 한다. 분만 후 8시간이 경과하면 이미 항체 함량이 상당히 낮아졌음을 볼 수 있다.

2) 갓난 돼지의 성장률은 놀랄 정도이다

필자는 호주의 Victoria 주 축산연구소에서 갓난 돼지의 아미노산 요구량 실험에 참여한 경험이 있는데, 갓난 돼지의 성장은 상상을 초월한다는 것이다. 갓 태어난 돼지에게 1일 동안 초유를 먹이고 난 뒤 굶기면서 약 4일 동안 bottle feeding 훈련을 시키고 난 뒤 생후 6일부터 24일까지 증체량을 조사했는데 1일 동안 자돈 체중의 10%가 증체했다. 즉 체중 3 kg인 돼지가 하루에 0.3 kg 자랐다. 얼른 보기에는 별것 아닌 것 같지만 체중 300 kg인 한우가 겨울철에 사료 등의 조건이 좋지 않을 때 하루에 0.3 kg 성장하는 것을 비교해 보면 얼마나 성장이 빠른지 알 수 있다. 이런 빠른 성장은 영양소 함량이 높고 소화율이 높은 갓난 돼지사료 급여를 정당화 할 수 있다. 그러나 너무 비싼 사료를 급여할 필요는 없다고 본다.

3) Cow milk is better than sow milk for baby pig growth

위에서 설명한 Victoria 주 축산연구소에서 갓난 돼지의 아미노산 요구량 결정 실험에서 positive control로 우유를 급여했다. 그 이유는 우유가 돈유에 비해서 에너

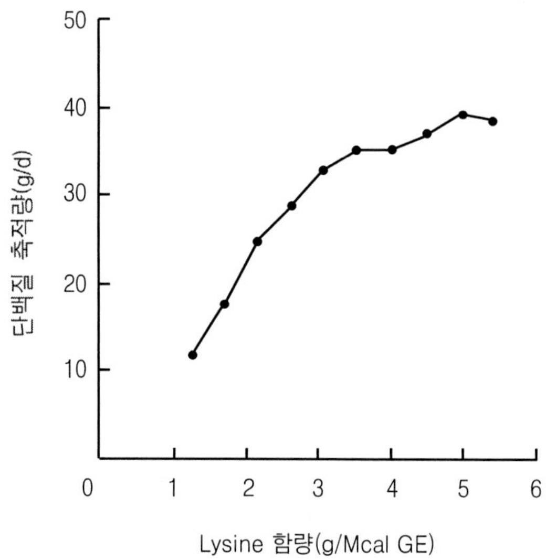

그림 6-3. 사료 중 lysine 함량에 따른 갓난 돼지의 체단백질 축적량

지 함량당 아미노산의 함량이 높아서 돈유에 비해 자돈의 성장이 더 빠르다는 것이다. 돈유 내에는 지방이 8%나 들어 있는데, 이 사실은 야생상태에서 돼지가 생존(survival)하기 위해서는 유리하나 최근에 살코기가 많도록 육종되고 성장률이 우수한 돼지의 최대 성장을 위해서는 에너지 함량뿐만 아니라 아미노산 함량도 중요한 것이다. 이를 뒷받침하는 증거로 사료 중 lysine 함량에 따른 갓난 돼지의 성장을 조사한 것이 그림 6-3에 나타나 있는데, 사료 내의 lysine 함량이 5.2 g/Mcal GE일 때 최대 성장을 나타내었다. 이것은 돈유에 함유되어 있는 lysine 양보다 훨씬 높은 것이다.

4) 입질사료 급여의 필요성

대개 돼지가 태어난 후 2주부터 모유 이외의 사료(대개 크럼블 형태)를 분만사 내에 공급해서 자돈이 먹게 하는데 이를 입질사료라고 한다. 입질사료 급여 이유는 이유하고 난 뒤에 자돈의 소화기관이 배합사료에 빨리 적응하도록 미리 준비하는 것이 첫째 이유이고, 그 다음은 포유 말기에 가서 자돈의 체중이 커서 돈유만으로 돼지가 필요로 하는 영양소를 채울 수가 없어서 여분을 채워야 하기 때문이다. 그러나 원료사료 선택에 신중해야 하는데, 가장 중요한 사실은 돈유의 성분을 최대한 많이 함유하도록 해야 한다.

그림 6-4에는 어린 돼지의 성장시기별 효소의 활성도가 나타나 있는데, 지방과 유

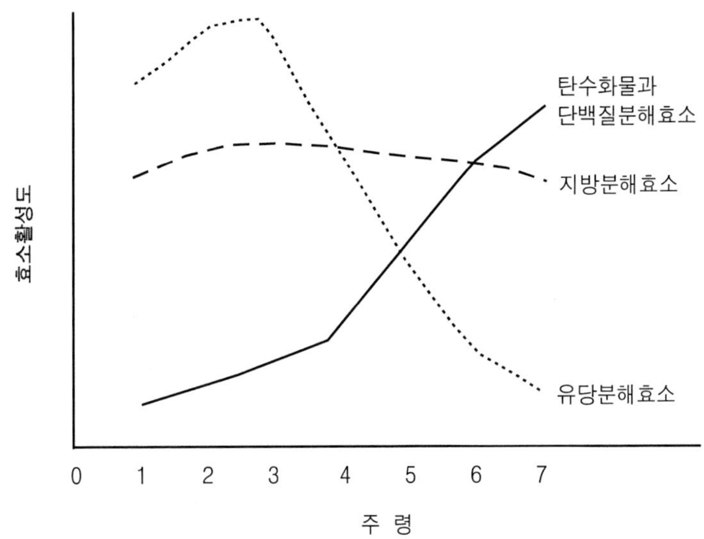

그림 6-4. 돼지의 성장에 따른 소화효소의 활성도 변화

당분해효소의 활성이 매우 높고 다른 것은 낮은데 이를 감안해서 입질사료는 지방과 유당을 많이 함유하도록 해야 한다.

5) Post-weaning lag란 무엇인가?

이유 후 처음 2주 동안 돼지의 성장이 매우 낮은 상태를 말한다. 이것의 가장 큰 원인은 모유에서 가루사료로 바뀌면서 소화기관이 적응하지 못하기 때문이다. 구체적인 이유는 다음과 같다. ① 1회 사료섭취량이 너무 많아서 소화하기가 어렵다. 즉 포유기 때는 여러 차례 소량씩 어미젖을 먹다가 한꺼번에 많은 양의 사료를 먹기 때문에 소화불량이 생긴다. ② 이유하고 난 뒤 급여하는 고체 사료의 영향으로 인한 사료섭취량 감소로 소장의 융모가 짧아져서 소화율이 떨어지는데 이유 5일째에 가장 짧고, 11일이 지나면 다시 길어진다. ③ 배합사료에 함유된 영양소를 소화시킬 효소가 충분하지 못해서 원료사료 선택에 신중을 기해야 한다. ④ 원료사료 중 어떤 성분은 항원(antigen) 역할을 해서 증체량이 떨어진다.

위의 사정들을 고려해서 갓난 돼지 또는 이유자돈 사료 제조를 위해서 과거에는 탈지분유 등 유제품이 많이 사용되어 왔다. 그러나 최근에는 사람의 식품 제조와 경합되면서 가격이 많이 올라 다른 단백질 공급원을 찾게 되었는데 이와 관련하여 대두단백질을 가공한 분리농축대두단백질(isolated soy protein) 또는 분무 혈장단백질(spray-dried porcine plasma) 등이 이용되고 있다. 동물의 혈액은 훌륭한 단백질 공급원으로 알려져 있지만 관행적인 건조방법에 의해서는 영양소의 파괴가 일어나기 때문에 분유를 제조할 때와 마찬가지 방법으로 혈액을 분무해서 제조한 것으로 영양소 파괴가 거의 없기 때문에 매우 우수한 갓난 돼지 원료사료로 간주되는데 가격이 비싼 것이 흠이다. 그 외에 중요한 사항은 곡류는 소화되기 쉽도록 flaking이나 extrusion을 하는 것이 좋고, 지방의 급원은 long chain보다 medium chain 지방산을 많이 함유한 coconut oil 등이 좋다.

6) 철분 급여의 중요성

갓난 돼지의 빈혈방지를 위해서 다른 가축과는 달리 꼭 돼지에게 철분주사를 해야 하는데 그 이유는 다음과 같다. ① 태어날 때 자돈 몸에 철분을 적게 비축해서 태어나고, ② 돈유 속에 철분 함량이 적고, ③ 다른 가축에 비해 성장률이 빨라서 혈액량이 급속히 증가하는 것 등이다.

3.2 육성돈의 사료급여 체계

현재 국내에서 비육돈의 빠른 성장 및 출하일령 도달을 단축시키기 위해 단백질 함량이 높은 육성돈 사료를 비육 후기의 돼지에게 급여하는 경향이 있는데 이것은 잘못된 것이다. 그 이유는 첫째, 돼지의 체내 1일 단백질 축적량은 유전적 능력에 의해 제한되어 있어서 사료단백질 함량이 높다고 해서 1일 단백질 축적량이 올라가지 않으며, 둘째, 만약에 고 단백질 사료가 도살체중 도달 일령을 단축하더라도 좋지 않은 이유는 돼지고기 특유의 풍미를 나타내고, 근내 지방이 축적되는 것이 좋기에 어느 정도 사육기간이 길어야 하기 때문이다. 출하체중 115 kg에 도달하는데 180일 정도 걸리는 것이 좋다. 표 6-4는 바람직한 육성돈의 사료급여체계를 나타내고 있다.

표 6-5에는 돼지의 체중 범위에 따른 소요일수, 일당 증체량, 사료섭취량 및 사료요구율이 나타나 있다. 돼지의 성장이 진행될수록 사료요구율이 높아지는데, 예로서

표 6-4. 육성돈의 사료급여 체계

체중(kg)	일령	사료명	대사에너지(kcal/kg)	단백질(%)	라이신(%)
생시～7	28	포유사료	3,600	20	1.5
7～15	45	이유 전기	3,500	20	1.4
15～25	65	이유 후기	3,400	19	1.3
25～60	112	육성 전기	3,300	17	1.2
60～90	147	육성 후기	3,300	16	1.0
90～110	170	비육돈	3,300	15	0.85

체중 110∼120 kg 범위에는 사료요구율이 3.9가 되어 1 kg 증체에 사료가 약 3.9 kg이 소요되는 것이다. 돼지의 출하체중이 120 kg을 넘지 않는 이유는 이때부터 체지방축적이 급격하게 일어나서 도체품질이 떨어지고 사료요구율도 증가하기 때문이다.

표 6-5. 돼지의 체중에 따른 일당 증체량, 사료섭취량 및 사료요구율

체중 범위 (Kg)	소요 일수	누적 일수	일당 증체량 (g)	누적 일당 증체량 (g)	사료 섭취량 (kg)	누적 사료 섭취량 (kg)	일일 사료 섭취량 (kg)	누적 일일 사료 섭취량 (kg)	사료 요구율	누적 사료 요구율
1.3∼5	18.00	18.00	205	205	0.40	0.40	0.02	0.02	0.11	0.11
5∼10	16.00	34.00	313	256	5.80	6.20	0.36	0.18	1.16	0.71
10∼15	11.00	45.00	455	304	6.40	12.60	0.58	0.28	1.28	0.92
15∼20	9.00	54.00	556	346	7.00	19.60	0.78	0.36	1.40	1.05
20∼25	8.00	62.00	625	382	8.00	27.60	1.00	0.45	1.60	1.17
25∼30	8.00	70.00	625	410	9.00	36.60	1.13	0.52	1.80	1.28
30∼35	7.50	77.50	667	435	9.50	46.10	1.27	0.59	1.90	1.37
35∼40	7.20	84.70	694	457	10.00	56.10	1.39	0.66	2.00	1.45
40∼45	7.00	91.70	714	476	10.50	66.60	1.50	0.73	2.10	1.52
45∼50	7.00	98.70	714	493	11.00	77.60	1.57	0.79	2.20	1.59
50∼55	6.80	105.50	735	509	12.00	89.60	1.76	0.85	2.40	1.67
55∼60	6.50	112.00	769	524	12.50	102.10	1.92	0.91	2.50	1.74
60∼65	6.30	118.30	794	538	13.00	115.10	2.06	0.97	2.60	1.81
65∼70	6.00	124.30	833	553	13.50	128.60	2.25	1.03	2.70	1.87
70∼80	11.50	135.80	870	579	32.00	160.60	2.78	1.18	3.20	2.04
80∼90	11.30	147.10	885	603	33.00	193.60	2.92	1.32	3.30	2.18
90∼100	11.00	158.10	909	624	34.00	227.60	3.09	1.44	3.40	2.31
100∼110	12.00	170.10	833	639	35.00	262.60	2.92	1.54	3.50	2.42
110∼120	12.00	182.10	833	652	39.00	301.60	3.25	1.66	3.90	2.54
1.3∼25		62.00		382		27.60		0.45		1.17
25∼60		50.00		700		74.50		1.49		2.13
60∼100		46.10		868		125.50		2.72		3.14
100∼120		24.00		833		74.00		3.08		3.70
25∼100		96.10		780		200.00		2.08		2.67
25∼120		120.10		791		274.00		2.28		2.88

3.3 돼지의 특수 사양관리

1) 유기산 급여

유기산은 사료의 위생 상태 개선 및 장내 균총의 건강을 유지하기 위해 첨가한다. 특히 자돈은 성돈에 비해 위산의 분비가 충분치 못하여 위 내에서의 단백질 소화가 제대로 이루어지지 않으므로 미소화 영양소가 소장을 거쳐 대장으로 감에 따라 유해 미생물에 의해 분해되면서 독소의 분비 및 흡수되지 못한 영양소가 설사를 유발하게 된다. 이러한 문제점들을 해결하기 위해 푸마르산, 구연산, 젖산, 사과산 또는 혼합 유기산제를 공급하여 위내 pH를 산성화시킴으로써 단백질 소화율을 향상시키고, 장내의 유해미생물의 성장을 억제를 통해 유익 균총을 증가 및 영양소 흡수율을 높여 돼지의 성장률을 촉진한다. 일반적으로 첨가 수준은 사료 톤당 5 kg 내외가 적당하며, 최근에는 모돈 사료에도 MMA(mastitis-metritis-agalactia) 방지 및 살모넬라 발생 억제를 위해 첨가하는 경향이 있다.

2) 설사 방지를 위한 아연 급여

일반적으로 양돈용 무기질 프리믹스 공급원으로 황산 아연($ZnSO_4$)이 많이 이용되고 있으나 자돈의 설사 및 연변 방지와 부종병 예방을 위해 산화아연(ZnO) 형태로 고농도의 아연이 사료에 첨가되기도 한다. 첨가되는 산화아연의 수준은 톤당 3∼4 kg로 아연 농도로 2,500∼3,000 ppm이 된다. 최근에는 무기태 아연의 이용률 저하 및 환경오염에 따라 자돈 이외의 양돈사료에는 아연 함량을 엄격히 규제하고 있다.

3) 변비 방지를 위한 산화마그네슘(MgO) 및 염화칼륨(KCl) 급여

모돈, 특히 임신돈의 경우 낮은 사료 섭취량으로 인해 변비 발생이 사양가에게 큰 문제가 되고 있는데, 이를 해결하기 위한 방편으로 소금 수준을 높이거나 섬유소 공급을 위해 강피류 사용 수준을 증가시키기도 한다. 이렇게 해도 변비가 심하면 첨가제로 산화마그네슘이나 염화칼륨을 사료에 첨가하여 공급하면 유익하다. 첨가 수준은 변비의 정도에 따라 다르나 0.2∼0.4%가 적당하다. 산화마그네슘을 너무 많이 첨가하면 사료 섭취량이 떨어지는 경우가 있으므로 주의해야 한다.

3.4 고급육 생산을 위한 방안

조사료를 필히 급여해야 하면서 넓은 토지를 필요로 하는 육우와 달리 돼지는 농후사료만 급여해도 사육이 가능하기에 국제 경쟁력이 높은 편이다. 최근에 와서 소비자는 ① 맛과 영양가가 높은 육질이 좋은 고기, ② 항생제, 살모넬라 등이 없는 안전한 고기를 원하고 있는 실정이다. 고급육 생산성을 위한 몇 가지 방안은 다음과 같다.

1) 고급육의 상당부분이 유전적으로 결정이 된다

Duroc 품종을 terminal sire로 사용하면 근내 지방이 많아져서 고기맛이 좋은 것으로 알려져 있고, 최근에 와서 Berkshire 품종의 유전자를 도입해서 육질을 좋게 하려는 시도가 많다. 특히 중요한 것은 특정 품종에 의해 육질이 영향 받는 것 보다 어느 한 품종내의 계통에 의해서 더 크게 영향을 받기 때문에 육질이 좋은 고기를 생산하는 계통조성에 육종회사에서 노력을 많이 하고 있다. 지금처럼 인공수정에 의해 수정이 이뤄지기 때문에 좋은 육질의 돈육을 생산할 수 있는 종모돈의 역할은 매우 크다.

2) 사양관리

소비자가 너무 많은 지방을 원하지 않는 경우에 비육 후기(체중 90～115 kg)에서 어느 정도 제한사양 할 수 있다. 그리고 한편으로 명확하게 규명은 되지 않았지만 너무 빨리 도살체중에 이르게 사육하는 것 보다는 어느 정도 사육기간을 길게 하는 것이 육질에 좋은 영향을 미치는 것으로 알려져 있다.

3) 도축 전 · 후 관리

도축 전 · 후 72시간에 육질의 상당부분이 결정된다고 알려져 있다. 유전적으로 능력이 우수한 돼지를 사용해서 철저한 사양관리에 돼지를 잘 키워 놓아도 마지막 도축 순간에 많은 것을 잃어버리기 때문에 주의해야 한다. 특히 유의할 사항은 다음과 같다. ① 도축 6시간 전에는 절식시켜서 도축 후 해당작용에 의한 젖산 때문에 고기의 pH가 내려가는 것을 줄여야 하고, ② 충분한 시간 계류해서 수송에 의한 스트레스를 줄여야 하고, ③ 도축 후에는 돈육을 급냉시켜 고기의 심부까지 온도가 급히 내려가도록 해야 한다.

4. 돼지 사양관련 주요사항

4.1 주간관리와 그룹관리

주간관리는 교배, 분만 등이 일요일에 일어나지 않게 하기 위해서 모돈을 목요일에 이유해서 화요일에 교배시키고, 금요일 또는 토요일에 분만하게 하는 시스템이고, 그룹관리는 all-in, all-out을 주목적으로 3주 또는 5주 간격으로 한꺼번에 모든 돼지가 분만하게 하는 것인데 구체적인 설명은 다음과 같다.

1) 주간관리

돼지의 임신기간이 115일로 거의 일정하고 또 이유 후 5일 이내에 대부분의 모돈이 발정재귀를 하기 때문에 이유 요일을 일정하게 하면 일요일에 분만을 피할 수 있다. 115일÷7주 = 16주 3일이기 때문에 만약 화요일에 교배시키면 16주 후 금요일에 대부분의 돼지가 분만한다. 그리고 화요일에 교배시키기 위해서는 5일 전인 목요일에 이유시키면 대부분의 돼지가 화요일 또는 월요일에 발정이 오게 되어서 교배가 일요일에 이뤄지는 것을 피할 수 있다.

요약하면 주간단위 관리의 경우 목요일에 이유시키면 분만과 교배가 일요일에 일어나지 않을 확률이 높은 것이다. 그러나 이 주간관리의 경우 all-in과 all-out system을 실시할 수가 없는 것이 불리한 점이다.

2) 그룹관리(batch system)

현재 국내 일부 농장에서만 그룹관리를 실시하고 있지만, 앞으로는 국내 양돈업이 국제 경쟁력을 가지기 위해서는 그룹관리 시스템으로 나아가야 한다. 이 방법의 최대 이점은 all-in, all-out이 가능해서 돼지의 질병을 감소시켜서 생산성을 올릴 수 있다는 점이다.

3주간 또는 5주간 그룹관리를 권장하고 있는데, 3주간 그룹관리가 더 유리한 것으로 알려져 있기에 이에 대해서 설명하고자 한다. 3주간 그룹관리가 유리한 이유는 만약에 수정시킨 모돈이 임신이 되지 않았다면 발정주기가 3주이기에 다른 batch에 포함시킬 수 있기 때문이다. 3주간 그룹관리의 경우 분만돈사를 2 set를 가지는 것이 필요하다. 그 이유는 4주에 이유할 경우, 어떤 돼지는 5주에 이유하게 되는 경우도 있고 그리고 1주 동안에 분만돈사를 청소하고 소독해야 하기에 1 batch당 6주가 소요되기 때문에 2 set의 분만돈사가 필요하다. 그래서 농장주가 가지고 있는 총 모돈을 몇 batch로 나누어서 위에 설명한 2 set의 분만사에 들어 갈 수 있게 한다.

그룹관리는 돼지가 몇 개의 그룹으로 나뉘어져 한꺼번에 교배와 분만이 이뤄지기 때문에 분만사, 자돈사 및 비육돈사가 많이 소요되는 단점이 있으나 ① all-in, all-out이 가능하기에 여기에서 얻어지는 질병 감소, ② 체계적인 사양관리에 의한 노동력 감소 및 ③ 농장직원들이 여가를 즐길 수 있는 이점 때문에 주간관리 보다는 우수한 돼지관리 시스템으로 여겨진다.

표 6-6. 바람직한 모돈의 산차 구성

산 차	구성비(%)	산 차	구성비(%)
1	18.9	5	15.1
2	15.7	6	11.4
3	16.6	7	6.3
4	10.3	8	5.7

4.2 모돈의 산차 구성비의 중요성

돼지는 연간 2.3회 분만하고, 대개 7회 정도 분만하고 도태되기 때문에 연간 40%의 돼지가 후보돈에 의해 갱신된다고 봐야 한다. 모돈의 성적은 산차가 증가함에 따라 성적이 좋아졌다가(3산과 4산이 성적이 높음) 점차로 나빠지는데, 농장이 최대 수익을 올리려면 바람직한 산차 구성이 필요하다. 예로 3산과 4산차 돼지는 1～2산차의 기간을 거쳐야 가능하고, 1산차 돼지가 너무 많으면 농장 전체의 면역력이 떨어지는 단점이 있다. 매월마다 모돈의 산차 구성을 파악하고 있어야지 후보돈의 보충 그리고 늙은 돼지의 도태 등의 결정에 도움을 줄 수 있다. 표 6-6은 이상적인 모돈의 산차 구성을 나타내고 있다.

5. 양돈용 배합사료의 배합비

표 6-7에는 육성돈과 번식돈의 사료배합비가 나타나 있다. NRC 사양표준은 모든 돼지 사료의 에너지 값이 3,265 kcal/kg(ME)인데, 표 6-4는 3,500 kcal/kg를 나타내어 다소 높은 듯하나 불량한 사육환경을 고려하면 그다지 많이 높지는 않다. 비육돈 사료의 단백질 함량이 16%로 NRC 사양표준에 비해 상당히 높은 편이다.

표 6-7. 양돈용 배합사료 배합예

체 중	자돈1	자돈2	자돈3	젖먹이	육성돈	비육돈	후보돈	임신돈	포유돈	종돈
	5~9	7~12	9~20	20~30	30~60	60~110				
가공 옥수수	20	25	29							
옥수수		7	7	56.2	57	57	53.4	46.5	47.3	55.4
소맥	25	20	15	7	5	3	5	10	10	5
타피오카					2	3	2	2	2	2
탈피귀리	3	2								
유당	10	8	5							
설탕	3	3	3							
유장분말	20	15	10							
혈장단백	2.5									
어분	5	5	5					0.5	1	
가공 대두단백	5	3	2.5							
전지대두			2	1						
대두박		5	15	26	23	20.9	20	14.5	19	18
채종박				0.5	1	1.5				
야자박					1	2				
팜박						1				
미강							5	5	5	5
소맥피				1	2	3	5	10	5	5
대두피							2	2	1	2
비트펄프								3	2	
당밀				3	3	3	2	2	2	2
우지				2	3	3	3	2	3	3
대두유	5	5	4	2						
석회석분					1.4	1	1	1	1	1
인산칼슘					0.5	0.5	0.5	0.5	0.5	0.5
식염		0.3	0.3	0.3	0.3	0.3	0.3	0.3	0.3	0.3
합성 아미노산		0.5	0.6	0.5	0.5	0.5	0.5	0.5	0.5	0.5
비타민/미네랄	0.2	0.2	0.2	0.2	0.2	0.2	0.2	0.2	0.2	0.2
유기산제	1	0.7	0.7							
효소제			0.2	0.1	0.1					
생균제	0.1	0.1	0.1			0.1				
면역증강제			0.2				0.1		0.1	0.1
항생제	0.2	0.2	0.2	0.2					0.1	
계	100.00	100.00	100.00	100.00	100.00	100.00	100.00	100.00	100.00	100.00
영양소										
단백질, %	20	20	20	18	17	16	18	14	18	17
에너지(ME), kcal	3500	3500	3500	3450	3450	3400	3350	3250	3350	3350
라이신, %	1.6	1.5	1.3	1.2	1	0.8	0.8	0.7	1	0.8
칼슘, %	0.6	0.6	0.7	0.8	0.7	0.65	1	1	1	1
인, %	0.5	0.5	0.6	0.7	0.65	0.5	0.8	0.8	0.8	0.8
비타민 A, 1000IU	16000	14000	12000	12000	10000	8000	10000	12000	12000	10000
비타민 E, IU	250	250	200	150	100	60	150	150	150	150
철분, ppm	100	100	100	100	100	100	100	100	100	100
아연, ppm	2500	2500	2500	100	70	50	75	75	75	75
구리, ppm	165	165	165	100	60	40	25	25	25	25

연습문제

아래의 물음에 답하세요.

1. 번식모돈 중에서 가장 사료를 많이 급여해야 하는 돼지와 가장 적게 급여해야 하는 돼지는?
2. 현재 한국에서 육성, 비육돈의 바람직한 출하체중과 소요 일수는?
3. 모돈의 적정 초교배 체중과 등지방 두께는?
4. 강정사양(flushing)은 무엇을 뜻하는가?
5. 비거세돈(boar)과 거세돈(barrow) 중 일당 증체량과 사료효율에서 어느 것이 우수한가?
6. 돼지에게 초유를 최대한 빨리 급여해야 하는 이유는?
7. 최근에 돼지의 적정 이유일령이 28일 정도로 약간 길어졌는데 그 이유는 무엇인가?
8. 다음의 돼지 용어의 뜻은 무엇인가?
   ① Boar, ② Barrow, ③ Gilt, ④ Sow
9. PSY와 MSY는 무엇을 의미하는가?

제 7 장

젖소 사양

《학습목표》

- 젖소의 영양생리적 특성
- 젖소 비유기의 생리적 변화
- 젖소의 생산단계별 영양소 요구량
- 젖소의 대사단백질 요구량
- 착유우 사료의 각 영양소별 적정 수준
- 건유우의 사양관리 요점
- 송아지 및 육성우 사양관리 요점

1. 착유우 사양관리

1.1 일반사항

1) 낙농(酪農, dairy farming)의 주 생산물은 우유이다.

과거에는 낙농부산물(송아지와 폐우)의 수입이 전체 수입 중 큰 비중을 차지하였으나, 점차 부수입에 의한 비중은 줄어들고 우유판매 수입에 주로 의존하여, 최근에는 낙농 농가 조수입의 90% 이상을 우유 판매가 차지한다.

2) 모든 영양소가 골고루 함유된 균형된 사료(balanced ration)를 급여해야 한다.

한 비유기(泌乳期, lactation) 동안의 두당 산유량이 1만 kg에 달하고 생애유량 10만 kg을 목표로 하고 있다. 젖소의 경제 수명 및 생산성 향상을 위해서는 젖소의 요구량을 충족시킬 수 있는 다양한 영양소를 균형 있게 공급하는 것이 매우 중요하다.

3) 수익 증대를 위해 사료비의 절감이 필수적이다.

우리나라 낙농에서 사료비가 차지하는 비율은 총 생산비의 60%나 된다. 그러므로 최소비용 사료(least cost ration)를 이용해 젖소의 영양소 요구량을 충족함으로써 최대의 수익(maximum profit)을 얻을 수 있도록 해야 한다.

1.2 젖소의 영양생리적 특성

1) 젖소는 반추동물(反芻動物, ruminants)로서 위(胃)가 분획되고 발달되어 있다.

반추동물은 구조적으로 4개의 위(반추위 : rumen, 벌집위 : reticulum, 겹주름위 : omasum, 주름위 : abomasum)를 가지고 있으며, 반추위와 벌집위 간에는 위 내용물이 자유롭게 왕래할 수 있기 때문에 큰 의미의 반추위(reticulo-rumen)는 반추위와 벌집위를 모두 포함한다. 제3위 겹주름위는 엽(葉, leaves)상으로 되어 있고 큰 입자가 하부장기로 넘어가지 못하도록 하며, 제4위 주름위는 단위동물의 위와 같이 효소를 분비한다.

2) 반추위는 용적이 크고, 큰 사료 입자가 오랜 시간 머무를 수 있도록 한다.

반추위의 부피는 성우의 경우 약 150 L에 달하며, 착유우(lactating dairy cow)의 반추위는 약 70 kg의 위 내용물을 가지고 있다. 큰 사료입자는 선택적으로 반추위에 오랜 시간 머무르게 되는데, 소화율이 낮은 조사료는 평균 25시간, 농후사료는 평균 17시간 동안 반추위에 머무르게 된다. 사료 입자가 반추위에서 머무르면서 미생물에 의한 발효가 일어나기 때문에 단위동물과는 매우 다른 소화 생리적 특성을 지니고 있다.

3) 반추동물은 반추(反芻, 되새김)를 한다.

되새김은 채식한 사료의 입자 크기를 작게 하여 미생물의 소화를 용이하게 하고, 조사료의 입자의 밀도(functional specific gravity)를 높여 2~3위구(reticulo-omasal orifice)를 통한 하부 장기로의 이동속도를 높인다. 건초를 위주로 급여한 소의 하루 중 반추시간은 11~13시간이지만, 분쇄한 건초나 농후사료를 급여한 소의 반추시간은 2~3시간으로 줄어든다. 충분한 반추시간을 유지하는 것은 소화생리 및 소의 건강유지에 중요한 역할을 한다.

4) 소는 사료를 먹을 때와 반추를 할 때 침을 많이 분비한다.

정상적인 사료를 채식한 소의 하루 중 침의 분비량은 150~300 ℓ 가 된다. 소의 침 속에 들어 있는 중탄산염(biocarbonate)은 반추위 발효로 생성되는 유기산으로 인한 산성화를 막을 수 있는 완충제(buffer) 역할을 한다. 분쇄되지 않은 조사료는 섭취 및 반추시간을 증가시키며, 이에 따라 침의 분비를 촉진한다.

5) 반추위는 미생물(微生物)이 서식하기에 최적의 조건을 제공한다.

반추위에는 위액 1 ml 당 1,000억 개 이상의 미생물이 서식하며, 크게 박테리아(bacterial), 원충(protozoa), 혐기곰팡이(fungi), 고세균(archaea)으로 구분된다. 반추위는 미생물이 살아가기에 알맞은 온도, 수분, pH를 유지하고 있으며, 미생물이 필요한 영양소가 항상 공급되고, 미생물이 생성한 물질들(지방산, 메탄가스 등)은 위벽에 흡수되거나 입으로 또는 하부 소화기관으로 이동되어 일정한 환경을 유지해 준다.

6) 반추위에서는 미생물에 의한 발효가 일어난다.

반추위 미생물은 발효를 통해 반추동물이 그대로는 이용할 수 없는 물질을 이용할 수 있는 영양소로 바꾸어 준다. 탄수화물 특히 섬유소를 발효시켜 VFA(volatile fatty acids, 휘발성지방산)를 생성하며, NPN(non protein nitrogen, 비단백태질소화합물)을 양질의 단백질로 바꾸어 준다.

7) 젖소는 반추 미생물의 발효산물을 영양소로 이용한다.

초식동물인 반추동물이 섭취하는 섬유소는 반추동물이 가지고 있는 효소로는 소화가 되질 않는데, 반추위 미생물이 이를 분해하여 VFA를 발효산물로 생성하고, 이를 반추동물이 흡수하여 영양소로 이용한다. 주된 VFA에는 아세트산(acetic acid), 프로피온산(propionic acid), 뷰틸산(butyric acid)이 있으며, 젖소는 이를 이용해 지방산 및 포도당을 합성한다. 또한 반추위에서 성장한 미생물은 소장에서 소화, 흡수되어 반추동물에게 아미노산을 공급하며, 미생물이 합성한 비타민 B, K도 반추동물이 이용한다.

8) 젖소에게 반드시 충분한 양의 조사료를 공급해야 한다.

원래 소는 섬유소 함량이 높은 조사료만으로 살아갈 수 있는 동물이며, 건강 유지를 위해 충분한 양의 조사료를 섭취해야 한다. 적절한 조사료 없이 많은 양의 농후사료를 급여하는 경우, 저작 및 침 분비가 감소되어 반추위 수축작용이 저해되고, 침에 포함된 완충제의 공급이 적음에도 불구하고 사료의 높은 소화율로 인해 많은 양의 유기산이 생성되기 때문에 반추위의 산성화가 촉진되어 대사성 질병에 걸리게 된다.

9) 고능력우에게는 농후사료를 급여해야 한다.

조사료는 부피에 비해 영양소의 함량이 낮고, 포만감으로 인한 섭취량의 한계가 있기 때문에 많은 우유를 생산하는 고능력우에게 충분한 영양소를 공급하지 못한다. 따라서 농후사료를 같이 급여하여 우유 생산에 필요한 에너지와 단백질을 추가 공급해야 한다.

1.3 분만 후 우유 생산량, 사료섭취량 및 체중 변화

(1) 분만 후 젖을 짜기 시작해서 건유(乾乳)할 때까지의 기간을 비유기(泌乳期, lactation cycle)라고 한다. 비유기 중 우유 생산량의 변화, 사료섭취량의 변화, 그리고 체중의 변화를 보면 그림 7-1과 같다.

(2) 한 비유기 중 우유 생산량의 변화를 그린 곡선을 비유곡선(lactation curve)이라 한다. 분만 후 우유 생산량은 매일 증가되어 분만 후 4주 내지 8주에는 최고에 달하는데, 이때를 최고 비유기라고 한다. 최고 비유기를 지나면 우유 생산량은 매주 2～2.5% 감소하여 분만 후 10개월(44주) 또는 다음 분만 전 2개월에는 건유(dry milk)를 하게 된다.

(3) 분만 전후에 젖소는 식욕을 잃게 되어 건물섭취량(DMI, dry matter intake)은 최저에 이르고, 분만 후 3～4일경부터 식욕이 회복되면서 DMI는 증가되는데, 일반적으로 분만 후 10～14주에는 최고에 달한다. 그 후 분만 시까지는 우유 생산량의 감소로 다시 줄어든다. 분만 후 처음 3주간의 DMI는 최고기에 비해

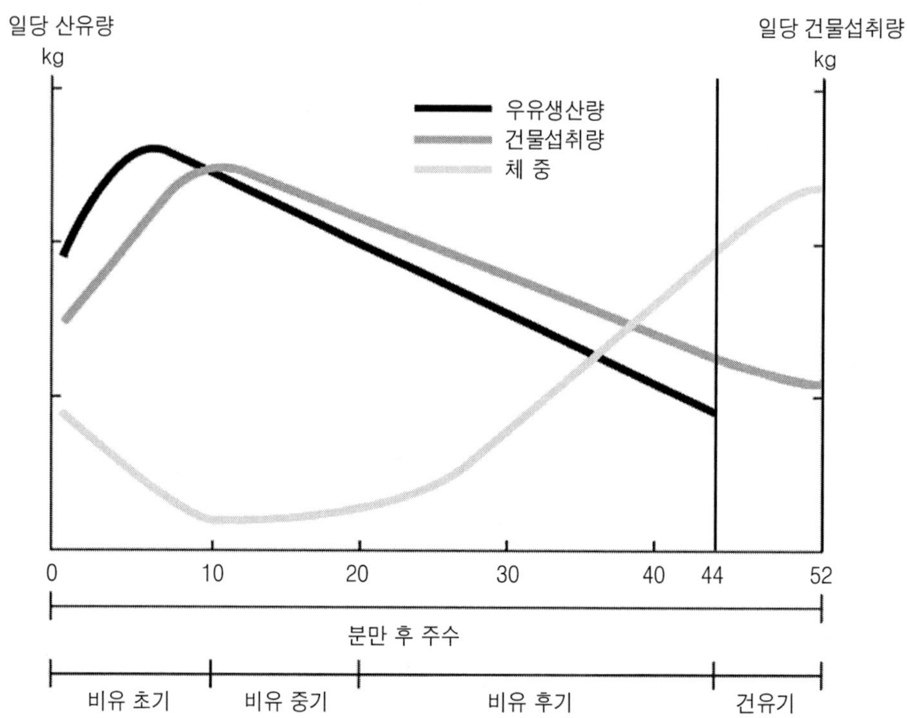

그림 7-1. 분만 후 우유 생산량, 건물섭취량 및 체중의 변화

15% 정도 감소된다. 분만 전후의 BCS(body condition score, 체충실지수)는 2.7～3.0 정도 유지하도록 한다. BCS는 체내 에너지 저장 상태 즉 비만도를 육안으로 평가하여 수치로 나타낸 것으로, 젖소의 경우 1(야윔)～5(비만)으로 표기한다. BCS 1은 갈비뼈 및 미근부 골격의 요철을 육안으로 감지할 수 있는 아주 마른 상태를 말하고, 3은 적당한 상태이고, 5는 갈비뼈와 대퇴부에 지방층이 뚜렷하고, 미근 부위가 지방조직으로 거의 덮여 있는 매우 비만한 상태를 말한다. 점수를 부여할 때 주요 측정부위는 허리이나 다른 부위도 참고로 하여 0.5 단위로 가감이 가능하다.

(4) 젖소는 분만과 동시에 체중이 줄어든다. Holstein 종의 분만 시 평균 체중 감소량은 65 kg이며, 이 중 45 kg은 송아지 체중이고, 나머지는 태막 및 기타 내용물이다. 분만 후 최고 비유기에 달할 때까지 체중은 계속 줄어들고, 그 후 우유 생산량이 감소하면서 체중은 계속 증가되어 다음 분만을 맞게 된다.

1.4 착유우의 일반 사양관리

한 비유기를 우유 생산량과 건물섭취량 및 체중 변화를 기준으로 다시 나누어 보면 다음과 같다(그림 7-1).

(1) 비유 초기: 분만 후 10주까지

(2) 비유 중기: 분만 후 10주에서 20주까지

(3) 비유 후기: 분만 후 20주에서 건유까지

(4) 건유기: 건유에서 분만까지를 말한다.

1) 비유 초기의 사양관리

(1) 이 기간은 우유 생산량은 증가하고, 사료섭취량은 최저에 이르러 우유 생산에 요구되는 영양소를 사료로써 충당할 수 없으므로 음에너지 균형(negative energy balance)이 발생되는 시기이다. 체조직이 연소되어 우유 생산의 영양소로 충당되므로 체중은 줄어든다. 체지방 1 kg은 젖 7 kg 생산에 소요되는 에너지를 충당한다.

(2) 비유 초기의 심한 체중 감소와 최고 비유기의 우유 생산량은 전 비유기간 중 우유 생산량에 영향을 미치며, 번식에도 영향을 미친다. 따라서 비유 초기에 체중 감소가 최소화 되도록 영양관리를 잘 하여야 한다.

(3) 비유 초기에는 고에너지, 고단백질 사료를 급여한다. 에너지 수준을 높이기 위

해서는 면실이나 보호지방을 급여하는 것도 좋으며, 단백질은 RUP(rumen undegraded protein, 반추위 미분해 단백질) 함량이 높은 열처리 대두, 옥수수 글루텐, 주정박, 건조 맥주박 등을 급여하며, 또한 양질의 조사료를 자유채식토록 해서 건물섭취량을 증가시킴과 동시에 반추기능을 강화시켜야 한다.

(4) 건물섭취량에 영향을 미치는 요인으로는 ① 비유능력, ② 1회 사료 급여량과 횟수, ③ 기상 등 환경요인, ④ 수분 공급량, ⑤ 경쟁 등을 들 수 있으며, 건물 최대 섭취량은 체중의 3.5~4.0%로, 체중 650 kg의 경우 23~26 kg이며, 3회 착유 시 2회의 경우보다 5~6% 더 섭취한다.

2) 비유 중기의 사양관리

(1) 이 기간에는 우유생산량은 낮아지고, 사료섭취량은 높아져서 영양소 요구량과 공급량이 비슷한 에너지 균형상태(zero energy balance)의 시기이다.

(2) 우유 생산량에 따라 사료의 양과 질을 조절하여 급여한다.

(3) 고능력우에서는 영양소 공급이 부족할 경우 유량감소 현상이 두드러지게 나타난다.

3) 비유 후기

(1) 이 기간에는 우유 생산량이 낮아져 영양소 요구량보다 공급량이 많은 양에너지 균형(positive energy balance)이 발행하는 시기이다. 섭취한 영양소 중 일부가 체지방 축적에 이용되기 때문에 체중이 증가하며, BCS가 회복된다.

(2) 영양소 공급이 지나칠 경우 비만(肥滿)이 되어 다음 비유기의 우유 생산 및 번식에 나쁜 영향을 미치기 때문에 과비는 피해야 한다.

4) 건유기(乾乳期)

(1) 건유기에는 착유를 하지 않으므로 관리에 소홀하기 쉬우나, 이 기간은 생리적으로 많은 변화가 일어나므로 이 기간의 영양과 사양관리도 중요하다.

(2) 조사료의 질과 양이 충분한 미국 등지에서는 건유우에게는 조사료만을 급여하나, 우리나라 대부분의 낙농가에서는 조사료의 질이 문제가 되므로 충분한 조사료와 함께 3~5 kg의 농후사료를 급여한다. 분만 2~3주 전부터는 농후사료를 점차 증가해서 분만 시에는 약 5~6 kg 정도가 되도록 한다(상세한 것은 뒷편의 건유우 사양관리 참조).

1.5 착유우의 건물섭취량과 영양소 요구량

1) 착유우의 건물섭취량(乾物攝取量)

(1) 사료섭취량 특히 건물섭취량은 유생산 및 유성분(유지방, 유단백, 유당 등) 생산에 매우 큰 영향을 미친다. 착유우는 체중의 최소 3%의 건물을 섭취해야 하는데, 예를 들어 체중이 600 kg인 착유우는 18 kg(600 kg×0.03) 이상의 건물을 섭취해야 한다. 특히 고능력우는 체중의 4%이상의 건물을 섭취해야 한다. 사료의 품질에 따라 다르나, 일반적으로 건물 섭취량을 1 kg 증가시킴에 따라 유량을 1리터 증진시킬 수 있는 것으로 알려져 있다.

(2) 이론적으로 착유우의 건물섭취량은 착유우가 필요로 하는 영양소(특히 에너지) 요구량과 사료가 지니고 있는 영양소 함량에 의해 결정되나, 실제 섭취량은 여러 가지 다양한 요인에 의해 크게 달라진다. 주요 요인으로는 체중, 우유 생산량, 비유단계(초기, 중기, 후기, 건유기), 급여하는 사료의 종류와 질, 사료의 물리적 형태(절단 정도, 분쇄 등), 온도 등 환경 효과, 반추위의 기능과 내분비, 소의 비만 정도, 질병 등이 있다.

(3) 동물의 건물섭취량을 예측하는 것은 매우 중요하다. 각각의 영양소가 동물이 하루에 섭취할 수 있는 총 건물량에 포함될 수 있도록 각 원료사료의 비율을 정하여 사료배합을 하기 때문에 건물섭취량의 예측이 잘못되는 경우 영양소의 섭취가 과하거나 부족할 수 있다. 예를 들어, 동물의 CP 요구량이 1일 1.3 kg이고 예측된 건물섭취량이 10 kg이라고 할 때, 사료 내 CP의 함량이 13%가 되도록 배합비를 작성하게 된다. 하지만 만약 동물의 실제 건물섭취량이 8 kg이었다면 동물이 섭취한 CP의 양은 8 kg × 0.13 = 1.04 kg이 되므로 요구량에 비해 0.26 kg의 CP가 부족하게 된다.

(4) 미국 NRC(2001)에서 제시한 착유우의 조사료와 농후사료를 모두 포함한 건물섭취량 예측 식은 아래와 같은데, 건물섭취량에 크게 영향하는 요인으로 우유생산량, 체중, 비유 초기의 섭취량 저하를 고려하였다.

$$DMI = (0.372 \times FCM + 0.0968 \times BW^{0.75}) \times AF_{WOL}$$

DMI는 건물섭취량(kg/일), FCM은 4% 유지방 보정유(kg/일, 0.4 ×유량(kg) + 0.15 × 유지율(%) × 유량), BW는 체중(kg), AF_{WOL}은 비유주에 따른 보정계수($1-e^{(-0.192\times(\text{비유주} + 3.67))}$)

(5) 위의 식을 바탕으로 체중 및 4% 유지방 보정유량에 따른 착유우의 1일 건물섭

취량을 비유 초기(분만 후 4주)와 비유 중기(분만 후 12주)로 나누어 예측한 결과는 각각 표 7-1, 표 7-2와 같다. 체중과 유량이 증가함에 따라 건물 섭취량은 증가되며, 비유 초기에는 섭취량이 감소한다. 예를 들어, 체중 600 kg의 착유우가 비유 초기에 40 kg의 우유를 생산할 때의 건물섭취량은 20.5 kg인 반면, 비유 중기에 30 kg의 우유를 생산할 때의 건물섭취량은 21.8 kg가 되어 비유 초기에 많은 양의 우유를 생산하여도 건물섭취량은 더 적다.

(6) 위에 제시된 식은 동물의 영양소 요구량과 비유 초기의 섭취량 감소, 즉 동물의 측면만 고려하고 사료의 품질 및 환경적 요인을 고려하지 않은 기초 추정치이기 때문에 실제 섭취량은 이와 다를 수 있으므로 주의해야 한다. 동물 외적인 측면에서 섭취량에 가장 큰 영향을 미치는 요인은 사료의 품질 특히 사료의 소화율이다. 그림 7-2는 체중이 600 kg인 젖소에서 우유 생산량별 급여하는 사료의 소화율이 사료 건물섭취량에 미치는 영향을 나타낸다. 그림 7-2에서 보면 젖을 10 kg 생산하는 소에서는 급여하는 사료의 건물소화율이 55% 전후에서 건물섭취량이 최고에 이르나, 젖을 40 kg 생산하는 소는 급여하는 사료의 소화율이 75% 정도가 되었을 때 건물섭취량은 최고에 달한다. 따라서 우유 생산량이 적은 소는 질이 낮은 사료(소화율이 낮은)로서도 건물 요구량을 충족시킬

표 7-1. 비유 초기(분만후 4주) 착유우의 하루 중 사료 건물 섭취량(kg)

4% 유생산량 (kg)	체중(kg)				
	400	500	600	700	800
10	9.5	10.8	11.9	13.0	14.1
15	11.0	12.2	13.3	14.5	15.5
20	12.4	13.6	14.8	15.9	17.0
25	13.8	15.1	16.2	17.3	18.4
30	15.3	16.5	17.6	18.8	19.8
35	16.7	17.9	19.1	20.2	21.3
40	18.1	19.4	20.5	21.6	22.7
45	-	20.8	21.9	23.1	24.1
50	-	22.2	23.4	24.5	25.6
55	-	-	24.8	25.9	27.0
60	-	-	26.2	27.4	28.4

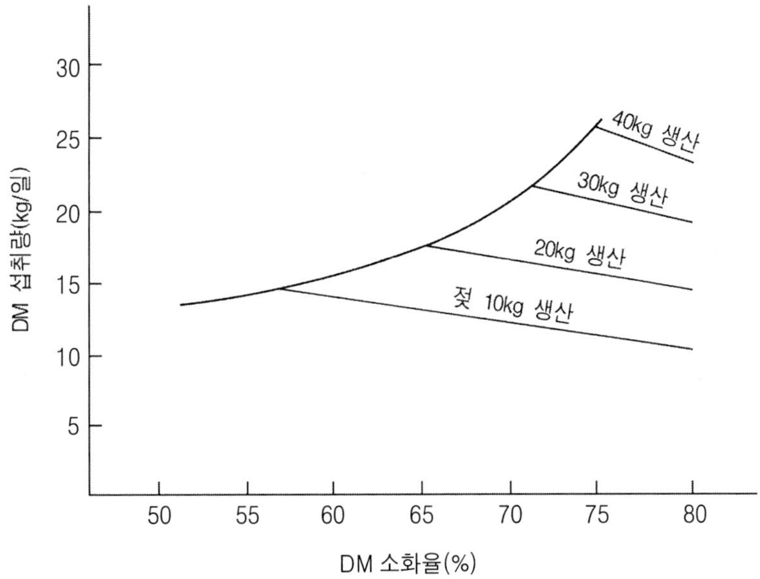

그림 7-2. 사료 건물소화율과 우유 생산량이 사료 건물섭취량에 미치는 영향
(체중 600 kg, 유지방율 4% 기준)

표 7-2. 비유 중기(분만후 12주) 착유우의 하루 중 사료 건물 섭취량(kg)

4% 유생산량 (kg)	체중(kg)				
	400	500	600	700	800
10	11.8	13.3	14.7	16.1	17.4
15	13.5	15.0	16.5	17.8	19.1
20	15.3	16.8	18.2	19.6	20.9
25	17.1	18.6	20.0	21.4	22.7
30	18.8	20.3	21.8	23.1	24.5
35	20.6	22.1	23.5	24.9	26.2
40	22.4	23.9	25.3	26.7	28.0
45	-	25.6	27.1	28.4	29.8
50	-	22.2	28.8	30.2	31.5
55	-	-	30.6	32.0	33.3
60	-	-	32.4	33.7	35.1

수 있으나, 고능력우의 경우 질이 좋은 사료를 급여해야 한다.

(7) 소화율이 낮은 사료 내 NDF(neutral detergent fiber, 중성세제 섬유소)는 물리적 포만감을 주어 섭취량에 커다란 영향을 미친다. 사료 내 NDF의 함량이 25% 이상인 경우 NDF 함량이 증가함에 따라 건물섭취량이 감소한다. 일반적으로 착유우는 1일 체중의 1%가량의 조사료 유래 NDF를 포함하여 총 체중의 1.2%까지 사료 NDF를 섭취하는 것으로 알려져 있다.

(8) 그 밖에 착유우의 건물섭취량에 영향하는 사료적 요인으로는 수분함량, 조농비율(조사료와 농후사료의 비율), 지방함량 등이 있다. 사일리지를 많이 급여하는 경우 수분함량이 50% 이상이 되면 수분함량이 1% 증가함에 따라 체중 당 건물섭취량이 0.02% 단위 감소한다. 또한 일반적으로 사료 내 농후사료의 비율이 60% 이하인 경우 농후사료 급여 비율을 증가시킴에 따라 사료 건물섭취량은 증가하는 것으로 알려져 있으며, 사료의 총 지방산의 함량이 5~6% 이상인 경우 추가적인 지방의 급여는 섭취량을 감소시키는 것으로 보고된다.

(9) 사양관리의 측면에서 착유우의 사료섭취량을 최대로 유지하기 위해선 우선 젖소가 깨끗한 물을 언제나 섭취할 수 있도록 하는 것이 중요하다. 착유우는 건물섭취량의 약 5배가량의 수분을 섭취해야 하며, 수분섭취가 요구량에 못 미칠 때에는 사료 섭취량이 감소하게 된다. 또한 사료가 곰팡이 독소가 포함되지 않도록 안정성을 높이는 것이 중요하며, 착유우가 원할 때 언제든지 사료를 섭취할 수 있도록 사료 급여 횟수의 증가 또는 자동사료 급이시설 확충이 필요하다.

2) 착유우와 임신우의 영양소 요구량

(1) 착유우와 임신우의 하루 중 영양소 요구량과 급여되는 사료 중 영양소 권장량은 표 7-3, 표 7-4와 같다. 표 7-3에서는 성우의 유지 요구량, 임신우의 건유기간 중 유지+태아성장에 필요한 요구량, 유지방 함량별 우유 1 kg 생산에 요구되는 영양소 양, 그리고 체중 1 kg 증감에 요구 또는 손실되는 영양소 양을 나타내었다.

(2) 젖소의 에너지 요구량은 정미에너지(Net Energy, NE)를 기준으로 하며, 생리적 기능에 따라 유지 정미에너지(Net Energy for maintenance, NE_m), 성장 정미에너지(Net Energy for growth, NE_g), 임신 정미에너지(Net Energy for pregnancy, NE_y), 비유 정미에너지(Net Energy for lactation, NE_l)로 구분하고, 에너지 요구량은 이들의 합으로 계산된다. 예를 들어, 처음으로 송아지를 분만한 초산(1산차) 착유우의 비유 후기 에너지 요구량을 예측하기 위해서는 유

표 7-3. 비유기와 임신우의 1일 영양소 요구량

체중 (kg)	에너지				총 조단백 (g)	무기물		비타민	
	NE_l (Mcal)	ME (Mcal)	DE (Mcal)	TDN (kg)		Ca (g)	P (g)	A (1,000 I.U.)	D (1,000 I.U.)
1) 성숙한 비유우의 유지 요구량									
400	7.16	12.01	13.80	3.13	318	16	11	30	12
450	7.82	13.12	15.08	3.42	341	18	13	34	14
500	8.46	14.20	16.32	3.70	364	20	14	38	15
550	9.09	15.25	17.53	3.97	386	22	16	42	17
600	9.70	16.28	18.71	4.24	406	24	17	46	18
650	10.30	17.29	19.86	4.51	428	26	19	49	20
700	10.89	18.28	21.00	4.76	449	28	20	53	21
750	11.47	19.25	22.12	5.02	468	30	21	57	23
800	12.03	20.20	23.21	5.26	486	32	23	61	24
2) 성숙한 건유우의 임신 말기 2개월의 유지 및 태아 성장 요구량									
400	9.30	15.26	18.23	4.15	875	26	16	30	12
450	10.16	16.06	19.91	4.53	928	30	18	34	14
500	11.00	18.04	21.55	4.90	978	33	20	38	15
550	11.81	19.37	23.14	5.27	1,027	36	22	42	17
600	12.61	20.68	24.71	5.62	1,074	39	24	46	18
650	13.39	21.96	26.23	5.97	1,120	43	26	49	20
700	14.15	23.21	27.73	6.31	1,165	46	28	53	21
750	14.90	24.44	29.21	6.65	1,209	49	30	57	23
800	15.64	25.66	30.65	6.98	1,254	53	32	61	24
3) 유지율별 우유 kg 생산에 소요된 요구량									
(유지율 %)									
3.0	0.64	1.07	1.23	0.280	78	2.73	1.68	-	-
3.5	0.69	1.15	1.33	0.301	84	2.97	1.83	-	-
4.0	0.74	1.24	1.42	0.322	90	3.21	1.98	-	-
4.5	0.78	1.32	1.51	0.343	96	3.45	2.13	-	-
5.0	0.83	1.40	1.61	0.364	101	3.69	2.28	-	-
5.5	0.88	1.48	1.70	0.385	107	3.93	2.43	-	-
4) 비유 중 체중 증감(kg)에 따른 영양소 소요량									
감체	-4.92	-8.25	-9.55	-2.17	-320	-	-	-	-
증체	5.12	8.55	9.96	2.26	320	-	-	-	-

〈참고〉 NEL(net energy for lactation) : 비유를 위한 정미에너지
ME(metabolizable energy) : 대사에너지
DE(digestible energy) : 가소화 에너지
TDN(total digestible nutrients) : 가소화 영양소 총량

표 7-4. 착유우 영양소 1일 영양소 요구량

구 분	비유 초기(분만 후 11일)		비유 중기(분만 후 90일)	
	78% TDN	78% TDN	78% TDN	68% TDN
유량, kg	30	40	35	35
유지방, %	4.0	4.0	4.0	4.0
순단백질, %	3.0	3.0	3.0	3.0
건물섭취량, kg	15.1	17.4	24.5	24.5
체중 증감	-1.0	-1.8	0.9	0.2
NE_l, Mcal	32.8	40.2	36.5	36.5
RDP, g	1,670	1,900	2,520	2,370
RUP, g	1,090	1,540	1,090	1,260
RDP, %	11.1	10.9	10.3	9.7
RUP, %	7.2	8.9	4.4	5.1
CP, %	18.3	19.8	14.7	14.8

RDP : 반추위 분해단백질
RUP : 반추위 미분해 단백질

자료 : NRC(7판), 2001

지, 성장, 임신, 비유에 필요한 정미에너지 양을 모두 계산해야 한다.

(3) 젖소 성축의 경우 다른 정미에너지에 비해 비유 정미에너지의 비율이 높고 그 의미가 다른 정미에너지들에 비해 더 크기 때문에 일반적으로 정미에너지의 요구량을 비유 정미에너지(NE_l)를 기준으로 표시한다. 특히 대사에너지가 유지 정미에너지로 이용되는 효율과 비유 정미에너지로 이용되는 효율은 동일(64.4%)한 것으로 알려져 있다.

(4) 젖소의 유지 정미에너지 요구량은 대사체중(체중 $kg^{0.75}$)에 비례하는데, 홀스타인 젖소의 경우 대사체중(체중 $kg^{0.75}$)당 80 kcal로 보고된다. 예를 들어, 600 kg인 젖소의 유지 정미에너지 요구량은 $600^{0.75}$ kg × 80 kcal/kg = 121.2 × 80 = 9.7 Mcal이다. 일반적으로 착유우의 유지 정미에너지 요구량은 1일 9~12 Mcal이다.

(5) 임신에 의한 정미에너지와 대사단백질 요구량은 송아지 생시체중(약 45 kg)을 기준으로 태아가 성장함에 따라 증가되는 요구량을 임신 190일부터 고려한다.

(6) 비유 정미에너지 요구량은 유량과 유성분 함량에 따라 결정되는데, 유성분의 에너지 함량을 근거로 우유 1 kg에 생산하는 데 필요한 비유 정미에너지 요구량(Mcal/kg)은 0.0929 × 유지방율(%) + 0.0547 × 유단백율(%) + 0.0395 × 유당율(%)로 계산된다. 즉, 유지방율 3.8%, 유단백율 3.1%, 유당율 4.8인 우유 1 kg을 생산하는 데 요구되는 정미에너지는 0.71 Mcal이다.

(7) 표 7-4는 미국 NRC 젖소(2001)에서 제시한 젖소 사료 중 권장되는 영양소 함량을 나타낸 것이다. 특이한 점은 사료 중 조단백질(crude protein, CP) 함량을 RDP(rumen degradable protein, 반추위 분해단백질)와 RUP(rumen undegra-dable protein, 반추위 미분해단백질)로 구분하고 각각의 요구량을 설정하는 것이다. 비유 초기에는 사료 섭취량의 제한이 있기 때문에 고능력우의 경우 체내의 저장에너지를 이용하여 에너지 요구량을 충족시키므로 체중이 감소하게 되며, 사료 내 RUP 요구량이 높아진다. RUP 요구량이 높아지는 것은 사료의 에너지 함량이 낮은 경우에도 발생하는데, 사료 TDN이 낮은 경우 반추위 미생물의 합성량이 낮으므로 상대적으로 RUP의 요구량이 높아진다(상세한 것은 뒷편의 대사단백질 참조). 열처리 대두, 옥수수 글루텐, 주정박, 건조 맥주박, 보호아미노산 등이 RUP 공급원으로 이용되어질 수 있다.

(8) 젖소의 단백질 영양의 상태는 우유 중 요소태질소(milk urea nitrogen, MUN)와 혈중 요소태질소(blood urea nitrogen, BUN)를 측정하면 추측할 수 있다. BUN은 반추위 분해단백질과 요구량 이상의 대사단백질 증가에 따라 많아지며, MUN과 높은 상관관계가 있다. 즉 0.85BUN = MUN의 관계가 있다. 일반적으로 유단백질이 3.0～3.2%이고, MUN이 12～16 mg/dℓ이면 적절하다고 할 수 있다. 이 때 RDP와 RUP의 균형이 잘 맞고, 에너지 공급 수준도 대체로 알맞다고 하겠다.

3) 착유우의 탄수화물 요구량

(1) 사료 내 탄수화물은 소화, 흡수되어 결국 에너지를 생성하는데 이용되지만, 탄수화물의 화학적 성상에 따라 반추동물의 대사 및 건강에 미치는 영향은 달라진다. 탄수화물은 크게 전분, 당류와 같이 쉽게 소화되는 NFC(non fiber carbohydrate, 비섬유소 탄수화물)과 미생물에 의해서만 분해될 수 있는 섬유소(fiber)로 나누어지며, 섬유소는 일반적으로 NDF로 나타내어진다.

(2) NFC는 곡류사료에 많이 함유되어 있는데, 일반적으로 사료 곡물은 NFC를 60% 이상 포함하고 있으며, 옥수수가 건물기준 75%로 가장 많이 포함하고 있

다. 사료 내 NFC는 반추위 미생물에 의해 빠르게 분해되어 프로피온산과 젖산을 생성하기 때문에 과다한 NFC의 급여는 반추위의 산성도를 높여 대사성 질병을 유발할 수 있으므로 적절한 수준의 급여가 필요하다.

(3) 일반적으로 NFC는 사료 내 최대 44%까지 함유될 수 있으며, 35~40% 정도가 적절한 것으로 알려져 있다. 그 중 전분과 당의 적정 함유율은 건물기준으로 각각 25~30%와 3~6%이다. 방목 및 청예작물을 급여할 때에는 상당량의 당이 포함될 수 있으며, 당밀은 대부분이 당으로 이루어져 있고, 발효사료에는 극히 소량의 당이 존재한다.

(4) 조사료에 많이 포함되어 있는 섬유소는 반추위에서 미생물에 의해 주로 아세트산을 생성하며, 적절한 양의 조사료와 NDF의 공급은 저작 및 침 분비를 촉진하기 때문에 반추위 기능 유지를 위해 매우 중요하다. 따라서 사료 건물 중 NDF가 25% 이상 함유되어야 하며, 조사료를 통한 NDF는 최소 19% 이상이 되도록 해야 한다. 하지만 조사료의 길이가 너무 길거나 과도한 양의 NDF(사료 건물의 40% 이상)는 섭취량을 감소시켜 주의해야 한다.

(5) 결론적으로 적당한 길이(2~5 cm)의 조사료를 공급하고, 사료 내 NDF의 함량을 적정수준(28~34%)으로 유지하는 것이 필요하다. 특히, 팜박 등 NDF의 함량이 높은 원료사료를 급여할 때 사료 NDF의 양이 증가되는 것에 유의해야 한다.

1.6 착유우의 단백질 대사와 단백질 요구량

1) 착유우의 유단백질 생산

(1) 착유우가 유단백질의 함량이 3.0%인 우유를 1일 40 kg 생산한다고 가정할 때, 착유우는 매일 1.2 kg(40 kg×0.03)이라는 많은 양의 유단백질을 합성해야 한다. 유생산량을 증대하기 위해서는 젖소가 충분한 양의 유단백질을 합성할 수 있도록 해야 하며, 더욱이 유단백율을 포함한 유대 산정체계 개편을 고려하고 있는 현실에서 유단백질 합성을 높기기 위한 사양관리가 필요하다.

(2) 우유 단백질 합성 양을 늘리기 위해선 혈액을 통해 유선으로 공급되는 아미노산의 양을 증가시켜야 하며, 이는 소장에서 흡수되는 아미노산의 함량을 늘림으로서 가능하다. 하지만 반추동물인 젖소는 단위동물과는 달리 반추위 미생물에 의해 사료 내 단백질의 소화, 변형이 일어나기 때문에 사료 내 단백질이 그대로 소장에서 흡수되지 않으므로 반추위에서 일어나는 대사를 고려한 단백질 급여 시스템이 필요하다.

(3) 이에 따라 반추동물은 대사단백질(metabolisable protein, MP) 시스템을 이용하여 사료 내 단백질이 아니라 소장에서 흡수되는 아미노산을 고려하는 급여체계를 가지고 있다. 대사단백질 즉, MP는 소장에서 흡수되어 체내에서 대사되어질 수 있는 순단백질을 말하며, 미생물체 단백질로부터 유래된 것(미생물유래 MP)과 사료 단백질 중 반추위 미분해 단백질에서 유래된 것(사료 유래 MP)으로 구성된다. 특히 고능력우의 경우 많은 양의 우유를 생산하기 위해서는 많은 양의 단백질을 필요로 한다. 이는 단순히 사료 단백질을 높인다고 해서 가능한 것이 아니라 대사단백질을 늘려야 하며, 이를 위해 반추위 단백질 대사에 대한 이해가 필요하다.

2) 젖소의 단백질 대사

(1) 그림 7-3에는 젖소의 체내에서 일어나는 단백질 대사를 정리하였다. 사료의 단백질(CP)는 반추위에서 미생물의 효소에 의해 분해되는 RDP와 분해되지 않은 RUP로 나뉜다. RDP와 RUP의 양은 사료 단백질의 반추위 분해율에 따라 결정된다.

(2) RUP는 반추위에서 분해되지 않고 소장으로 내려가 동물의 효소에 의해 소화, 흡수되면 사료 유래 대사단백질이 된다. 이와는 달리, RDP는 결국 암모니아로 전변되기 때문에 동물이 이용할 수 없고, 반추위 미생물의 성장을 위한 질소 공급원이 된다.

(3) 반추미생물은 반추위로 공급된 영양소를 이용하여 성장을 한다. 미국 NRC (2001)에 따라 미생물 유래 대사단백질 합성량을 계산하면, 반추위 미생물의

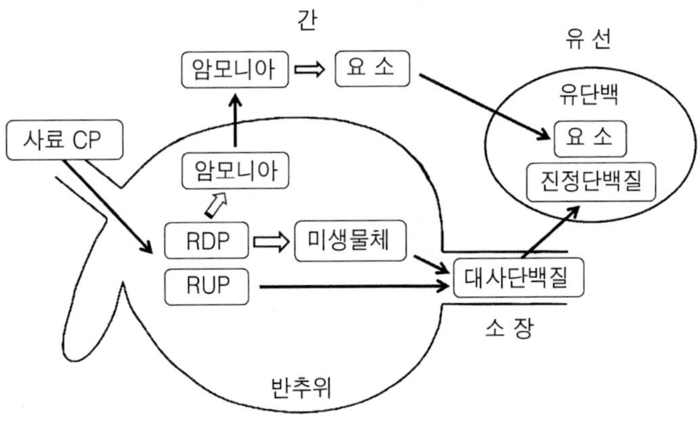

그림 7-3. 젖소의 단백질 대사과정

성장은 가소화영양소 총량(total digestible nutrient, TDN; kg)에 비례하며, TDN의 13%가 미생물체 단백질(microbial crude protein, MCP)로 합성된다. 미생물의 성장에는 에너지뿐만 아니라 RDP도 필요한데, RDP 1 g으로 MCP 0.85 g을 합성할 수 있다. 즉 RDP의 MCP로의 이용효율은 85%이다. 이렇게 합성된 MCP는 소장에서 소화, 흡수되어 미생물 유래 대사단백질이 된다.

(4) 젖소의 TDN 섭취량에는 제한이 있기 때문에 MCP 합성량에도 한계가 있으며, 따라서 반추위 미생물이 이용할 수 있는 RDP의 양에는 한계가 있다. 만약 반추미생물이 이용할 수 있는 양을 넘는 RDP가 공급되면 추가 공급된 RDP는 반추위에서 암모니아로 전변되고, 반추위벽을 통해 흡수되어 간에서 요소로 합성된다. 이렇게 합성된 요소는 뇨를 통해 체외로 배출되거나 MUN의 형태로 우유에 분비된다. 요소를 합성, 분비하는 과정에서 에너지가 쓰이므로 과도한 RDP는 오히려 유생산에 이용할 수 있는 에너지를 감소시킬 수 있으므로 적절한 양의 RDP를 공급하는 것이 중요하다.

(5) MCP는 80%가 순단백질이고, 그 중 80%가 소장에서 소화·흡수될 뿐만 아니라 아미노산의 조성이 동물의 요구에 적합한 양질의 단백질 공급원이다. RUP는 사료원에 따라 차이를 보이지만 일반적으로 80%가 소화·이용되는 것으로 알려져 있으며, 아미노산의 조성은 사료원에 따라 변이가 크다. 이렇게 소장에서 소화, 흡수된 사료유래 대사단백질과 미생물유래 대사단백질, 그리고 내생질소유래 대사단백질을 합하여 대사단백질이라 하며, 대사단백질은 아미노산의 형태로 혈액을 통해 유선으로 운반되어 유단백질 합성에 이용되어진다. 여기서 내생질소유래 대사단백질은 소장에 도달하는 동물 체내에서 기인한 세포 조각, 효소 등을 말하며, 그 양은 그리 많지 않다. 일반적으로 미생물유래 대사단백질을 통해 대사단백질 요구량의 65～90%를 공급할 수 있다.

3) 젖소의 단백질 요구량

(1) 젖소의 단백질 요구량은 조단백질(CP)이 아니라 대사단백질(MP)에 대한 요구량으로 표현되어야 한다. 또한, 사료의 단백질 요구량은 RDP 요구량과 RUP 요구량으로 나누어 계산되어지며, 조단백질 요구량은 단순히 이들의 합으로 생각할 수 있다.

(2) MP 요구량은 에너지 요구량과 마찬가지로 유지, 성장, 임신, 비유에 필요한 단백질의 요구량의 합이다. 본서에서는 각각의 요구량에 대한 자세한 설명은 제외하되 착유우에 있어 비유를 위한 MP 요구량만 간단히 설명하고자 한다.

항 목	계산식	수 치
RDP 요구량 계산		
TDN 급여량:	24 kg×0.70×1,000 g/kg	16,800 g
MCP 합성량:	16.8 kg×0.13	2,184 g
RDP 요구량:	2,184 g÷0.85	2,569 g
RUP 요구량 계산		
MP 요구량	40 kg×0.03÷0.67	1,791 g
미생물유래 MP 공급량	2,184 g×0.64	1,398 g
사료유래 MP 요구량	1,791 g−1,398 g	393 g
RUP 요구량	393 g÷0.8	491 g
CP 요구량	2,569 g + 491 g	3,060 g

(3) 비유 MP 요구량은 유단백질 생산량에 대사단백질이 유단백질로 전환되는 효율(67%)를 고려하여 계산되어진다. 예를 들어 착유우가 유단백질의 함량이 3.0%인 우유를 1일 40 kg 생산한다면 1일 생산되는 단백질은 1,200 g이고, 비유를 위한 MP 요구량은 1,200/0.67 = 1791 g이 된다.

(4) 동물의 MP 요구량을 충족시킬 수 있도록 사료 내 RDP와 RUP의 요구량을 결정할 때에는 첫째 MCP 합성량을 계산하고, 둘째 MCP와 내생질소를 통한 MP 공급량을 계산하고, 셋째 이를 MP 요구량에서 뺀 값을 RUP를 통해 공급할 수 있도록 RUP 요구량을 설정한다. RDP 요구량은 MCP 합성량에 의해 계산된다. 예를 들어 TDN이 70%인 사료를 건물기준으로 24 kg 섭취하는 착유우가 순단백질의 함량이 3.0%인 우유를 40 kg 생산한다고 할 때, RDP와 RUP 요구량을 계산하면 위의 표와 같다. 단, 계산의 편이를 위해 MP 요구량은 비유 MP 요구량만을 고려하고, 내생질소 유래 MP 공급량은 없다고 가정한다.

4) 착우유의 대사단백질 요구

(1) 최근 국내에선 능력이 보통인 착유우가 1일 평균 30 kg의 우유를 생산한다. 산유량의 증가와 함께 대사단백질의 요구량이 늘어나는데, 우선 최대한 많은 양의 미생물체단백질(MCP)이 합성되도록 적절히 RDP를 급여해야 한다. 또한 MCP로는 많은 양의 유단백질을 합성하기 위한 충분한 양의 아미노산을 공급할 수 없으므로 RUP의 공급량을 늘려야 한다. 순단백질 함량이 3%인 우유를 1 kg

생산하기 위한 대사단백질의 요구량은 약 48 g이며, RUP로는 약 56 g이 된다.

(2) 원료사료의 반추위 소화율이 높을수록 RDP는 증가하게 된다. 양질의 두과목초(알팔파 등)은 많은 양의 RDP를 공급할 수 있고, NPN은 모두 RDP이다. 일반적인 식물성 단백질 사료(대두박, 채종박, 면실박 등)는 단백질 중 70% 이상이 RDP이다.

(3) RUP가 높은 사료로는 열처리 대두(박), 주정박 또는 맥주박, 옥수수 글루텐, 어분 및 동물성 단백질 등을 들 수 있는데, 동물성 단백질은 현재 국내에서 축우용 사료로 사용이 금지되어 있다. 반추위에서 분해되지 않도록 처리한 보호아미노산은 RDP의 공급 없이 RUP를 높일 수 있고, 대사단백질의 아미노산 조성을 좋게 할 수 있는 장점이 있다.

(4) 대사단백질의 양 뿐만 아니라 대사단백질의 아미노산 조성도 고려해야 한다. 미생물유래 대사단백질의 비율이 높은 경우에는 관계없지만, 사료유래 대사단백질의 비율이 높아질수록 대사단백질의 아미노산 조성을 고려해야 한다. 특히 제한 아미노산인 라이신(lysine)과 메치오닌(methionine)의 비율이 대사단백질 중 각각 7.2%와 2.4%가 되는 것이 가장 이상적이며, 두 아미노산의 비율을 3:1 정도로 유지시키는 것이 필요하다.

1.7 착유우 사료의 영양소별 적정 수준

앞서 언급한 내용들을 기초로 착유우의 사료 배합비를 작성할 때 주의해야 할 각 영양소별 적정 수준이 표 7-5에 정리되어 있다.

1.8 반추동물용 섬유질 배합사료(TMR)의 이용

소의 영양소 요구량에 따라 농후사료와 조사료를 모두 함께 비빔밥처럼 배합한 사료를 반추동물용 섬유질 배합사료 또는 TMR(total mixed ration)이라고 한다.

원래 젖소는 농후사료와 조사료를 분리 급여했으나 우군의 규모가 커지고 재래의 계류식 우사(tie-stall type)를 이용한 개체별 사양이 어렵게 되자, 우군을 몇 개의 군으로 나누어 집단으로 사육하는 군사(群飼, group feeding)를 하면서 TMR의 이용이 증가하게 되었다. 우군의 규모가 작아서 군사가 어려울 경우는 기본적인 영양소만 공급하는 TMR, 즉 PMR(partial mixed ration)을 전 우군에 급여하고, 추가로 급여할 농후사료는 배합사료의 형태로 전자장치를 이용해서 개체별로 급여하기도 한다. 우리나라 낙농가의 대부분은 TMR을 급여하는 것으로 알려져 있다.

표 7-5. 착유우 사료의 각 영양소별 적정 수준

영 양 소	적정 수준	대 상
섬유소 탄수화물(NDF)	28～30% 30～34% 25% 이상, 40% 미만	고능력우 / 최고 비유기 비유 후기 모든 착유우
비섬유소 탄수화물(NFC)	35～40% 32～35% < 44%	고능력우 / 최고 비유기 비유 후기 모든 착유우
전 분	25～30%	모든 착유우
당	< 10%	모든 착유우
단백질(CP)	> 16% > 13%	고능력우 / 최고 비유기 비유 후기
반추위 분해단백질(RDP)	66～72% 70～76%	고능력우 / 최고 비유기 비유 후기
반추위 미분해단백질(RUP)	가소화 라이신 / 메치오닌 비율이 3이 되도록	모든 착유우
지 방	5～6%	모든 착유우

TMR의 장점은 선택채식을 방지하여 젖소에게 필요한 모든 영양소를 섭취하도록 하고, 특히 조사료를 충분히 섭취하도록 하여 반추위에서 미생물에 의한 발효가 적절히 이루어지도록 하는 것이다. 각각의 구체적인 장단점은 다음과 같다.

1) 장 점

(1) 선택채식 없이 전 사료를 섭취한다.

(2) 기호성이 증진되어 건물섭취량이 증가되므로 생산성이 향상된다.

(3) 농후사료 일시 다량섭취를 방지하여 반추위내 pH의 지나친 저하를 막아 발효의 최적화를 도모한다.

(4) 조사료의 섭취량이 증가되어 대사이상이 적다.

(5) 젖소의 경제적 수명 조기단축을 예방한다.

(6) 기호성이 낮은 사료 또는 첨가제의 이용이 용이하다.

(7) 생력관리(省力管理)가 가능하다.

2) 단 점

(1) 우군의 규모가 작을 때는 실행이 어렵다.

(2) 사료의 배합 등에 기계비용이 과다하다.

(3) 볏짚, 건초 등의 혼합이 어렵다.

(4) 계류식 우사에서는 적용하기 어렵다.

(5) 우군을 몇 개의 group으로 나누어야 한다.

(6) 분만 직후의 소와 고능력우에 대한 관리가 어렵다.

(7) 사료의 입도 차가 심하면 분리섭취의 우려가 있다.

1.9 사료 급여

젖소의 개체별 요구량에 적합한 사료를 어떻게 급여할 것인가 하는 것은 중요한 과제가 된다. 젖소에 대한 사료급여 방법은 우사(牛舍), 우군(牛群, herd)의 두수, 착유시설, 노동력 등에 따라 다르다.

1) 계류식 우사(tie-stall barn)에서의 사료 급여

계류식 우사에서는 개체별로 급여할 수 있으므로 보다 정확하게 급여할 수 있으나 노동력이 문제가 된다. 조사료는 운동장에서 자유로이 먹을 수 있게 하고, 농후사료는 사내에서 개체별로 급여한다. 우리나라에서는 계류식 우사가 일반적이지 않다.

2) 착유실 사료 급여(milking parlor feeding)

착유실에서 착유할 동안 농후사료를 급여하는 것인데, 착유할 동안 자유채식토록 하거나 젖소에게 일정량 급여 또는 우유 생산량에 따른 조절급여 등의 방법이 있다. 어느 경우에든 고능력우에게는 문제가 있을 수 있는데, 고능력우는 착유시간 내에 요구된 양을 다 섭취할 수 없기 때문이다. 젖소는 보통 가루사료는 분당 0.25～0.5 kg을 섭취할 수 있고, 펠릿사료는 분당 0.5 kg 이상 섭취가 가능하다.

우군(herd)의 두수가 적을 경우는 고능력우를 위해 더 많은 시간을 줄 수도 있으나, 우군이 클 경우는 문제가 된다. 다른 문제점으로는 착유실 내의 먼지와 분뇨(糞尿)가 문제가 되며, 소의 출입에 많은 시간이 소요된다.

3) 그룹으로 나누어 급여(group feeding)

우군(牛群)을 몇 개의 군으로 나누어 급여하는 방법이다. 군사(群飼)는 완전사료(TMR)의 급여를 위해서는 이상적이나, 농후사료와 조사료 분리 급여 시에도 가능하다. 군(群)으로 나눌 때의 기준은 소의 연령, 우유 생산량, 비만 정도, 분만 후의 일수 등을 고려한다. 보통 3~4개 군으로 나누는 것이 이상적이다.

군으로 나눌 때는 군내의 개체 간 우유 생산량의 차이가 9 kg 이상이 되지 않도록 하며, 군을 자주 변경함으로써 소의 소속집단에 대한 사회적인 적응력을 잃게 해서는 안 된다.

4) 자동제어 장치에 의한 사료 급여

소의 우유생산 단계 및 능력 그리고 비만 정도(body condition score) 등에 따라 적정량의 농후사료를 급여하기 위해서 여러 가지 형태의 전자장치를 이용한 사료급여 기계들이 개발되어 있다. 최근에는 RFID(radio-frequency identification) 기술을 이용하여 개체를 인식하는 전자식 개체별 사료급이기가 많이 이용된다.

전자식 사료급이기(electronic concentrate feeders)는 개체를 판별하고, 개체별로 설정된 사료량만을 먹을 수 있도록 하는 장치이다. 소의 목줄에 개체를 식별할 수 있는 RFID 태그를 부착하고, 소가 사료급이기에 들어가면 장치는 그 개체를 인식하여 해당 개체가 먹어야 하는 양만큼의 농후사료를 흘려보낸다. 한 번에 배출되는 농후사료의 양은 소프트웨어에 의해 제어되는데, 일반적으로 하루 24시간을 4 또는 6등분하고, 하루에 먹어야 하는 농후사료의 총량을 이에 따라 나누어, 젖소가 해당 시간대에 정해진 양의 농후사료만 섭취할 수 있도록 한다. 이는 소가 농후사료를 과잉 섭취해서 산독증(acidosis), 유지율 저하, 비만 등의 문제점이 유발되는 것을 막기 위한 조치이다. 착유우의 경우, 비유 초기에는 농후사료 급여량을 짧은 시간 간격으로 조절하고, 이후에는 간격을 늘려 급여량을 조절해 준다.

2. 건유우(乾乳牛, dry cows) 사양관리

소는 분만 전 60일 간은 착유를 하지 않는 건유기(乾乳期, drying period)를 가져야 한다.

2.1 건유의 필요성

(1) 착유기간에 과도하게 소모된 영양소 또는 일부 불균형을 이룬 영양소를 보충한다.

(2) 피로해진 유선조직과 유선세포가 회복 및 일부 재생되도록 한다.

(3) 임신 말기 급격하게 성장하는 태아에 충분한 영양을 공급한다. 태아는 임신 첫 7개월간에 약 40%가 자라고, 나머지 60%는 마지막 2개월간에 성장함을 볼 수 있다. 태아는 건유 초기에는 하루 0.25～0.35 kg 정도 자라다가 마지막 2～3주간에는 하루 0.6～0.7 kg 정도 자란다.

(4) 분만 후 급격히 증가하는 우유생산에 대비하여 충분한 영양소를 저장한다.

2.2 건유방법

(1) 건유를 하고자 하는 소는 농후사료와 다즙질 사료(사일리지, 청초)의 급여를 중단하고 저질 사료와 물만 급여한다. 그래서 유량이 10 kg 미만으로 될 때 일시에 착유를 중단한다.

(2) 유방염(乳房炎)에 감염된 소는 착유 횟수를 줄이면서 건유한다.

(3) 건유를 위해 마지막으로 착유를 한 소는 유방염(mastitis) 예방을 위해 유방염 연고를 각 유두구(乳頭口)에 주입하고, 유두 침지소독(teat dipping)을 실시한다.

2.3 건유우의 영양과 사료

(1) 표 7-3에서 건유우의 유지 및 태아성장에 필요한 영양소 요구량이 제시되었는데, 표 7-3에 나타난 바와 같이 건유우의 영양소 요구량은 착유우와 비교하여 상당히 적은 양임을 알 수 있다. 그래서 양질 조사료 생산이 풍부한 미국, 호주 등에서는 건유 개시부터 분만 2～3주 전까지의 건유우는 일반적으로 조사료와 무기물 첨가제만 급여하도록 한다.

그러나 우리나라 대부분의 낙농가에서는 양질 조사료 생산에 제한을 받으므로 조사료와 함께 약간의 농후사료를 급여토록 해야 한다. 농후사료의 급여량은 조사료의 질과 양, 젖소의 비만 정도 등에 따라 다르다. 젖소의 비만 정도가 중정도이고, 저질 조사료일 경우 농후사료 급여량을 3～5 kg 정도 급여한다. 그러나 소가 외견상 수척해서 어느 정도의 증체가 필요할 때는 조사료의 질이 좋은 것을 급여하든가 농후사료의 양을 증가해야 한다. 그러나 과비(過肥)는 되지 않게 주의해야 한다.

(2) 비유 초기에 손실된 체중은 비유 말기에 회복이 되나, 비유 말기에도 회복이 되지 않을 때는 건유기간 중에 체중 증가가 이루어져야 한다. 그러나 과비(過肥)는 난산(難産)을 초래할 수도 있으며, 분만 후 첫 12주간에 대사성 질병(meta-bolic disorders) 발생률이 높고, 우유 생산량이 줄어들고, 수태율에도 영향을 미치게 된다.

(3) 건유 후기, 즉 분만 2~3주 전부터는 착유사료의 급여량을 점진적으로 증가 급여하여 분만 시에는 착유사료 섭취량이 6~7 kg이 되도록 한다. 이것을 비유촉진 사양(challenge feeding)이라고도 한다. 비유촉진 사양을 하는 이유는 ① 분만 후 농후사료 섭취량 증가에 대비하여 농후사료 섭취에 익숙하게 하며, ② 반추위내 미생물이 농후사료에 적응토록 한다.

(4) 하지만, 분만 전 건유기에 영양소의 농도를 증가시키는 것이 좋은 것인지 아니면 에너지를 제한하는 것이 좋은 것인지에 대해서는 아직도 논란이 있다. 영양소 농도를 높여야 한다고 주장하는 측은 비유 초기 체중 감소를 최소화하기 위해 그리고 비유 초기의 유생산량 증대를 위해 분만 전 사료의 영양소 농도를 높여야 한다고 말한다. 이에 반하여 분만 전에 사료 섭취량 저하에 따라 자연스럽게 제한 사양을 하는 것이 더 좋다는 주장이 있는데, 이들의 논리는 분만 전 제한 사양을 통해 비유 초기 에너지 음균형 상황을 더욱 잘 적응할 수 있어 대사성 질병(지방간, 케톤증 등)의 발병이 낮다는 것이다. 이 부분에 대해서는 좀 더 많은 연구 결과가 필요할 것으로 보인다.

(5) 건유 후기에 조사료로서 두과 목초(알팔파 등)를 위주로 급여한 경우는 Ca의 섭취량이 과다하게 되어 분만 후 유열(milk fever)의 원인이 되기도 하므로 농후사료 중 Ca 함량은 낮게 조절한다.

3. 송아지 및 육성우의 사양

3.1 젖먹이 송아지의 관리

갓 태어난 송아지는 30분 이내에 자기 발로 일어설 수 있다. 분만 후 1시간 내에 초유(初乳, colostrum)를 먹이도록 한다. 분만 후 3일까지 분비되는 젖 또는 분만 후 6번째 착유까지의 젖을 초유(colostrum)라고 하는데 이것은 판매할 수 없고, 갓 태어난 송아지는 반드시 먹어야 한다.

1) 초유의 중요성

(1) 초유에는 송아지 성장에 필요한 영양소(단백질, 비타민, 미네랄 등)가 충분히 들어 있다.

(2) 질병에 대한 저항력을 갖게 하는 면역글로불린(immunoglobulin)이 들어 있다.

(3) 태변(胎便)의 배출을 촉진한다.

2) 초유 급여

(1) 송아지의 면역물질 흡수 능력은 생후 6시간 이내에 급격히 떨어져 24시간 이후에는 거의 흡수를 하지 못하기 때문에 초유의 공급은 빠를수록 좋다. 첫 초유는 2리터 이상 먹게 하며, 12시간 이내에 같은 양을 한 번 더 급여해야 한다. 이 후 하루에 체중의 5～15%씩 최저 3일 이상 초유를 급여하도록 한다. 시간이 경과하면 초유의 면역글로불린 함유량도 떨어지게 되므로 조기급여가 중요하다.

(2) 분만 후 3～4일까지는 하루 4～5 kg을 급여한다.

(3) 초유가 없거나 부족할 때는 냉동초유 또는 발효초유를 급여할 수도 있다.

3) 초유의 저장

잉여 초유는 냉동 또는 발효시켜 6개월 정도 보관할 수 있으며, 송아지의 우유로 이용할 수 있다. 저장된 초유는 정상유보다 영양소 함량이 높고 기호성이 있으며, 소화가 용이한 사료가 된다. 송아지에 급여할 때는 초유와 더운물을 2 : 1의 비율로 희석해서 급여하는 것이 좋다.

3.2 초유기 이후 어린 송아지 관리(생후 5일-이유)

1) 전유 또는 대용유 급여

(1) 초유를 3～4일 급여한 송아지에게는 전유(全乳, whole milk) 또는 대용유(代用乳, milk replacer) 등의 액상사료를 송아지가 고형물(固型物) 사료에 의존할 때까지 급여한다.

(2) 송아지에게 전유를 급여하는 것은 가장 좋은 결과를 가져올 수 있으나 가격이 문제가 되므로 대용유를 급여한다.

(3) 양질의 대용유는 탈지분유 등 주로 유제품으로 구성되고, 조단백질 함량이 20% 이상 되어야 하며, 지방함량은 10% 이상 되어야 한다. 대용유 중의 조섬유질 함량은 0～0.15%가 적당하며, 1% 이상 되어서는 안 된다.

(4) 대용유를 급여할 때는 제조원의 지시에 따라 일반우유와 같은 상태의 환원유(還元乳)를 만들어 1일 2회 급여한다. 환원유를 만들 때는 38～40℃의 온수에 고형물 수준이 12～15%가 되도록 한다. 대용유와 물의 비율을 1 : 7～9로 한다.

(5) 액상 대용유의 급여량은 생후 1주에는 체중의 8%, 2주・3주에는 9～10%, 4주는 8%, 5주에는 5～6%를 급여한다.

2) 송아지의 설사

(1) 신생 송아지의 설사는 주로 생후 3～10일령에 많이 발생하며, 주요 병원체는 대장균(57%), 로타 바이러스(18%), 코로나 바이러스(12%)가 많으며, 이들이 단독 또는 복합적으로 감염된다.

(2) 로타 바이러스나 코로나 바이러스에 감염되면 소장의 융모 상피세포가 파괴되어 영양소, 수분의 흡수가 저해되며 황색, 회색, 백색의 설사를 일으킨다.

(3) 설사의 원인은 식이성 및 병원체에 의하지만, 어미소의 임신 후기의 영양과 송아지의 생후 영양관리도 중요한 원인이 된다.

3) 고형물 사료급여

(1) 송아지는 생후 1주만 되면 고형물 사료를 먹기 시작한다. 그래서 액상사료를 급여하면서 어린송아지 사료(calf starter)와 양질의 건초를 먹을 수 있게 준비한다.

(2) 어린송아지 사료는 기호성이 좋고, 에너지와 단백질 함량이 높고, 소화가 용이한 사료라야 한다.

(3) 어린송아지 사료의 섭취량이 증가하면 액상사료의 양은 점차 줄여서 이유하게 된다.

4) 이유(weaning)

(1) 어린송아지 사료(starter)를 하루 0.5 kg 이상 섭취하면 액상사료의 급여를 중단하는데, 이것을 이유라고 한다.

(2) 보통 생후 6～8주에 이유를 한다.

(3) 어린송아지 사료(starter)에 사용하는 곡류는 거칠게 분쇄하거나 압쇄한 것이 좋으며, 지름이 약 5 mm 되는 펠릿을 만들어 급여하는 것이 좋다.

(4) 최근에 액상사료의 급여를 25일령까지는 체중의 20% 정도 급여하다가 30일령까지 매일 2%씩 체중의 10%까지 줄이고, 마지막 이유 전 5일간은 매일 2%씩 감량하여 이유를 시키는 이른 바 'step-down' 방식의 이유 방식이 제시된 바 있는데, 건물 섭취량과 반추위 발달을 증진시키는 것으로 보고되었다.

3.3 이유에서 3개월령까지

이유된 송아지는 어린송아지 사료(calf starter)와 건초의 섭취량이 급격히 증가한다. 이때 어린송아지 사료를 하루 2.5 kg 이상은 급여치 않는 것이 좋으며, 건초는 자유채식 하도록 하여야 한다. 농후사료의 섭취량이 많으면 상대적으로 조사료의 섭취량이 줄어들게 되어 반추위 발달이 지연될 수도 있다.

이유 후 사료섭취량이 증가하고, 이유 스트레스가 없어지면 송아지 pen에서 그룹사양이 되도록 준비한다. 이때부터 청초급여가 가능하면 오염이 적은 방목장에서 방목도 가능하나 사일리지는 급여하지 않는 것이 좋다.

3.4 육성우의 사양관리

1) 육성우의 영양소 요구량

3개월령 이후부터는 조사료의 섭취량이 증가하므로 사일리지 급여가 가능하며, 방목을 시킬 수 있다. 어린송아지 사료는 서서히 육성사료(중송아지 사료)로 전환한다. 그러나 조사료의 질이 문제가 될 때는 어린송아지 사료의 비율을 많게 하거나 좀 더 급여하는 것이 좋다. 육성우의 영양소 요구량은 표 7-6, 7-7과 같다.

송아지 체중이 150 kg에 이르기까지는 사료 중 단백질 함량이 건물기준 16% 정도에 이르게 되므로 두과(豆科) 목초의 공급이 어려운 우리나라에서는 농후사료 중 단백질 함량의 유지에 유의해야 한다. 송아지가 6개월령 이상이 되면 양질 조사료만으로도 성장할 수 있으나 만족할 만한 성장을 위해서는 농후사료를 계속 급여해야 한다. 농후사료의 급여량은 조사료의 질과 송아지의 상태에 따라 조절해야 한다. 이때도 농후사료의 급여량을 너무 많게 하여 비만이 되어서는 안 된다.

2) 육성우의 정상 성장과 번식 적기

(1) Holstein 종은 생후 24개월령에서 초산(初產)이 되도록 사육하는 것이 목표다.

이를 위해 생리적 단계별로 목표 체중을 설정하고 이에 따라 사양관리를 하는 것이 올바른 방법이다. 일반적으로 첫 종부, 1산, 2산 때의 체중이 성숙체중의 각각 55%, 82%, 92%가 되도록 목표를 설정한다. 국내 젖소의 성숙체중을 650

표 7-6. 어린송아지의 영양소 요구량

영 양 소	체 중(kg)		
	50	70	100
1일 증체 목표, g	500	600	800
건물섭취량, kg	1.27	1.70	2.63
에너지			
NE_m, Mcal/kg	1.62	2.08	2.72
NE_g, Mcal/kg	1.01	1.42	2.27
ME, Mcal/kg	3.93	5.27	7.62
DE, Mcal/kg	4.35	5.66	7.99
단백질			
ADP[1], g	179	219	294
CP[2], g	238	292	392
비타민 A IU/kg	5,500	7,700	11,000

[1]ADP : Apparent digestible protein.
[2]CP : Crude protein

자료 : NRC(7판), 2001

표 7-7. 홀스타인 육성우(암송아지) 1일 영양소 요구량

체중 (kg)	증체 (g)	건물 섭취량 (kg)	에너지				단백질			무기물	
			NE_m (Mcal)	NE_g (Mcal)	ME (Mcal)	TDN (%)	RDP (g)	RUP (g)	CP (%)	Ca (g)	P (g)
150	600	4.1	3.57	1.03	9.0	60.0	379	199	14.0	26	12
200	700	5.2	4.44	1.51	11.5	61.7	458	205	13.4	30	14
250	800	6.2	5.24	2.07	14.1	63.4	597	207	13.1	34	16
300	800	7.1	6.01	2.38	16.2	63.4	685	183	12.3	35	17
350	800	7.9	6.75	2.67	18.2	63.4	769	162	11.7	37	18

자료 : NRC(7판), 2001

~680 kg이라고 할 때 첫 종부, 1산, 2산 때의 동물의 적절한 체중은 각각 357~374 kg, 533~558 kg, 598~626 kg이 된다.

(2) 생후 13~15개월이 되면 체중이 350~400 kg에 도달하고, 이때가 종부 적기이다. 이때 수정이 되면 초산월령이 24개월이 되어 가장 이상적이다. 번식 적기는 생후 월령에 따르기 보다는 체중에 따르는 것이 원칙이다.

(3) 육성우가 목표 체중에 도달하기 위해서는 6개월령 이후에는 일당 증체량이 0.7~0.8 kg 정도 되도록 한다. 그 이상에서는 비만이 되어 수정률(授精率)이 낮고, 유선발육에 지장이 생겨 우유 생산량이 감소하고, 난산(難產)이 될 수도 있다.

(4) 육성우는 정상 성장이 되도록 충분한 운동을 할 수 있도록 한다.

3) 분만 2~3주 전의 사양관리

분만 2~3주 전부터 농후사료의 양을 서서히 늘려 주어서 분만 시에는 6 kg의 농후사료를 먹을 수 있도록 한다. 농후사료의 증가 급여량은 하루에 0.5 kg 이상이 되지 않도록 한다. 이렇게 함으로써 분만 후의 많은 농후사료 섭취량에 적응할 수 있으며, 반추위내의 미생물 또한 농후사료에 적응되어 농후사료의 소화를 원활하게 한다. 이때 사료 중 Ca 함량은 정상 수준의 반으로 낮추는 것이 분만 후 유열(milk fever) 예방에 좋다. 칼슘 공급량이 수요에 못 미치게 되면 골수로부터 Ca을 공급하게 되는데, 이는 분만 후 비유로 인하여 혈중 Ca 함량이 급격히 저하되는 것에 대비하여 미리 Ca 공급 메카니즘을 가동시키는 의미가 있다.

연습문제

아래의 물음에 답하세요.

1. 비유기에 따른 유량, 사료섭취량, 체중의 변화를 그래프로 그리고 비유 초기, 중기, 후기, 건유기를 구분한 후 각 비유기에 따른 특징을 설명하시오.
2. 비유 초기에 최고 유량기의 사양관리의 요점을 기술하시오.
3. 젖소의 영양생리적 특성을 기술하시오.
4. 젖소의 건물섭취량에 영향을 주는 요인에 대해 기술하시오.
5. 유열(milk fever)의 원인과 예방책에 대하여 설명하시오.
6. 지방 보정유(FCM, fat corrected milk)란 무엇이며, 어떻게 계산하는지 기술하시오.
7. 반추동물의 단백질 대사 및 대사단백질에 대해 설명하시오.
8. 착유우의 반추위미분해단백질(RUP) 요구량을 결정하는 방법에 대해 설명하시오.
9. 단백질 급여 수준은 BUN(혈중 요소태질소) 및 MUN(우유 중 요소태질소)과 어떠한 연관이 있는지 설명하시오.
10. TMR 사양의 장·단점을 설명하시오.
11. 건유의 필요성을 기술하시오.
12. 어린송아지에서 초유의 중요성 및 급여 시간에 관해 기술하시오.

제 8 장

한우 사양

《학습목표》

- 한우의 송아지 생산 시스템 및 암소의 육성과 번식우의 사양관리 계획을 수립한다.
- 비육용 어린 송아지, 육성기, 비육기의 사양관리 체계를 세워 본다.
- 암소 노폐우의 비육 방법을 연구한다.

1. 번식우 사양

1.1 송아지

1) 출생 직후 관리

송아지가 출생하면 우선 호흡을 확인한다. 만일 호흡을 제대로 못할 경우 재채기를 유도하거나 양수가 호흡기에 들어간 것 같으면 송아지를 거꾸로 들고 흔들어서 배출되도록 한다. 인공호흡이 필요하면 20초 간격으로, 콧구멍에 공기를 불어 넣었다가 가슴을 눌러 배출시킨다. 그리고 체온의 유지를 위하여 체표면의 물기를 수건 등으로 제거하도록 한다. 그 후 탯줄을 배꼽에서 7cm 정도 남기고 자른 후 강옥도 등으로 소독을 한다.

2) 초 유

■ 초유의 중요성

어미소가 분만 후 2일 이내에 분비하는 유즙을 초유라 하며, 면역 물질과 송아지에게 필요한 각종 영양물질을 함유하고 있으므로 되도록 조기에 포유시키도록 한다. 어미소가 포유를 거부할 경우 착유하여 급여하도록 한다. 면역 물질은 고분자 물질로서 태내 이전이 어렵기 때문에 출생 후 경구적으로 섭취할 수밖에 없으며, 질병에 대한 저항력 향상, 태변 배출 촉진 등의 기능이 있다.

■ 초유 성분의 특성

초유에 함유된 영양 성분은 정상 우유에 비하여 지방은 1.2～1.7배, 고형분은 1.3～1.8배, 단백질은 2.6～4.6배, 특히 IgG는 14배 정도 많이 함유되어 있다. 그러나 유당 함량은 정상 우유가 초유보다 오히려 1.4배 정도 많다(표 8-1).

초유는 림프구(23%), 호중구(38%), 대식세포(40%) 등의 세포를 포함하고 있으며, 이러한 세포들은 송아지에게 수동면역을 제공한다. 면역 글로블린은 IgG 70～85%, IgM 7～14%, IgA 6～10%, IgE 순으로 많다.

그리고 초유는 송아지가 감염성 인자에 노출되는 첫 번째 수단이 될 수도 있다. 초유를 수집하거나 저장하는 동안 오염될 수 있고, 유선에서 직접 감염 인자가 전달되어 어미에서 송아지로 질병이 전파될 수도 있다(요네병, 소 백혈병 등). 송아지가 후보 소로 쓰일 예정이고, 어미가 질병의 매개체라면 포유시켜서는 안 되며, 질병이 없는 다른 소의 초유를 공급하여야 한다.

그리고 시간 경과에 따른 초유 성분의 변화를 보면 면역 단백질 함량의 경우 3일째부터는 급격하게 감소한다(표 8-2).

표 8-1. 초유와 일반 우유의 성분

성 분	초 유	정상 우유
전고형분(%)	18～24	13
지방(%)	5～7	4
단백질(%)	8～14	3
회분(%)	1.0～1.1	0.7
유당(%)	3～4	5
비타민 A(mg/dL)	200～300	33
IgG(mg/mL)	34～80	0.5～7.5
IgA(mg/mL)	1～7	0.1～0.5
IgM(mg/mL)	3～13	0.1～0.2

축산과학원, 2017

표 8-2. 분만 후 시간 경과에 따른 초유 성분의 변화

구 분	1일	2일	3~4일
고형분 함량(%)	23.9	17.9	12.9
단백질(%)	14.0	9.4	3.1
케이신(%)	4.8	4.3	2.5
면역 단백질(mg/mL)	48.0	25.0	0.6
지방(%)	6.7	5.4	3.7
유당(%)	2.7	3.9	5.0

한우 사육 길잡이, 2002

■ 초유의 급여법

송아지의 장관 세포의 성숙은 생후 바로 시작되며, 이 세포가 성숙함에 따라 면역 글로블린 흡수능이 저하되므로 생후 되도록 빨리 초유를 급여하여야 한다. 일반적으로 송아지가 감염성 질병에 저항성을 갖도록 출생 6시간 이내에 최소한 체중의 6%를 급여하는 것이 권장된다. 적어도 24시간 이내에 체중의 8∽10%의 초유를 섭취하여야 한다.

송아지가 면역 글로블린을 흡수하는 효율은 생후 1시간 이후부터 감소하기 시작하여 6시간 이내에 1/3로 감소하며, 24시간 후에는 10%로 감소한다. IgM은 생후 16시간, IgA는 22시간, IgG는 27시간까지 흡수된다. 그리고 초유 급여의 지연은 장흡수 부위의 손상과 세균 집락 형성을 수반하는 바, 송아지의 장은 무균 상태이지만, 몇 시간 후 주변에 존재하는 세균이 집락을 형성하기 시작한다. 집락 형성은 더러운 환경에서 더 커지며, 패혈증을 일으킬 수도 있다. 초유에는 세균 성장을 줄이거나 억제할 수 있는 물질이 함유되어 있다.

먹이는 방법은 직접 포유법과 양동이, 젖병, 식도관 등을 이용하는 기구를 이용하는 방법이 있다. 급여량은 혈청 IgG 농도가 10 mg/ml이 되도록 충분한 초유를 먹어야 하는데, 혈청이 체중의 약 10% 정도 되는 것을 감안하면 25 kg 송아지(혈청 2.5리터)는 생후 1일에 IgG 25g이 필요하다. 이것은 흡수율과 IgG 이용률이 100%일 때를 가정한 수치이므로 생후 1일의 평균 흡수 효율을 25~30%로 하면 섭취해야 할 IgG의 양은 75~100g이 된다.

초유 품질은 IgG 20 g/L 이하는 저품질, 20~50 g/L는 중품질, 50 g/L 이상이면 고품질이다. 그러므로 항체 농도가 낮은 초유는 더 많은 양을 먹여야 한다. 동결 초

유나 인공 초유제만 주는 경우, 생후 3～6시간에 1회, 생후 9～12시간에 1회 급여한다. (동결 초유는 1회에 1리터, 인공 초유 제제는 설명서의 규정량)

(1) 초산의 경우 어미소의 초유만으로는 충분치 않을 때는 동결 초유 등을 1회 급여

- 급여 방법은 동결 초유의 경우 50～55℃의 물에서 융해
- 60℃ 이상에서 녹이면 면역 글로불린의 단백 변성으로 정상적인 면역 효과 부여에 지장

(2) 인공 초유제는 설명서의 농도, 온도, 양으로 융해

- 동결 초유를 융해했을 때는 비중계를 이용해 변성이 없는지 체크해야 하며, 이 경우 초유의 온도를 15℃까지 내려서 측정
- 동결 초유의 보존은 -40℃에서 1년 정도 가능

3) 포육기의 관리

■ 고형사료의 급여

한우의 1일 비유량은 분만 후 0～2개월에 4.5 kg(0～1 개월에 4.7 kg, 1～2 개월에 4.3 kg)으로 일본 화우의 6.7 kg에 비하여 적은 양이다. 어미의 유량이 적으므로 (표 8-3) 고형사료에 일찍 적응할 수 있도록 인공유와 건초를 생후 10일경부터 공급하여 1개월령부터는 인공유를 본격적으로 섭취할 수 있게 한다.

■ 반추위의 발달

송아지는 출생 시 제4위가 잘 발달되어 있지만, 점차 반추위가 빠르게 성장하여 1

표 8-3. 한우의 비유량 및 송아지의 어미젖 요구량

구 분	분만 후 월수							평균	총량
	생시	1	2	3	4	5	6		
송아지 체중(kg)	27.1	42.0	58.3	78.8	100.9	124.3	149.5	-	-
어미젖 요구량(kg/일)	-	3.6	4.4	5.8	7.1	8.3	9.2	6.4	1,159
비유량(kg/일)	-	4.7	4.3	3.7	3.2	2.7	2.2	3.5	627.5

표 8-4. 거세 한우의 생후 월령별 위 중량 변화

구 분 (개월령)	반추위(제1 + 2위)		제3위		제4위	
	중량(kg)	비율(%)	중량(kg)	비율(%)	중량(kg)	비율(%)
0	01.6	37.2	0.07	16.3	0.20	46.5
6	3.11	66.7	0.90	19.3	0.65	13.9
12	5.35	68.1	1.45	18.4	1.06	13.5
18	6.61	66.2	1.93	19.3	1.44	14.4
24	7.74	68.3	1.72	15.2	1.88	16.6

개월령이 되면 반추위가 모양을 갖추게 되고 2개월령이 되면 반추 기능도 생기게 된다. 그리고 6개월령이 되면 각 위의 중량비도 큰 소와 비슷하게 된다(표 8-4). 조기에 반추위 용적을 증가시키기 위해서는 양질의 조사료를 충분히 급여하여야 하며, 반추위내 융모의 발달을 위해서는 휘발성 지방산에 의한 자극이 효과적이다.

■ 사료의 급여

(1) 보조사료

포유기간 초기부터 인공유(어린 송아지 펠릿)와 양질의 목건초(화본과 7 : 두과 3)를 충분히 공급함으로써 고형 사료에 대하여 친숙해지도록 한다. 인공유는 생후 20∽30일령 이후에 300g 정도 섭취할 수 있도록 하며, 목건초도 충분히 섭취시켜 반추위의 발육을 촉진시켜야 한다. 특히 포유기간 동안의 일당 증체량을 0.6 kg 이상으로 설정할 경우 보충사료의 급여가 필요하다(표 8-5).

(2) 조사료

송아지가 성장하여 우수한 번식우 또는 비육우가 되기 위해서는 반추위의 발달이 매우 중요하다. 송아지의 반추위는 출생 시에는 용적이 1.3 L에 위 전체 용적의 26%에 불과하지만, 6개월령에는 위 전체 용적의 75%를 차지할 정도로 발달하게 된다(표 8-6). 이 시기에 충분한 발육이 이루어지도록 양질의 건초를 충분히 급여하여야 한다. 건초의 품질이 좋지 않으면 영양소 요구량을 맞추기 위한 농후사료 공급량이 상승하게 되어 반추위의 충분한 발달을 기대하기 어렵게 된다.

표 8-5. 포유 송아지의 발육에 필요한 영양소 부족량

체중 (kg)	포유량 (kg)	일당 증체량 0.6kg			일당 증체량 0.8kg			일당 증체량 1.0kg		
		DM (kg)	CP (g)	TDN (kg)	DM (kg)	CP (g)	TDN (kg)	DM (kg)	CP (g)	TDN (kg)
40	4.0	0.14	24	0.14	0.27	76	0.29	0.39	128	0.44
	5.0	-	-	-	0.13	35	0.11	0.2	87	0.26
60	3.8	0.47	59	0.41	0.62	115	0.59	0.79	172	0.76
	4.8	0.32	18	0.23	0.47	74	0.41	0.61	131	0.58
80	3.5	0.92	109	0.72	1.14	172	0.94	1.43	236	1.15
	4.5	0.78	68	0.54	1.00	131	0.76	1.29	195	0.97
100	3.0	1.49	149	1.07	1.77	215	1.33	2.09	280	1.58
	4.0	1.35	108	0.89	1.63	174	1.07	1.95	239	1.40
120	2.8	1.98	246	1.35	2.34	327	1.64	2.70	409	1.92
	3.8	1.84	205	1.17	2.20	286	1.46	2.56	368	1.74

표 8-6. 송아지의 성장에 따른 위 용적의 변화

(단위 : L, %)

구 분	출생 시	3주	3개월	6개월	12개월	성우
제1, 2위	1.3(26.0)	3.0(37.5)	13.0(66.6)	36.5(75.3)	68.0(76.8)	150∽200(88.4)
제3위	0.2(1.6)	0.5(6.3)	0.5(2.6)	2.0(4.1)	8.5(9.6)	7∽18 (6.5)
제4위	3.5(70.0)	4.5(56.2)	6.0(30.8)	10.0(20.6)	12.0(13.6)	8∽12 (5.1)

4) 이 유

■ 시 기

한우 송아지의 이유는 대개 4～5개월령(3～6개월)에 실시하고 있으나, 사료 섭취 능력에 차이가 없는 경우 3개월 정도에 시키는 것이 바람직하다. 포유기간이 길면 어미소의 건강이 나빠지고 재귀 발정이 늦어지며, 또한 송아지의 발육이 지연될 우려도 있다. 생후 3개월령이면 인공유를 하루 1 kg 이상 섭취가 가능하므로 이유를 미룰 필요는 없다고 본다(표 8-7).

표 8-7. 이유 전후의 한우 송아지에 대한 사료 급여 기준

구 분			1	2	3	4	5	6개월령
체 중(kg)			44	62	84	107	132	157
자연포유			○	○	○	○	-	-
사료 급여량 (kg/일)	배합 사료	어린 송아지	0.3	0.5	0.8	1.0	0.8	-
		중송아지	-	-	-	1.0	1.8	3.2
	양질 조사료		자 유 채 식					

■ 방 법

반추위의 발달은 생후 8주 정도면 어느 정도 기능을 갖추게 된다. 어미소의 비유능력도 분만 후 80일 정도 되면 매우 낮아지므로 이 시기 전에 이유를 준비하는 것이 좋다. 이유의 시도에 있어 인공유의 공급을 갑자기 줄이지 말고 서서히 1～2주 정도의 여유를 갖고 중송아지 사료로 교체하도록 한다.

■ 인공 포육

인공 포육이란 어미소로부터 송아지를 분리하여, 대용유를 사용하여 사육하는 방법으로 분리하는 시기가 생후 수일로 빠르므로 초조기(超早期) 모자 분리라고도 한다. 인공 포육은 다음과 같은 특성이 있다.

(1) 장 점

- 송아지의 균일한 발육
  - 자연 포유 : 어미소의 포육 능력, 비유량, 유질 등에 따라 송아지의 발육이 크게 좌우
  - 인공 포육 : 성분이 안정된 대용유를 사용하여 발육이 균일하고 이유나 거세, 무리 편성 등의 작업계획 수립 용이
- 편리한 개체 관리
  - 카프 허치 등의 단방에서 사육하는 경우가 많고, 개체 관리가 쉬움
  - 무리 사육에서도, 포유시 송아지의 모습을 쉽게 관찰(이상 조기 발견/질병 예방 가능)

- 인공유(스타터) 섭취 활발
  - 자연 포유 : 인공유 섭취 시기, 양에 개체차 있음
  - 인공 포육 : 인공유에 대한 순치를 실시하기 쉽고, 섭취량의 불균형을 줄일 수 있음
- 어미소의 발정 회귀가 빨라짐
  - 자연포유의 경우 송아지 흡유 자극으로 어미소의 발정을 억제하는 호르몬(프로락틴 : 배란 억제)이 분비되어 발정의 회귀가 늦어질 수 있음

(2) 단 점

- 노동력의 증가: 인공 포육은 하루에 2～3회의 포유 작업이 필요. 두수가 늘어나면 노동력이 부담
- 대용유 비용 부담: 인공 포육에서는 자연 포유에는 필요 없는 대용유 비용을 부담
- 송아지 전용 사육팬 필요: 자연포유의 경우 모자를 이유까지 같은 장소에서 사육할 수도 있지만, 인공포육의 경우는 송아지 전용 사육팬(헛치 등) 필요

(3) 모자 분리 시기 및 방법

- 초유를 먹인 다음, 인공 포육을 위하여 모자 분리 실시
- 송아지가 사용하는 카프 허치를 소독
- 모자 분리의 시기는 생후 3～5일
- 송아지가 면역 항체의 흡수는 생후 24시간까지
  - 초유 중에 포함되는 사이토 카인(림프구 등의 생리활성 물질)이 송아지의 면역력을 높임(초유는 3일 정도 먹이는 것이 좋음)
- 송아지를 어미소에 너무 오래 붙여두면 포유병에 길들이는 것이 힘들어 짐
- 분리 후 즉시 대용유를 먹지 않을 수 있음. 이 경우는 무리하지 말고 시간을 두고 재시도
- 분리의 예
  - 생후 3일령의 송아지를 아침에 카프 허치로 이동
  - 그 후 저녁까지는 우유 급여는 하지 않고 저녁에 1～1.5 리터의 대용유를 우유병으로 급여
  - 저녁때까지 아무것도 주지 않고, 그 후 급여하는 것이 요점. 혹시 저녁에도 먹지 않는다면 다음 날 아침에 다시 시도 (하루 정도 먹지 않아도 큰 무리는 없음)

1.2 육성우

일당 증체는 6개월령에는 0.8 kg 이하, 6～12개월령에는 0.5～0.7 kg, 12～24개월령 0.4 kg 정도(농진청, 2000)로 한다. 계류식 우사에서는 1일 1시간 이상 운동 필요하지만, 개방식 우사에서는 적정 두수를 유지하면 운동량은 충분할 것으로 본다. 과비하게 되면 비유 및 번식기관에 지방이 축적되어 유선 세포 발육 부진에 의한 비유 능력 저하, 번식 효율 저하를 유발하게 된다. 그리고 저영양 시에는 발육 부진에 따른 초발정 및 초임 시기가 지연된다.

육성기 빠른 성장은 성성숙을 빠르게 하는 단점도 발생하므로 조사료 위주의 사육이 필요하다. 초발정은 생후 8～11개월령에 오게 되며, 월령보다는 체중의 영향이 크다. 첫 종부는 14～15개월령에 시키며, 이 때의 체격 조건은 체중 270 kg, 체고 120cm, 체장 132cm 이상 되도록 한다. 조기 번식우는 전 기간 번식 성적이 저하되며 난산, 유선 발달 장애, 송아지의 이유 체중 감소가 나타난다. 그리고 각 월령별 발육은 표 8-8을 참고하면 된다.

표 8-8. 번식용 한우의 발육 기준

월 령	체 중(kg)		일당 증체량	월 령	체 중(kg)		일당 증체량
	기 초	기 말			기 초	기 말	
1	25	40	0.50	13	224	240	0.53
2	40	56	0.53	14	240	255	0.50
3	56	73	0.57	15	255	270	0.50
4	73	90	0.57	16	270	285	0.50
5	90	108	0.60	17	285	300	0.50
6	108	126	0.60	18	300	316	0.53
7	126	143	0.57	19	316	332	0.53
8	143	160	0.57	20	332	348	0.53
9	160	176	0.53	21	348	360	0.50
10	176	192	0.53	22	360	377	0.57
11	192	208	0.53	23	377	394	0.57
12	208	224	0.53	24	394	411	0.57

※ 평균 일당 증체량(6～24개월령) : 0.536 kg

표 8-9. 육성암소에 대한 체중별 영양소 요구량

구 분		체 중(kg)					
		150		200		250	
일당 증체량		0.4	0.6	0.4	0.6	0.4	0.6
영양소(kg)	DM	3.80	4.0	4.7	5.0	5.5	5.9
	CP	0.378	0.447	0.423	0.486	0.464	0.522
	TDN	2.18	2.50	2.71	3.11	3.2	3.67

구 분		체 중(kg)					
		300		350		400	
일당 증체량		0.4	0.6	0.4	0.6	0.4	0.6
영양소(kg)	DM	6.3	6.8	7.1	7.6	7.9	8.4
	CP	0.503	0.554	0.540	0.585	0.575	0.614
	TDN	3.67	4.21	4.12	4.73	4.55	5.22

표 8-10. 육성기 암송아지 사료 급여 기준

구 분	나 이(개월령)								
	4	5	6	7	8	9	10	11	12
체 중(kg)	90	100	120	145	170	190	210	225	240
볏짚(kg/일)	1.0	1.0	1.5	1.5	1.8	2.0	2.3	2.5	2.7
배합사료(kg/일)[1]	2.0	2.5	3.0	3.5	3.5	3.5	4.0	4.0	4.0
목건초(kg/일)[2]	1.5	1.8	1.8	2.0	2.3	2.5	3.0	3.0	3.5
배합사료(kg/일)[1]	1.5	2.0	2.0	2.5	2.5	2.5	2.5	2.8	2.8
사일리지(kg/일)[3]	5.0	8.0	10.0	11.0	12.0	13.0	14.0	15.0	16.0
배합사료(kg/일)[1]	1.5	2.0	2.0	2.0	2.0	2.0	2.0	2.0	2.0

[1] 4～6개월령 : 중송아지 사료, 7～12개월령 : 큰송아지 사료 [2] 티모시 [3] 옥수수

정 등(2005)

육성우의 사료 급여 기준은 성성숙 이전에는 1일 증체량 0.55 kg 정도로 설정하고, 성성숙기인 13∽18개월령(체중 250∽350 kg)에는 농후사료를 체중의 1.5% 정도를 급여하며, 조사료는 자유 채식 시킨다. 또한 조사료의 종류에 따라 농후사료의 공급량도 달라지게 된다(표 8-9, 8-10).

1.3 임신우

1) 임신기간의 사양

초임우는 경산우에 비하여 자체 성장 및 태아 성장, 양면에 영양소가 요구되므로 저영양의 영향을 받기 쉽다. 암소의 성숙 시 체중이 450 kg 정도 되므로 이에 미달된 어린 암소는 임신 유지기의 일당 증체는 400g 정도로 하고, 볏짚 위주의 사양을 할 경우는 비타민 A 등 비타민과 무기물 요구량도 점검을 하여야 한다(표 8-11, 8-12).

표 8-11. 한우 암소의 유지에 필요한 영양소 요구량

구 분	체 중(kg)					
	350	400	450	500	550	600
건물량(DMI, kg)	6.1	6.7	7.3	7.9	8.5	9.1
사료 조단백질(CP, %)	12	12	12	12	12	12
가소화영양소 총량(TDN, %)	50	50	50	50	50	50
대사에너지(ME, Mcal)	10.99	12.15	13.27	14.36	15.42	16.46
가소화에너지(DE, Mcal)	13.40	14.81	16.18	17.51	18.81	20.08
가소화영양소 총량(TDN, kg)	3.04	3.36	3.67	3.97	4.27	4.55
대사단백질(MP, g)	562	569	576	582	587	593
조단백질(CP, g)	661	669	677	684	691	698
칼슘(Ca, g)	11	12	14	15	17	18
인(P, g)	12	13	15	16	18	20
비타민 A(1,000 IU)	14.84	16.96	19.08	21.2	23.32	25.44
비타민 D(1,000 IU)	2.1	2.4	2.7	3.0	3.3	3.6

정 등(2005)

표 8-12. 한우 암소 공태 및 임신 초기 사료 급여 기준

구 분	체 중(kg)							
	300	350	400	450	500	550	600	650
볏짚(kg/일)	4.0	4.5	5.0	5.8	5.8	6.5	7.2	7.5
배합사료(kg/일)[1)]	3.0	3.0	3.0	3.0	3.3	3.3	3.5	3.5
목건초(kg/일)[2)]	5.0	5.5	6.0	6.5	7.0	7.7	8.4	9.0
배합사료(kg/일)[1)]	1.5	1.5	1.5	2.0	2.0	2.0	2.0	2.0
사일리지(kg/일)[3)]	18	20	23	25	28	31	34	37
배합사료(kg/일)[1)]	2.0	2.0	2.0	2.0	2.0	2.0	2.0	2.0

[1)] 임신우 사료, [2)] 티모시, [3)] 옥수수

정 등(2005)

그러나 임신 시의 과비는 송아지 생시 체중의 감소, 어미의 비유량 감소를 가져올 수도 있다. 수정 3～4개월에는 급격한 외부 충격에 주의하도록 하며, 1일 3～4시간의 운동을 하도록 한다.

임신 초기의 사양은 체중 450 kg 기준 조사료의 품질에 따라 농후사료의 양을 조절하게 되는데, 볏짚이 주된 조사료일 경우 볏짚 5.8 kg에 농후사료 3 kg을 공급하지만, 조사료가 목건초일 경우는 농후사료를 2 kg만 주어도 된다.

임신 중기까지는 태아의 성장이 더디기 때문에 사료의 증량 급여의 필요가 덜 하지만, 분만 전 2～3개월 전에는 10～20% 증량 급여하여야 한다. 임신 말기에는 분만 2주 전부터 농후사료를 1일 1～1.5 kg 이상 증량하여 태아의 성장 및 비유량 증가에 대비하여야 하며, 분만 당일에는 평상시의 1/2～1/3로 감량하여 준다. 사양 관리의 기준을 일괄적으로 적용하기에는 현실적으로 다소 무리가 있으므로 개체별 신체 충실지수도 고려할 필요가 있는 바 임신 초기부터 중기까지는 2.5를 기준으로 하고, 임신 말기에는 3.0 정도 되도록 한다.

그리고 분만 4주 전 및 2주 전에는 로타 바이러스 및 코로나 바이러스 백신을 접종하여 모체로부터 면역 물질이 초유를 통하여 송아지에 전달되도록 한다. 분만 2～3일 전에는 분만실로 이동시킨다.

1.4 포유우

포유우는 자체 증체를 고려하지 않더라도 젖 생산을 감안하여 분만 전 2~3개월보다 사료량을 10~15% 정도 1주일 정도의 기간을 두고 서서히 증량해야 한다. 분만 후의 올바른 사양 관리는 재귀 발정을 빠르게 하고 인공수정 시 수태율에도 많은 영향을 미치게 된다. 체중 350 kg 포유우의 경우 조사료를 자유채식 시키면서 조단백질 13%, TDN 68~70%의 농후사료를 체중의 1.5~1.8% 정도 섭취하도록 한다. 재귀발정은 대개 분만 후 30~90일경에 오는데, 분만 후 30일 이전에 왔을 때는 다음 발정 때 수정시키도록 한다.

포유기의 사양도 조사료의 품질에 따라 배합사료의 급여량이 달라지는 바, ① 볏짚 3.3 kg + 배합사료 5.1 kg, ② 볏짚 2.1 kg + 야건초 3.1 kg + 배합사료 3.8 kg, 또는 ③ 볏짚 2.1 kg + 혼합건초 3.1 kg과 같이 변화를 줄 수 있다. 그리고 조사료를 볏짚에만 의존하는 경우 종합 비타민제와 무기물 공급제를 보충할 필요가 있다.

2. 비육우 사양

2.1 송아지 입식

전체적으로 건강하고 사료를 잘 먹으며, 체형이 좋고 우수한 혈통을 가진 송아지가 좋다. 체적은 체폭, 체심, 체장이 크고 전체적으로 균형을 이루고 있어야 하며, 몸의 윤곽이 선명하고 피모는 윤택하며, 피부는 여유와 탄력이 있어야 한다. 이마와 콧날은 평직하고 넓어야 하며, 턱느러미는 암소에서는 적은 것, 수소에서는 흉수가 어느 정도 발달한 것이 좋다.

비경과 비공은 크고, 목은 짧고 두터운 것이 좋다. 전구는 폭이 넓고 충실하며, 가슴은 깊고, 어깨는 기갑이 두텁고 붙임이 좋으며, 경사가 적당하여야 한다. 중구는 폭이 팽팽하고 늘씬하고, 등과 허리는 넓고 길며, 후구에 이행이 좋으며, 갈비뼈 간격이 넓고, 배는 처지지 않은 것이 좋다. 엉덩이는 폭이 넓고 충실하며, 경사가 적고 요각이 돌출하지 않은 것이 좋다. 넓적다리는 넓고 두텁고 충실하여야 하며, 다리 자세와 걸음걸이는 월령에 맞게 균형을 이루어야 한다.

송아지 고르기의 실제에 있어 생시 체중은 25 kg 이상이 좋으며, 6개월령 기준 십자부고가 110cm 이상이고, 등선이 뒤로 가면서 많이 높아지는 것이 발육이 좋을 가능성이 있으며, BCS는 2.75 정도로 과비 되지 않은 것이 좋다.

2.2 육성우

한우의 육성기는 산육생리나 발육 특성으로 볼 때 생후 3~4개월령에서 12~13개월령까지로 볼 수 있다. 이 시기에는 소화기관 특히 제1위의 발육과 골격의 성장에 중점을 두어야 한다.

1) 입식 송아지의 관리

입식 송아지는 새로운 환경에 적응해야 하는 것 때문에 스트레스를 많이 받으므로 이를 경감시켜 주는 것이 필요하다. 첫날은 스트레스 감소를 위하여 영양제와 항생제를 투여하고, 물과 품질이 좋은 건초를 공급하고 안정을 취하게 한다. 스트레스로 인하여 초기에는 사료를 잘 먹지 않으므로 다음 날부터 농후사료를 체중의 1% 정도 분변의 상태를 관찰하면서 공급한다(표 8-13).

회복기간은 보통 1개월이 소요되는 수도 있으며, 입식 후 1~2주간의 사료의 품질이 매우 중요하다. 이때의 사료의 영양 수준은 조단백질 15~16%, TDN 69~70% 수준의 배합사료와 양질의 조사료가 필요하다. 인공유를 섭취하던 송아지는 인공유와 중송아지 사료를 7:3 정도로 혼합하여 단계적으로 여러 날에 걸쳐 목표 사료로 교체하도록 한다.

표 8-13. 입식 송아지의 사료 섭취

도착 후 경과 일수	섭취 비율(%)※	범위(%)
1	21.7	0~50
2	36.7	10~60
3	56.7	30~90
4	61.7	30~90
5	66.7	40~90
6	68.3	40~90
7	70.0	60~90
8	71.7	60~90
9	73.3	60~90
10	85.0	60~100

※전체 두수에 대한 사료 섭취 두수의 비율

2) 입식기 이후의 사양관리

입식 4주 후부터 12개월령까지의 사양관리를 말하며, 이 기간에는 소화기관 특히 반추위와 골격의 발육을 양호하게 하여야 한다. 이 시기의 관리가 부실하면 비육기의 사료 섭취량이 감소하여 증체 성적이 불량하며, 대사성 질병이 발생하기 쉬우므로 배합사료 급여량을 제한하고, 양질의 조사료의 섭취량를 늘려야 한다. 이를 위해서는 조사료의 품질을 향상시켜야 하며, 조사료의 품질이 조악할 경우 농후사료에 대한 의존도가 높아져 소기의 목적을 이룰 수 없다.

농후사료의 영양 수준은 조단백질 15～16%, TDN 69～70% 정도로 하며, 이것을 체중의 1.5～1.6%로 제한하여 급여하고, 양질 건초를 무제한 급여하도록 한다. 4～5개월령의 송아지는 약 1개월간의 입식 기간을 보낸 후 배합사료를 두당 3 kg 정도 급여하고 매월 0.2～0.3 kg씩 증량하여 12개월령에 5.5 kg 정도 되게 하면 일당 증체량은 0.8 kg 정도 된다. 만일 배합사료 섭취량이 지나치면 조기에 내장 지방이 증가하고, 비육이 진행되면서 피하지방과 근간 지방의 축적이 많아져 비육 말기의 고품질 지방 교잡육 생산에 차질이 생기게 된다.

9개월령부터는 근간 지방 조직이 발달이 시작되며, 이 시기에 에너지 섭취가 많으면 지방세포의 발달이 촉진되어 근간 지방이 두꺼운 지육이 생산된다.

2.3 비육기 사양관리

비육기는 비육 전기(13～21개월령)와 후기(22개월령～출하기)로 나누기도 하지만, 여기서는 전기(13～17개월령)・중기(18～22개월령)・후기(23개월령～출하기)로 구분하여 설명하고자 한다.

1) 비육 전기의 사양관리(13～17개월령)

비육 전기는 육성기에 조사료 위주로 자란 비육 밑소가 본격적으로 근육이 성장하면서 체지방도 함께 많아지는 시기로, 육성기의 제한 사양에 대하여 보상성장(補償成長, compensatory growth)이 이루어지게 되므로 일당 증체량이 높아지는 기간이다. 또한, 지육 지방과 근내 지방의 축적에 필요한 지방세포의 분화가 활발하게 일어나는 시기이므로 비육 후기보다 조단백질 함량을 많게 설정하고 에너지 함량이 과다하지 않도록 한다.

이 시기에 증체량을 많게 하기 위하여 농후사료를 너무 많이 급여하면 피하지방이 두꺼워지고, 신장 지방 등 불가식 지방이 증가하므로 적정 수준의 조단백질 급여와

표 8-14. 거세 한우 비육전기 사료 급여 기준

구 분		월 령				
		13	14	15	16	17
체 중(kg)		347	377	407	437	467
일당 증체량(kg/일)		0.9~1.0				
사료 급여량 (kg/일)	배합사료	5.8	6.6	7.4	8.3	9.2
	건 초	4.5	4.0	2.5	1.5	
	볏 짚	-	-	1.0	1.5	2.0

TDN의 제한이 필요하다. 이 시기에 공급되는 농후사료의 화학적 조성은 조단백질 13~16%, TDN 68~70% 정도로 하면 된다. 이 기간에 급여하는 조사료는 볏짚이나 건초를 급여하면 되고, 옥수수 사일리지는 수분 함량이 너무 많고, 카로틴이 지방 분화를 억제할 수 있으므로 급여에 유의한다(표 8-14).

2) 비육 중기의 사양관리(18~22개월령)

비육 중기는 증체가 왕성하게 일어나는 시기이므로 농후사료의 급여량을 증가시키고 조사료를 점감시켜야 한다. 그러나 농후사료의 과잉 급여는 피하 지방이 두터워지는 등 역작용이 있으므로 단백질 12~13%, TDN 72~73% 정도의 농후사료를 체중의 1.7~1.9% 수준으로 공급한다. 이 시기는 농후 사료의 공급이 늘어남에 따라 요결석, 과산증 등 대사장애가 발생하지 않도록 유의해야 한다(표 8-15).

표 8-15. 거세 한우 비육 중기 사료 급여 기준

구 분		월 령				
		18	19	20	21	22
체 중(kg)		497	526	555	583	610
일당 증체량(kg/일)		0.8~1.0				
사료 급여량 (kg/일)	배합사료	9.2	9.2	9.2	9.2	9.2
	볏 짚	2.0	1.5	1.5	1.5	1.5

3) 비육 후기의 사양 관리(23 개월령~출하기)

비육 후기는 근내 지방의 축적이 이루어지는 시기이므로 마블링이 잘 되어 육질이 개선될 수 있는 여건이 조성되어야 한다. 비육 후기에는 체중이 증가되어 유지 요구량이 많아지기 때문에 농후사료 섭취량이 많아져도 증체 속도는 빠르지 않다.

출하 시기가 가까워지면 농후사료 섭취량은 8~7 kg으로 감소하고, 일당 증체량도 0.8~0.4 kg으로 줄어든다. 그러나 지방 합성을 위하여 일정한 혈당치를 유지할 수 있도록 사료 섭취량이 감소되지 않도록 한다. 이때의 사료 영양 수준은 조단백질 12~13%, TDN 72~74% 정도가 알맞다. 그리고 조사료 섭취량은 볏짚의 경우 22~24 개월령까지는 1.2~1.5 kg을 유지하고, 25개월령에도 1 kg 이상 유지되도록 한다(표 8-16).

표 8-16. 거세 한우 비육후기 사료 급여 기준

구 분		월 령						
		23	24	25	26	27	28	29
체 중(kg)		635	658	680	700	716	731	744
일당 증체량(kg/일)		0.4~0.8						
사료 급여량 (kg/일)	배합사료	8.8	8.4	8.0	8.0	7.6	7.6	7.2
	볏 짚	1.2	1.2	1.2	1.2	1.2	1.2	1.2

3. 수소 사양

포유기 수송아지의 영양소 요구량은 4개월령까지는 일당 증체량이 0.7 kg으로 암송아지보다 높다. 한우 수소 비육 시 24개월령까지 농후사료 위주의 사양에서 일당 증체량은 13개월령 전후로 증가하다가 그 이후에는 감소하는 경향을 보인다.

한우 수소의 에너지 요구량은 거세우의 유지 요구량에 15%를 더하여 130.7 kcal / $W^{0.75}$로 하여 NEg = 0.0429 × 대사 체중 $W^{(0.75)}$ × DG(kg)의 식을 사용한다. 단백질 요구량은 CPm = 5.56 $W^{0.75}$을 적용한다. 증체에 필요한 단백질 축적량(RP)은 RP = DG ×(224.7 - 0.209 ×W)의 식으로 구하며, 체중별 요구량은 부록의 별표에 제시하였다.

4. 한우 암소 비육

4.1 암소 노폐우 비육

1) 비육기간

(1) 성숙도에 따른 육질등급 강등을 감안하여 6세 이전에 출하될 수 있도록 비육을 개시한다.

(2) 개시 체중이 450kg 미만의 경우 약 10개월간 비육, 450 kg 이상의 경우 6～8개월간 비육 시 육질 향상 효과가 좋다.

2) 사료 급여방법

(1) 비육 초기 4개월간은 배합 사료를 체중의 1.7%로 제한 급여하고, 후기 4개월간은 자유채식 시키는 것이 바람직하다.

3) 주의사항

(1) 비육기간 동안 발정에 따른 승가 행위와 스트레스로 사고 유발 및 사료 섭취량의 급감에 관심을 기울여야 한다.

(2) 암소 비육 시 발정 발현은 사료 섭취량과 증체량 감소 및 보상 성장에 따른 피하 지방 과다 축적 등의 부작용을 줄이기 위하여 사료 급여 회수 증가나 발정 억제제 급여 등의 사양관리가 필요하다.

(3) 비육기간이 지속됨에 따라 과비가 되면서 미약 발정으로 바뀌어 그 부작용은 줄어드나 비육 개시부터 사료를 과다 섭취 하지 않도록 하여야 한다.

(4) 비육 후기로 갈수록 과체중으로 인하여 기립이 어려운 개체나 급성 고창증 발생 빈도가 높아지므로 세심한 개체 관찰이 필요하다.

4.2 미경산우 비육

1) 비육단계 및 비육기간

(1) 육성기(생후 14개월령까지), 비육 전기(15～23개월령) 및 비육 후기(24개월령～출하 시까지)로 구분하여 단계별 사양 기술을 적용한다.

(2) 증체 및 육질을 감안할 때 미경산우 비육은 최소한 30개월령 이후에 출하하는 것을 검토해 볼 수 있다.

2) 사료 급여방법

(1) 농후사료는 거세우 비육용 사료를 이용하여, 육성기에는 체중의 1.6%, 비육 전기는 1.7% 정도로 제한 급여하고, 비육 후기에는 1일 두당 8.5 kg 이하로 급여한다.

(2) 조사료는 육성기부터 비육 전기 초기까지는 양질 조사료를 충분히 급여하고, 이후 출하 시까지는 볏짚을 1일 두당 2.0 kg 정도 섭취토록 한다.

4.3 경산우 비육

경산우의 비육에 있어 분만 및 송아지 포육으로 인한 체중 감소를 단기간에 회복시킬 목적으로 비육 개시 후 농후사료를 다급하게 되면 피하 지방이 과다 축적하게 되므로 제한 급여가 필요하다. 비육 개시 시 체중이 가벼운 경우 비육기간을 다소(1~4개월) 연장할 필요가 있다. 배합사료를 비육 초기 4개월 정도는 체중의 1.7% 정도로 제한하고, 후기 4개월 정도는 자유채식 시킨다.

그리고 한우 경산우의 육질 등급이 저조한 원인은 성숙도에 의한 등급 강등이 주원인으로, 암소의 나이가 5세 때 도축할 경우 육질 등급 강등 비율이 20% 내외인 것이 6세 도축 시 50% 정도, 7세 도축 시 90% 이상으로 증가하게 된다. 성숙도 판정에서도 8, 9단계 판정 시 전체 육질 등급이 강등하므로 가급적 6세 이전 출하하는 것을 검토한다. 그리고 비육기간의 불충분으로 인한 것으로 단기 비육 시 근내 지방 축적 부족으로 1등급 출현율이 낮다. 비육기간 동안 발정 발현에 의한 승가 행위 등에 대하여도 수술 등 대책이 필요하다.

5. 비육우의 영양관리

1) 비육개시의 사료섭취 유도

(1) 구입한 송아지의 첫 2~3일간 관리목표는 질병 발생이나 폐사를 최소로 줄이는 것이다.

(2) 이러한 송아지들에게 농후사료를 최대한 섭취하게 하는 정해진 방법은 없다.

한 방법으로 조사료가 많이 함유된 완전배합사료를 급여하기 시작하여 점차 조사료의 비율을 줄여 나가는 방법이 있다. 첫 10일에서 3주까지 비타민 A (30,000~50,000 IU/day)와 항생제를 급여한다. 스트레스를 많이 받은 송아지는 충분한 양의 사료섭취를 시작할 때까지 2~3주가 걸리기도 하며, 1년생 송아지의 사료섭취는 대개 5~6일째에 정상으로 돌아온다.

(3) 사료섭취 시작의 유도는 다음과 같은 방법이 있으며, 사정에 따라 변화시킬 수 있다.

- 일당 요구량에 바탕을 둔 급여방법
  - 가능한 한 빨리 송아지의 건강상태를 점검하고 필요에 따라 치료한다.
  - 송아지가 도착하자마자 건초나 양질 조사료를 배합사료와 함께 급여한다. 두과(豆科) 목초는 설사를 유발하는 경향이 있기 때문에 처음 사료로는 화 본과(禾本科) 건초가 더 좋다.
  - 2~4일경부터 또는 조사료를 한번 충분히 급여한 다음 가능한 한 빨리 배합사료를 체중의 0.5% 정도 급여하고 조사료를 자유채식 시킨다.
  - 사일리지를 주 조사료로 급여할 계획이라도 건초를 한번 충분히 급여한 다음 사일리지를 급여한다.
  - 송아지의 컨디션 조절을 위해 고농도 항생제를 사용할 경우 약 10~20일 후에는 중단하도록 한다.
  - 농후사료의 최대 급여는 체중의 약 1~1.5%에 이르기까지 하루에 약 0.4 kg 정도씩 점진적으로 증가시킨다. 송아지가 많이 섭취하면 더 빨리 증가시킬 수도 있으나 하루 0.4~0.5 kg씩 증가시키면 충분하다. 농후사료 급여량을 증가시키면 조사료 섭취는 감소하게 마련인데, 농후사료를 섭취하지 않았던 송아지는 농후사료 최대 섭취에 이르기까지 2~3주 걸린다.

표 8-17. 비육 개시때 고농후비육사료(TMR)에 적응시키는 요령

조사료와 농후사료 비율	사료 급여일
50 : 50	3~4일
40 : 60	4~5일
30 : 70	4~5일
20 : 80	4~5일
15 : 85	4~5일
10 : 90	4~5일

- 완전 섬유질배합사료(TMR)를 자유채식 시키는 방법
  - 가능한 한 빠르게 송아지 건강상태를 점검하고 치료한다.
  - 도착 후 2~4일 휴식하는 동안에는 건초나 중질의 조사료를 충분히 급여한다.
  - 영양소 요구량에 맞도록 조사료와 농후사료를 함께 섞은 완전배합사료로 시작하여 표 8-17과 같이 조사료와 농후사료 비율을 조절해 나간다.
  - 나머지 사육기간 동안에는 위 방법 중 하나를 택하여 지속적으로 급여한다.

2) 육성 및 비육사료의 에너지

(1) 비육사료에 적응시킨 다음의 사양관리의 목표는 대사장애를 일으키지 않으면서 사료섭취량을 최대한도로 유지하는 것이다.

(2) 조사료와 농후사료의 비율에 따라 이 두 가지 사료를 모두 효율적으로 이용하지 못하는 경우가 있다. 이러한 부정적 상호작용(negative associative effect)은 농후사료가 60~75% 이상일 때 나타나는 수가 있는데, 이는 어느 사료가 다른 한 사료의 이용을 방해하기 때문이다. 이러한 경우 다음과 같은 사양 프로그램 중 하나를 선택하면 도움이 될 수 있을 것이다.

- 두 단계 사양기간
  - 1단계 : 농후사료를 50~60% 함유하는 사료를 체중 200 kg 때부터 360 kg 때까지 급여한다.
  - 2단계 : 체중 360 kg 정도부터 출하할 때까지는 농후사료가 75% 함유된 사료를 급여한다. 이렇게 하면 농후사료 섭취는 증가하고, 사일리지나 조사료 섭취는 감소할 것이다.
- 단일 단계 사양

  송아지들이 농후사료에 적응한 다음 농후사료를 75% 또는 그 이상 함유하는 사료를 출하할 때까지 급여한다. 사료 내 농후사료 비율을 계산할 때는 고형물 기준으로 배합사료는 100%, 옥수수 사일리지는 50%, 그리고 건초는 0% 농후사료로 간주한다.

3) 육성 및 비육사료의 단백질

(1) 육성 또는 비육을 위한 소의 단백질 요구는 조단백질 또는 대사단백질로 표시할 수 있다. 이들의 요구량 산출 공식은 다음과 같다.

조단백질(CP) 요구량(1984년 NRC 기준) =

$$[(0.0344\ \text{DMI}) + (2.75(\text{체중, kg}^{0.5})) + (0.2(\text{체중, kg}^{0.6})) + (268 - (29.4)(\text{NEG})(\text{ADG})] \div 0.594$$

단, CP = 조단백질 요구량(g/day)
DMI = 고형물 섭취량(g/day)
NEg = 증체를 위한 정미에너지(Mcal/day)
ADG = 일당 증체량(kg)

(2) 단백질 사료는 비싸다. 그러나 단백질 부족은 요구량보다 약간 높은 것에 비해 훨씬 더 불리하다는 점을 알아야 한다. 단백질이 부족하면 에너지도 잘 이용되지 않을 뿐더러 송아지 성장과 비육에 지장을 받는다.

(3) 비육소에 대한 단백질 급여는 요소와 같은 비단백태질소화합물(non protein nitrogen, NPN)형태로 공급할 수 있으며, 일반적으로 NPN은 조건에 따라 이용효율이 달라진다.

- NPN 이용효율이 높은 경우
  - 쉽게 분해되는 탄수화물(곡류)이 사료에 많이 포함되어 있을 때
  - 사료에 가용성 질소 함량이 비교적 낮을 때
  - 사료내 단백질 함량이 낮을 때
- 반대로 NPN의 이용효율이 낮은 경우
  - 스트레스를 받거나 반추위내 미생물 활동이 약한 어린 송아지
  - 갑작스런 NPN 급여로 반추위 미생물이 NPN에 적응하지 못한 상태
  - 방목중인 암소(쉽게 분해되는 탄수화물 섭취가 적음)
  - 가용성 질소 함량이 높은 사료(두과 목초)를 섭취하는 비육우
  - 농후사료 섭취가 많은 경우 일반적으로 하루에 45∼65 g의 요소를 급여할 수 있다.

4) 비타민

(1) 소는 다른 가축과 마찬가지로 모든 비타민을 필요로 한다. 반추위 미생물들은 고형물 사료를 섭취하면서부터 비타민 B와 K를 합성한다.

(2) 실제로 비타민 B 결핍증상은 항대사물질이 존재하거나, 전구물질의 부족 및

기타 문제가 있을 경우에 한해서 발생할 수 있다.

(3) 비타민 D는 가축들이 햇빛에 노출되었을 때 체내에서 합성되며, 자연 건조한 건초에서도 다량 합성된다.

(4) 양질 조사료는 다량의 비타민 A 전구물질과 비타민 E를 함유하고 있다.

- 실제로 사료에 첨가해야 할 비타민 A는 급여하는 조사료와 농축사료의 함량에 좌우된다.
- 배합사료를 대량 급여하는 비육 말기에는 하루에 20,000～30,000 IU의 비타민 A가 공급되도록 해야 한다.
- 스트레스에 대비한 첨가량은 하루 30,000～50,000 IU 이상이다. 이 정도는 장거리 수송된 송아지의 경우 2～3주간 공급해야 도움이 되며, 이는 요구량보다 높은 수준이지만 체내 비축을 위해 필요하다.
- 근섬유내 비타민 E의 함량이 높으면 지방의 산화와 myoglobin 형성을 지연시켜 육색을 밝게 한다.

(5) 비타민 A와 비육성적

- 육성기에 1차근속 내의 근세포 사이로 지방세포가 유입되면서 그 수가 증가되기 시작하고, 이 때 증가된 지방세포는 비육전기(12개월령 정도)부터 비대해져 식별이 가능한 크기로 된다. 이 과정 중 비타민 A는 지방세포의 분화를 촉진시킨다.
- 비타민 A가 결핍되면 지방세포의 분화가 억제되고, IGF-1과 갑상선호르몬의 활성을 저해한다.
- 비타민 A를 비육 전 기간 동안 급여 시 증체성적은 좋지만 육질이 나빠지며, 육성기부터 출하 시(30개월령)까지 결핍되게 하면 육질은 좋지만 증체가 불량하다. 그리고 비육 후기부터 출하 시까지 계속 추가 급여하면 증체와 육질 모두 나빠지며, 비육 중기에 결핍시키고 육성기와 비육 말기(25～30개월령)에 충분히 급여하면 증체와 육질 모두 개선된다. 단 결핍증상이 나타나지 않도록 유의할 필요가 있다.
- 비타민의 혈중농도가 낮으면 혈청 중 철과 구리의 농도가 저하되어 육색이 밝아진다.

5) 소금(NaCl) : 0.25%

소금 또는 나트륨의 요구는 비육우 사료에 0.25%의 소금첨가로 충분하다. 소금은 사료에 혼합하기보다 자유채식 시키는 것이 좋다. 소금을 가루형태로 급여하면 블록 형태로 급여할 때에 비해 섭취량도 2배 정도 늘어나고 손실량도 많아진다.

6) 칼륨(K) : 0.6~0.8%

조사료를 많이 급여하면 칼륨 요구는 대개 충족되나, 곡류는 대개 0.5% 미만의 칼륨을 함유하고 있기 때문에 고농후사료 급여 때에는 칼륨 공급에 유의할 필요가 있다. 스트레스를 받고 있는 경우 칼륨 요구량은 2배로 늘어나기 때문에 이러한 소는 칼륨을 추가로 공급해 준다.

7) 유황(S) : 0.1%

상당량의 요소(또는 다른 NPN)를 급여하는 경우 유황은 유기 또는 무기태로 무기물 첨가제를 통해 공급해 주어야 한다. 요소 질소와 유황은 10 : 1의 비율이 되도록 유지한다.

5.1 비육 촉진

한우와 육우의 육성과 비육을 촉진하기 위하여 사료에 첨가하거나 피부에 이식하는 여러 가지 제제들이 나와 있으며, 사료첨가제 편에 일부 소개되어 있으므로 참조하기 바란다. 이러한 육우의 비육을 촉진하는 제제는 항생제, 호르몬제, 아이오노포어(ionophore), 그리고 반추위 pH를 조정해 주는 완충제(buffers) 등을 들 수 있다. 공급형태에 따라 사료를 통한 비영양성 사료첨가제와 이식제로 구분할 수 있다.

1) 비영양성 사료첨가제(non-nutritive feed additives)

(1) 증체율과 사료효율을 개선시키기 위하여 항생제를 사용하는데, 많은 농후사료를 급여하는 경우 간농양을 감소시키는 효과가 있다. 장거리 수송 직후에는 고농도 항생제를 투여하여 운송 후유증을 줄인다.

(2) 멜란제롤 아세테이트(melangerol acetate, MGA)는 숫송아지 비육사료 첨가제로 발정을 억제하여 증체율과 사료효율을 개선하는 효과가 있다.

(3) 아이오노포어(ionophore) 중 모넨신(monensin)과 보바텍(Bovatec, Lasalocid)은 미국 FDA에서 공인받는 비육사료 첨가제인데, 급여하면 사료섭취는 영향이 없거나 약간 감소하는 반면 증체율을 높인다. 이는 사료효율 개선에 큰 역할을 한다. 이 외에도 이들을 농후사료를 급여하는 경우 산중독(acidosis)과 고창증(bloat)을 감소시키는 효과가 있다. 또 콕시듐증을 감소시켜 이들을 사용하는

비육장에서의 콕시듐증은 실제로 매우 적게 나타난다.

(4) 고농후사료를 급여하는 경우 반추위 pH를 조정하기 위하여 여러 가지 버퍼제로 분류되는 제품을 사용하기도 한다. 버퍼제에는 중탄산소다(중조, sodium bicarbonate), 탄산칼슘(calcium carbonate), 벤토나이트(bentonite) 그리고 마그네슘 옥사이드(magnesium oxide) 등이 있다.

2) 이식제(implants)

(1) 현재까지 FDA에서 인정한 이식제는 다음과 같다.

- 제라놀(Zeranol)
- 시노벡스(Synovex S, H, C)
- 콤퓨도즈(Compudose)
- 피나플릭스(Finaplix S, H)
- 레발로(Revalor S)

(2) 위의 이식제들은 귀 뒤쪽 피부에 주입된 후 대략 60～100일간 작용한다. 이 기간이 지나면 재주입시키고, 콤퓨도즈(compudose)는 작용기간이 가장 길어서 한 번 주입으로 200여 일 효과가 지속된다.

(3) 비육 말기 사료급여 기간 중 이러한 주입제의 사용은 대략 8～12% 증체와 5～8% 사료효율 개선효과가 있으며, 큰 송아지의 경우 6～10% 증체와 4～7% 사료효율 개선 효과가 기대된다.

(4) 이식제에 따라서는 도축 전 일정 기간의 휴약이 필요하므로 유의해야 한다.

3) 고농후사료 급여와 대사장애

한우나 육우 비육시 고농후사료 급여로 흔히 나타나는 대사장애에는 여러 가지가 있으나, 그 중 간농양(liver abscess)과 고창증(bloat)은 매우 주의할 필요가 있다. 이들은 중증을 초래하며 폐사를 초래할 수도 있으나, 대개는 눈에 보이지 않게 만성적으로 나타나 경제적 손실을 초래한다.

■ 간농양(liver abscess)

농후사료를 많이 급여하는 비육 말기에 흔히 나타나는 현상으로, 주로 간 표면에 직경 2～5 cm되는 농양(膿瘍)이 여러 개 발생한다. 주로 농후사료 급여의 갑작스런 증가로 반추위벽이 각질화(rumen parakeratosis)하고 균열이 생겨 세균이나 위 내용물이 침투하여 해독을 위해 간으로 옮겨지고, 심하면 간에 염증을 유발하는 것이다. 어려서 이와 같은 현상이 초래되면 식욕감퇴와 더불어 성장이 불량해지고, 성시 체중이 가벼워진다. 이에 대한 예방 대책으로는

(1) 어느 정도 조사료를 급여하고, 고농후사료로 이전할 때는 서서히 한다.

(2) 사육환경 개선으로 세균감염 기회를 줄인다.

(3) 농후사료의 다급으로 이러한 증상이 감지되면 항생제와 비타민 A를 추가 급여한다.

■ 고창증(bloat)

반추위에서 가스의 이상 발생 또는 배출 불량으로 인한 복부의 팽만으로 급성형은 수시간 내에 폐사하기도 한다. 그러나 육우 비육장에서 흔히 나타나는 것은 만성고창증이다. 한우나 육우의 경우 만성고창증은 사료섭취와 증체량을 감소시킨다. 이에 대한 대책으로는

(1) 갑작스런 농후사료의 다급, 조사료 부족, 운동부족 등이 원인이다.

(2) 부패되었거나 곰팡이에 오염된 사료를 피한다.

(3) 건초를 길게 썰어 농후사료와 함께 급여한다.

(4) 사료 총 고형물의 15～20% 정도는 건초로 급여한다.

(5) 플레이크나 통옥수수를 그대로 급여한다.

(6) Ionophore의 급여도 도움이 될 수 있다.

5.2 영양소 요구량에 영향을 미치는 요인

1) 여러 가지 환경

동물이 체유지, 성장 및 생산활동을 하기 위해서는 영양소의 공급이 필요하며, 이에 소요되는 영양소도 내・외부 환경에 따라 증감될 수 있다. 그리고 성장, 비육, 임신, 비유, 산란, 운동량 등에 따라서도 요구량이 다르게 되는 바, 이에 알맞은 공급량을 정해 놓은 것이 사양표준이다. 그러나 영양소 요구량 산정에 있어서 동물이 처해 있는 매우 복잡하고 다양한 환경을 모두 수용하여 제정할 수는 없다. 그리하여 영양소 요구량에 영향을 미치는 요인에 대하여 이해하고 이를 보정할 수 있도록 하여야 한다.

동물의 사육환경으로는 기온・습도기류・햇볕 등의 열환경(thermal environment),

빛・소리・시설・사육밀도・인공색채 등의 물리적 환경(physical environment), 공기・물・대기가스・먼지・사료・농약 등의 화학적 환경(chemical environment), 위도・고도・지세・지형・토양 등의 지모・토지환경(geomorphological and soil environment), 야생동식물・유해동식물・유해미생물・목야초・수림 등의 생물적 환경(biotic environment), 동종가축・이종가축・관리자와 가축・친자・자웅 등의 사회적 환경(social environment)을 들 수 있다(三村耕와 森田琢磨, 1982).

몇 가지 주요 요인에 대하여 살펴보면 방목 시에는 사사시보다 동일량 채식에 필요한 시간이 길어지고, 활동량도 증가된다. 육성우를 중등 정도의 초지에 방목시킬 경우 에너지 요구량은 사사시보다 30% 정도 많아지게 되며, 조건이 열악할수록 추가 요구량은 더욱 많아진다.

그리고 기온과 관련하여 고온 시 호흡수 및 혈액순환 촉진 등 이에 적응하기 위하여 에너지 요구량이 증가하며, 스트레스로 인하여 채식량이 감소하게 된다. 축우는 29～30℃부터 이러한 현상이 나타나는데(Morrison과 Lofgreen, 1979) 이때에는 열량증가가 적은 사료를 공급하는 것이 유리할 것이다. NRC(1996)에 의하면 저온 환경에서의 유지요구량은 10, 0, -10, -20 ℃의 경우 적온에 비하여 9, 18, 27, 36% 증가한다고 한다. 橋弧德三 등(1966)도 화우에 있어 -5～-10℃의 경우 0～5℃보다 열 생산량이 50～70% 증가한다고 하였다.

또한 군집사육의 경우도 개별사육에 비하여 영양소 요구량이 증가하며, 조사료와 농후사료를 분리 급여할 때는 혼합하여 급여할 경우에 비하여 반추위내의 pH 평형 유지, 사료이용성 증가 등에 있어서 불리한 결과를 가져온다.

2) 동물의 생리, 영양 및 사료적 요인

이외 생체내 에너지 이용 효율에 영향을 주는 요인으로서는

(1) 동물의 생리적 상태를 말할 수 있다. 대사에너지의 경우 유지시의 이용효율이 가장 높고, 그 다음이 산유 시, 비육 시의 순이라 할 수 있다. 이는 열량 증가에 있어 비육 시가 유지나 산유에 비하여 많기 때문이다. 비육 시에는 지방의 축적이 많고 성장 시에는 단백질의 축적이 많아 성장 시의 에너지 이용효율이 높다고 생각된다. 그리고 유지 시에는 열량 증가가 실제적으로 체온 유지에 쓰이는 비율이 높아 대사에너지 이용효율이 가장 높다.

(2) 비육 시는 사료의 화학적 조성에 있어 단백질보다 탄수화물이 ME 효율이 높다. 그리고 저단백질 사료는 정상수준의 사료보다 DE 및 ME가 낮아지게 된다.

(3) 각종 영양소의 균형이 맞지 않을 경우 ME 이용효율이 저하된다. 또한 비타민

이나 무기물의 부족도 열량 증가를 높게 하는데 이는 대사에 관여하는 각종 효소의 활성이 낮아지기 때문이다.

(4) 사료의 가공형태에 있어 펠릿은 ME 값을 올리며, 사료 급여수준에 있어서는 섭취량이 많으면 소화기관 통과속도가 빨라 NE 이용성이 저하된다. 이 외에도 연령, 품종, 성에 따라 ME 이용효율이 달라지게 된다.

5.3 지방교잡을 위한 사양관리

우체의 지방축적이 곧 근육 내 지방교잡의 증진을 의미하는 것이라고는 할 수 없지만, 지방교잡 증진이 가장 중요한 요인인 것은 부정할 수 없다. 지방축적을 위한 사양관리의 요점을 들면 다음과 같다.

1) 소우(素牛)

(1) 지방교잡 능력이 높은 유전인자를 갖는 계통의 소일 것

(2) 거세우가 지방교잡이 양호하다.

(3) 비육경제를 도외시하면 월령이 많은 쪽이 좋다. 단 피하지방이 많아지기 때문에 양자의 중간이 필요하다.

(4) 소우의 선정에 있어 경험과 함께 내분비를 고려할 필요가 있다.

2) 사 료

(1) VFA생산의 총량이 많고, 초산, 프로피온산 생산량이 공히 많을 것

(2) A/P비가 적당할 것

(3) 급여사료의 조농비 및 곡류사료의 종류도 중요하다.

(4) 불포화 지방산을 비교적 많이 함유하고 있는 청초는 바람직하지 않고, 건초가 좋다.

(5) 사료의 입도도 관계가 있고, 입도가 현저히 작은 경우는 소화관내 체류시간이 짧아 VFA 총량의 감소와 AP비의 저하를 초래하기 때문에 지방축적에는 바람직하지 않다.

(6) 비타민류도 혈중 cholesterol의 농도에 큰 영향을 주기 때문에 지방교잡에도 영향을 미치는 것이라고 생각된다.

표 8-18. 사료의 종류와 육질의 관계

종 류	고기의 풍미	지방의 색	지방의 경도	지방침착	지방 용해도
대두박	중 상	담 황	연	약간 거침	저
대 두	중 상	극 황	연	약간 거침	저
황색옥수수	중 상	담 황	연	약간 거침	저
대 맥	상	순 백	경	치 밀	고
소 맥	상	순 백	경	치 밀	고
나 맥	상	순 백	경	치 밀	고
밀기울	상	백	약간 연	중	중
고구마	중	순 백	경	중	고
쌀 겨	중	연 황	연	중	저
보릿겨	중	연 황	연	중	저

3) 관 리

■ 사양방법

(1) 사료급여량의 변동이 많으면 좋지 않다.

(2) 혈중의 당 및 VFA 농도의 저하 시에 GH의 분비를 일으킨다.

(3) GH는 지방교잡의 저해요인이다. 물론 기아상태도 지방교잡을 저해한다.

■ 운 동

운동은 GH의 분비를 촉진하기 때문에 지방교잡에 유해하다. 소에게는 안정이 필요하다.

■ 군사(群飼)

(1) 군사는 소의 사회적 순위에 의한 억압, 투쟁 등의 stress에 의해 adrenalin의 분비를 자극한다.

(2) Adrenalin은 지방분해를 일으키고, 또 glycogen을 분해하여 포도당을 만들기 때문에 일시적으로 혈당 농도를 높인다.

(3) Adrenalin은 에너지의 손실을 초래하기 때문에 지방합성이 저해되고 또 혈당 농도의 강하 시에는 GH의 분비가 일어나기 때문에 지방교잡에는 2중의 저해요인이 된다.

(4) 소는 온화하게 다루고, 공포나 경악 환경을 조성하지 말아야 한다.

4) 환 경

■ 광 선

(1) 빛은 갑상선 호르몬, prolactin 등의 분비를 촉진한다. 갑상선 호르몬은 당의 산화분해를 촉진하고, 당의 소비를 촉진하고, 간의 glycogen을 소모하여 지방교잡을 방해한다. Prolactin은 조직의 지방흡수를 방해한다. 이 두 가지 호르몬도 지방교잡의 방해요인이 된다.

(2) 비육우는 말기에는 약간 어둡고 안정되게 사육한다. 야간 점등은 하지 않는 것이 좋다.

■ 기 온

(1) 한냉은 갑상선 호르몬, GH, adrenalin의 분비를 자극한다. 이들 호르몬은 지방교잡을 저해한다.

(2) 서열(暑熱)은 갑상선 기능의 저하를 일으켜 식욕이 저하되고 사료섭취량이 줄며, 제1위의 VFA 농도도 감소하고, 증체량이 저하되어 결과적으로 지방교잡의 저해가 일어난다.

(3) 서열 시의 고습도는 온도, 습도의 상승효과에 의해 온도 이상의 악영향을 가져온다.

■ 바 람

① 서열 시에는 바람은 체표의 증산(蒸散)을 촉진하고 체온조절의 효과가 있다. 그러나 풍속이 빠른 과도한 공기의 이동, 또 상온 이하의 기온에 있어 공기의 이동은 체표로부터 에너지를 빼앗기 때문에 사료효율의 저하를 가져오고, 지방교잡에도 악영향을 주게 된다.

6. 비육우 단백질 급여의 새로운 사양체계

반추가축들에게는 값비싼 단백질 사료 대신에 요소와 같은 비단백태질소화합물(NPN)을 급여할 수 있다는 사실은 오래 전부터 알려져 왔다. 비육우의 요소 급여는 꾸준히 증가하여 왔으며, 앞으로 한우 사육에도 계속 사용되어질 것이다. 그러나 아직까지 요소 사용에 대한 합리적인 방안이 제시되지 못하였으며, 다만 반추위 발효에 대하여 잘 알려져 있지 못하던 시절, 주로 요소 중독증을 피하기 위한 방안으로 요소 사용 수준의 준수가 권장되었으며, 이는 아직도 유효한 지침이 되고 있는 것이다. 오늘날 반추위 발효 활동에 대한 지식은 요소의 사료첨가가 어떤 경우에 매우 효과적이며, 어떤 경우에 부분적 가치가 있고, 또 전혀 가치가 없는지 잘 설명해 줄 수 있다.

여기에 비육우를 비롯한 반추동물의 반추위 발효에 대하여 그동안 알려진 지식을 최대한 활용하는 단백질 사양체계를 소개하고자 한다. 이 개념은 최근 NRC 젖소 단백질 사양표준에도 반영되고 있으며, 매우 실질적인 방법이므로 잘 익혀 두면 반추동물의 단백질 대사를 이해하는 데 도움이 클 것이다. 이 체계는 1974년 7월 아이오와주립대학교 Cattle Feeders Day에 Iowa State University A.S Leaflet R190으로 최초로 소개되었으며, 다음과 같은 두 가지 고유한 측정치를 바탕으로 하고 있다.

(1) 비육우(또는 기타 반추가축)의 단백질 요구량(사양표준)

- 대사단백질(MP, metabolizable protein)
- 대사아미노산(MAA, metabolizable amino acids)

(2) 사료성분 분석(사료성분표)

- 대사단백질(MP, metabolizable protein)
- 대사아미노산(MAA, metabolizable amino acids)
- 요소 발효능력(UFP, urea fermentation potential)

6.1 대사단백질 또는 대사아미노산 사양표준

비육우의 대사단백질 또는 대사아미노산 개념은 미국의 비육우 집단사육장(feedlot) 비육우에 대한 요소 사용은 점차 증가하는 반면, 기존 체계대로 요소를 급여할 때 그 오차가 크기 때문에 우선 비육우를 대상으로 고안된 개념이다. 물론 비육우 이외에 젖소와 면양에 있어서도 특히 요소를 급여하게 되는 경우 본 체계의 활용에 대한 필요성이 제기되고 있다.

1) 가축의 대사단백질 및 대사아미노산 요구량

대사단백질(MP)은 반추가축의 반추위 하부 소화기관에서 소화 흡수되는 단백질을 말하며, 대사아미노산(MAA)은 그 아미노산을 일컫는다. 따라서 이 MP 체계는 체조직의 아미노산 요구량과 반추위에서 파괴되지 않고 소장에 도달하여 소화 흡수될 수 있는 사료단백질과 반추위에서 합성되어 소장에 도달하여 소화 흡수될 수 있는 미생물 단백질로부터의 아미노산, 즉 공급될 수 있는 아미노산과의 관계를 가지고 반추가축 단백질 영양을 평가하는 것이다.

표 8-19. 사사(舍飼) 비육우의 대사단백질(MP)과 대사아미노산(MAA) 요구량

1	2	3	4	5	6	7	8	9	10	11
가축 일당 요구량										
정미단백질					대사단백질 및 아미노산					
체중 (kg)	일당 증체량 (kg)	증체 (g)	유지 (g)	합계 (g)	Prot (g)	Arg (g)	Cys (g)	His (g)	Lys (g)	Met (g)
Finishing Steers and Heifers										
	0.70	102	35	136	348	20	4	6	21	6
	0.80	116	35	151	385	22	5	7	23	7
150	0.90	131	35	165	423	24	5	7	25	7
	1.00	145	35	180	460	26	6	8	27	8
	1.10	160	35	194	497	28	6	8	29	9
	0.80	112	43	155	396	22	5	7	23	7
	0.90	126	43	169	432	24	6	7	25	8
200	1.00	140	43	183	467	26	6	8	28	8
	1.10	154	43	197	504	28	7	9	30	9
	1.20	168	43	211	539	30	7	9	32	9
	0.90	117	60	175	447	25	6	8	26	8
	1.00	130	60	188	480	27	6	8	28	8
300	1.10	143	60	201	514	29	7	9	3	9
	1.20	156	60	214	547	31	7	9	32	10
	1.30	169	60	227	580	32	8	10	34	10
	1.10	132	72	204	521	29	7	9	31	9
	1.20	144	72	216	551	21	7	9	33	10
400	1.30	156	72	228	582	33	8	10	34	10
	1.40	168	72	240	612	34	8	10	36	11
	1.50	180	72	252	643	36	8	11	38	11
	1.00	110	84	194	496	28	6	8	29	9
	1.10	121	84	205	525	29	7	9	31	9
500	1.20	132	84	216	552	31	7	9	33	10
	1.30	143	84	227	581	33	8	10	34	10
	1.40	154	84	238	609	34	8	10	36	11

표 8-20. 사료의 단백질 아미노산 함량(%, DM 기준)

Protein	Arg.	Cys.	His.	Iso.	Leu.	Lys.	Met.	Al.	The.	Try.	Val.
Alfafa, aerial part, dehy	3.2	2.0	2.2	5.4	6.5	3.8	1.1	4.9	3.8	1.1	4.3
Barley grain	2.9	1.6	2.3	4.6	6.9	4.0	1.5	5.4	3.1	1.4	5.4
Barely malt	2.9	1.4	2.2	4.4	5.1	3.6	1.5	4.4	2.9	1.5	5.1
Beet, leaves	4.3	1.9	1.2	4.3	6.7	5.5	1.6	3.9	3.9	1.2	5.1
Beet pulp	3.4	0.1	2.3	3.4	6.9	7.4	0.1	3.4	4.6	1.0	4.6
Beet soluble prd.	3.4	0.1	2.3	2.1	3.1	7.4	0.1	0.5	4.6	1.1	1.6
Bermuda grass, coastal	5.5	0.5	2.6	8.3	12.2	4.8	1.2	5.8	9.3	1.3	7.9
Clover, ladino	5.4	2.0	2.4	5.9	10.3	5.9	1.5	5.9	6.4	2.4	6.4
Coconut meal	9.4	1.5	1.3	4.3	6.0	2.1	1.3	3.4	2.6	0.9	4.3
Corn, ears	5.0	1.7	2.0	4.7	10.4	2.5	1.7	4.5	3.5	0.9	4.3
Corn grain	4.0	1.0	2.0	4.7	10.4	2.5	1.4	4.5	3.5	1.0	4.2
Corn steep water solubles	4.4	1.3	3.7	3.6	9.3	4.2	2.2	3.6	4.4	0.7	6.5
Corn distillers grains w sol.	3.8	1.3	2.6	6.3	8.2	2.8	2.0	6.3	3.7	0.7	6.0
Corn distillers solubles	3.6	1.6	2.4	5.1	7.2	3.1	1.9	5.1	3.4	0.8	5.1
Corn gulten meal	3.4	1.7	2.6	5.9	10.2	1.9	2.6	7.5	3.6	0.5	5.7
Corn hominy feed	4.5	0.9	1.8	3.6	7.2	3.6	0.9	2.7	3.6	0.9	4.5
Cottonseed meal, mech-extd. grnd	10.0	1.7	2.4	2.9	5.1	3.6	1.2	4.9	2.9	1.2	4.2
Grains, brewers	5.2	1.1	2.4	5.8	9.9	3.9	1.8	5.6	4.0	1.3	6.5
Grains, distillers	3.7	1.4	1.9	5.9	10.0	2.9	1.5	4.0	2.9	0.7	4.4
Grains, distillers solubles	4.6	1.4	2.5	4.9	9.8	4.2	1.8	4.9	3.9	0.7	5.6
Grass, nonspecified	6.8	1.3	3.1	9.4	13.5	7.3	2.1	8.9	6.8	2.1	10.4
Lespedeza, aerial part	3.6	2.0	2.9	13.0	8.7	7.2	0.7	6.2	4.3	1.4	5.8
Oatgrass, tall Italian	6.1	2.1	2.4	7.3	11.0	6.1	2.4	6.1	7.3	2.4	9.8
Oats rolled grain	6.2	1.6	1.9	3.1	6.8	3.7	1.2	4.4	3.1	1.2	4.4
Oats grain	4.9	1.6	1.8	3.1	6.8	2.9	1.5	4.4	3.1	1.1	4.4
Orchard grass leaves	21.1	2.0	3.3	8.3	12.0	8.3	1.6	3.3	9.3	2.5	5.8
Peanut meal, solv-extd	12.4	1.5	2.5	4.2	7.8	4.9	0.9	5.7	3.2	1.1	5.9
Rape seed meal, solv-extd	5.5	0.7	2.6	3.7	6.7	5.3	2.0	3.7	4.1	1.4	5.0
Rice bran w germ	3.9	0.8	1.5	3.1	4.6	3.9	2.2	3.1	3.1	0.8	4.6
Ryegrass, annual, aerial part	5.5	2.1	2.6	9.9	14.2	9.3	1.8	7.4	12.9	1.8	8.0
Sorghum grain, grain var	4.3	1.7	3.0	6.0	16.0	3.2	1.4	5.0	3.0	1.1	6.0
Sorghum grain, kalfir	3.3	1.7	2.5	5.0	14.9	2.5	1.7	5.8	4.1	1.7	5.8
Sorghum grain, milo	3.2	1.6	2.4	4.8	13.1	2.4	0.8	4.1	2.4	0.8	4.8
Soybean meal, mech-extd	6.9	1.5	2.6	6.7	8.6	8.6	1.7	5.0	4.1	1.4	5.2
Soybean meal, solv-extd	7.4	1.5	2.7	5.2	8.2	6.7	1.2	5.3	4.2	1.4	5.2
Soybean meal, wo hulls sol-extd	7.1	1.6	2.7	5.2	8.2	6.3	1.5	5.3	4.2	1.3	5.2
Sunflower meal, extd	11.5	2.1	2.2	4.2	6.6	5.2	4.9	4.0	2.6	1.8	5.2
Wheat bran, dry milled	6.3	1.9	1.9	3.8	5.7	3.8	0.6	3.2	2.5	1.9	4.4
Wheat middlings	5.6	1.7	2.4	4.0	6.8	3.9	1.2	4.0	3.3	1.2	4.6
Wheat grain	4.6	1.9	2.1	3.3	6.4	2.8	1.2	4.5	2.8	1.5	3.9
Wheat gluten	3.6	2.1	2.0	4.1	6.7	1.9	1.5	5.1	2.6	0.9	4.7
Yeast, brewers	4.6	1.0	2.5	4.6	6.7	7.0	1.5	3.7	4.8	1.1	5.1
Yeast, torula	5.5	1.3	3.0	6.1	7.4	8.0	1.7	6.3	5.5	1.1	6.1

다시 말해서, MP란 단위가축에 있어 가소화 단백질(DP)과 같은 의미를 갖고 있는 것이다. 이 체계에서는 사료단백질 중 반추위에서 분해된 다음 미생물 단백질로 재합성되지 않는 부분은 당연히 이용 불가능한 단백질로 간주하는 것이다. 비육우 MP와 MAA 요구량(표 8-19)은 기초유지 요구량에 체조직 합성이나 우유 생산에 필요한 아미노산을 요인별로 합산하여 정미단백질 요구량을 측정하고 있다. 크기가 서로 다른 가축들의 기초유지 단백질 요구량(일당 요구량)은 다음의 방정식으로 산출한다.

$$\text{일당 유지단백질 요구량} = 0.0125 \times 70.4\ W_{kg}^{0.734}$$

다음으로 체내대사 과정 중 손실되는 아미노산을 감안하여 총 정미단백질 요구량을 대사단백질 요구량으로 전환한다. 소와 면양을 대상으로 정제사료(purified diet)와 일반사료를 급여하는 여러 차례의 성장과 유생산 사양시험을 통하여 대사단백질이 정미단백질로 전환되는 효율은 다음과 같다. 즉,

(1) 면양의 유지, 성장 그리고 양모 생산 : 60%

(2) 비육우의 유지와 성장 : 53%

(3) 체조직에서 유래되는 분단백질 : 0%

(4) 우유단백질 합성 : 5%

유지와 체조직 성장을 위한 MAA 요구량은 가축의 체조직 아미노산 조성과 사료로 쓰이는 육분의 아미노산 성분 분석을 통해 측정한 값이다. 마찬가지로 양모 성장과 우유 생산을 위한 아미노산 요구량은 양모와 유단백질을 분석하여 얻어낸 값이다.

표 8-19의 MP 요구량은 실제로 아미노산 요구량으로 볼 때 20% 정도 더 필요한 경우가 많다. 따라서 마지막으로 표 8-19에 제시된 MP 요구량을 그대로 충족시키기보다는 아미노산 요구량을 충족시키도록 하는 것이 더 바람직하다.

2) 사료의 대사단백질 및 대사아미노산 값

사료의 MP값을 측정하기 위해서는 먼저 표 8-21과 표 8-23에 제시되어 있는 바와 같이 사료단백질 중 반추위에서 분해되지 않고 제 4위에 도달하는 단백질 양을 알아내야 한다. 다음으로 제 4위에 도달하는 미생물 단백질을 알아낸다. 제 4위에 도달하는 미생물 단백질 양은 반추위에서는 암모니아 농도가 충분할 때 사료 TDN의 약 10.44%가 미생물 단백질로 전환된다는 사실에 근거를 두고 있다.

1974년 Iowa 대학에서는 위와 같이 TDN에서 생산되는 미생물 단백질(BCP, bacterial crude protein)의 비율을 10.44%로 보고 있지만, Burroughs 등(1974)은 13.05%라 하였고, AFRC(1992)에서는 12.6～17.0%라 하였다. 그 후 TDN의 BCP

전환효율에 대한 많은 연구가 진행되었으나 Burroughs 등(1974)의 보고와 큰 차이가 없어 NRC 육우사양표준(1996)에서는 13%를 선택하였다. 그리고 Russel 등(1992)은 조사료 비율이 40% 이하일 경우 조사료의 effective NDF가 20%일 때를 기준으로 하여 1% 저하 시 BCP 합성이 2.2% 감소한다고 하였다. 또한 BCP의 합성은 조사료의 비율뿐 아니라 품질에 의해서도 감소된다고 할 수 있겠다. 표 8-22에 제시한 MP 값의 산출에 이용한 공식은 다음과 같다.

$$MP(g/kg) = (P_1 \times 0.90) + [(P_2 - 15.0) \times 0.80]$$

단, P_1 : 제4위에 도달하는 사료단백질 양(g)
P_2 : 제4위에 도달하는 미생물 단백질(g)
0.90 : 제4위에 도달하는 사료단백질 소화율 계수
0.80 : 미생물 단백질 소화율 계수
15.0 : kg 사료섭취당 대사 분단백질(g)

예를 들어 표 8-22의 알팔파(19.3% CP)에 대한 MP값 47.6은 다음과 같이 계산된 것이다.

$$MP(g/kg) = (9.6 \times 0.90) + [(63.7 - 15.0) \times 0.80] = 47.6$$

사료단백질이 반추위에서 분해된 다음 미생물 단백질로 재합성되는 비율(표 8-21)은 조사료와 농후사료의 조단백질 함량이 각각 7.1%와 13.0%(DM 기준)를 초과하지 않으면 100%로 간주한다. 만약에 이를 초과하면 사료단백질이 분해되어 생성되는 잉여 질소는 요소 발효능력(UFP)이 '+' 값인 다른 사료와 함께 사용하지 않는 한 모두 낭비되는 것으로 간주한다.

표 8-21. 반추위에서 분해되지 않은 단백질과 미생물 단백질로 재합성되는 분해단백질

	분해되지 않는 단백질(%)	분해된 단백질이 미생물 단백질로 재합성되는 비율(%)
농후사료(단백질 13% 미만)	25～50	90～100
농후사료(단백질 13% 이상)	15～30	90 미만
조사료(단백질 7% 미만)	25	100
조사료(단백질 7～13%)	15	50～95
조사료(단백질 13～19%)	5	30～45
조사료(단백질 19% 이상)	0	30 미만
식물성 박류 및 육분	25	10～20

표 8-22. 사료의 대사단백질(MP)과 대사아미노산(MAA)

사 료	제4위 단백질		Metabolizable					
	미분해 (g)	미생물 (d)	Prot. (g)	Arg. (g)	Cys. (g)	His. (g)	Lys. (g)	Met. (g)
Alfafa, aerial part	8.2	59.5	43.0	2.5	0.5	0.9	3.8	1.0
Barley grain	39.0	86.6	92.4	4.6	2.3	2.1	7.1	2.0
Barley straw	10.2	30.8	21.8	1.3	0.3	0.5	1.9	0.5
Beet molasses	4.4	82.6	58.0	3.6	0.5	1.3	5.7	1.4
Beet pulp	20.0	75.2	66.2	3.6	0.4	1.5	6.2	1.2
Bromegrass, aerial part	16.0	48.0	40.8	2.5	0.5	1.0	3.7	0.9
Citrus pulp	17.8	53.2	46.6	2.6	0.4	1.0	3.5	1.0
Citrus molasses	11.0	80.4	62.2	3.7	0.6	1.4	5.5	1.4
Clover, red aerial part	8.6	66.8	49.2	3.0	0.5	1.1	4.6	1.1
Clover, red aerial part	7.4	61.6	43.9	2.7	0.5	1.0	4.1	1.0
Coconut meal, solv extd.	57.8	77.3	101.9	8.0	1.2	1.8	6.1	1.9
Corn, aerial part ensiled	25.9	55.1	55.4	3.0	0.5	1.2	3.8	1.2
Corn cobs	7.0	21.0	11.1	0.6	0.1	0.2	0.6	0.2
Corn ears	32.6	60.4	65.8	3.5	0.6	1.4	4.4	1.3
Corn dis. grain w sol.	74.5	91.9	128.6	6.4	1.5	3.1	8.0	2.9
Corn gluten w bran	70.2	85.6	119.6	5.7	1.6	2.9	6.9	3.0
Corn grain, dent, yellow	38.0	62.0	71.8	3.7	0.7	1.5	4.6	1.4
Corn stover, aerial part wo ears	14.8	44.2	38.7	2.1	0.4	0.8	2.9	0.8
Cottonseed hulls	10.8	32.2	23.5	1.9	0.3	0.6	1.7	0.5
Cottonseed meal, solv-estd	112.0	78.3	151.4	13.3	2.2	3.6	8.6	2.5
Grains, brewers	70.2	68.9	106.3	6.0	1.1	2.5	6.7	2.2
Oats, straw	11.0	33.0	24.3	1.5	0.3	0.6	2.2	0.5
Oats, grain	39.6	79.3	87.1	5.0	0.9	1.8	6.0	1.8
Oatgrass, tall, aerial part	12.3	59.5	46.7	2.9	0.6	1.1	5.0	1.1
Orchard grass, aerial part	13.1	68.9	54.9	3.4	0.6	1.3	5.3	1.3
Orchard grass, aerial part	14.6	59.5	48.7	3.0	0.6	1.2	4.6	1.1
Peanut meal, solv-extd.	128.8	80.4	168.2	17.7	2.2	4.1	10.8	2.3
Rape seed meal, solv-extd.	109.0	72.0	143.7	8.2	1.0	3.5	9.8	3.1
Rice grain, polished	24.6	57.4	56.1	3.0	0.5	1.1	4.2	1.4
Rye straw	7.5	22.5	12.8	0.8	0.2	0.3	1.1	0.3
Rye grain	40.2	88.7	95.1	5.5	1.0	2.2	7.4	2.1
Ryegrass, Italian, aerial part	8.2	64.7	47.2	2.9	0.5	1.0	4.5	1.1
Sorghum, grain var, grain	60.0	65.0	94.0	4.8	1.3	2.5	5.7	1.8
Sorghum, distillers grain	83.0	85.6	131.2	6.5	1.8	3.9	8.4	2.9
Sorghum, milo grain	59.5	64.5	93.2	4.6	1.3	2.8	5.9	2.1
Soybean hulls	6.8	47.0	31.7	1.9	0.4	0.7	2.9	0.7
Soybean meal, solv-extd	128.8	84.6	171.6	12.1	2.2	4.4	13.3	2.8
Sugarcane molasses	16.0	71.0	59.2	3.4	0.5	1.3	4.8	1.3
Sugarcane molasses	4.3	38.7	22.8	1.4	0.2	0.5	2.0	0.5
Sunflower meal, solv-extd.	125.8	67.9	155.5	15.7	2.8	5.2	10.1	6.6
Timothy, aerial part	18.4	64.7	56.3	3.4	0.7	1.3	5.2	1.3
Timothy, aerial part	13.0	61.6	49.0	3.0	0.6	1.1	4.6	1.1
Urea, limited to+UFT values	-	-	2225.0	140.2	20.0	49.0	225.5	55.6
Wheat bran	54.0	73.1	95.1	6.0	1.3	1.9	6.5	1.5
Wheat grain	42.9	91.9	100.1	5.6	1.3	2.1	7.2	2.0
Wheat grain screenings	50.7	80.4	98.0	5.4	1.3	2.1	6.5	1.9
Wheat mill run	51.0	84.6	101.6	5.6	1.4	2.2	7.2	1.9
Yeasts, brewers	119.8	81.4	160.9	8.3	1.6	3.9	12.8	2.9

표 8-23. 사료의 에너지(TDN) 및 요소 발효능력(UFP)

사 료	`TDN (g)	Prot. (g)	Rumen Prot. (%)	Rumen Degraded (g)	UFP (g)	UFP의 MP 환산
Alfafa, aerial part	57	16.3	95	154.8	-34.0	
Barley grain	83	13.0	70	91.0	-1.6	9.6
Barley straw	41	4.1	75	30.8	+4.3	8.2
Beet molasses	89	8.7	95	82.6	+3.7	
Beet pulp	72	10.0	80	80.0	-1.7	15.8
Bromegrass, aerial part	65	6.4	75	48.0	+7.1	30.7
Citrus pulp	88	7.1	75	53.2	+13.8	
Citrus molasses	77	10.9	90	98.1	-6.3	
Clover, red aerial part	64	17.3	95	164.4	-34.8	
Clover, red aerial part	59	14.9	95	141.6	-28.6	
Coconut meal, solv extd.	74	23.1	75	173.2	-34.3	14.2
Corn, aerial part ensiled	70	8.1	68	55.1	+6.4	22.2
Corn cobs	47	2.8	75	21.0	+10.0	25.8
Corn ears	89	9.3	65	60.4	+11.6	
Corn dis. grain w sol.	88	29.8	75	223.5	-47.0	
Corn gluten w bran	82	28.1	75	210.8	-44.7	26.3
Corn grain, dent, yellow	91	10.0	62	62.0	+11.8	13.8
Corn stover, aerial part wo ears	59	5.9	75	44.2	+6.2	8.5
Cottonseed hulls	41	4.3	75	32.2	+3.8	
Cottonseed meal, solv-estd	75	44.8	75	336.0	-92.0	
Grains, brewers	66	28.1	75	210.8	-50.7	16.9
Oats, straw	52	4.4	75	33.0	+7.6	
Oats, grain	76	13.2	70	92.4	-4.7	
Oatgrass, tall, aerial part	57	8.2	85	69.7	-3.6	
Orchard grass, aerial part	66	13.1	90	117.9	-17.5	
Orchard grass, aerial part	57	9.7	85	82.4	-8.2	
Peanut meal, solv-extd.	77	51.5	75	386.2	-109.2	
Rape seed meal, solv-extd.	69	4.6	75	327.0	-91.1	24.0
Rice grain, polished	84	8.2	70	57.4	+10.8	7.8
Rye straw	31	3.0	75	22.5	+3.5	
Rye grain	85	13.4	70	93.8	-1.8	
Ryegrass, Italian, aerial part	62	16.3	95	154.8	-32.2	17.1
Sorghum, grain var, grain	83	12.5	52	65.0	+7.7	
Sorghum, distillers grain	82	33.2	75	249.0	-58.4	15.1
Sorghum, milo grain	80	12.4	52	64.5	+6.8	
Soybean hulls	45	13.7	95	130.2	-29.7	
Soybean meal, solv-extd	81	51.5	75	386.2	-107.7	
Sugarcane molasses	68	10.7	85	91.0	-7.2	44.7
Sugarcane molasses	91	4.3	90	38.7	+20.1	
Sunflower meal, solv-extd.	65	50.3	75	377.2	-110.5	
Timothy, aerial part	62	12.3	85	104.6	-14.2	
Timothy, aerial part	59	8.7	85	74.0	-4.4	
Urea, limited to+UFT values	0	280.0	-	-	-	
Wheat bran	70	18.0	70	126.0	-18.9	
Wheat grain	88	14.3	70	100.1	-2.9	
Wheat grain screenings	77	16.9	70	118.3	-13.5	
Wheat mill run	81	17.0	70	119.0	-12.3	
Yeasts, brewers	78	47.6	75	359.2	-99.2	

나중에 설명하겠지만 분해된 사료단백질로부터 유래되는 NPN은 요소 NPN과 같은 것으로 간주한다. 사료의 MP값은 미분해 사료단백질의 아미노산 조성(표 8-20)과 미생물 단백질의 아미노산 조성 분석을 이용하여 아미노산 값으로 환산한다. 박테리아와 프로토조아 두 가지 미생물의 질량은 서로 같은 것으로 간주한다.

약 75종의 사료에 대한 MP와 MAA 값이 표 8-22에 제시되어 있다.

3) 사료의 요소 발효능력(UFP, urea fermentation potential)

사료의 UFP란 반추가축 사료에 이용할 수 있는 요소량을 측정하는 것으로, 어떤 원료사료나 배합사료의 UFP값은 그 사료를 섭취함으로써 반추위에서 미생물 단백질로 합성되어질 수 있는 요소량(g/사료 DM kg)을 표시한다. 사료의 UFP값은 그 사료의 에너지 함량(TDN)과 그 사료의 단백질이 반추위에서 분해되어 생겨나는 암모니아 양을 측정하여 다음의 방정식으로 계산한다.

$$UFP(g/kg\ DM) = (1.044\ TDN - B)/2.8$$

단, UFP = 요소(g)/섭취 고형물(kg)

1.044 = 섭취한 TDN 10 g으로부터 생산되는 미생물 단백질 (TDN의 10.44%)

B = 사료 1 kg내 단백질 중 반추위에서 분해된 것

2.8 = 요소의 단백질 전환계수

앞에서 언급된 75개 사료에 대한 UFP 값이 표 8-23에 제시되어 있다. 음(-)의 UFP값은 그 사료가 지니고 있는 에너지(TDN)로는 그 사료단백질로부터 생겨나는 암모니아를 미생물 단백질로 재합성할 수 없는 단백질(사료 kg당 g)을 의미한다. 물론 이 단백질은 요소(g)로 환산한 값이다. 이 질소는 함께 사용하는 사료가 이 음(-)의 UFP값만큼 또는 그 이상 양성(+)을 지니지 않는 한 유용하게 쓰여질 수 없는 것이다.

6.2 대사단백질 사양표준의 장점

대사단백질(MP)을 이용하는 본 사양표준은 종전의 총단백질(TP) 또는 가소화단백질(DP)을 이용하는 단백질 사양체계에 비하여 상당히 발전된 개념이라고 할 수 있다. 일반적인 반추가축 사료처럼 사료내 NPN이 소량 존재할 때에는 TP 또는 DP를 이용하는 사양체계는 비교적 합리적이다. 그러나 요소와 같은 NPN이 사료에 다량 존재할 때에는 NPN이 아미노산으로 구성된 단백질이 아닌 만큼 총단백질 또는 가소

화단백질로 표현되는 것은 적합하지 못하다.

산유량이 많은 젖소 또는 육성중인 어린 송아지는 섭취하는 에너지에 비해 단백질 요구(사료단백질 %)가 상대적으로 높다. 이런 경우 NPN의 단백질가는 실제 아미노산으로 구성된 순단백질처럼 언제나 유용하게 쓰여지지 않는다. 때문에 과도한 수준은 물론 적정한 수준에서 NPN을 사용한다고 해도 어린 송아지나 산유량이 높은 젖소의 능력이 제대로 발휘되지 않는 경우가 종종 생겨난다.

아미노산으로 구성된 순단백질로 급여할 때 발휘되는 능력을 100%라고 한다면 65~70%의 능력밖에 나타나지 않는다. 따라서 가축이 최대 능력을 발휘할 수 있는 최저 NPN 수준을 사용하는 바탕에서 총 단백질(N×6.25) 또는 DP 사양표준을 만들면 순단백질로만 구성된 사료를 급여하는 경우 가축능력을 1/3 정도 과소평가하게 된다. 반대로, 가축의 능력을 최대로 발휘하게 하는 최저 순단백질 수준에 바탕을 두고 총 단백질(N×6.25) 또는 DP 사양표준을 만들면 NPN으로만 구성된 사료를 급여하는 경우 가축의 능력을 1/3 정도 과대평가하게 된다.

MP 사양표준은 NPN(요소)이 가장 효율적으로 이용될 수 있는 사료를 예측하는 한편 첨가하는 요소가 부분적으로, 또는 전혀 이용될 수 없는 사료인지 예측할 수 있게 한다. 표 8-22는 일반적인 사료의 UFP값을 포함하여 요소를 첨가했을 때 유용하게 쓰여질 수 있는 즉, 양성(+) UFP값을 갖는 주요 사료 20가지를 나열하고 있다. 이 중 절반은 조단백질 함량이 10~12% 미만인 농후사료이다. 옥수수로부터 유래된 사료들이 대부분 요소 이용을 돕는 사료들이다. 앞으로는 MP 사양표준을 활용함으로써 반추동물 사료에 부족할 수 있는 아미노산을 예측하고 사료에 첨가해 줄 수도 있을 것이다.

이 MP 사양표준은 가장 부족한 아미노산을 정확하게 예측할 수 있다. 옥수수알갱이와 옥수수 사일리지, 그리고 요소를 주축으로 하는 사료의 경우 경량종 비육우에게 부족한 아미노산은 아르기닌, 라이신 그리고 함유황 아미노산 등임을 밝혀 주고 있다. 그리고 같은 사료조건의 경우 고능력 젖소에게는 히스티딘, 라이신 그리고 함유황 아미노산이 부족하게 되는 것으로 나타나고 있다.

6.3 MP 사양표준을 이용하는 비육우 사료배합례

MP 사양체계의 개념을 좀더 확실하게 이해하기 위하여 실제 사료배합을 시도해보기로 하자. 다음의 예는 비육우 집단사육장(feedlot feeding)의 비육우 사료를 만드는 예로서, 체중이 200 kg인 대형종 암송아지에게 고형물 기준으로 분쇄 옥수수 70%, 분쇄 옥수수속 20%, 그리고 알팔파 건초 10%로 구성된 사료를 체중의 2.7%

수준에서 급여한다고 가정할 때 MP 사양표준에 따른 적절한 단백질 공급수준을 측정하기로 한다.

(1) 주어진 사료로부터 정미에너지 공급량을 계산한다.

(2) NRC 사양표준으로부터 일당 NE 요구량을 산출한다.

• 유지에너지(NEM) 요구량, Mcal	4.10
• 일당 사료(DM) 섭취량, kg	5.40
• NEM에 쓰여지는 사료량, kg	2.18(4.10/1.88)
• NEG(증체)에 쓰여지는 사료량, kg	3.22(5.40 − 2.18)
• NEG에 쓰여질 수 있는 에너지, Mcal	3.99(3.22 × 1.24)
• 일당 증체량, kg	1.20

(3) 기대 일당 증체량에 대한 MP 요구량, 539 g/day(표 8-19)

(4) 위 사료가 공급할 수 있는 MP와 UFP값 계산

대사단백질(MP)과 요소 발효능력(UFP)은 표 8-22의 사료분석표로부터 인용할 수 있다. 즉 알팔파 건초의 경우 DM kg × 43.0 = 23.2 g이고, 마찬가지로 분쇄 옥수수속과 옥수수의 MP는 각각 12.0 g과 271.4 g이 된다. 한편 UFP 값은 알팔파 건초의 경우 −34 g/kg이므로(표 8-23) 0.54 kg ×(−34) = −18.4 g(요소)이다. 마찬가지로 분쇄 옥수수속과 분쇄 옥수수의 UFP 값은 각각 +10.8 g과 + 44.6 g이 된다.

사료 원료	급여비율 (%)	섭취량 (DM, kg)	NEM (Mcal)	NEG (Mcal)
알팔파 건초(alfalfa hay)	10	0.54	0.69	0.38
분쇄 옥수수속(gr. corn cobs)	20	1.08	1.03	0.45
분쇄 옥수수(gr. corn)	70	3.78	8.46	5.85
	100	5.40	10.18 =1.88(Mcal/kg)	6.68 =1.24(Mcal/kg)

(5) 섭취하는 전체 사료는 +37 UFP값(−18.4 + 10.8 + 44.6)을 가지게 되므로 사료 중 알팔파 건초에서 생겨나는 −18.4 g UFP는 모두 MP로 전환될 수 있다. 즉 이 UFP값을 단백질로 환산하면 40.9 g의 MP(18.4 g × 2.225)가 생겨난다. 따라서 섭취하는 전체 사료가 공급할 수 있는 총 MP는 347.5 g(23.2 + 12.0 + 271.4 + 40.9)이 된다.

(6) 사료에 보강해 주어야 할 MP 요구량은 총 요구량 539 g에서 공급되는 양 347.5 g을 제하면 191.5 g이 된다. 이를 요소로 환산하면 191.5 g/2.225 = 86.1g UFP가 된다. 이 값이 사료의 +UFP 값보다 크면 그만큼은 단백질 사료로 공급해야 하며, 반대로 작으면 모두 요소로 공급할 수 있는 것이다.

본 사료의 경우 요구량 86.1 g UFP는 함유하고 있는 UFP 값(+37)보다 크므로 단백질 사료로 MP 요구량을 맞춰 주어야 한다. 만약 대두박(SBM)을 사용한다면 대두박은 MP, 171.6 g/kg(표 8-22)을 함유한다.

- 먼저 사료의 +UFP 값만큼은 MP로 권장되므로 본 사료의 +UFP 값 37 g으로부터 생산되는 MP는 82.3 g(37.0 × 2.225)을 산출한다.
- 따라서 대두박으로부터 공급되어야 할 MP 요구량은 109.2 g(191.5 - 82.3)이 된다. 이 MP 109.2 g을 대두박으로 공급하려면 대두박의 MP 값은 171.6 g이므로 0.64 kg(109.2/171.6)의 대두박이 필요하게 된다.

(7) 따라서 최종적으로 사료 배합비를 계산하면 다음과 같다.

원료사료	(kg)	(%)
알팔파 건초	0.54	8.94
분쇄 옥수수속	1.08	17.88
분쇄 옥수수	3.78	62.58
대두박	0.64	10.60
합 계	6.04	100 %

(8) 본 예에서는 전체 사료가 지니고 있는 +UFP 값이 요구되는 값보다 작아서 요소를 사용할 수 없는 경우이나, 이와 반대가 되는 사료원료 조건에서 같은 계산을 하면 요소 사용 가능량을 계산할 수 있을 것이다.

연습문제

1. 진위 문제

(1) 한우의 평균 산유량은 약 200일 간에 걸쳐 하루에 두당 약 0.5～11.5 kg 정도이다.

(2) 송아지의 새끼 따로 먹이기는 조사료 상태가 불량할 때 큰 효과를 얻을 수 있다.

(3) 비육 시작 전에 컨디션 조절한 송아지는 농후사료 섭취에 익숙해져 있다.

(4) 외부 기온이 매우 낮을 때에 비육우 숫송아지는 체온을 유지하기 위하여 보다 많은 사료단백질을 필요로 한다.

(5) 사료의 높은 칼슘 수준은 비육장 소들에게 요석증을 유발하기 쉽다.

(6) 비육장 비육우들에게 농후사료를 최대한 급여한다는 것은 흔히 체중의 2%에 해당하는 농후사료와 첨가제 및 조사료를 급여함을 의미하는 것이다.

(7) 본격적인 비육전 컨디션 조절을 위한 비타민 A 수준은 하루에 두당 30,000～50,000 IU 정도이다.

(8) 고농후사료를 급여하는 비육 말기 수소에게 항생제를 급여하면 간농양증을 감소시킬 수 있다.

(9) 종모우로 사용할 15개월령 숫송아지는 어미 암소와 유사하게 사육하고 관리하며, 수소들과 함께 사육하면 안 된다.

(10) 겨울철에 화본과(禾本科) 건초를 혼합하여 사육하는 어미 암소들은 옥수수 사일리지로 사육하는 수소들에 비해 석회석을 적게 섞어 주어야 한다.

2. 알맞는 답 연결시키기

① 0	② 0.2～0.3	③ 0.30～0.50	④ 7～9	⑤ 2～3
⑥ 5～6	⑦ 9～14	⑧ 4.5～11.5	⑨ 30～50	⑩ 답이 없음

(1) 본 비육시 농후사료 최대한 급여량(체중의 %)

(2) 이유 후 15개월령까지 후보 암송아지 일당 증체량(kg/day)

(3) 임신중 암소 사료의 Ca와 P 함량(%)

(4) 어린 송아지에게 첫 번째 이식제 적용 시기(월)

(5) 한우 송아지의 평균 이유 연령(월)

(6) 비육우 암소의 평균 일당 산유량(kg/day)
(7) 새끼 따로 먹이기 송아지의 최대 요소 섭취량(kg/day)
(8) 집단 비육장 사료의 단백질 함량(%)
(9) 임신중 비육우 암소사료의 단백질 함량(%)
(10) 새로이 도착한 비육용 송아지 컨디션 조절용 비타민A 급여 수준 (1,000 IU)

제 9 장

애완(반려)동물 사양

《학습목표》

- 영양 생리적 특성 이해
- 영양관리의 특징 이해
- 영양소 요구량 이해
- 성장 단계별 영양소 요구량
- 사료의 종류와 급여방법 이해
- 사료섭취량의 변화

1. 개의 사양

1.1 영 양

애완(반려)동물도 태초에는 스스로 먹이를 구하고 자연과 더불어 살아왔다. 그러나 오늘날 인간에 의하여 개량되고 인간의 욕구에 따라 생활 방식이 완전히 달라지게 되었다. 야생의 동물은 포식과 기아를 반복하며 주변 환경에 적응하는 능력이 있다. 그러나 현재 우리가 관리하고 있는 동물은 이러한 능력을 상실한 채 과식에 의한 비만 및 각종 질환에 시달리고 있다. 이에 이들의 사양에 있어 과부족이 없도록 관리하여 건강을 도모하고 관리자와 함께 공존할 수 있도록 하여야 할 것이다.

개의 소화기관은 육식동물의 구조를 갖고 있으나 탄수화물의 소화능력도 좋은 편이다. 기본적으로 영양소 요구량은 동물 개체의 특성과 환경적 요인 등에 의해 결정된다. 애완동물은 체격, 일상생활에서의 활동량, 번식 여부, 성장, 나이, 품성, 환경적·심리적 스트레스 정도 등에서 많은 차이가 있고, 이런 요인들에 의해 영양조건이 달라진다. 영양소 요구량은 하나의 안내 지침으로 간주하고, 다음 사항들을 고려하면서 개체별 관리를 하는 것이 좋은 방법이다. 개체별 영양관리에서 고려할 사항들은 다음과 같으며, 그들 조건에 따라 개체의 영양소 요구량이 달라지므로 이에 대한 이해는 매우 중요하다.

(1) 개 품종, 체중
(2) 사육목적 : 일반 애완용, 전람회(show)용, 번식용
(3) 나 이 : 어린 나이, 성장기, 번식 연령, 노년기
(4) 활동량(운동량)
(5) 동물의 품성
(6) 환경적 요인 : 온도, 습도, 환기, 스트레스
(7) 호르몬 분비 능력 : 암컷의 난소제거, 수컷의 거세
(8) 건강상태 : 비만, 심장병, 콩팥 질환 등

영양소 요구량은 대체로 체중에 비례한다. 체중이 무거우면 영양소 요구량도 그만큼 더 많아진다. 에너지 요구량은 활동량이 많을수록 증가하며, 또 환경 온도가 낮아지면 체온 유지를 위해 에너지 요구량이 증가하여 더 많은 사료를 먹게 된다. 단백질은 성장기 · 임신기 · 수유기 등에 많이 필요하다.

1) 필요 영양소 특성 및 급여

■ 수 분

(1) 항상 신선한 물을 먹을 수 있도록 준비해야 하는데, 동물이 계속 심한 구토를 할 때는 물을 주지 말아야 한다.
(2) 동물은 필요한 물을 물이나 사료를 통해 섭취하므로 다습한 사료를 먹을 때는 음수량이 적어진다. 일상적인 조건에서 개가 하루에 필요한 물은 섭취하는 대사에너지(ME) 1 kcal당 1 mL가 된다.
(3) 대개 섭취하는 물의 양은 고형사료 섭취량의 2～3배 정도 된다.
(4) 물 필요량은 운동, 열병, 콩팥의 질환, 설사, 소금 섭취량의 증가, 당뇨병 등의 조건에서 크게 증가하며, 수유기, 더울 때, 심한 운동 등의 조건에서는 고형사료 섭취량의 4배 이상으로 많아지기도 한다.

■ 단백질

(1) 단백질의 품질에서 제일 중요한 것은 10종의 필수아미노산이 모두 균형이 맞도록 들어 있는 것이다. 사료 내 필수아미노산의 균형은 요구량과의 비율에 의해 결정된다.

(2) 단백질 품질 평가에서 두 번째로 중요한 것은 소화율이다. 질이 좋은 사료의 소화율은 고형사료가 평균 80%, 캔 등 다습한 사료는 84%, 캔의 육류사료는 90% 수준이다. 원료사료 중에는 어분이 99%로 가장 높은 편이며, 간 분말과 대두박이 86~88%, 육분이 질에 따라 75~86%의 소화율을 보인다.

(3) 생물가(biological value)가 높은 것일수록 좋은 단백질 급원이다. 계란의 생물가는 98% 이상, 어분과 우유가 92%, 간 분말·쇠고기·카제인은 78~79%, 대두박 67%, 육분 50%, 밀·옥수수는 45~48%이다. 애완동물사료에는 동물성 원료, 대두박 및 곡류들이 혼합되어 있어 평균 70% 이상의 생물가를 나타내고, 이는 동물의 체내 단백질대사를 도와주기에 충분한 수준이다.

(4) 나이 든 개에게 과도한 양의 단백질을 먹이면 콩팥에 부담이 되어 좋지 않은 영향을 줄 수 있다. 특히 콩팥 기능이 저하된 동물에서는 고단백질사료를 급여하지 않아야 한다. 일반사료의 단백질 함량이면 충분하다.

(5) 사료단백질의 소화율은 제조과정의 처리온도와 가열처리시간 등에 따라 좌우된다. 과도한 열처리에 의해 아미노산(특히 lysine)과 aldose sugar가 결합하여 N-glycoside 물질을 형성하며, 이는 소장 내 단백질 분해효소의 작용을 방해하여 단백질이 소화되지 않고 변으로 배설되게 한다. 따라서 애완동물사료에서 좋은 원료를 사용했음에도 불구하고 소화율이 나빠질 수 있다.

(6) 단백질은 개 사료에서 가장 비싼 원료성분이다. 성견사료의 단백질 함량은 건물기준으로 18~25%이다.

(7) 어린 개나 성견의 필수 아미노산은 arginine을 포함하여 모두 10개이다.

(8) Taurine은 담즙산염의 구성성분으로 지방의 소화를 도와준다. 체내에서 methionine과 cystine으로부터 합성되는 양이면 충분하다.

(9) 사료에 섬유소 함량이 많을수록 변을 통한 담즙산의 손실량이 많아질 수 있다. 함유황아미노산의 섭취량이 제한될 때는 taurine의 공급이 부족하지 않도록 해야 한다. Taurine은 본래 동물성 사료에 함유되어 있으며, 고등식물에는 없거나 매우 적다.

■ 지 방

(1) 지방은 사료의 기호성에 중요한 영향을 미친다. 애완동물 사료의 지방함량을 약간만 높여도 기호성이 좋아진다. 개 사료에 필수지방산은 사료 건물기준으로 1%, 에너지 함량 기준으로 적어도 2%는 들어 있어야 한다. 필수지방산의 좋은 급원은 대두유, 옥수수기름, 면실유, 올리브유, 홍화유(safflower oil) 등이다. 이 중 대두유는 특히 linoleic acid(ω-6)와 linolenic acid(ω-3)를 모두 공급할 수 있는 좋은 급원이다.

(2) 사료에 지방함량이 너무 적으면 필수지방산의 결핍 가능성, 에너지 함량의 부족 가능성, 성장장애, 번식불량, 체중감소 등이 나타날 수 있다. 필수지방산이 부족하면 털에 윤기가 없고 건조해지며, 피부가 거칠어지고, 상처의 치유가 늦어지며, 피부의 지방층에 변화가 생겨 피부염에 민감해지게 된다. 또 지용성 비타민들의 흡수가 나빠질 수도 있다.

(3) 사료에 지방을 너무 많이 첨가하면 사료 에너지함량이 지나치게 높아져 사료 섭취량이 감소하면서 다른 영양소의 섭취량이 부족해지고, 반면에 몸에 지방의 축적량이 많아져 비만이 될 수 있다.

(4) 특히 다량의 지방을 사료에 첨가할 때 지방의 산패가 일어나기 쉬우며, 산패된 지방은 비타민 A와 E의 분해를 촉진시킬 수 있다. 산패된 지방을 많이 사용하면 탈모, 발진, 식욕감퇴, 변비, 설사 등이 나타나며, 심하면 폐사하게 된다. 따라서 사료에 첨가되는 지방의 산패를 방지하기 위하여 반드시 항산화제를 첨가해야 한다.

(5) 개 사료에 지방량은 하루에 필요한 에너지 양의 25~50%까지 공급할 수 있다. 대부분의 시판용 개 사료에는 건물기준으로 5~40%의 지방이 들어 있다. 고지방사료는 칼로리의 요구량이 많은 시기, 즉 성장, 젖먹이기, 훈련기간 등에 동물에게 도움이 된다. 그러나 사료지방의 함량이 동물의 소화능력을 초과할 때는 지방변이 나타난다.

■ 탄수화물

(1) 애완동물의 탄수화물 요구량에 대해 알려진 것은 거의 없다. 탄수화물은 사료원료 중 가장 값싼 에너지 급원이며, 개의 탄수화물 소화율은 65~85% 정도이다.

(2) 우유 섭취 시 소화불량이 나타날 수 있는데, 개는 우유의 lactose를 분해하는 lactase 활성이 매우 낮기 때문이다. 우유에는 lactose가 5% 정도 들어 있으며, 건조 탈지유에는 50%나 된다. 탈지유가 10% 이상 함유된 사료를 먹이면 설사를 일으킬 수 있다.

(3) 탄수화물 급원은 보리·밀·옥수수·감자·귀리 등이며, 특히 비스킷, 삶은 감자, 튀긴 쌀 같이 조리된 형태의 탄수화물은 이용성이 좋다. 개는 적절히 열처리된 탄수화물을 잘 이용할 수 있으나, 생 전분을 많이 첨가한 사료는 설사를 일으킬 수도 있다.

■ 섬유소

(1) 섬유소는 탄수화물 중에서 소화가 잘 되지 않는 성분이다. 그러나 그 중 일부 섬유소(hemicellulose)는 소화되어 에너지를 발생하며, 또 어떤 섬유소는 수분을 흡수하여 변의 부피를 증가시켜 배변작용을 도와주는 작용을 한다.

(2) 변의 부피가 증가하면 장운동이 자극되어 특히 노쇠하였거나 비활동적인 동물에서 변비의 방지와 배변작용에 도움을 준다. 일반 원료사료에는 1∼8%의 섬유소가 들어 있으며, 섬유소 급원으로는 강피류, 곡류의 외피, 사탕무 펄프 등이 있다.

■ 무기질

(1) 칼슘(Ca)과 인(P)

- Ca과 P의 적절한 비율은 1.2 : 1이다. 이들이 부족하면 구루병, 골연화증 등이 나타난다. 나이에 따라 이들의 요구량이 달라지므로 주의가 필요하다.
- 일반적인 Ca 급원은 골분, 탈지분유, 알팔파분말 등이며, P의 급원은 골분과 육골분 등이다. Ca과 P이 잘 이용되기 위해서 비타민 D의 공급이 필요하다.

(2) 마그네슘(Mg)

- Mg은 여러 가지 중간대사 작용, 특히 phosphatase의 활성화에 필요하다. Mg은 체내의 분포와 대사에서 여러 모로 Ca및 P과 비슷하다. Mg은 뼈와 치아의 필수 성분이다. 이것이 결핍되면 개에서는 과민성과 혼수(경련)가 일어날 수 있다.
- 육식동물은 요(尿)가 산성이다. 식물성 사료를 많이 먹으면 요(尿)가 알칼리가 되며, Mg염은 pH 6.6 이상에서는 녹지 않고 침전되어 요석을 형성한다.

(3) 유황(S) : 자연적으로 유황이 결핍되는 경우는 거의 없다. 유황은 단백질에 많이 들어 있으며, 특히 methionine, cystine 및 cysteine 같은 아미노산은 sulfur를 함유하고 있다.

(4) 나트륨(Na), 칼륨(K) 및 염소(Cl): 식염(NaCl)은 사료에 1.0~1.5% 수준으로 들어 있어야 한다. 칼륨도 사료에 풍부하게 들어 있는 성분이며, 부족할 경우 식욕감퇴, 쇠약, 무기력증, 근육이완 등이 나타나 머리를 내려뜨리고, 보행 불안정 및 마비증세가 나타날 수 있다.

(5) 철분(Fe) : 헤모글로빈 형성에 필요한 영양소로서 간, 계란 난황 등에 많다. 그러나 우유에는 매우 부족하다. 일반적으로 사료에 들어있는 것으로 충분하다.

(6) 기타 무기질

- 구리(Cu) : 철분과 같이 헤모글로빈 형성에 필요하다. 요구량은 철분 요구량의 10% 수준이다. 탈지유 · 간 · 계란 난황 등이 구리의 좋은 급원이다.
- 아연(Zn) : 결핍되면 털이 가늘어질 수 있고, 피부각화증(parakeratosis), 식욕부진, 체중 감소, 성장지연 등이 나타난다. 일반 원료사료에 풍부한 편이다.
- 코발트(Co) : 헤모글로빈 형성에 필요하다. 요구량이 매우 적어 애완동물에서 결핍증이 거의 나타나지 않는다.
- 망간(Mn) : 결핍되면 번식장애(성성숙 지연, 배란 불순, 사산)를 일으킬 수 있다. 곡류 · 대두 · 어분 · 석회석 등으로 공급된다.
- 요오드(I) : 결핍되면 털이 거칠어지며, 빈혈, 갑상선기능 저하증 및 유산 등이 발생할 수 있다. 임신 말기에 유산된 태아가 털이 없으면 요오드 결핍을 의심할 수 있다.
- 셀레늄(Se) : 요구량은 미량이지만, Se은 생체 내에서 항산화 기능을 하는 중요한 물질이다.

■ 비타민

애완동물의 비타민 요구량은 동물 종류별로 차이가 심한 편이다. 일반 시판사료에는 충분한 양의 비타민이 첨가되어 있다. 수용성 비타민은 체내에 축적되지 않기 때문에 매일 일정한 양을 섭취할 필요가 있다.

(1) 비타민 A

- 이 비타민은 시력, 상피세포의 건강, 뼈 성장에 도움을 준다. 부족하면 식욕부진, 성장 부진이 나타나며, 개는 청각장애가 나타날 수도 있다.

- 비타민 A는 결핍 가능성 보다 오히려 과도한 섭취(hypervitaminosis A)가 더 문제가 될 수 있다. 과잉 증세로 식욕감퇴, 체중 감소, 과민성, 사산 등이 나타난다.

(2) 비타민 D

- Ca, P 흡수와 대사에서 중요한 역할을 한다.
- 개의 성장과 번식에 비타민 D_2(ergocalciferol)와 D_3(cholecalciferol) 모두 효과가 있으나 D_3가 D_2보다 효과가 더 좋다.
- 자외선에 의한 피하의 7-dehydrocholesterol로부터의 비타민 D 합성이 충분하지 않다.
- 결핍 시 어린 것에서는 구루병(rickets), 성숙한 동물에서는 골연화증(osteo-malacia)이 나타나며, 그 외에 치아가 불규칙하게 자라기도 한다.
- 중독증(hypervitaminosis D)의 증세는 식욕부진, 구토, 콩팥기능 저하, 피로, 연조직의 석회화, 혈중 Ca 농도 증가, 설사, 탈수, 사망 등이다.

(3) 비타민 E

- 중요한 항산화 비타민으로, 결핍되면 번식과 수유장애가 나타난다.
- 사료 내 비타민 E는 저장 중에 쉽게 산화되며, 특히 다른 무기질(Fe, Cu)과의 접촉에 의해 쉽게 파괴된다.
- 불포화지방산이 많은 사료에서 쉽게 산화될 수 있다.

(4) 비타민 K

- 부족하면 출혈 시 응고시간이 지연된다.
- 간에 질환이 있을 때 결핍되기 쉬우며, 특히 개는 약물에 중독된 쥐 등을 섭취하여 이 비타민의 결핍에 걸리는 경우가 많다.
- 결핍증의 치료를 위해 합성 비타민 K인 menadione이 사용된다.

(5) 비타민 B_1

- 탄수화물 대사에서 중요하다. 고탄수화물 사료를 섭취할 때 이 비타민의 요구량이 높아진다.
- 열에 약해 사료 가공에 의해 쉽게 파괴된다. 개 사료를 조리할 때 2/3 정도가 파괴될 정도여서 미리 충분한 양을 첨가해야 한다.
- 대부분의 민물고기(특히 잉어)에는 이 비타민을 분해하는 thiaminase가 있어 이 물고기를 생으로 먹으면 thiamin 결핍에 걸리기 쉽다. Thiaminase는 가열 조리에 의해 파괴된다.

(6) Niacin

- 결핍시 식욕감퇴, 설사, 체중 감소 등이 나타나며, 심한 경우 개에서 흑설병(pellagra)이 생기며, 구내염, 혀 조직의 괴사 등이 나타난다.
- 곡류의 niacin은 생체 이용성(bioavailability)이 나빠 잘 이용되지 못한다.
- Niacin은 사료의 tryptophan으로부터 전환이 가능하다.
- Niacin의 좋은 급원은 간, 녹색식물, 계란 및 우유 등이다.

(7) 비타민 B_6

- 단백질대사에서 중요하다. 사료를 지나치게 가열하면 이 비타민이 파괴된다.
- Pyridoxine의 좋은 급원은 밀배아, 우유, 육류, 물고기, yeast 및 간이다.

(8) 기타 비타민

- Pantothenic acid는 열에 안전하며, 일반적으로 결핍되지 않는다.
- 생계란의 난백에는 biotin의 흡수를 방해하는 단백질(avidin)이 있어 동물들에게 생계란을 자주 먹이지 않는 것이 좋다. Avidin은 열처리에 의해 쉽게 파괴된다.
- 비타민 B_{12}는 심한 훈련을 하는 개에서 산소의 원활한 공급을 위해 특히 필요하다.
- 비타민 C는 개의 체내에서 충분히 합성된다.

2) 사료 에너지 및 에너지 요구량

(1) 동물은 신진대사와 신체활동에 필요한 에너지를 섭취한 영양소의 산화 및 자신의 몸에 저장된 에너지원으로부터 얻는다.

(2) 사료에너지의 대부분은 탄수화물과 지방으로 공급된다. 섭취한 건물량의 70~90%가 에너지 생산에 사용될 수 있는데, 사료에너지 이용성은 섭취한 사료의 원료 종류와 가공 정도, 동물의 나이 등에 따라 달라진다.

(3) 에너지 요구량을 단위 체중을 기준하여 나타내면 체중이 무거운 동물보다 가벼운 것, 성숙한 것 보다 어린 동물에서 더 높다.

(4) 애완동물사료 포장에 에너지 함량이 표시되어 있지 않을 경우 다음과 같은 방법으로 가소화 에너지(DE) 함량을 계산할 수 있다.

〈영양성분과 참고 값으로부터 애완동물용 사료의 칼로리 함량 계산방법〉

사료의 성분함량		참고 값	
수 분	7%	지 방	= 9.4 kcal/g
지 방	9%	탄수화물	= 4.2 kcal/g
단백질	24%	단백질	= 4.4 kcal/g
섬유소	3%	지방 소화율	= 92.5%
회 분	15%	단백질 소화율	= 80%
총 함량	58%	탄수화물 소화율	= 85%

탄수화물(NFE) 함량 = 100 − 58 = 42%
지방 에너지 = 9% × 9.4 kcal/g × 0.925 = 78.2 kcal/100 g
탄수화물 에너지 = 42% × 4.2 kcal/g × 0.85 = 149.9 kcal/100 g
단백질 에너지 = 24% × 4.4 kcal/g × 0.80 = 84.5 kcal/100 g
합 계 = 312.6 kcal/100 g
이 사료 1 kg당 DE = 312.6 × 1000/100 = 3,126 kcal/kg

각 성분별 소화율은 평균치이며 원료에 따라 변할 수 있다. AME는 DE로부터 요로 배설되는 뇨소의 에너지만큼 더 제하여 구한다(제4장 참고). 곡류사료의 AME는 DE의 약 97～98%에 해당된다.

〈개의 유지에너지 요구량 계산〉

개의 유지에너지 요구량은 나이와 활동 정도에 따라 변한다. 일반적인 방법은 다음과 같다.

W : 개의 체중(kg), 2.2 : 파운드의 kg 환산계수

(1) 체중 2～30 kg의 개의 하루 필요 에너지 양(kcal) =
$$2.2 \times W(33 - 0.55 \times W)$$

(2) 체중 30 kg 이상의 개의 하루 필요 에너지 양(kcal) = 40 × W

〈개의 실제 필요 에너지 요구량 계산〉

일상에서 하루에 실제로 필요한 에너지 요구량은 유지 요구량에 생산이나 활동에

필요한 요구량을 더 추가해서 구해진다. 여러 가지 변수에 따라 다음 수치(kcal)를 유지요구량에 더 추가해 준다.

(1) 나이 변수
- 1살 이상은 유지요구량의 10% 추가
- 6개월령의 개는 유지요구량의 30% 추가
- 3개월령의 개는 유지요구량의 60% 추가

(2) 활동 변수
- 중등도의 활동은 유지요구량의 25% 추가
- 심한 활동(숨이 가쁜 상태)에는 60% 추가

(3) 임신과 수유 변수
- 임신에서 분만 시까지 유지요구량의 20% 추가
- 분만 시 유지요구량의 25% 추가
- 수유 2주째 : 50% 추가
- 수유 3주째 : 75% 추가
- 수유 4주째 : 100% 추가

(4) 실제로 필요한 에너지 요구량의 계산 예.
- 체중 10 kg인 성견의 1일 유지에너지 요구량

$$2.2 \times 10(33 - 0.55 \times 10) = 605 \text{ kcal}$$

- 체중 10 kg, 6개월령인 개의 1일 실제 에너지 요구량

$$605 \text{ kcal} + 605 \times 30\% = 786.5 \text{ kcal}$$

1.2 사 료

사료는 해당되는 동물의 영양소 요구량(일반적으로 최소 요구량)에 근거하여 만들어진다. 이 요구량은 체중을 기준해서 성장 단계별로 필요량을 구하고, 최종적으로 사료 1 kg당 필요한 양으로 환산해서 요구량(최소) 표를 작성하게 된다. 실제로 동물에게 사료를 급여할 때의 최종 기준은 소화율, 영양소(특히 비타민) 파손율 등을 고려하여 결정한다. 급여하는 사료량은 체중의 감소를 방지하고, 체중을 유지하거나 일정한 나이에 목표체중에 도달할 수 있도록 필요에 따라 조절해야 한다. 체중이 감소하면 사료를 더 많이 급여하며, 체중 증가 속도가 지나치게 빠르지 않도록 한다.

1) 사료의 종류

사료는 외관에 따라 건조사료, 반습사료, 통조림사료 등이 있는데, 건조사료가 가장 일반적으로 이용된다.

■ 건조사료

(1) 건조사료는 곡류, 곡류 부산물, 대두제품, 육류제품, 유제품, 지방, 비타민-무기질 첨가제 등을 이용하여 만든다. 곡류는 대개 열처리에 의해 전분이 α화되도록 하여 소화가 잘 되게 한다.

(2) 배합사료는 적절한 단백질/에너지 비율(protein/calorie ratio)과 동시에 필수아미노산의 균형을 유지하며, 여기에 충분한 양의 지방을 첨가하여 사료의 에너지 밀도를 높이고 비타민과 무기질을 첨가하여 영양소/에너지 비율을 맞춘다. 이렇게 배합된 사료는 수분함량이 10% 내외, AME 함량이 3,300～3,500 kcal/kg가 된다.

(3) 건조 사료에는 3가지 형태가 있다.

- 가루 또는 펠릿사료 : 건조 사료를 펠릿(pellet)으로 만들거나 펠릿을 다시 분쇄하여 크럼블(crumble)로 만들기도 한다. 여기에 지방을 첨가하면 에너지 밀도를 높이고, 기호성을 향상시킬 수 있다.
- Kibble : 곡류, 육류 및 유제품과 비타민, 무기질을 수분을 첨가하여 반죽으로 만들어 넓은 철판에서 구운 후 크럼블 또는 일정한 크기의 단편으로 만든다.
- 팽화된 건조사료 : 곡류・육분・채소・유제품・비타민・무기질 등을 압력솥에서 혼합한 후 증기처리를 한다. 이것을 팽화기(expander)를 통과시키면서 다공성의 nugget 형태로 만들고, 다시 고온의 공기를 불어넣어 굳어지게 한다. 건조되고, 굳어진 nugget를 지방, 탄수화물 또는 유제품 등으로 coating하면 에너지와 기호성이 향상된다. 적절한 팽화처리를 위해서는 최소한 40%의 탄수화물이 들어 있어야 한다. 시판되는 대부분의 애완동물사료는 팽화처리된 것들이다.

■ 반습(半濕, semimoist)사료

반습사료는 대두박, 옥수수 시럽, 신선한 육류 및 부산물, 동물성 지방, 비타민과 무기질 등을 보존제 및 보습제 등과 함께 혼합한 것으로, 수분함량은 보통 23～40% 수준이다. 한 번에 먹는 양을 cellophane이나 foil 등으로 포장하며, 냉장하지 않은 상태로 보관이 가능하다. 반습사료는 모양이나 색깔을 내어 고기나 햄버거 조각같이 만들기도 하는데, 영양가나 기호성도 좋다.

반습사료(특히 고양이용)에 인산, 염산 또는 malic산 같은 것을 첨가하여 pH를 낮춰주면 박테리아의 성장과 변패를 억제할 수 있다. 설탕, 옥수수 시럽, 소금 등은 제품 내 용해성 성분함량을 높여 박테리아나 곰팡이가 수분을 사용하지 못하게 한다. 반습사료는 생산비가 비싸지는 문제가 있지만, 장점은 사료배합에 사용될 수 있는 원료(예, 신선한 고기)가 더 다양해질 수 있다.

■ 통조림

이 사료는 신선하고, 다습한 원료들을 통조림하여 오염을 방지하고 부패를 일으키는 미생물을 살균처리 할 수 있다. 통조림사료에는 다음과 같은 종류가 있다.

(1) 일량사료(ration) 형태의 통조림사료 : 육류와 육류 부산물을 수분, 지방 및 곡류 원료와 같이 잘게 다져 혼합해서 만든 사료이다. 수분함량이 75%나 되며, 고급품은 에너지 함량이 1 kg당 1,100 kcal나 된다.

(2) 고급 또는 육류형의 통조림사료 : 고급형은 상당히 큰 분량의 적육과 다양한 종류의 동물성 부산물 및 실제로 고기와 비슷한 색깔과 맛을 갖도록 가공된 식물성 단백질 등으로 구성된다. 이 고급형의 통조림사료는 고단백질, 고지방 함량에 기호성도 좋아 동물이 식욕이 떨어졌거나 수술 후 회복기 등 특수한 경우에 사용하기 적당하다.

■ 남은 음식물

남은 음식물은 개에게 기호성이 매우 좋기는 하나 대개 영양적인 균형이 좋지 않은 편이다. 남은 음식물은 지방질과 탄수화물이 주류를 이루어 칼로리 공급 이외에 별다른 영양적 가치가 없어 이를 많이 먹을 경우 일반사료에 대한 식욕을 저하시킬 수 있고, 특히 조미료가 첨가된 음식에 익숙해지면 일반사료를 거부할 가능성이 있다. 우리나라의 남은 음식물에는 식염성분이 너무 많을 수도 있다.

■ 애완동물사료에 사용하는 사료첨가제

일반적으로 사용되는 첨가제에는 유화제, 표면활성제, 항산화제, 항미생물제, 향미제 및 착색제 등이 있다. 사료첨가제는 동물에게 영양소를 제공하는 것은 아니면서도 동물의 영양에 많은 도움을 주고 있다. 대부분의 첨가제는 사료 가공 시 품질을 유지해 주며, 보존성을 높여 최종적으로 동물이 사료를 섭취하는 시점까지 제품의 질을 높게 보존해주는 역할을 한다.

2) 사료 급여방법

■ 사료 급여방법의 종류

(1) 개의 사료 급여방법은 크게 세 가지로 나눌 수 있다. ㉮ 무제한 급식(임의급식), ㉯ 시간제한에 의한 급식, ㉰ 사료량의 제한에 의한 급식이다. 무제한 급식은 동물이 원하는 사료를 어느 때나 먹을 수 있게 항상 충분히 급여하는 방식으로 임신기나 수유기에 사용한다. 제한 급식은 체중을 관리하기 위한 목적으로 사용한다. 시간제한에 의한 급식은 사료 먹는 시간을 정해 놓고(5~30분) 그 시간 안에 마음대로 먹을 수 있게 충분히 급여한다. 세 번째의 급식은 동물이 원하는 것보다 적은 양의 사료를 하루에 정해 놓은 회수에 따라 나누어 급식하는 것이다. 두 제한급식 방법의 횟수는 하루에 정해 놓은 횟수(1일 1~2회)에 따라 급여한다.

(2) 사료 급여방식은 사료 종류에 따라 결정한다. 건식사료는 개에게 대개 무제한 급식시키는데, 경우에 따라 과식으로 비만해지거나 소화불량이 되기 때문에 주의를 요한다. 건식사료를 급여할 때 다른 통에 마실 물이 충분히 주어져야 한다. 건식사료가 비교적 딱딱하기 때문에 치아를 건강하게 유지하는 데 도움을 줄 수 있다. 자유급식 시킨 동물들이 과식하는 경우 제한급식 방법으로 바꾸는 것이 필요하다.

(3) 동물들이 건식사료를 충분히 먹지 않을 때 먼저 구강 내에 어떤 문제(치아, 치육에)가 없는지 확인할 필요가 있다. 이런 경우 사료를 물에 불려주면 섭취량이 증가할 수 있다. 통조림사료 또는 물에 불린 사료는 매일 신선한 상태로 급여해야 하며, 여름철에는 개봉한 후 10~12시간 이상 방치하지 않도록 주의해야 한다. 사료 자체의 영양가 때문에 특히 더운 계절에는 세균이 쉽게 자랄 수 있다. 중요한 것은 사료급여 시간을 규칙적으로 하면서 항상 동물의 식욕상태를 살피는 것이다. 먹다 남은 사료는 특히 여름철에 30분 이상 방치해서는 안 된다.

(4) 끼니 사이에 군것질을 시키지 말아야 한다. 군것질 버릇이 생기면 영양적으로 불균형을 이루게 될 뿐만 아니라 비만, 소화불량, 탐식증 등이 나타날 수 있다. 남은 음식물 중 닭뼈나 동물의 날카로운 뼈 같은 것은 애완동물의 입이나 소화기에 걸려 심각한 문제를 일으킬 수 있다. 큰 뼈는 치아를 튼튼하게 할 수도 있으나 잘못하면 치아를 부러뜨릴 수도 있다.

(5) 대부분의 개는 혼자서 조용히 먹기를 좋아하므로 귀찮게 하지 않도록 한다.

■ 사양 프로그램

(1) 임신, 수유기의 사양 : 번식용 사료는 임신기 동안 급여한다. 특히 임신 마지막 3~4주와 수유기 동안은 반드시 번식용 사료를 급여해야 한다. 암컷의 번식용 사료의 단백질 함량은 최소 25%가 되어야 한다. 임신 5~6주 동안은 체중을 유지하는 정도의 사료를 급여하며, 임신 말기로 갈수록 급여량을 서서히 증가시켜 분만시점에는 15~25% 더 많은 에너지를 섭취케 한다. 임신기에는 사료를 자유채식 시키거나 또는 1일 2회 급여한다. 수유기에는 적어도 하루 3회 또는 자유채식 시키면서 적정 체중을 유지토록 한다. 어미는 수유기 첫 주 동안에는 유지요구량의 1.5배, 2주째에는 2배, 3주째에는 3배되는 양을 급여한다. 새끼는 3주째부터 고형식을 주어 최고 수유기(3~6주째) 동안 어미의 적정 체중 유지에 도움이 되도록 한다.

(2) 강아지의 사양 : 출생 후 처음 7일간의 최적 환경 온도는 섭씨 29~32도, 2~3주 동안은 27도, 4주째부터는 24도이다. 모유 대신 대용유가 필요한 경우 가정에서 다음 중 한 가지 방법으로 만들 수 있다. 대용유는 반드시 냉장 보관해야 하며, 먹이기 전에 1회량을 체온 정도가 되도록 데워 급여한다.

- 연유(농축유)를 희석해서 총 고형물이 20% 수준이 되게 한다. 이것 1 L당 8.0 g의 제2인산칼슘을 첨가하여 사용한다.
- 신선한 우유 470 mL, 크림(지방함량 최소 18%) 180 g, 계란 난황 한 개(15g), 대구 간유(2~3방울, 약 0.3 g), 살균된 골분 1 tea spoon(4 g), 구연산 반 tea spoon(2 g)

표 9-1. 우유와 암캐 젖 성분 함량 비교(%)

성 분	우 유	암캐 젖
지 방	3.80	9.00
락토오스	4.80	3.10
단백질	3.30	8.00
케이신	2.80	3.50
알부민	0.40	4.50
무기질	0.71	0.90
고형물	12.61	21.00

(Gaines, 1974)

- 연유와 증류수를 4 : 1(부피)로 혼합한 것 1 L에 인산제2칼슘 5 g, 유아용 종합 비타민 1방울

(3) 이유 시 사양관리 : 모유로부터 이유식으로의 전환은 서서히 이루어져야 한다. 4～7주령에 이유가 이루어지며(평균 5.5～6주령), 이유하는데 7～10일 정도 걸린다. 낮에는 어미로부터 분리하고, 밤에 다시 합류시킨다. 고형식을 물과 혼합하여 단단한 죽 같은 형태로 만들어 하루 3～4회 급여한다. 여기에 적응되면 서서히 물량을 줄여 고형식에 익숙하게 한다.

(4) 이유 후 사양관리 : 이유 후 처음 3개월간은 하루에 3회 급식하며, 6개월령 때는 하루에 2회 급식한다. 8개월령 이후부터는 하루에 1회 급여한다. 그러나 한 번에 충분한 양을 먹지 못할 때는 하루에 2회 급식하기도 한다.

(5) 나이 든 애완동물의 사양관리 : 작은 체구의 품종은 체격이 큰 품종에 비하여 성성숙이 더 빠를 수 있다. 따라서 특히 작은 체구의 품종은 과잉급식에 의해 비만해지지 않도록 주의가 필요하다.

(6) 애완동물도 적절한 영양관리에 의해서 노화가 지연될 수 있다. 영양적 문제를 되도록 조기에 발견하는 것이 중요하다. 건강한 구강 위생을 유지하는 것이 사료섭취 능력의 유지에 매우 중요하기 때문에 치아관리에 주의해야 한다. 나이 든 동물은 식욕과 소화능력이 저하되어 있으므로 맛 좋고 소화가 잘 되는(적어도 80% 소화율) 사료를 소량씩 1일 2회 급여한다. 과도한 사료섭취에 의해 비만이 되지 않도록 주의한다.

2. 고양이의 사양

2.1 영 양

고양이 영양에서 중요한 것은 개와 달리 완전한 육식동물의 소화능력과 영양소의 대사적 특징 등이 고려되어야 한다. 일반적으로 육식동물은 소화기관이 단순해서 식물성 원료의 소화능력이 낮다. 또한 대사적으로 전구체로부터 영양소를 합성하는 능력이 저조하다. 예를 들어 고양이는 사료의 주 에너지원이 단백질이며, 탄수화물에 대한 의존도가 매우 낮다. 또한 carotene의 비타민 A 전환, linoleic acid의 arachidonic acid 전환, tryptophan의 niacin 전환 능력과 taurine의 합성능력이 매우 낮다.

애완동물로서 고양이의 영양소 요구량은 품종, 체격(체중), 나이, 활동량, 성장단계, 환경온도, 품성, 환경적·심리적 스트레스 등에 따라서도 많이 달라진다. 일반적으로

영양소 요구량은 체중에 비례하며, 체중이 무거우면 영양소 요구량도 그 만큼 더 많아진다. 또 특히 에너지 요구량은 환경 온도에 따라서도 달라진다. 그리고 단백질은 성장기·임신기·수유기 등에 가장 많이 필요하다.

1) 필요 영양소 특징 및 급여

■ 수 분

(1) 항상 신선한 물을 먹을 수 있도록 준비되어야 하는데, 고양이는 가끔 물통에 배변을 하기 때문에 자주 확인해야 한다.

(2) 고양이가 하루 동안에 필요한 수분량은 섭취하는 대사에너지(ME) 1 kcal당 약 1 mL가 된다. 체중 1 kg의 고양이는 하루에 약 150 kcal 정도 에너지를 섭취한다.

(3) 섭취하는 물의 양은 고형사료 섭취량의 2～3배 정도 된다. 물의 요구량은 운동, 열병, 콩팥의 질환, 설사, 소금 섭취량의 증가, 당뇨병 등의 조건에서 크게 증가하며, 수유기, 더울 때, 심한 운동 등의 조건에서는 고형사료 섭취량의 4배 이상으로 많아지기도 한다.

■ 단백질

육식동물인 고양이는 단백질 요구량이 많으며, 소화기관이 짧아 소화하기 쉬운 고품질의 사료를 공급해 주어야 한다.

(1) 아미노산의 균형과 소화율이 매우 중요하다. 질이 좋은 사료의 소화율은 고형사료가 평균 80%, 캔의 다습한 사료는 84%, 캔의 육류사료는 90%다. 원료사료 중에는 어분이 99%로 가장 높은 편이며, 간 분말과 대두박이 86～88%, 육분은 질에 따라 75～86% 소화율을 보인다.

(2) 다음에 중요한 것은 생물가(biological value)이다. 계란의 생물가는 98% 이상, 어분과 우유가 92%, 간 분말·쇠고기·카제인은 78～79%, 대두박 67%, 육분 50%, 밀·옥수수는 45～48%이다. 애완동물사료에는 동물성 원료, 대두박 및 곡류들이 혼합되어 있어 평균 70% 이상의 생물가를 갖고 있고, 이는 동물의 체내 단백질대사를 도와주기에 충분한 수준이다.

(3) 나이 든 고양이에게 과도한 양의 단백질을 먹이면 콩팥 기능에 좋지 않은 영향을 주며, 특히 콩팥 기능이 저하되어 있는 동물에서는 고단백질사료를 급여하지 않아야 한다.

(4) 단백질의 과도한 가열처리는 단백질의 소화율을 나빠지게 한다.

(5) 성장 중인 고양이 사료에는 높은 생물가의 원료로서 35%의 단백질이 들어 있어야 하며, 다 자란 고양이 사료에는 건물 기준으로 최소한 25%의 단백질이 필요하다.

(6) 고양이도 arginine을 포함한 10개의 필수아미노산이 필요하다.

(7) 개보다 더 많은 단백질이 필요한데(주로 비필수 아미노산) 이는 고양이 간에 아미노산을 분해하는 효소의 작용이 더 활발하기 때문이다. 고양이는 arginine 합성능력이 매우 저조하고, 또한 간에 arginase 활성이 매우 높기 때문에 이 아미노산의 결핍에 매우 예민하다. Arginine 결핍 사료를 먹이면 한 시간 안에 hyperammonemia(고암모니아혈증)가 나타난다.

(8) 고양이는 또한 다른 포유동물보다 함유황아미노산을 더 많이 요구한다. 고양이의 두터운 털 생산을 위해 cystine이 더 많이 필요하기 때문이다.

(9) Taurine은 고양이 영양에서 특별히 중요하다. 고양이는 함유황아미노산으로부터 taurine의 생합성이 매우 저조하기 때문에 taurine이 부족한 경우 이를 보충할 방법이 없다. Taurine은 담즙에 taurocholic acid형태로 존재하며, 또한 망막과 후각신경부위에 고농도로 들어있다. 고양이는 개와 달리 담즙산인 cholic acid가 taurine하고만 축합반응(conjugation)을 하며, glycine과는 반응이 이뤄지지 않는다. Taurine 공급이 불충분한 경우 우선적으로 taurocholic acid 합성에 주로 사용되고, 망막부위에 공급이 되지 못해 망막의 퇴화가 초래된다. 이런 이유로 성장 중이거나 다 자란 고양이에서 시력이 나빠지는 것은 taurine 결핍의 전형적인 증세라고 할 수 있고, 따라서 고양이 사료에는 taurine이 필수적이다.

(10) 사료에 섬유소 함량이 많을수록 변을 통한 담즙산 손실량이 많아지므로 사료 내 taurine 함량도 더 많아야 한다. 고양이 사료의 평균적인 섬유소 함량과 함유황아미노산의 함량을 고려할 때 사료 1 kg 건물당 500 mg의 taurine이 권장되고 있다. Taurine은 본래 동물성 사료에 함유되어 있으며, 고등식물에는 거의 없거나 매우 적다.

■ 지 방

(1) 애완동물 사료에 지방을 첨가하면 기호성이 좋아진다. 고양이에게 arachidonic acid는 필수지방산이다. 사료에 arachidonic acid가 적어도 0.17%는 들어 있어

야 하는데, 고양이는 다른 가축과 달리 $\triangle^6$-desaturase 활성이 매우 낮아 linoleic acid로부터 이 지방산을 합성하지 못하기 때문이다. 고양이 사료에 linoleic acid은 사료 건물기준으로 1%, 에너지 함량 기준으로 적어도 2%는 들어 있어야 한다. 필수지방산의 좋은 급원은 옥수수기름, 면실유, 올리브유, 대두유, 홍화유(safflower oil) 등이다.

(2) 사료의 지방함량이 너무 적으면 필수지방산의 결핍 가능성, 에너지 함량의 부족 가능성, 성장장애, 번식불량, 체중감소 등이 나타날 수 있고, 필수지방산이 부족하면 털에 윤기가 없고 건조해지며, 피부가 거칠어지고, 상처의 치유가 늦어지며, 피부의 지방층에 변화가 생겨 피부염에 민감해지게 된다. 또한 지용성 비타민들의 흡수가 나빠질 수 있다.

(3) 특히 다량의 지방을 사료에 첨가하면 지방의 산패가 일어나기 쉬우며, 산패된 지방은 비타민 A와 E의 분해를 촉진시킬 수 있다. 산패된 지방을 많이 사용하면 탈모, 발진, 식욕감퇴, 변비, 설사 등이 나타나며, 심하면 폐사하게 된다.

(4) 고양이 사료에 지방은 하루에 필요한 에너지 양의 25～50%까지 공급할 수 있다. 대부분의 시판용 고양이 사료에는 10～30% 지방이 들어 있다. 고지방사료는 칼로리의 요구량이 많은 시기, 즉 성장, 젖먹이기, 훈련기간 등에 동물에게 도움이 된다. 그러나 사료지방의 함량이 동물의 소화능력을 초과할 때는 지방변이 나타난다.

■ 탄수화물

(1) 탄수화물은 사료 원료 중 가장 값싼 에너지 급원이며, 고양이는 사료 탄수화물의 소화능력이 매우 낮아 35～40% 정도 된다.

(2) 우유는 고양이에서 소화불량을 일으킬 수 있는데, 이는 고양이 소장 내 lactase 활성이 매우 낮아 lactose 소화율이 낮기 때문이다.

(3) 탄수화물 급원은 보리・밀・옥수수・감자・귀리 등이며, 특히 비스킷, 삶은 감자, 튀긴 쌀 같이 조리된 형태의 탄수화물은 이용성이 좋다.

■ 섬유소

(1) 섬유소는 소화가 잘 되지 않는 부분이지만 일부 섬유소(hemicellulose)는 소화되어 에너지를 발생하며, 또 어떤 섬유소는 배변작용을 도와주기도 한다.

(2) 일반 원료사료에는 1～8%의 섬유소가 들어 있으며, 섬유소 급원으로는 강피

류, 곡류의 외피, 사탕무 펄프 등이 있다.

■ 무기질

고양이에서 필수적인 무기질 종류는 다른 동물과 마찬 가지이다.

(1) 칼슘(Ca)과 인(P) : 부족 시 구루병, 골연화증 등이 나타나며, 일반적인 Ca 급원은 골분, 탈지분유, 알팔파분말 등이며, P의 급원은 골분과 육골분 등이다. Ca과 P이 잘 이용되기 위해서 비타민 D의 원활한 공급이 필요하다.

(2) 마그네슘(magnesium)

- Phosphatase의 활성화에 필요하며, 뼈와 치아의 구성성분이다.
- 고양이 사료에 Mg 함량이 많으면 feline uroligic syndrome(FUS)이라는 증세가 나타난다. 요도 내에 Mg염이 침전되어 요석을 형성하고, 특히 숫고양이에서 방뇨를 방해한다.
- 육식동물의 요(尿)는 산성이다. 식물성 사료를 많이 먹으면 요(尿)가 알칼리가 되며, Mg염은 pH 6.6 이상에서는 용해되지 않고 침전되어 요석을 형성한다. 따라서 고양이 사료에 식물성 원료가 많고, 동물성 사료가 적을 때 FUS 발생률이 높아질 수 있다.

(3) 유황(sulfur) : Methionine, cystine 및 cysteine 같은 아미노산에 의해 sulfur가 공급되지만 무기태 유황을 별도로 공급해 줄 필요가 있다.

(4) 나트륨(Na), 칼륨(K) 및 염소(Cl) : 일반적인 전해물질로서 부족할 경우 식욕감퇴, 쇠약, 무기력증, 근육이완 등이 나타나 머리를 늘어뜨리고, 보행 불안정과 마비증세가 나타날 수 있다.

(5) 철분(Fe) : 헤모글로빈 형성에 필요한 영양소로서 간, 계란 난황 등에 많다.

(6) 기타 무기질(구리, 아연, 코발트, 망간, 요오드, 셀레늄 등)의 기능은 제1절(개의 사양) 참조.

■ 비타민

수용성 비타민은 체내에 축적되지 않기 때문에 매일 일정한 양을 섭취할 필요가 있으며, 고양이는 개보다 비타민 B군의 요구량이 5배나 더 많다. 지용성 비타민 A와 D는 간 조직을 원료사료로 사용하는 경우 과잉섭취의 위험성이 높아진다.

(1) 비타민 A

- 고양이는 β-carotene을 비타민 A로 전환할 수 있는 능력이 부족하여 반드시

비타민 A의 형태로 섭취해야 한다. 비타민 A는 동물성 사료(간)나 합성 비타민으로 공급할 수 있다.

- 비타민 A는 결핍 가능성 보다 오히려 과도하게 섭취될 가능성이 높다. 과다 섭취하면 식욕감퇴, 체중 감소, 과민성, 목이나 관절의 경직 등이 나타난다.

(2) 비타민 D

- Ca, P, Mg 대사에서 중요한 역할을 한다.
- 고양이의 성장과 번식에 비타민 D_2(ergocalciferol)와 D_3(cholecalciferol) 모두 효과가 있으나 D_3가 D_2보다 더 효과가 좋다.
- 결핍의 가능성보다 과도한 섭취 가능성이 더 높다. 중독증(hypervitaminosis D)의 증세는 식욕부진, 구토, 콩팥기능 저하, 피로, 연조직의 석회화, 혈중 Ca 농도 증가, 설사, 탈수, 사망 등이다.
- 고양이는 개와 마찬가지로 자외선에 의해 피하의 7-dehydrocholesterol로부터 비타민 D를 합성하는 능력이 사람이나 쥐에 비해 현저히 떨어진다.

(3) 비타민 E

- 결핍되면 번식장애와 수유장애, 지방조직염(steatitis)에 걸린다.
- 사료 내 비타민 E는 저장 중 쉽게 산화되며, 특히 무기질(Fe, Cu)과의 접촉에 의해 쉽게 파괴될 수 있다.
- 고양이 사료에는 불포화지방산이 비교적 많아 비타민 E의 항산화작용이 매우 중요하다.

(4) 비타민 K

- 부족하면 출혈이 쉽게 일어나며, 혈액 응고시간이 지연된다.
- 간에 질환이 있을 때 이 비타민이 결핍되기 쉬우며, 고양이는 약물에 노출된 쥐를 잘못 먹어 이 비타민의 결핍을 초래하는 경우가 많다.
- 합성 비타민 K인 menadione이 효능이 좋고, 경제적이어서 결핍증의 치료나 예방을 위해 많이 사용된다.

(5) 비타민 B_1

- 열에 약해 사료 가공에 의해 쉽게 파괴되며, 고탄수화물 사료를 섭취할 때 이 비타민의 필요량이 많아진다.
- 대부분의 민물고기(특히 잉어)에는 이 비타민을 분해하는 효소인 thiaminase가 있어 물고기를 날로 먹으면 thiamin 결핍에 걸리기 쉽다. Thiaminase는 가열조리에 의해 파괴된다.

(6) Niacin

- 결핍 시 식욕감퇴, 설사, 체중 감소 등이 나타난다.
- 곡류의 niacin은 생체 이용성(bioavailability)이 나빠 거의 흡수되지 않는다.
- 고양이는 다른 포유동물에 비하여 tryptophan으로부터 niacin 전환이 순조롭지 못하다.
- Niacin의 좋은 급원은 간, 녹색식물, 계란 및 우유 등이다. 사료 내 함유 농도는 개의 4배 정도 필요하다.

(7) 비타민 B_6

- 단백질 대사에 관여하며, 사료를 지나치게 가열하면 파괴된다.
- Pyridoxine의 좋은 급원은 밀배아, 우유, 육류, 물고기, yeast, 간 등이다.

(8) 기타 비타민

- 생 계란의 난백에는 biotin의 흡수를 방해하는 단백질(avidin)이 있어 동물들에게 생 계란을 자주 먹이지 않는 것이 좋다. Avidin은 열처리에 의해 쉽게 파괴된다.
- 비타민 C는 고양이 체내에서 충분히 합성된다.

2) 사료 에너지 및 에너지 요구량

(1) 사료에너지의 대부분은 탄수화물과 지방으로 공급된다. 섭취한 건물량의 70～90%가 에너지 생산에 사용될 수 있는데, 사료에너지 이용성은 섭취한 사료의 원료 종류와 가공 정도, 동물의 나이 등에 따라 달라진다.

(2) 애완동물 사료 포장에 대사에너지 함량이 표시되어 있지 않을 경우 계산에 의하여 추정할 수 있다(제1절 개의 사양 참조).

(3) 고양이의 에너지 요구량

성장 단계별 고양이의 체중 kg당 에너지 요구량은 다음과 같다.

- 이유 시 : 253 kcal/일
- 성장 중인 고양이 : 143～154 kcal/일
- 다 자란 고양이(활동량에 따라) : 59～154 kcal/일

고양이는 섭취하는 총 칼로리의 25～35%를 단백질로 섭취해야 한다. 양질의 단백질을 충분히 섭취하지 못하면 소화기능이 떨어져 탄수화물이나 지방 에너지의 이용성도 떨어진다.

2.2 사 료

고양이용 사료의 형태별 종류는 개 사료와 유사하다.

1) 사료 급여방법

(1) 필요에 따라 무제한 급식, 제한 급식(시간제한, 사료량 제한)을 한다.

(2) 사료 급여방식은 사료 종류에 따라 결정한다. 건식사료는 고양이에게 대개 자유급식 시키는데, 과식으로 비만해지거나 소화불량이 되지 않도록 한다. 건식사료를 급여할 때 마실 물이 충분히 주어져야 한다.

(3) 여름철에는 개봉 후 10~12시간 이상 방치하지 않도록 주의해야 하며, 먹다 남은 사료는 30분 이상(특히 여름철) 방치해서는 안 된다.

(4) 군것질은 비만, 소화불량, 탐식증 등을 초래할 수 있다. 닭 뼈나 다른 동물의 날카로운 뼈 같은 것은 입이나 소화기에 걸려 심각한 문제를 일으킬 수 있다.

(5) 고양이는 방해받지 않고 혼자서 먹기를 좋아하므로 두 마리 이상의 고양이는 별도의 사료통을 사용한다. 개와 같이 기를 때 고양이는 개와 다른 시간에, 다른 장소에서 먹이도록 한다.

(6) 대부분의 고양이, 특히 암컷은 식습관이 일정하지 않아 사료 먹는 양이 때에 따라 크게 변한다. 때로는 사료의 기호성과 관계없이 1~3일 동안 적게 먹다가 다음 날에 많은 양을 먹기도 한다.

(7) 사료 급여방법은 일량 사료(ration) 형태의 것을 규칙적으로 주는 것이 좋다. 끼니 사이의 군것질이나 남은 음식물은 주지 않도록 한다. 고양이는 특정 사료(원료사료)에 대한 기호가 생기기 쉬워 다른 사료를 거절할 수 있다. 따라서 편식이 되지 않도록 여러 가지의 식품원료가 들어 있는 사료를 선택하는 것이 중요하다.

2) 사양 프로그램

■ 임신, 수유기의 사양

임신 마지막 3~4주와 수유기 동안에는 반드시 번식용 사료를 급여해야 한다. 암컷의 번식용 사료의 단백질 함량은 최소 35%가 되어야 한다. 임신 5~6주 동안은 체중을 유지하는 정도의 사료를 급여하며, 임신 말기로 갈수록 급여량을 서서히 증가시켜 분만시점에는 에너지 함량을 15~25% 증량시킨다.

임신기에 사료를 자유채식 또는 1일 2회 급여한다. 수유기에는 적어도 하루 3회 또는 자유채식 시키면서 적정 체중을 유지토록 한다. 어미는 수유기 첫 주 동안에는 유지요구량의 1.5배, 2주째에는 2배, 3주째에는 3배되는 양을 급여한다.

■ 새끼 고양이의 사양

새끼는 3주째부터 고형식을 주어 최고 수유기(3~6주째) 동안 어미의 적정 체중 유지에 도움이 되도록 한다. 모유 대신 대용유가 필요한 경우 강아지(제1절)에 준하면 되며, 대용유는 반드시 냉장 보관해야 하며, 먹이기 전에 1회량을 체온 정도가 되도록 데워서 급여한다.

출생 후 처음 7일간의 최적 환경온도는 29~32℃, 2~3주 동안은 27℃, 4주째부터 폐온할 때까지 24℃를 유지한다.

■ 이유 시 사양관리

모유로부터 이유식으로의 전환은 서서히 이루어져야 한다. 4~7주령에 이유가 이루어지며(평균 5.5~6주령), 이유하는데 7~10일 정도 걸린다. 낮에는 어미로부터 분리하고, 밤에 다시 합류시킨다. 고형식을 물과 혼합하여 단단한 죽 같은 형태로 만들어 하루 3~4회 급여한다. 여기에 적응되면 서서히 물량을 줄여 고형식에 익숙하게 한다.

■ 이유 후 사양관리

이유 후 처음 3개월간은 하루에 3회 급식하며, 6개월령 때는 하루에 2회 급식한다. 8개월령 이후부터는 하루에 1회 급여한다. 그러나 한 번에 충분한 양을 먹지 못할 때는 하루에 2회 급식하기도 한다.

■ 나이 든 애완동물의 사양관리

애완동물도 적절한 영양관리에 의해서 노화가 지연될 수 있다. 영양적 문제를 되도록 조기에 발견하는 것이 중요하다. 건강한 구강위생을 유지하는 것이 사료섭취 능력의 유지에 매우 중요하기 때문에 치아관리에 유의해야 한다.

나이 든 동물은 식욕과 소화능력이 저하되어 있으므로 맛 좋고 소화가 잘 되는(적어도 80% 소화율) 사료를 소량씩 1일 2회 급여한다. 과도한 사료섭취에 의해 비만상태가 되지 않도록 주의한다.

3. 말의 사양

3.1 말 사양의 특성

1) 일반 관리 특성

(1) 말은 잘 놀라고, 앞발로 바닥을 긁고 차거나 무는 등 나쁜 버릇이 있어 훈련을 통하여 교정해야 한다.

(2) 야생에서는 무리를 지으며 우두머리가 있다.

(3) 영역 표시방법으로 경계지역에 배설하는 습관이 있다.

2) 사양 관련 특성

(1) 사료를 급히 먹는 버릇이 있다.

(2) 입술, 특히 윗입술이 잘 발달하여 사료를 선택 채식할 수 있다.

(3) 말은 소량섭취 동물(trickle feeder)이다. 위는 'J'자 형태로 9～13 L 정도 되며, 2/3 이상 채우지 않는다.

(4) 위의 용적 비율이 매우 적고, 맹장・결장 및 직장은 큰 편이다(표 9-2).

(5) 육성마 및 성마의 건물섭취량은 체중의 3.0～2.5% 정도이다.

(6) 성마의 음수량은 1일 37～40 L 정도이다.

(7) 담낭이 없으며, 담즙은 12지장으로 직접 소량씩 지속적으로 분비된다.

(8) 대장 내 발효에서 생성된 VFA는 흡수되어 에너지원이 된다.

표 9-2. 여러 가축의 소화관 용량 비율 및 장과 체장 비율

동 물	소화기관별 점유 비율, %				장과 체장의 비율
	위	소 장	맹 장	결장과 직장	
말	9	30	16	45	12 : 1
소	71	18	3	8	20 : 1
면 양	67	21	2	10	27 : 1
돼 지	29	33	6	32	14 : 1
개	63	23	1	13	6 : 1

필리너(2002)

(9) 산통(疝痛, colic)이 자주 발생한다.

- 위의 용적이 작고 분문조임근(cardiac sphincter muscle)이 잘 발달되어 구토가 용이하지 않다.
- 과식에 의한 과식산(過食疝)이 일어나기 쉽다.
- 위나 장의 구조상 변비가 일어나기 쉽다.
- 산통의 종류는 원인에 의하여 경련산, 과식산, 변비산, 풍기산(風氣疝), 변위산(變位疝), 기생산(寄生疝) 등으로 나뉜다.
- 예방으로는 사료의 배합이나 급여량에 유의해야 하며, 저작의 부실 요인으로 치아불량 등에도 관심을 가져야 한다.

3.2 영양소의 이용

야생에서의 말은 육식동물의 공격을 피할 수 있는 운동능력과 조악한 환경에서의 사료이용 능력을 갖도록 진화되어 왔다. 그러나 축화 이후 용도에 따라 역용마는 지구력과 근력을 강화하는 스타일로, 경주마는 다른 능력보다는 더욱 빠르게 달릴 수 있는 능력 위주로 개량되어, 일률적인 사양표준을 정하기는 매우 어려운 문제라 생각된다.

1) 에너지 요구량

에너지의 주된 공급원은 탄수화물이며, 비구조탄수화물인 전분과 당은 가수분해 되어 장에서 단당류로 흡수되며 cellulose, hemicellulose 등의 구조탄수화물은 맹장과 결장에서 발효되어 acetic acid 등의 휘발성 지방산을 생성한다. 이 휘발성 지방산은 장벽에 흡수되어 에너지원으로 이용된다. 사료 지방은 에너지뿐만 아니라 필수지방산과 지용성 비타민의 급여수단이 되기도 한다.

표 9-3. 망아지의 성장에 필요한 가소화 에너지의 요구량

연 령	요구량(Mcal DE/kg 증체)
이유마, 4개월령	9.1
이유마, 6개월령	11.0
12~17개월령	15.5
18개월령	18.4
2세	19.6

필리너(2002)

필리너(2002)는 유지 에너지 1일 요구량은 대체로 체중 100 kg당 3,000 kcal (12.5MJ)의 가소화 에너지가 되며, 이를 위하여 건초 8～9 kg이 소요된다고 하였다. 유지를 위한 단백질 요구량은 말의 건물섭취량을 체중대비 2.5%로 볼 때 사료 내 조단백질 함량으로 7.5～8.0% 정도 된다고 하였다. 한편 생산에 필요한 영양소 요구량은 각 성장 단계 및 여러 가지 생리적, 환경적 조건에 따라 달라지게 된다.

유지를 위한 가소화 에너지 요구량은 체중 600 kg인 성마의 경우,

$$DE(Mcal/d) = 1.82 + 0.0383W - 0.000015W^2$$

$$W = \text{체중}$$

유지와 성장을 위한 에너지 요구량은 아래와 같다.

$$DE(Mcal/d) = \text{유지 } DE(Mcal/d) + (4.81 + 1.17X - 0.23X^2)\ (ADG)$$

$$ADG = \text{일당 증체},\quad X = \text{연령}$$

이를 토대로 한 망아지의 DE 요구량은 표 9-3과 같다.

한편, 노동 또는 훈련에 소요되는 에너지 요구량은 다음 식으로 구할 수 있다

$$DE(kcal/kg/h) = \frac{[e(3.02 + 0.0065Y) - 13.92] \times 0.06}{0.57}$$

여기서 Y는 속도(m/min)이다. 위 식은 350 m/min 이하로 달릴 때를 기준으로 한 것으로 장시간 달리는 말에게 적용할 수 있을 것이다.

2) 단백질 요구량

단백질의 유지 요구량은 대체로 체중 kg당 0.49～0.68 g이다. 체중 500 kg인 임신 초기의 말은 가소화 단백질(DP)을 1일 127～178 g 요구하며, 임신 9, 10 및 11개월째는 DP를 매일 각각 427, 430 및 478 g씩 급여해야 한다. 이 수준은 DE Mcal당 CP 44 g의 비율이다(필리너, 2002).

체중 500 kg인 비유 초기마의 1일 단백질 요구량은 다음과 같이 계산된다.

$$500\text{ kg} \times 0.03\text{ kg} \times 2.1\% = 0.315\text{ kg (마유의 단백질 분비량)}$$

여기서 0.03 kg은 마체중 kg당 생산된 마유, 2.1%는 마유 중의 단백질 함량이다. 이 예에서 0.315 kg의 단백질 공급을 위해서는 소화율을 65%로 가정하였을 때 0.485kg의 단백질이 필요해진다. 따라서 단백질의 하루 요구량은 1일 유지요구량에 비유요구량 0.485 g을 합하면 된다. 이 외에 땀을 통한 질소의 손실량도 고려해야 되

며, 땀 1 kg에는 1.0～1.9 g의 질소가 함유되어 있다.

단백질 급원으로 요소를 사용할 수 있으며, 최대 4% 정도 사용할 수 있다고 하며, 요소중독에 대한 위험은 소의 경우보다 예민하지 않다고 한다(Ratliff 등, 1963 ; Rusoff 등, 1965). 사양조건에 따라 다르기는 하지만, 회장으로부터 맹장으로 유입되는 질소는 25～40%가 NPN이다. 체중 500 kg의 말에서 하루 6～12 g의 요소질소가 ileocaecal valve를 통과한다(Meyer, 1983)고 하며, 결국 매일 kg $BW^{0.75}$ 당 0.3～0.9 g 질소가 맹장으로 들어오게 된다. 이 질소화합물은 장내 박테리아에 의하여 NH_3로 분해되며 NH_3 이용률은 80% 이상 된다고 한다.

3) 무기질 및 비타민 요구량

무기질 중 칼슘은 뼈의 성장, 혈액응고, 신경과 근육의 정상기능 등에 필요하며, 인과의 비율은 1.6～2.0 : 1이 적당하다. Se의 결핍은 근육의 질환을 초래하며, 옥도의 결핍은 암말의 정상적인 번식활동과 건강한 망아지의 생산을 어렵게 하므로 원활한 신진대사를 위하여 필수 무기질의 적절한 공급이 필요하다. 비타민 대사는 타 가축에서와 대체로 같으며, 비타민 K, pantothenic acid, 비타민 B_{12}, 엽산 등은 장내 합성된 것이 충분히 흡수된다.

4) 수분 요구량

물의 요구량은 건물섭취량, 기온 등 여러 가지 조건에 따라 달라진다. 대체로 섭취 건물 kg당 2～4 L의 물이 소요된다. 그리고 환경 온도가 13℃에서 25℃로 상승하면 물의 요구량도 15～20% 증가한다고 한다. 성마는 대체로 체중 100 kg 당 7～8 L의 물을 필요로 한다.

말의 영양소 요구량은 표 9-4 및 9-5와 같으며, 우리나라 제주마는 표 9-4를, Thoroughbred종 등 중형 종은 표 9-5를 적용하면 될 것이다.

5) 장내 미생물

위 기저부(fundic area)의 pH는 5.4 정도 되며, 위액 g 당 10^8～10^9 정도의 박테리아가 존재하는데 lactobacilli, streptococci, *Veillonella gazogenes* 등이 주종을 이룬다. 그리고 소장에 10^8～10^9/g 정도, 맹장과 결장에 0.5×10^5～5×10^5/g의 박테리아가 존재한다. 그리고 72종의 protozoa(주로 섬모충)도 대장에 0.5×10^9～1.5×10^9/mL 정도 존재하며, 대사에 직접 미치는 영향은 크지 않다.

표 9-4. 소형종*의 1일 영양소 요구량

구 분	체중, kg	일당 증체량, kg	DE, Mcal	CP, g	라이신, g	Ca, g	P, g	Mg, g	K, g	비타민 A, 10^3 IU
성마, 유지	200		7.4	296	10	8	6	3.0	10.0	6
종마, 번식기	200		9.3	370	13	11	8	4.3	14.1	9
임신마										
9개월	200		8.2	361	13	16	12	3.9	13.1	12
10개월			8.4	368	13	16	12	4.0	13.4	12
11개월			8.9	391	14	17	13	4.3	14.2	12
비유마										
분만 직후~3개월	200		13.2	688	24	27	18	4.8	21.2	12
3개월~이유	200		12.2	528	18	18	11	3.7	14.8	12
운동마										
경	200		9.3	370	13	11	8	4.3	14.1	9
중	200		11.1	444	16	14	10	5.1	16.9	9
강	200		14.8	592	21	18	13	6.8	22.5	9
육성마										
이유 4개월	75	0.40	7.3	365	15	16	9	1.6	5.0	3
이유 6개월										
보통 성장	95	0.30	7.6	378	16	13	7	1.8	5.7	4
빠른 성장	95	0.40	8.7	433	18	17	9	1.9	6.0	4
1세마, 12개월령										
보통 성장	140	0.20	8.7	392	17	12	7	2.4	7.6	6
빠른 성장	140	0.30	10.3	462	19	15	8	2.5	7.9	6
1세마, 18개월령										
미조교마	170	0.10	8.3	375	16	10	6	2.7	8.8	8
조교마	170	0.10	11.6	522	22	14	8	3.7	12.2	8
2세마, 24개월령										
미조교마	185	0.05	7.9	337	13	9	5	2.8	9.4	8
조교마	185	0.05	11.4	485	19	13	7	4.1	13.5	8

* 성시 체중 200 kg 정도의 마종.

김 등(2005)

표 9-5. 경종 말*의 1일 영양소 요구량

구 분	체중, kg	일당 증체량, kg	DE, Mcal	CP, g	라이신, g	Ca, g	P, g	Mg, g	K, g	비타민 A, 10^3 IU
성마, 유지	500		16.4	656	23	20	14	7.5	25.0	15
종마, 번식기	500		20	820	29	25	18	9.4	31.2	22
임신마										
9개월	500		18.2	801	28	35	26	8.7	29.1	30
10개월			18.5	815	29	35	27	8.9	29.7	30
11개월			19.7	866	30	37	28	9.4	31.5	30
비유마										
분만 직후~ 3개월	500		28.3	1,427	50	56	36	10.9	46.0	30
3개월~이유	500		24.3	1,048	37	36	22	8.6	33.0	30
운동마										
경	500		20.5	820	29	25	18	9.4	31.2	22
중	500		24.6	984	34	30	21	11.3	37.4	22
강	500		32.8	1,312	46	40	29	15.1	49.9	22
육성마										
이유 4개월	175	0.85	14.4	720	30	34	19	3.7	11.3	8
이유 6개월										
보통 성장	215	0.65	15.0	750	32	29	16	4.0	12.7	10
빠른 성장	215	0.85	17.2	860	36	36	20	4.3	13.3	8
1세마,										
12개월령										
보통 성장	325	0.50	18.9	851	36	29	16	5.5	17.8	15
빠른 성장	325	0.65	21.3	956	40	34	19	5.7	18.2	15
1세마,										
18개월령										
미조교마	400	0.35	19.8	893	38	27	15	6.4	21.1	18
조교마	400	0.35	26.5	1,195	50	36	20	8.6	28.2	18
2세마,										
24개월령										
미조교마	450	0.2	18.3	800	32	24	13	7.0	23.1	20
조교마	450	0.2	26.3	1,117	45	34	19	9.8	32.2	20

* 성시 체중 500 kg 정도의 마종. 김 등(2005)

3.3 초지 및 방목지 이용

말의 조사료는 주로 건초와 청예의 형태로 이용되며, 이 외에 사일리지, 헤일리지 등도 이용된다.

초지의 관리는 배수, 비배관리, 장애물 및 유독(잡)초 제거 등 세심한 배려가 필요하다. 초종의 구성에 있어 고려되어야 할 사항으로 기호성, 수량, 영양가, 내제상성(耐蹄傷性), 내병성, 초지의 유지 등을 들 수 있다. 혼파초지의 종자 혼합비의 한 예를 들면 다음과 같다.

(1) 다년생 ryegrass류 : 50%

(2) Creeping red fescue류 : 25～30%

(3) 강아지풀 빗살새(cynosurus cristatus) : 5～10%

(4) Kentucky bluegrass나 meadow grass : 5～10%

(5) 야생 white clover : 1～2%

여기에 여건에 따라 orchard grass 등을 넣을 수도 있다. 방목 시 초지의 면적은 일반적으로 조랑말 기준으로 3～4구역으로 나뉜 0.6～1.6 ha가 필요하다. 잘 관리되어 목양력(grazing capacity)이 우수한 초지는 ha당 조랑말 3～4두를 수용할 수 있다. 평균적으로 에이커당 연간 1두, 또는 하절기 동안만 이용 할 경우 2두를 수용한다.

방목지는 I・Se・Fe・Mg 등 특정 무기물이 부족하지 않은지 토양검사가 필요하며, 변질되거나 곰팡이 등에 의하여 오염된 초지는 방목 또는 채초를 하지 않도록 유의한다. 톨 페스큐(*Festuca arundinacea*)는 가장 널리 쓰이는 목초 중의 하나이지만 곰팡이(endophyte fungus)의 일종인 *Acremonium coenophialum*에 자주 감염되어 혈중 prolactin과 progesterone의 수준을 저하시켜 임신기간을 길게 하거나 비유량을 적게 하는 등 암말의 생산성에 부정적 영향을 미친다고 한다(McCann 등, 1992 ; Cross 등, 1995). *Acremonium coenophialum*는 소에 있어서도 증체량 감소, 체온 상승, 괴저(ncrosis) 등을 일으킨다.

3.4 배합사료 급여

말의 사료 배합은 ① 체중 측정, ② 섭취 가능량 판단, ③ 유지요구량 계산, ④ 운동 및 생산 요구량 계산, ⑤ 조/농 비율 결정, ⑥ 배합비 결정, ⑦ 영양소 함량 점검, ⑧ 배합비 점검 및 조정의 단계를 거치게 된다.

표 9-6. 사료 급여량※

체 중(kg)	사료 급여량(kg)	
	농후사료	건 초
80	0.5	–
130～180	2.2～3.2	1.3～1.9
180～230	2.9～3.9	1.8～2.3
230～270	3.6～4.8	2.2～2.8
270～320	4.0～4.6	2.7～3.2
310～360	3.5～4.5	3.0～3.7
360～410	3.0～4.2	3.6～4.1
410～460	3.0～3.8	4.0～4.5

※성시체중이 500 kg 정도 되는 품종 필리너(2002)

조사료 : 농후사료의 급여비율은 휴식기 100 : 0, 가벼운 운동 시 75 : 25, 보통 운동 시 50 : 50, 힘든 운동 시 25 : 75 정도로 한다. 실제 급여 예로서 체중 500 kg(체고 154～163 cm)의 경우 사료 섭취량을 12.5 kg(체중의 2.5%)으로 하면 조사료 : 농후사료 공급량은 휴식 시 12.5 : 0 kg, 가벼운 운동 시 9 : 3.5 kg, 보통 운동 시 6.3 : 6.3 kg, 힘든 운동 시 3.5 : 9.5 kg이 된다(필리너, 2002). 사료의 급여량은 채식 가능량과 사양표준에 의하지만 대체로 성시체중이 500 kg 정도 되는 말의 1일 사료 급여량은 표 9-6과 같다.

연습문제

아래의 물음에 답하세요.

1. 개 사료에서 단백질 사료의 과도한 열처리가 이용성에 미치는 영향에 대하여 기술하시오.
2. 개 사료의 종류별 특성을 설명하시오.
3. 고양이 사료에 있어 taurine의 중요성에 대하여 설명하시오.
4. 고양이가 arginine 결핍에 매우 민감한 이유를 설명하시오.
5. 동물에 있어 장(intestine)과 체장의 비율이 갖는 의미는 무엇이며 말은 다른 동물과 비교하여 어떠한 위치에 있는지 설명하시오.
6. 말에 있어서 섬유소의 분해작용은 주로 어느 부위에서 일어나며 어떠한 대사과정을 거치는지 설명하시오.
7. 말의 사료에서 조사료와 농후사료의 비율은 어느 정도로 하는 것이 좋은지 기술하시오.

참고문헌

제 1 장

1. Pond WG, Church DC, Pond KR 1995 Basic Animal Nutrition and Feeding (4th ed). John Wiley & Sons, NY.
2. Jurgens MH 1993 Animal Feeding and Nutrition(7th ed). Kendall/Hunt Pub. Company, Dubuque, IA.
3. McLeod MG 2002 Energy utilization: measurement and prediction. In: Poultry Feedstuffs(McNab JM and Boorman KN ed). Vol 26. Poultry Science Symposium Series. CABI Pub. NY.
4. McDowell LR 1989 Vitamins in Animal Nutrition: Comparative aspect human nutrition. Academic Press, NY.
5. McDowell LR 1992 Minerals in Animal and Human Nutrition. Academic Press, NY.

제 2 장

1. Moran ET Jr 1982 Comparative Nutrition of Fowl and Swine: the gastrointestinal system. University Books, Guelph, Canada.
2. Swenson MJ 1977 Duke's Physiology of Domestic Animals(9th ed). Cornell Univerrsity Press, Ithaca, NY.
3. Murray RK, Mayes PA, Granner DK, Rodwell VW 1990 Harper's Biochemistry(22nd ed). Appleton & Lange, USA.

제 3 장

1. 강한석 외 11명 1996 개정 가축사양학. 선진문화사.
2. 김동암 외 15명 1987 초지학 총론. 선진문화사.
3. 농림축산식품부 2019 사료관리법.

4. 농촌진흥청 축산과학원 2017 한국표준사료성분표. 축산과학원.
5. 이효원 등 2015 초지학. 한국방송통신대학교 출판문화원.
6. 정승근 이석순 박승의 배동호 1996 옥수수재배와 이용. 농민신문사.
7. 한인규 외 4인 1992 개정사료학. 선진문화사.
8. Church DC 1991 Livestock Feeds and Feeding(3rd ed). Regents/Prentice Hall, Englewood Cliffs, NJ.
9. Ensminger ME, Olentine CG 1978 Feeds & Nutrition(3rd ed). John Wiley & Sons. NY.

제 4 장

1. AOAC 2016 Official method of analysis(15th ed). Association of Official Analytical Chemists. Washington DC.
2. De Boer F, Bickel H 1988 Livestock Feed resources and feed evaluation in Europe. Elsevier, Amsterdam.
3. Friedman M 1975 Protein nutritional quality of foods and feeds. Part 1: Assay methods . Biological, Biochemical, Chemical. Marcel Dekker Inc. NY.
4. Schneider BH, Flatt WP 1975 The evaluation of feeds through digestibility experiments. The University of Georgia Press. Athens, GA.
5. Sibbald IR 1982 Measurement of bioavailable energy in poultry feeding-stuffs : A Review. Can J. Anim. Sci. 62:179～187.
6. Van Soest PJ 1967 Development of a comprehensive system of feed analysis and its application to forages. J. Anim. Sci. 26:119～128.

제 5 장

1. 농촌진흥청 축산과학원 2018 한국사양표준(가금). 축산과학원.
2. 오세정 1983 육계사육요론. 선진문화사.
3. 오봉국 등 2018 가금학. 문운당.
4. Leeson S, Diaz GJ, Summers JD 1995 Poultry Metabolic Disorders and Mycotoxins. University Press. Guelph, Ontario, Canada.
5. NRC 1994 Nutrient Requirements of Poultry. 9th ed. National Academy Press, Washington, DC.

6. Nesheim MC, Austic RE, Card LE 1979 Poultry Production. 12th ed. Lea & Febiger. Philadelphia. PA.
7. Leeson S, Summers JD 2001 Nutrition of the Chicken. 4th ed. University Books. Guelph, Ontario, Canada.

제 6 장

1. 농촌진흥청 축산기술연구소 2018 한국사양표준(돼지). 축산과학원.
2. Cole DJA, Haresign W 1985 Recent developments in pig nutrition. Butterworth, London.
3. NRC 2012 Nutrient requirements of swine. 10th ed. National Academy Press. Washington, DC.
4. SCIRO 1987 Feeding standards for Australian livestock. Pigs. Standing Committee on Agriculture. Pig Subcommittee. CSIRO Printing Centre. Collingwood, Victoria.
5. Wiseman J 1987 Feeding of non-ruminant livestock. Butterworth, London.

제 7 장

1. 농촌진흥청 축산과학원 2018 한국사양표준 젖소.
2. 지규만 등 2011 최신 동물사양학. 유한문화사.
3. Phillips CJC 2010 Principles of cattle production(2nd ed). CABI, Cambridge, MA, USA.
4. Fox 등 2004 The Cornell Net Carbohydrate and Protein Systems model for evaluating herd nutrition and nutrient excretion. Animal Feed Science and Technology 112:29~78.
5. Van Soest PJ 1994 Nutritional ecology of the ruminant(2nd ed). Comstock Publishing, Ithaca, NY, USA.
6. NRC 2001 Nutrient requirements of dairy cattle. 7th ed. National Academy Press. Washington, DC.

제 8 장

1. 고영두 등 2006 한우학. 선진문화사.
2. 김의형 2017 농촌진흥청 국립축산과학원 자료
3. 농림부 축산기술연구소 농협중앙회 한우사육 길잡이 2002. 축산기술연구소.
4. 농촌진흥청 축산과학원 2018 한국가축사양표준(한우). 농촌진흥청 축산과학원
5. 정근기 등 2005 한우. 전국한우연구회.
6. Agricultural and Food Research Council 1992 Nutritive requirements of ruminant animala. Protein. Nutr Abstr Rev Ser B 62:787~835.
7. Ensminger ME 1992 The Stockman's Handbook. Interstate Publishers Inc. Danville, IL.
8. NRC 2001 Nutrient requirements of beef cattle. 7th ed. National academy Press. Washington, DC.
9. http://www.ihanwoo.kr/news/articleView.html?idxno=385
10. http://www.nongsaro.go.kr/portal/ps/psb/psbk/kidoContentsFileView.ps?ep=AuKVAInpZdZ8cWrA7LlLlvLGDfW1IFJ8b5R7mgUfj@U!
11. 並河澄 等 1983 肉牛. 農山漁村文化協會. 日本

제 9 장

1. 강민수 등 2004 애완동물. 선진문화사.
2. 김문철 장덕지 양영훈 2005 말과 여가생활. 제주대학교 출판부.
3. 이기만 1984 마와 승마. 향문사.
4. 이효원 박병권 2013 애완동물. 한국방송통신대학교 출판문화원.
5. 필리너(Pilliner S) 2002 말의 영양과 사양관리. 한국마사회.
6. Case LP, Carey DP, Hirakawa DA, Daristotle L 2000 Canine and Feline Nutrition. Mosby Inc. MI.
7. Cross DL, Redmond LM, Strickland JR 1995 Equine fescue toxicosis: signs solutions. J. Anim. Sci. 73:899~908.
8. Frape D 2010 Equine nutrition and feeding. Wiley-Blackwell UK.
9. McCann JS, Caudle AB, Thompson FN, Stuedemann JA, Heusner GL, Thompson DL Jr 1992 Influence of endophyte-infected tall fescue on serum prolactin andprogesterone in gravid mares. J. Anim. Sci. 70:217~223.

10. Meyer H 1983 Protein metabolism and protein requirement in horses. In : Proceedings of the 4th International Symposium on Protein Metabolism and Nutrition, Clermont-Ferrand France, 5-9 September 1983 No. 16. INRA Paris.

11. Ratliff FD, King RK, Reynolds JB 1963 The effect of urea in ration for horses. Vet Med 85:945.

12. Rusoff LL, Lank RB, Spillman TE, Eliot HB 1965 Non toxicity of urea feeding to horses. Vet Med 60:1125.

13. NRC 1986 Nutrient requirements of dogs. Natinal Academy Press. Washington, DC.

14. NRC 1989 Nutrient requirements of cats. National Academy Press. Washington, DC.

15. NRC 2007 Nutrient requirements of horses. National Academy Press. Washington, DC.

부 록

<부록 1> 가금의 영양소 요구량 (한국가축사양표준-2017)

부록 1-1. 갈색종 육성계 영양소 요구량 (사료 kg당 함량)

구 분	어린 병아리 (0~6주)	중병아리 (6~12주)	큰 병아리 (12~16주)	산란 전 (16주~시산)
대사에너지(AMEn), kcal/kg	2,900	2,800	2,750	2,800
조단백질(crude protein), %	19.0	17.0	15.0	16.0
아미노산(amino acids)				
아르기닌(arginine), %	1.10	0.90	0.74	0.80
글리신+세린(glycine+serine), %	0.78	0.63	0.51	0.57
히스티딘(histidine), %	0.30	0.24	0.19	0.23
이소류신(isoleucine), %	0.66	0.56	0.42	0.48
류신(leucine), %	1.15	0.92	0.75	0.85
라이신(lysine), %	0.94	0.68	0.52	0.57
메티오닌(methionine), %	0.35	0.28	0.24	0.26
메티오닌+시스틴(methionine+cystine), %	0.68	0.58	0.47	0.51
페닐알라닌(phenylalanine), %	0.61	0.49	0.39	0.43
페닐알라닌+티로신 (phenylalanine+tyrosine), %	1.10	0.89	0.72	0.78
트레오닌(threonine), %	0.75	0.62	0.43	0.48
트립토판(tryptophan), %	0.20	0.16	0.13	0.15
발린(valine), %	0.68	0.57	0.45	0.49
필수지방산(essential fatty acids)				
리놀산(linoleic acid), %	1.00	1.00	1.00	1.00
다량무기질(macro minerals)				
칼슘(calcium), %	0.90	0.85	0.85	2.00
비피틴태인(nonphytate phosphorus), %	0.40	0.35	0.30	0.32
칼륨(potassium), %	0.30	0.28	0.27	0.27
나트륨(sodium), %	0.17	0.16	0.16	0.16
염소(chlorine), %	0.15	0.14	0.14	0.14
마그네슘(magnesium), mg	600	500	400	400
미량무기질(trace minerals)				
망간(manganese), mg	50.0	40.0	30.0	30.0
아연(zinc), mg	50.0	40.0	35.0	35.0
철(iron), mg	80.0	58.0	56.0	58.0
구리(copper), mg	5.0	4.5	4.0	4.0
요오드(iodine), mg	0.50	0.45	0.40	0.40
셀레늄(selenium), mg	0.15	0.14	0.13	0.13

부록 1-1. 갈색종 육성계 영양소 요구량 (계속)

구 분	어린 병아리 (0~6주)	중병아리 (6~12주)	큰 병아리 (12~16주)	산란 전 (16주~시산)
지용성 비타민(fat soluble vitamins)				
A, IU	3,000	2,700	2,700	2,700
D_3, IU	220	200	200	300
E, IU	12.0	8.0	8.0	8.0
K, mg	0.60	0.50	0.50	0.50
수용성 비타민(water soluble vitamins)				
비타민 B_1(thiamin), mg	2.0	1.8	1.5	1.5
비타민 B_2(riboflavin), mg	6.0	4.0	3.0	4.5
나이아신(niacin), mg	30.0	26.0	25.0	25.0
판토텐산(pantothenic acid), mg	12.0	10.0	10.0	10.0
비타민 B_6(pyridoxine), mg	4.0	3.0	3.0	3.0
바이오틴(biotin), mg	0.20	0.15	0.12	0.12
엽산(folic acid), mg	0.60	0.50	0.40	0.40
비타민 B_{12}(cyanocobalamin), mg	0.009	0.006	0.005	0.005
콜린(choline), mg	1,500	1,000	600	600

부록 1-2. 백색종 육성계 영양소 요구량 (사료 kg당 함량)

구 분	어린 병아리 (0~6주)	중병아리 (6~12주)	큰 병아리 (12~16주)	산란 전 (16주~시산)
대사에너지(AMEn), kcal/kg	2,950	2,850	2,800	2,850
조단백질(crude protein), %	20	18	16.0	17.0
아미노산(amino acids)				
아르기닌(arginine), %	1.17	0.95	0.80	0.85
글리신+세린(glycine+serine), %	0.83	0.66	0.56	0.59
히스티딘(histidine), %	0.33	0.26	0.21	0.23
이소류신(isoleucine), %	0.70	0.60	0.47	0.51
류신(leucine), %	1.20	1.00	0.83	0.90
라이신(lysine), %	0.99	0.74	0.54	0.59
메티오닌(methionine), %	0.36	0.30	0.26	0.28
메티오닌+시스틴(methionine+cystine), %	0.71	0.61	0.50	0.53
페닐알라닌(phenylalanine), %	0.63	0.50	0.42	0.45
페닐알라닌+티로신 (phenylalanine+tyrosine), %	1.18	0.95	0.78	0.84
트레오닌(threonine), %	0.79	0.66	0.47	0.50
트립토판(tryptophan), %	0.21	0.18	0.14	0.16
발린(valine), %	0.72	0.61	0.49	0.52

부록 1-2. 백색종 육성계 영양소 요구량

(계속)

구 분	어린 병아리 (0~6주)	중병아리 (6~12주)	큰 병아리 (12~16주)	산란 전 (16주~시산)
필수지방산(essential fatty acids)				
리놀산(linoleic acid), %	1.00	1.00	1.00	1.00
다량무기질(macro minerals)				
칼슘(calcium), %	1.00	0.95	0.95	2.20
비피틴태인(nonphytate phosphorus), %	0.44	0.39	0.34	0.35
칼륨(potassium), %	0.32	0.30	0.30	0.30
나트륨(sodium), %	0.18	0.17	0.17	0.17
염소(chlorine), %	0.16	0.15	0.15	0.15
마그네슘(magnesium), mg	620	520	420	420
미량무기질(trace minerals)				
망간(manganese), mg	60.0	45.0	35.0	35.0
아연(zinc), mg	60.0	45.0	40.0	40.0
철(iron), mg	82.0	60.0	58.0	60.0
구리(copper), mg	5.5	5.0	4.5	4.5
요오드(iodine), mg	0.55	0.50	0.45	0.45
셀레늄(selenium), mg	0.16	0.15	0.14	0.14
지용성 비타민(fat soluble vitamins)				
A, IU	3,300	3,000	3,000	3,000
D_3, IU	240	220	220	320
E, IU	14.0	10.0	10.0	10.0
K, mg	0.65	0.55	0.55	0.55
수용성 비타민(water soluble vitamins)				
비타민 B_1(thiamin), mg	2.2	2.0	1.7	1.7
비타민 B_2(riboflavin), mg	6.5	4.5	3.5	5.0
나이아신(niacin), mg	32.0	27.0	27.0	27.0
판토텐산(pantothenic acid), mg	14.0	12.0	12.0	12.0
비타민 B_6(pyridoxine), mg	4.5	3.5	3.5	3.5
바이오틴(biotin), mg	0.22	0.17	0.14	0.14
엽산(folic acid), mg	0.65	0.55	0.45	0.45
비타민 B_{12}(cyanocobalamin), mg	0.010	0.008	0.006	0.006
콜린(choline), mg	1,700	1,200	700	700

부록 1-3. 산란계 산란기의 체중, 사료 및 에너지 요구량 (g/일/수)

구 분	갈색계			백색계		
	체중 (kg)	사료섭취량 (g)	에너지요구량 (kcal)	체중 (kg)	사료섭취량 (g)	에너지요구량 (kcal)
산란 초기 (1%~32주)	1.75	105	295	1.56	93	260
산란 중기 (32~45주)	1.92	113	307	1.63	99	269
산란 후기 (45~55주)	1.96	113	303	1.65	100	269
산란 말기 (55주 이후)	2.00	114	295	1.67	102	260

부록 1-4. 갈색종 산란계의 영양소 요구량 (사료 kg당 함량)

– 산란 초기 100g ; 중기 이후 110g 섭취 기준 –

구 분	산란 초기 (1%~32주)	산란 중기 (32~45주)	산란 후기 (45~55주)	산란 말기 (55주 이후)
대사에너지(AMEn), kcal/kg	2,950	2,700	2,650	2,600
조단백질(crude protein), %	17.5	16.5	15.5	14.5
아미노산(amino acids)				
아르기닌(arginine), %	0.84	0.78	0.72	0.66
글리신+세린(glycine+serine), %	–	–	–	–
히스티딘(histidine), %	0.20	0.19	0.18	0.17
이소류신(isoleucine), %	0.77	0.72	0.67	0.62
류신(leucine), %	1.00	0.93	0.85	0.77
라이신(lysine), %	0.86	0.82	0.76	0.71
메티오닌(methionine), %	0.35	0.33	0.31	0.29
메티오닌+시스틴(methionine+cystine), %	0.74	0.71	0.66	0.61
페닐알라닌(phenylalanine), %	0.54	0.52	0.49	0.46
페닐알라닌+티로신 (phenylalanine+tyrosine), %	1.01	0.93	0.86	0.78
트레오닌(threonine), %	0.54	0.52	0.49	0.46
트립토판(tryptophan), %	0.21	0.19	0.17	0.16
발린(valine), %	0.84	0.78	0.72	0.67

부록 1-4. 갈색종 산란계의 영양소 요구량

– 산란 초기 100g ; 중기 이후 110g 섭취 기준 –

(계속)

구 분	산란 초기 (1%~32주)	산란 중기 (32~45주)	산란 후기 (45~55주)	산란 말기 (55주 이후)
필수지방산(essential fatty acids)				
리놀산(linoleic acid), %	1.10	1.05	1.05	1.05
다량무기질(macro minerals)				
칼슘(calcium), %	3.80	3.90	4.10	4.30
비피틴태인(nonphytate phosphorus), %	0.32	0.31	0.30	0.28
칼륨(potassium), %	0.18	0.17	0.16	0.15
나트륨(sodium), %	0.18	0.17	0.16	0.15
염소(chlorine), %	0.16	0.15	0.14	0.13
마그네슘(magnesium), mg	580	550	520	500
미량무기질(trace minerals)				
망간(manganese), mg	25.0	23.0	22.0	21.0
아연(zinc), mg	42.0	37.0	35.0	33.0
철(iron), mg	52.0	47.0	45.0	43.0
구리(copper), mg	–	–	–	–
요오드(iodine), mg	0.045	0.04	0.035	0.03
셀레늄(selenium), mg	0.10	0.09	0.08	0.07
지용성 비타민(fat soluble vitamins)				
A, IU	4,500	4,300	4,100	4,000
D_3, IU	500	470	450	430
E, IU	7.0	6.5	6.0	5.5
K, mg	0.7	0.6	0.5	0.5
수용성 비타민(water soluble vitamins)				
비타민 B_1(thiamin), mg	0.9	0.8	0.8	0.7
비타민 B_2(riboflavin), mg	3.0	2.8	2.6	2.5
나이아신(niacin), mg	12.0	11.0	10.5	10.0
판토텐산(pantothenic acid), mg	2.5	2.4	2.3	2.2
비타민 B_6(pyridoxine), mg	3.0	2.8	2.6	2.5
바이오틴(biotin), mg	0.14	0.12	0.11	0.10
엽산(folic acid), mg	0.30	0.28	0.26	0.24
비타민 B_{12}(cyanocobalamin), mg	0.005	0.004	0.003	0.003
콜린(choline), mg	1,300	1,200	1,100	1,000

부록 1-5. 백색종 산란계의 영양소 요구량 (사료 kg당 함량)

– 산란 초기, 90g ; 중기 이후 100g 섭취 기준 –

구 분	산란 초기 (1%~32주)	산란 중기 (32~45주)	산란 후기 (45~55주)	산란 말기 (55주 이후)
대사에너지(AMEn), kcal/kg	2,950	2,750	2,700	2,650
조단백질(crude protein), %	19.5	18.5	17.5	16.5
아미노산(amino acids)				
아르기닌(arginine), %	0.94	0.88	0.81	0.74
글리신+세린(glycine+serine), %	–	–	–	–
히스티딘(histidine), %	0.23	0.22	0.21	0.20
이소류신(isoleucine), %	0.87	0.81	0.76	0.70
류신(leucine), %	1.13	1.05	0.96	0.87
라이신(lysine), %	0.97	0.88	0.80	0.74
메티오닌(methionine), %	0.40	0.37	0.34	0.33
메티오닌+시스틴(methionine+cystine), %	0.80	0.77	0.72	0.68
페닐알라닌(phenylalanine), %	0.60	0.58	0.55	0.52
페닐알라닌+티로신 (phenylalanine+tyrosine), %	1.14	1.05	0.98	0.90
트레오닌(threonine), %	0.60	0.58	0.55	0.52
트립토판(tryptophan), %	0.24	0.22	0.20	0.19
발린(valine), %	0.94	0.88	0.81	0.76
필수지방산(essential fatty acids)				
리놀산(linoleic acid), %	1.20	1.15	1.10	1.10
다량무기질(macro minerals)				
칼슘(calcium), %	4.20	4.20	4.30	4.40
비피틴태인(nonphytate phosphorus), %	0.34	0.33	0.32	0.30
칼륨(potassium), %	0.19	0.17	0.17	0.16
나트륨(sodium), %	0.19	0.17	0.17	0.16
염소(chlorine), %	0.17	0.16	0.16	0.15
마그네슘(magnesium), mg	600	570	560	540
미량무기질(trace minerals)				
망간(manganese), mg	25.0	24.0	23.0	23.0
아연(zinc), mg	45.0	40.0	38.0	38.0
철(iron), mg	53.0	50.0	47.0	47.0
구리(copper), mg	–	–	–	–
요오드(iodine), mg	0.050	0.045	0.040	0.040
셀레늄(selenium), mg	0.12	0.11	0.10	0.10

부록 1-5. 백색종 산란계의 영양소 요구량

– 산란 초기, 90g ; 중기 이후 100g 섭취 기준 –　　(계속)

구　분	산란 초기 (1%~32주)	산란 중기 (32~45주)	산란 후기 (45~55주)	산란 말기 (55주 이후)
지용성 비타민(fat soluble vitamins)				
A, IU	5,000	4,600	4,500	4,500
D_3, IU	550	500	480	480
E, IU	8.0	7.5	7.0	7.0
K, mg	0.8	0.7	0.6	0.6
수용성 비타민(water soluble vitamins)				
비타민 B_1(thiamin), mg	1.0	0.9	0.9	0.9
비타민 B_2(riboflavin), mg	3.2	3.0	2.8	2.8
나이아신(niacin), mg	13.0	12.0	11.0	11.0
판토텐산(pantothenic acid), mg	2.6	2.5	2.4	2.4
비타민 B_6(pyridoxine), mg	3.2	3.0	2.8	2.8
바이오틴(biotin), mg	0.15	0.14	0.13	0.13
엽산(folic acid), mg	0.32	0.30	0.28	0.28
비타민 B_{12}(cyanocobalamin), mg	0.006	0.005	0.004	0.004
콜린(choline), mg	1,400	1,300	1,200	1,200

부록 1-6. 산란 종계의 영양소 요구량 (사료 kg당 함량)

– 산란 초기, 100g ; 중기 이후 110g 섭취 기준 –

구　분	산란 초기 (1%~32주)	산란 중기 (32~45주)	산란 후기 (45~55주)	산란 말기 (55주 이후)
대사에너지(AMEn), kcal/kg	2,950	2,700	2,650	2,600
조단백질(crude protein), %	17.5	16.5	15.5	14.5
아미노산(amino acids)				
아르기닌(arginine), %	0.84	0.78	0.72	0.66
글리신+세린(glycine+serine), %	–	–	–	–
히스티딘(histidine), %	0.20	0.19	0.18	0.17
이소류신(isoleucine), %	0.77	0.72	0.67	0.62
류신(leucine), %	1.00	0.93	0.85	0.77
라이신(lysine), %	0.86	0.82	0.76	0.71
메티오닌(methionine), %	0.35	0.33	0.31	0.29
메티오닌+시스틴(methionine+cystine), %	0.74	0.71	0.66	0.61
페닐알라닌(phenylalanine), %	0.54	0.52	0.49	0.46
페닐알라닌+티로신 (phenylalanine+tyrosine), %	1.01	0.93	0.86	0.78

부록 1-6. 산란 종계의 영양소 요구량

– 산란 초기, 100g ; 중기 이후 110g 섭취 기준 – (계속)

구 분	산란 초기 (1%~32주)	산란 중기 (32~45주)	산란 후기 (45~55주)	산란 말기 (55주 이후)
트레오닌(threonine), %	0.54	0.52	0.49	0.46
트립토판(tryptophan), %	0.21	0.19	0.17	0.16
발린(valine), %	0.84	0.78	0.72	0.67
필수지방산(essential fatty acids)				
리놀산(linoleic acid), %	1.10	1.05	1.05	1.05
다량무기질(macro minerals)				
칼슘(calcium), %	3.80	3.90	4.10	4.30
비피틴태인(nonphytate phosphorus), %	0.32	0.31	0.30	0.28
칼륨(potassium), %	0.18	0.17	0.16	0.15
나트륨(sodium), %	0.18	0.17	0.16	0.15
염소(chlorine), %	0.16	0.15	0.14	0.13
마그네슘(magnesium), mg	580	550	520	500
미량무기질(trace minerals)				
망간(manganese), mg	35.0	33.0	31.0	30.0
아연(zinc), mg	55.0	50.0	45.0	40.0
철(iron), mg	70.0	65.0	58.0	51.0
구리(copper), mg	–	–	–	–
요오드(iodine), mg	0.11	0.10	0.09	0.08
셀레늄(selenium), mg	0.10	0.09	0.08	0.07
지용성 비타민(fat soluble vitamins)				
A, IU	4,700	4,500	4,300	4,300
D_3, IU	520	490	470	450
E, IU	18.0	15.0	13.0	12.0
K, mg	1.2	1.1	1.0	1.0
수용성 비타민(water soluble vitamins)				
비타민 B_1(thiamin), mg	0.9	0.8	0.8	0.7
비타민 B_2(riboflavin), mg	5.5	5.0	4.5	4.0
나이아신(niacin), mg	15.0	14.0	13.0	12.0
판토텐산(pantothenic acid), mg	7.5	7.0	6.5	6.0
비타민 B_6(pyridoxine), mg	5.5	5.0	4.5	4.0
바이오틴(biotin), mg	0.17	0.15	0.13	0.12
엽산(folic acid), mg	0.42	0.38	0.34	0.30
비타민 B_{12}(cyanocobalamin), mg	0.05	0.04	0.03	0.03
콜린(choline), mg	1,500	1,300	1,200	1,100

부록 1-7. 육용계의 영양소 요구량 (사료 kg당 함량)

구 분	초기 (0~1주령)	전기 (1~3주령)	후기 (3주령 이후)
대사에너지(AMEn), kcal/kg	3025	3100	3150
조단백질(crude protein), %	22	20	19
아미노산(amino acids)			
아르기닌(arginine), %	1.45	1.28	1.18
글리신+세린(glycine+serine), %	1.31	1.30	1.10
히스티딘(histidine), %	0.51	0.46	0.40
이소류신(isoleucine), %	0.95	0.84	0.76
류신(leucine), %	1.50	1.36	1.10
라이신(lysine), %	1.42	1.25	1.10
메티오닌(methionine), %	0.52	0.49	0.42
메티오닌+시스틴(methionine+cystine), %	1.05	0.92	0.87
페닐알라닌(phenylalanine), %	0.80	0.73	0.62
페닐알라닌+티로신 (phenylalanine+tyrosine), %	1.45	1.12	1.13
트레오닌(threonine), %	0.94	0.83	0.75
트립토판(tryptophan), %	0.24	0.21	0.21
발린(valine), %	1.09	0.96	0.86
프롤린(proline), %	0.61	0.55	0.47
필수지방산(essential fatty acid)			
리놀산(linoleic acid), %	1	1	1
다량무기질(macrominerals)			
칼슘(calcium), %	0.95	0.90	0.85
비피틴태 인(nonphytate phosphorus), %	0.45	0.40	0.35
칼륨(potassium), %	0.60	0.60	0.30
나트륨(sodium), %	0.18	0.18	0.21
염소(chlorine), %	0.21	0.23	0.21
마그네슘(magnesium), mg	600	600	600
미량무기질(trace minerals)			
망간(manganese), mg	60	60	60
아연(zinc), mg	50	50	50
철(iron), mg	80	80	80
구리(copper), mg	8	8	8
요오드(iodine), mg	0.40	0.40	0.40
셀레늄(selenium), mg	0.12	0.12	0.12

부록 1-7. 육용계의 영양소 요구량

(계속)

구 분	초기 (0~1주령)	전기 (1~3주령)	후기 (3주령 이후)
지용성 비타민(fat soluble vitamins)			
A, IU	2,700	2,700	2,700
D_3, ICU	400	200	200
E, IU	15	10	10
K, mg	0.5	0.5	0.5
수용성 비타민(water soluble vitamins)			
비타민 B_1(thiamin), mg	2.0	1.8	1.8
비타민 B_2(riboflavin), mg	5.5	3.6	3.6
나이아신(niacin), mg	37	22	22
판토텐산(pantothenic acid), mg	9.9	9.9	9.9
비타민 B_6(pyridoxine), mg	4.0	3.5	3.5
바이오틴(biotin), mg	0.15	0.15	0.11
엽산(folic acid), mg	0.55	0.55	0.55
비타민 B_{12}(cyanocobalamin), mg	0.013	0.011	0.007
콜린(choline), mg	1,600	1,500	1.400

부록 1-8. 육용종계 육성기의 주령별 표준체중과 대사에너지(ME) 및 사료 급여량

주 령	암평아리			수평아리		
	체중(g)	1일 급여량		체중(g)	1일 급여량	
		ME(kcal)	사료[2)](g)		ME(kcal)	사료[2)](g)
1	135	67	24	148	97	35
2	253	86	30	315	118	42
3	383	97	35	520	134	48
4	506	106	38	750	148	52
5	611	113	41	940	158	56
6	709	120	44	1125	168	60
7	806	128	47	1275	177	63
8	906	136	50	1415	185	66
9	1006	142	52	1540	194	69
10	1103	149	54	1663	202	72
11	1199	159	58	1788	210	75
12	1296	168	61	1910	218	78
13	1395	178	65	2030	227	81
14	1494	188	68	2153	236	84

부록 1-8. 육용종계 육성기의 주령별 표준체중과 대사에너지(ME) 및 사료 급여량 (계속)

주 령	암평아리			수평아리		
	체중(g)	1일 급여량		체중(g)	1일 급여량	
		ME(kcal)	사료[2](g)		ME(kcal)	사료[2](g)
15	1596	198	72	2278	245	88
16	1705	212	77	2405	256	92
17	1834	225	81	2545	269	96
18	1966	241	88	2698	282	101
19	2105	257	93	2855	296	106
20	2311	275	99	3018	310	111
21	2466	292	105	3180	323	115
22	2628	307	111	3348	335	120
23	2786	322	117	3518	346	123
24	2925	338	122	3688	355	127

1) Combined and pooled from Ross308 Parent Stock Performance objectives(2016), Cobb500 Breeder Management Supplement(2013) and Hubbard Performance Summary Parent Stock(2015).

2) 사료의 에너지 함량이 2,800 kcal ME/kg일 경우 사료 급여량

부록 1-9. 육용종계 산란기의 1일 1수당 영양소 요구량 [1]

구 분		암 탉(주령)									수 탉
		24	25	26	27	28	29	30~39	40~49	50~64	
대사에너지(AMEn), kcal	(케이지)	305	325	345	365	385	405	425	410	390	420
	(평 사)	325	350	370	390	415	435	455	440	420	450
조단백질(crude protein), g		18			20			22.5	20.5	18.5	15.5
아미노산(amino acids)											
라이신(lysine), g		0.88			1.15			1.10	1.00	0.91	0.71
메티오닌(methionine), g		0.47			0.61			0.62	0.60	0.58	0.45
메티오닌+시스틴(methionine+cystine), g		0.82			1.03			0.95	0.94	0.92	0.70
트레오닌(threonine), g		0.41			0.63			0.78	0.78	0.76	0.55
트립토판(tryptophan), g		0.20			0.24			0.22	0.21	0.21	0.13

부록 1-9. 육용종계 산란기의 1일 1수당 영양소 요구량[1] (계속)

구 분	암 탉(주령)									수 탉
	24	25	26	27	28	29	30~39	40~49	50~64	
다량무기질(macro minerals)										
칼슘(calcium), g	3.66			4.59			5.34	5.28	5.18	1.00
비피틴태 인 (nonphytate phosphorus), g	0.43			0.54			0.55	0.54	0.53	0.51
나트륨(sodium), g	0.26			0.32			0.35	0.35	0.34	0.30
마그네슘(magnesium), mg	146.4			183.6			200.4	198.0	194.4	174.0
미량무기질(trace minerals)										
아연(zinc), mg	134.2			168.3			183.7	181.5	178.2	159.5
철(iron), mg	48.8			61.2			83.5	82.5	81.0	72.5
구리(copper), mg	19.5			24.5			16.7	16.5	16.2	14.5
요오드(iodine), mg	1.5			1.9			3.3	3.3	3.2	2.9
셀레늄(selenium), mg	0.4			0.5			0.5	0.5	0.5	0.4
지용성 비타민(fat soluble vitamins)										
A, IU	13.8			14.6			15.3	14.6	13.8	-
D_3, IU	3.5			3.7			3.9	3.7	3.5	-
E, IU	48.5			51.2			53.9	51.2	48.5	-
K, mg	3.7			4.6			5.0	8.3	8.1	7.3
수용성 비타민 (water soluble vitamins)										
비타민 B_1(thiamin), mg	3.7			4.6			5.0	5.0	4.9	4.4
비타민 B_2(riboflavin), mg	7.3			9.2			10.0	19.8	19.4	17.4
나이아신(niacin), mg	36.6			45.9			50.1	82.5	81.0	72.5
판토텐산(pantothenic acid), mg	15.9			19.9			21.7	21.5	21.1	18.9
비타민 B_6(pyridoxine), mg	4.9			6.1			6.7	8.3	8.1	7.3
바이오틴(biotin), mg	0.2			0.3			0.3	0.5	0.5	0.4
엽산(folic acid), mg	1.8			2.3			2.5	3.3	3.2	2.9
비타민 B_{12}(cyanocobalamin), mg	0.024			0.031			0.033	0.050	0.049	0.044
콜린(choline), mg	1708			2142			2338	1980	1944	1450

[1] Combined and pooled from Ross301 Parent Stock Performance objectives(2016), Cobb500 Breeder Management Supplement(2013), Arbor Acres Parent Stock Handbook (2013), Indian River Meat Parent Stock Nutrition Specifications (2016) and Hubbard Performance Summary Parent Stock(2015).

부록 1-10. 케이지 사양시 산란기별 1일 영양소 요구량과 사료의 성분 급여량

구 분	암 탉(주령)									수 탉
	24	25	26	27	28	29	30~39	40~49	50~64	
1일 영양소 요구량										
AMEn, kcal	305	325	345	365	385	405	425	410	390	420
CP, g	18	18	18	20	20	20	22.5	20.5	18.5	15.5
lysine, g	0.88	0.88	0.88	1.15	1.15	1.15	1.10	1.00	0.91	0.71
methionine, g	0.47	0.47	0.47	0.61	0.61	0.61	0.62	0.60	0.58	0.45
calcium,g	3.66	3.66	3.66	4.59	4.59	4.59	5.34	5.28	5.18	1.00
P, g	0.43	0.43	0.43	0.54	0.54	0.54	0.55	0.54	0.53	0.51
사료 성분과 급여량(예 I)	110.9	118.2	125.5	(♀-1)	140.0	147.3	(♀-2)	(♀-2)	(♀-4)	(♂)
ME, kcal/kg				2,750			2,750	2,750	2,750	2,750
CP, %				15.07			14.56	13.75	13.05	10.15
lysine, %				0.87			0.71	0.67	0.64	0.46
methionine, %				0.46			0.40	0.40	0.41	0.29
calcium, %				3.46			3.46	3.54	3.65	0.65
AP, %				0.41			0.36	0.36	0.37	0.33
1일 급여량, g				132.7			154.5	149.1	141.8	152.7
사료 성분과 급여량(예 II)	108.9	116.1	123.2	(♀-1)	137.5	144.6	(♀-2)	(♀-3)	(♀-4)	(♂)
ME, kcal/kg				2,800			2,800	2,800	2,800	2,800
CP, %				15.34			14.82	14.00	13.28	10.33
lysine, %				0.88			0.72	0.68	0.65	0.47
methionine, %				0.47			0.41	0.41	0.42	0.30
calcium, %				3.52			3.52	3.61	3.72	0.67
P, %				0.41			0.36	0.37	0.38	0.34
1일 급여량, g				130.4			151.8	146.4	139.3	150.0
사료 성분과 급여량(예 III)	107.0	114.0	121.1	(♀-1)	135.1	142.1	(♀-2)	(♀-3)	(♀-4)	(♂)
ME, kcal/kg				2,850			2,850	2,850	2,850	2,850
CP, %				15.61			15.09	14.25	13.52	10.52
lysine, %				0.90			0.74	0.69	0.67	0.48
methione, %				0.48			0.42	0.42	0.42	0.31
calcium, %				3.58			3.58	3.67	3.79	0.68
P, %				0.42			0.37	0.38	0.39	0.35
1일 급여량, g				128.1			149.1	143.9	136.8	147.4

부록 1-10. 케이지 사양시 산란기별 1일 영양소 요구량과 사료의 성분 급여량 (계속)

구 분	암 탉(주령)									수 탉
	24	25	26	27	28	29	30~39	40~49	50~64	
1일 영양소 공급량										
ME, kcal	305	325	345	365	385	405	425	410	390	420
CP, g	16.7	17.8	18.9	20.0	21.1	22.2	22.5	20.5	18.5	15.5
lysine, g	0.96	1.02	1.08	1.15	1.21	1.27	1.09	1.00	0.91	0.71
methionine, g	0.50	0.55	0.58	0.61	0.65	0.68	0.62	0.60	0.59	0.45
calcium, g	3.83	4.09	4.34	4.59	4.84	5.09	5.34	5.29	5.18	1.01
P, g	0.45	0.48	0.51	0.53	0.56	0.59	0.55	0.54	0.53	0.51

[1] Combined and pooled from Ekmay et al.(2016) Ross308 Parent Stock Performance objectives(2016), Arbor Acres Parent Stock Handbook (2013), Indian River Meat Parent Stock Nutrition Specifications (2016) and Hubbard Performance Summary Parent Stock(2015).

부록 1-11. 평사 사양시 산란기별 1일 영양소 요구량과 사료의 성분 급여량

구 분	암 탉(주령)									수 탉
	24	25	26	27	28	29	30~39	40~49	50~64	
1일 영양소 요구량										
ME, kcal	325	350	370	390	415	435	455	440	420	450
CP, g	18	18	18	20	20	20	22.5	20.5	18.5	15.5
lysine, g	0.88	0.88	0.88	1.15	1.15	1.15	1.10	1.00	0.91	0.71
methionine, g	0.47	0.47	0.47	0.61	0.61	0.61	0.62	0.60	0.58	0.45
calcium,g	3.66	3.66	3.66	4.59	4.59	4.59	5.34	5.28	5.18	1.00
P, g	0.43	0.43	0.43	0.54	0.54	0.54	0.55	0.54	0.53	0.51
사료 성분과 급여량(예 I)	118.2	127.3	134.5	(♀-1)	150.9	158.2	(♀-2)	(♀-3)	(♀-4)	(♂)
ME, kcal/kg				2,750			2,750	2,750	2,750	2,750
CP,				14.10			13.60	12.81	12.12	9.47
lysine, %				0.81			0.66	0.63	0.60	0.43
methionine, %				0.43			0.37	0.38	0.38	0.28
calcium,%				3.24			3.23	3.30	3.39	0.61
P, %				0.38			0.33	0.34	0.35	0.31
1일 급여량,g				141.8			165.5	160.0	152.7	163.6

부록 1-11. 평사 사양시 산란기별 1일 영양소 요구량과 사료의 성분 급여량 (계속)

구 분	암 탉(주령)									수 탉
	24	25	26	27	28	29	30~39	40~49	50~64	
사료 성분과 급여량(예 II)	116.1	125.0	132.1	(♀-1)	148.2	155.4	(♀-2)	(♀-3)	(♀-4)	(♂)
ME, kcal/kg				2,800			2,800	2,800	2,800	2,800
CP, %				14.36			13.85	13.05	12.33	9.65
lysine, %				0.83			0.68	0.64	0.61	0.44
methionine, %				0.44			0.38	0.38	0.39	0.28
calcium,%				3.30			3.29	3.36	3.45	0.62
P, %				0.39			0.34	0.34	0.35	0.32
1일 급여량,g				139.3			162.5	157.1	150.0	160.7
사료 성분과 급여량(예 III)	114.0	122.8	129.8	(♀-1)	145.6	152.6	(♀-2)	(♀-3)	(♀-4)	(♂)
ME,kcal/kg				2,850			2,850	2,850	2,850	2,850
CP, %				14.62			14.10	13.28	12.55	9.82
lysine, %				0.84			0.69	0.65	0.62	0.45
methionine, %				0.45			0.39	0.39	0.39	0.28
calcium,%				3.36			3.35	3.42	3.51	0.63
P, %				0.39			0.34	0.35	0.36	0.32
1일 급여량,g				136.8			159.6	154.4	147.4	157.9
1일 영양소 공급량										
ME, kcal	325	350	370	390	415	435	455	440	420	450
CP, g	16.7	18.0	19.0	20.0	21.3	22.3	22.5	20.5	18.5	15.5
lysine, g	0.96	1.04	1.10	1.16	1.23	1.29	1.11	1.01	0.92	0.71
methionine, g	0.51	0.55	0.58	0.61	0.65	0.68	0.62	0.60	0.59	0.45
calcium, g	3.76	4.13	4.36	4.60	4.89	5.13	5.35	5.28	5.18	1.00
P, g	0.45	0.49	0.52	0.54	0.58	0.61	0.55	0.53	0.53	0.51

[1] Combined and pooled from Ekmay et al.(2016) Ross308 Parent Stock Performance objectives(2016), Arbor Acres Parent Stock Handbook (2013), Indian River Meat Parent Stock Nutrition Specifications (2016) and Hubbard Performance Summary Parent Stock(2015).

부록 1-12. 육용종계 산란기의 표준체중, 주간 증체량, 산란율, 난중 및 산란량

주 령	암 탉					수 탉	
	체 중(g)		산란 능력			체 중(g)	
	표 준	주간 증체량	산란율 (%)	평균 난중 (g)	산란량 (g)	표 준	주간 증체량
24	2930	160	1.3	48.5	0	3688	171
25	3063	140	7.8	49.7	2.7	3828	140
26	3186	118	27.3	51.5	11.7	3940	113
27	3295	98	53.4	53.3	28.3	4013	73
28	3389	83	68.0	55.1	41.2	4073	60
29	3459	52	79.8	56.6	47.1	4100	28
30	3508	38	84.2	57.9	49.9	4130	30
31	3536	27	85.5	59.0	51.7	4160	30
32	3559	23	85.3	59.7	51.7	4190	30
33	3578	20	84.5	60.4	51.6	4220	30
34	3595	20	83.5	61.1	51.5	4250	30
35	3613	20	82.4	61.8	51.4	4280	30
36	3630	20	81.4	62.3	51.2	4310	30
37	3648	20	80.4	62.8	50.9	4340	30
38	3665	20	79.5	63.2	50.5	4370	30
39	3683	20	78.4	63.7	50.2	4400	30
40	3700	20	77.3	64.1	49.9	4430	30
41	3718	20	76.2	64.5	49.4	4460	30
42	3734	20	75.1	64.9	49.1	4490	30
43	3750	20	74.1	65.2	48.6	4520	30
44	3766	20	73.1	65.5	48.2	4550	30
45	3783	20	72.1	65.7	47.7	4580	30
46	3799	20	71.1	66.0	47.4	4610	30
47	3815	20	69.9	66.2	46.9	4640	30
48	3831	20	68.8	66.5	46.4	4670	30
49	3848	20	67.7	66.8	46.0	4700	30
50	3864	20	66.6	67.1	45.5	4730	30
51	3880	20	65.5	67.3	45.0	4760	30
52	3895	20	64.4	67.6	44.5	4790	30
53	3910	20	63.2	67.8	43.9	4820	30
54	3925	20	62.2	68.0	43.4	4850	30

부록 1-12. 육용종계 산란기의 표준체중, 주간 증체량, 산란율, 난중 및 산란량 (계속)

주 령	암 탉					수 탉	
	체 중(g)		산란 능력			체 중(g)	
	표 준	주간 증체량	산란율 (%)	평균 난중 (g)	산란량 (g)	표 준	주간 증체량
55	3940	20	61.0	68.2	42.8	4880	30
56	3955	20	59.8	68.5	42.2	4910	30
57	3970	20	58.6	68.7	41.6	4940	30
58	3985	20	57.4	68.8	41.0	4970	30
59	4000	20	56.0	69.0	40.3	5000	30
60	4015	20	54.8	69.1	39.6	5030	30
61	4030	20	53.6	69.2	38.9	5060	30
62	4045	20	52.3	69.3	38.2	5090	30
63	4060	20	51.1	69.4	37.4	5120	30
64	4075	20	49.8	69.0	36.7	5150	30

[1)] Combined and pooled from Cobb500 Breeder Management Supplement(2013), Ross308 Parent Stock Performance objectives(2016), Indian River Meat Parent Stock Nutrition Specifications (2016) and Hubbard Performance Summary Parent Stock(2015).

<부록 2> 돼지의 영양소 요구량

2007년에 한국돼지 사양표준이 제정되었는데, 이것이 1998년에 발표된 NRC 표준과 크게 다른 점은 NRC 사양표준은 육성 비육돈의 체중범위가 3～5 kg, 5～10 kg, 10～20 kg, 20～50 kg, 50～80 kg 및 80～100 kg인데, 한국사양표준은 체중범위가 4～7 kg, 7～14 kg, 14～25 kg, 25～50 kg, 50～80 kg 및 80～110 kg이다.

부록 2-1. 자돈, 육성돈 및 비육돈의 사료내 총 아미노산 요구량 (건물 90% 기준)[a]

	체 중(kg)					
	4~7	7~14	14~25	25~50	50~80	80~120
DE 함량(kcal/kg)	3,400	3,400	3,400	3,400	3,400	3,400
DE 섭취량(kcal/kg)	1,144	2,248	4,122	6,169	8,239	9,817
사료섭취량(g/day)	336	661	1,212	1,814	2,423	2,887
조단백질(%)	22	20	19	18	16	13
아미노산 요구량(%)[b]						
아지닌	0.56	0.50	0.42	0.38	0.29	0.20
히스티딘	0.46	0.39	0.34	0.32	0.26	0.21
아이소류신	0.78	0.68	0.58	0.53	0.44	0.34
류신	1.41	1.22	1.02	0.94	0.76	0.58
라이신	1.43	1.24	1.06	0.98	0.82	0.64
메티오닌	0.37	0.33	0.28	0.25	0.21	0.17
메티오닌＋시스틴	0.81	0.71	0.60	0.57	0.46	0.38
페닐알라닌	0.85	0.74	0.63	0.58	0.47	0.37
페닐알라닌＋타이로신	1.33	1.15	0.98	0.90	0.75	0.58
트레오닌	0.89	0.77	0.65	0.61	0.49	0.40
트립토판	0.25	0.22	0.18	0.17	0.14	0.11
발린	0.97	0.85	0.72	0.66	0.54	0.41

[a] 체중 20～120 kg에서 1일 325 g의 살코기 축적능력을 가진 거세돈과 암돼지를 1 : 1 비율로 사육하는 조건임.

[b] 체중 3～20 kg에서 라이신 요구량은 시험성적을 기준으로 하였고, 다른 아미노산 요구량은 라이신에 대한 비율을 적용하였으며, 체중 20～120 kg에서는 성장모델로 추정하였음.

부록 2-2. 자돈, 육성돈 및 비육돈의 사료내 광물질 요구량 (건물 90% 기준)[a]

	체 중(kg)					
	4~7	7~14	14~25	25~50	50~80	80~120
DE 함량(kcal/kg)	3,400	3,400	3,400	3,400	3,400	3,400
DE 섭취량(kcal/kg)	1,144	2,248	4,122	6,169	8,239	9,817
사료섭취량(g/day)	336	661	1,212	1,814	2,423	2,887
조단백질(%)	22	20	19	18	16	13
칼슘(%)[b]	0.85	0.76	0.67	0.58	0.50	0.45
총인(%)[b]	0.68	0.62	0.57	0.50	0.45	0.40
유효인(%)[b]	0.47	0.37	0.29	0.22	0.18	0.15
나트륨(%)	0.22	0.16	0.13	0.11	0.10	0.10
염소(%)	0.22	0.16	0.12	0.09	0.08	0.07
마그네슘(%)	0.04	0.04	0.04	0.04	0.04	0.04
칼륨(%)	0.29	0.27	0.25	0.22	0.19	0.17
구리(mg/kg)	5.75	5.16	4.51	3.79	3.18	2.73
요오드(mg/kg)	0.14	0.14	0.14	0.14	0.14	0.14
철(mg/kg)	99.08	88.31	75.49	60.85	48.80	40.03
망간(mg/kg)	3.90	3.16	2.66	2.27	2.03	1.88
셀레늄(mg/kg)	0.30	0.25	0.21	0.18	0.15	0.14
아연(mg/kg)	98.64	85.24	73.34	61.87	53.15	46.93

[a] 체중 20~120 kg 범위에서 1일 325 g의 살코기 축적능력을 가진 거세돈과 암퇘지를 1 : 1 비율로 사육하는 조건임.

[b] 체중 50~120 kg의 후보 종모돈과 종빈돈에 대해서는 칼슘, 인 및 유효인을 0.05~0.1% 증대하여야 함.

부록 2-3. 임신돈의 사료내 진정 가소화 아미노산 요구량

(건물 90% 기준)[a]

	산 차					
	1	2	3	4	5	6
	수정시 체중(kg)					
	140	180	210	230	240	250
	임신중 증체량(kg)[b]					
	50	45	37	27	25	21
	예상 산자수					
	12	12	12	12	12	12
DE 함량(kcal/kg)	3,300	3,300	3,300	3,300	3,300	3,300
DE 섭취량(kcal/kg)	6,471	6,943	6,910	6,482	6,521	6,389
사료섭취량(g/day)	1.96	2.10	2.09	1.96	1.98	1.94
조단백질(%)	13.0	12.0	12.0	11.0	11.0	11.0
아미노산 요구량(%)						
아지닌	0.04	0.00	0.00	0.00	0.00	0.00
히스티딘	0.15	0.14	0.13	0.13	0.12	0.12
아이소류신	0.27	0.25	0.24	0.24	0.23	0.23
류신	0.46	0.41	0.38	0.37	0.36	0.35
라이신	0.47	0.43	0.41	0.39	0.39	0.38
메티오닌	0.13	0.12	0.11	0.11	0.11	0.10
메티오닌＋시스틴	0.31	0.29	0.29	0.29	0.29	0.29
페닐알라닌	0.27	0.25	0.23	0.23	0.22	0.21
페닐알라닌＋타이로신	0.46	0.42	0.40	0.40	0.39	0.38
트레오닌	0.35	0.33	0.33	0.33	0.33	0.33
트립토판	0.09	0.08	0.08	0.08	0.08	0.08
발린	0.32	0.29	0.28	0.27	0.26	0.26

[a] 1일 DE 섭취량, 사료섭취량 및 아미노산 요구량은 임신모델로 추정한 것임.

[b] 증체량은 모든 조직과 임신 산물을 포함한 것임.

부록 2-4. 포유돈의 사료내 진정 가소화 아미노산 요구량 (건물 90% 기준)[a]

	산 차					
	1	2	3	4	5	6
	분만후 체중(kg)					
	190	225	247	257	265	271
	모돈의 체중 감량(kg)[b]					
	−10	−10	−10	−10	−10	−10
	자돈의 일당 증체량(g)[b]					
	200	200	200	200	200	200
DE 함량(kcal/kg)	3,400	3,400	3,400	3,400	3,400	3,400
DE 섭취량(kcal/kg)	16,020	16,789	17,256	17,465	17,631	17,754
사료섭취량(g/day)	4.71	4.94	5.08	5.14	5.19	5.22
조단백질(%)	18.0	17.0	17.0	17.0	17.0	17.0
아미노산 요구량(%)						
아지닌	0.42	0.39	0.37	0.36	0.36	0.35
히스티딘	0.32	0.31	0.30	0.30	0.30	0.29
아이소류신	0.46	0.44	0.43	0.43	0.43	0.42
류신	0.93	0.89	0.87	0.86	0.85	0.85
라이신	0.82	0.79	0.77	0.76	0.75	0.75
메티오닌	0.21	0.20	0.20	0.20	0.20	0.20
메티오닌+시스틴	0.40	0.39	0.38	0.38	0.37	0.37
페닐알라닌	0.45	0.43	0.42	0.41	0.41	0.41
페닐알라닌+타이로신	0.93	0.89	0.87	0.86	0.85	0.85
트레오닌	0.51	0.49	0.49	0.48	0.48	0.48
트립토판	0.16	0.15	0.15	0.14	0.14	0.14
발린	0.70	0.67	0.65	0.65	0.64	0.64

[a] 1일 DE 섭취량, 사료섭취량 및 아미노산 요구량은 포유모델로 추정한 것임.

[b] 복당 산자수 10두와 21일간 포유를 가정한 것임.

부록 2-5. 임신돈과 포유돈의 사료내 광물질 요구량 (건물 90% 기준)

		임신돈	포유돈
사료내 DE 함량	(kcal/kg)	3,300	3,400
DE 섭취량	(kcal/day)	6,105	17,850
사료섭취량	(kg/day)	1.85	5.25
칼슘	(%)	0.75	0.75
총인	(%)	0.60	0.60
유효인	(%)	0.35	0.35
나트륨	(%)	0.15	0.20
염소	(%)	0.12	0.16
마그네슘	(%)	0.04	0.04
칼륨	(%)	0.20	0.20
구리	(mg/kg)	5.00	5.00
요오드	(mg/kg)	0.14	0.14
철	(mg/kg)	80.00	80.00
망간	(mg/kg)	20.00	20.00
셀레늄	(mg/kg)	0.15	0.15
아연	(mg/kg)	50.00	50.00

<부록 3> 젖소의 영양소 요구량

부록 3-1. 비유 초기(착유 11일째 사료섭취량 기준) 착유우(체중 680 kg)의 1일 에너지 및 단백질 급여량 (2007, 축산과학원) (TDN 함량 78% 이하)

산유량 (kg)	유지율 (%)	순단백질 (%)	건물 섭취량 (kg)	생체중 변화 (kg)	비유를 위한 정미에너지 (Mcal)	분해성 단백질 (g)	비분해성 단백질 (g)	분해성 단백질 (%)	비분해성 단백질 (%)	조단백질 (%)
20	3.5	2.5	12.4	-0.1	23.9	1400	480	11.3	3.9	15.2
20	3.5	3.0	12.4	-0.2	24.5	1400	660	11.3	5.3	16.6
20	3.5	3.5	12.4	-0.4	25.1	1400	840	11.3	6.8	18.1
20	4.0	2.5	12.7	-0.2	24.9	1440	470	11.3	3.7	15.0
20	4.0	3.0	12.7	-0.3	25.4	1440	650	11.3	5.1	16.5
20	4.0	3.5	12.7	-0.4	26.0	1440	820	11.3	6.5	17.8
30	3.5	2.5	14.5	-0.7	30.6	1620	850	11.2	5.9	17.0
30	3.5	3.0	14.5	-0.9	31.4	1620	1110	11.2	7.7	18.8
30	3.5	3.5	14.5	-1.1	32.3	1620	1370	11.2	9.4	20.6
30	4.0	2.5	15.1	-0.9	32.0	1670	830	11.1	5.5	16.6
30	4.0	3.0	15.1	-1.0	32.8	1670	1090	11.1	7.2	18.3
30	4.0	3.5	15.1	-1.2	33.7	1670	1350	11.1	8.9	20.0
40	3.5	2.5	16.7	-1.4	37.2	1830	1210	11.0	7.2	18.2
40	3.5	3.0	16.7	-1.6	38.4	1830	1560	11.0	9.3	20.3
40	3.5	3.5	16.7	-1.9	39.6	1830	1910	11.0	11.4	22.4
40	4.0	2.5	17.4	-1.6	39.1	1900	1190	10.9	6.8	17.8
40	4.0	3.0	17.4	-1.8	40.2	1900	1540	10.9	8.9	19.8
40	4.0	3.5	17.4	-2.0	41.4	1900	1890	10.9	10.9	21.8

부록 3-2. 비유 중기(착유 90일째 사료섭취량 기준) 착유우(체중 680 kg)의 1일 에너지 및 단백질 급여량 (2007, 축산과학원) (TDN 함량 78% 이하)

산유량 (kg)	유지율 (%)	순단 백질 (%)	건물 섭취량 (kg)	생체중 변화 (kg)	비유를 위한 정미에너지 (Mcal)	분해성 단백질 (g)	비분해성 단백질 (g)	분해성 단백질 (%)	비분해성 단백질 (%)	조단 백질 (%)
35	3.5	2.5	23.6	1.2	33.8	2450	800	10.4	3.4	13.8
35	3.5	3.0	23.6	1.0	34.8	2450	1110	10.4	4.7	15.1
35	3.5	3.5	23.6	0.8	35.9	2450	1410	10.4	6.0	16.4
35	4.0	2.5	24.5	1.1	35.4	2520	780	10.3	3.2	13.5
35	4.0	3.0	24.5	0.9	36.5	2520	1090	10.3	4.4	14.7
35	4.0	3.5	24.5	0.7	37.5	2520	1390	10.3	5.7	16.0
45	3.5	2.5	26.9	0.7	40.4	2710	1170	10.1	4.3	14.4
45	3.5	3.0	26.9	0.4	41.8	2710	1560	10.1	5.8	15.0
45	3.5	3.5	26.9	0.2	43.1	2710	1950	10.1	7.2	17.3
45	4.0	2.5	28.1	0.5	42.5	2800	1150	10.0	4.1	14.1
45	4.0	3.0	28.1	0.3	43.8	2800	1540	10.0	5.5	15.4
45	4.0	3.5	28.1	0	45.2	2800	1930	10.0	6.9	16.8
55	3.0	2.5	28.7	0.3	44.5	2850	1570	9.9	5.5	15.4
55	3.0	3.0	28.7	0	46.1	2850	2060	9.9	7.2	17.1
55	3.0	3.5	28.7	−0.4	17.7	2850	2540	9.9	8.9	18.8
55	3.5	2.5	30.2	0.1	17.1	2960	1560	9.8	5.2	15.0
55	3.5	3.0	30.2	−0.2	18.7	2960	2040	9.8	6.8	16.6
55	3.5	3.5	30.2	−0.6	50.7	2960	2510	9.8	8.3	18.1
55	4.0	2.5	31.7	−0.1	49.6	3060	1540	9.7	4.9	14.5
55	4.0	3.0	31.7	−0.5	51.2	3060	2020	9.7	6.4	16.0
55	4.0	3.5	31.7	−0.8	52.8	3060	2490	9.7	7.9	17.5

부록 3-3. 비유 중기(착유 90일째 사료섭취량 기준) 착유우(체중 680 kg)의 1일 에너지 및 단백질 급여량(2007, 축산과학원) (TDN 함량 68% 이하)

산유량 (kg)	유지율 (%)	순단백질 (%)	건물섭취량 (kg)	생체중 변화 (kg)	비유를 위한 정미에너지 (Mcal)	분해성 단백질 (g)	비분해성 단백질 (g)	분해성 단백질 (%)	비분해성 단백질 (%)	조단백질 (%)
25	3.5	2.5	20.3	0.9	27.2	2000	600	9.9	3.0	12.9
25	3.5	3.0	20.3	0.8	27.9	2000	820	9.9	4.0	13.9
25	3.5	3.5	20.3	0.6	28.7	2000	1050	9.9	5.2	15.1
25	4.0	2.5	21.0	0.9	28.4	2060	580	9.8	2.8	12.6
25	4.0	3.0	21.0	0.7	29.1	2060	810	9.8	3.9	13.7
25	4.0	3.5	21.0	0.6	29.8	2060	1030	9.8	4.9	14.7
35	3.5	2.5	23.6	0.5	33.8	2290	690	9.7	4.1	13.8
35	3.5	3.0	23.6	0.3	34.8	2290	1280	9.7	5.4	13.8
35	3.5	3.5	23.6	0.1	35.9	2290	1600	9.7	6.7	16.4
35	4.0	2.5	24.5	0.4	35.4	2370	940	9.7	3.8	13.5
35	4.0	3.0	24.5	0.2	36.5	2370	1260	9.7	5.1	14.8
35	4.0	3.5	24.5	0	37.5	2370	1570	9.7	6.4	16.1
45	3.5	2.5	26.9	0	40.4	2570	1340	9.6	5.0	14.6
45	3.5	3.0	26.9	-0.2	41.8	2570	1750	9.6	6.5	16.1
45	3.5	3.5	26.9	-0.5	43.1	2570	2160	9.6	8.0	17.6
45	4.0	2.5	28.1	-0.1	42.5	2670	1310	9.5	4.7	14.2
45	4.0	3.0	28.1	-0.3	43.8	2670	1720	9.5	6.1	15.6
45	4.0	3.5	28.1	-0.6	45.2	2670	2130	9.5	7.6	17.1

<부록 4> 한우의 영양소 요구량 (한국가축사양표준-2017)

1. 한우 거세우 육성에 필요한 영양소 요구량

부록 4-1. 거세우 육성, 비육에 필요한 영양소 요구량

체중 BW (kg)	일당 증체 DG (kg/d)	건물 섭취량 DMI (kg)	조단 백질 CP (%)	가소화 영양소 총량 TDN (%)	대사 에너지 ME (Mcal)	가소화 에너지 DE (Mcal)	가소화 영양소 총량 TDN (kg)	대사 단백질 MP (g)	조단 백질 CP (g)	칼슘 Ca (g)	인 P (g)	비타민 A Vit. A (1,000 IU)	비타민 D Vit. D (1,000 IU)
150	0.4	3.7	12.0	62	8.39	10.23	2.32	297	397	15	8	6.4	0.9
	0.6	4.2	12.0	64	9.78	11.93	2.71	363	434	21	10	6.4	0.9
	0.8	4.7	12.0	66	11.11	13.55	3.07	432	466	26	12	6.4	0.9
	1.0	5.0	12.0	68	12.38	15.09	3.42	503	496	31	14	6.4	0.9
200	0.4	4.5	12.0	63	10.25	12.50	2.83	327	485	16	10	8.5	1.2
	0.6	5.1	12.0	65	11.91	14.52	3.29	386	530	21	11	8.5	1.2
	0.8	5.6	12.0	67	13.49	16.45	3.73	447	570	26	13	8.5	1.2
	1.0	6.0	12.0	69	14.99	18.28	4.15	511	605	31	15	8.5	1.2
250	0.4	5.2	12.0	64	11.93	14.55	3.30	356	564	17	11	10.6	1.5
	0.6	5.8	12.0	66	13.81	16.84	3.82	374	617	21	13	10.6	1.5
	0.8	6.3	12.0	68	15.59	19.02	4.31	418	664	26	14	10.6	1.5
	1.0	6.8	12.0	70	17.29	21.09	4.78	464	705	31	16	10.6	1.5
300	0.4	5.8	12.0	64	13.46	16.42	3.72	361	647	18	13	12.7	1.8
	0.6	6.5	12.0	66	15.52	18.93	4.29	395	708	22	14	12.7	1.8
	0.8	7.1	12.0	68	17.47	21.31	4.83	432	761	26	15	12.7	1.8
	1.0	7.6	12.0	70	19.33	23.57	5.35	472	808	30	17	12.7	1.8
350	0.6	7.0	12.0	67	17.07	20.82	4.72	417	783	22	15	14.8	2.1
	0.8	7.7	12.0	69	19.16	23.36	5.30	448	842	26	17	14.8	2.1
	1.0	8.2	12.0	71	21.14	25.79	5.85	482	894	30	18	14.8	2.1
	1.2	8.7	12.0	73	23.03	28.09	6.37	519	940	34	19	14.8	2.1
400	0.8	8.1	12.0	71	20.67	25.21	5.72	501	905	26	18	17.0	2.4
	1.0	8.7	12.0	72	22.76	27.75	6.29	534	975	30	19	17.0	2.4
	1.2	9.4	12.0	73	24.74	30.17	6.84	571	1039	34	20	17.0	2.4
	1.4	10.0	12.0	74	26.63	32.48	7.37	610	1098	37	21	17.0	2.4

부록 4-1. 거세우 육성, 비육에 필요한 영양소 요구량 (계속)

체중 BW (kg)	일당 증체 DG (kg/d)	건물 섭취량 DMI (kg)	조단백질 CP (%)	가소화 영양소 총량 TDN (%)	대사 에너지 ME (Mcal)	가소화 에너지 DE (Mcal)	가소화 영양소 총량 TDN (kg)	대사 단백질 MP (g)	조단백질 CP (g)	칼슘 Ca (g)	인 P (g)	비타민 A Vit. A (1,000 IU)	비타민 D Vit. D (1,000 IU)
450	0.8	8.6	12.0	71	22.03	26.87	6.09	510	988	27	19	19.1	2.7
	1.0	9.3	12.0	72	24.19	29.50	6.69	537	1065	30	20	19.1	2.7
	1.2	9.9	12.0	73	26.24	32.00	7.26	566	1135	33	21	19.1	2.7
	1.4	10.5	12.0	74	28.20	34.39	7.80	599	1200	36	22	19.1	2.7
500	0.8	8.9	12.0	72	23.25	28.36	6.43	523	1055	27	20	21.2	3.0
	1.0	9.5	12.0	74	25.45	31.04	7.04	546	1121	29	21	21.2	3.0
	1.2	10.0	12.0	76	27.55	33.60	7.62	572	1180	32	22	21.2	3.0
	1.4	10.5	12.0	78	29.55	36.04	8.17	601	1232	35	23	21.2	3.0
550	0.6	8.2	12.0	74	22.00	26.82	6.08	537	995	24	21	23.3	3.3
	0.8	8.9	12.0	76	24.34	29.68	6.73	548	1073	27	21	23.3	3.3
	1.0	9.4	12.0	78	26.56	32.39	7.35	563	1143	29	22	23.3	3.3
	1.2	9.9	12.0	80	28.68	34.98	7.93	583	1204	32	23	23.3	3.3
600	0.4	7.6	12.0	75	20.49	24.99	5.67	573	929	23	21	25.4	3.6
	0.6	8.1	12.0	78	22.96	27.99	6.35	572	1007	25	22	25.4	3.6
	0.8	8.6	12.0	81	25.30	30.85	7.00	579	1075	27	22	25.4	3.6
	1.0	9.1	12.0	84	27.52	33.56	7.61	591	1133	29	23	25.4	3.6
650	0.4	7.9	12.0	75	21.38	26.07	5.91	597	986	24	23	27.6	3.9
	0.6	8.4	12.0	78	23.82	29.05	6.59	589	1070	25	23	27.6	3.9
	0.8	8.9	12.0	81	26.14	31.87	7.23	589	1141	27	24	27.6	3.9
	1.0	9.3	12.0	84	28.34	34.56	7.84	594	1203	29	24	27.6	3.9
700	0.4	8.0	12.0	77	22.20	27.07	6.14	632	1015	24	24	29.7	4.2
	0.6	8.6	12.0	79	24.59	29.99	6.80	611	1117	26	24	29.7	4.2
	0.8	9.2	12.0	81	26.87	32.76	7.43	599	1207	27	25	29.7	4.2

부록 4-2. 수소 육성, 비육에 필요한 영양소 요구량

체중 BW (kg)	일당증체 DG (kg/d)	건물섭취량 DMI (kg)	조단백질 CP (%)	가소화영양소총량 TDN (%)	대사에너지 ME (Mcal)	가소화에너지 DE (Mcal)	가소화영양소총량 TDN (kg)	대사단백질 MP (g)	조단백질 CP (g)	칼슘 Ca (g)	인 P (g)	비타민A Vit. A (1,000 IU)	비타민D Vit. D (1,000 IU)
250	0.6	5.1	12.0	64	11.78	14.36	3.26	422	611	22	13	10.6	1.5
	0.8	5.4	12.0	66	12.84	15.66	3.55	483	646	27	15	10.6	1.5
	1.0	5.6	12.2	68	13.86	16.90	3.83	546	688	32	16	10.6	1.5
	1.2	5.9	12.9	70	14.83	18.08	4.10	610	755	37	18	10.6	1.5
	1.4	6.0	13.6	72	15.75	19.20	4.35	676	823	42	19	10.6	1.5
300	0.6	5.8	12.0	64	13.50	16.46	3.73	442	700	23	14	12.7	1.8
	0.8	6.2	12.0	66	14.72	17.96	4.07	498	740	28	16	12.7	1.8
	1.0	6.5	12.0	68	15.89	19.38	4.39	555	775	32	17	12.7	1.8
	1.2	6.7	12.0	70	17.00	20.73	4.70	615	806	37	19	12.7	1.8
	1.4	6.9	12.2	72	18.06	22.02	4.99	675	845	41	20	12.7	1.8
350	0.6	6.5	12.0	64	15.16	18.48	4.19	462	786	24	16	14.8	2.1
	0.8	6.9	12.0	66	16.53	20.16	4.57	512	831	28	17	14.8	2.1
	1.0	7.3	12.0	68	17.84	21.75	4.93	564	870	32	18	14.8	2.1
	1.2	7.5	12.0	70	19.08	23.27	5.28	618	905	37	20	14.8	2.1
	1.4	7.8	12.0	72	20.27	24.72	5.60	673	934	41	21	14.8	2.1
500	0.6	8.6	12.0	64	19.80	24.15	5.48	516	1027	26	20	21.2	3.0
	0.8	9.0	12.0	66	21.60	26.34	5.97	548	1086	29	21	21.2	3.0
	1.0	9.5	12.0	68	23.31	28.42	6.45	584	1137	32	22	21.2	3.0
	1.2	9.8	12.0	70	24.93	30.41	6.89	623	1182	36	23	21.2	3.0
550	0.6	9.2	12.0	64	21.27	25.94	5.88	532	1103	26	21	23.3	3.3
	0.8	9.7	12.0	66	23.20	28.29	6.42	559	1166	29	22	23.3	3.3
	1.0	10.2	12.0	68	25.03	30.53	6.92	590	1222	33	23	23.3	3.3
	1.2	10.6	12.0	70	26.78	32.66	7.41	623	1270	36	24	23.3	3.3
600	0.6	9.8	12.0	64	22.71	27.69	6.28	548	1177	27	22	25.4	3.6
	0.8	10.2	12.0	67	24.76	30.20	6.85	575	1227	30	23	25.4	3.6
	1.0	10.6	12.0	70	26.72	32.59	7.39	604	1267	33	24	25.4	3.6
	1.2	10.8	12.0	73	28.59	34.86	7.91	637	1299	35	25	25.4	3.6

부록 4-2. 수소 육성, 비육에 필요한 영양소 요구량 (계속)

체중 BW (kg)	일당증체 DG (kg/d)	건물섭취량 DMI (kg)	조단백질 CP (%)	가소화영양소총량 TDN (%)	대사에너지 ME (Mcal)	가소화에너지 DE (Mcal)	가소화영양소총량 TDN (kg)	대사단백질 MP (g)	조단백질 CP (g)	칼슘 Ca (g)	인 P (g)	비타민 A Vit. A (1,000 IU)	비타민 D Vit. D (1,000 IU)
750	0.4	10.5	12.0	64	24.28	29.61	6.71	608	1259	27	26	31.8	4.5
	0.6	10.9	12.0	68	26.84	32.73	7.42	618	1310	29	27	31.8	4.5
	0.8	11.2	12.0	72	29.28	35.70	8.10	633	1349	31	27	31.8	4.5
	1.0	11.5	12.0	76	31.59	38.52	8.74	652	1379	33	28	31.8	4.5
800	0.2	9.8	12.0	64	22.65	27.62	6.26	661	1174	26	27	33.9	4.8
	0.4	10.4	12.0	68	25.48	31.08	7.05	657	1244	28	27	33.9	4.8
	0.6	10.8	12.0	72	28.17	34.36	7.79	660	1298	30	28	33.9	4.8
	0.8	11.2	12.0	76	30.73	37.47	8.50	668	1342	31	28	33.9	4.8

부록 4-3. 암소 육성에 필요한 영양소 일일 요구량

체중 BW (kg)	일일 증체 DG (kg/d)	건물량 DMI (kg)	조단백질 CP (g)	가소화 조단백질 DCP (g)	가소화 영양소 총량 TDN (kg)	대사 에너지 ME (Mcal)	가소화 에너지 DE (Mcal)	칼슘 Ca (g)	인 P (g)	비타민 A Vit. A (1,000 IU)	비타민 D Vit. D (1,000 IU)
150	0.2	2.61	349	230	1.75	6.34	7.74	10	7	7.1	0.9
	0.4	3.00	389	253	1.99	7.19	8.77	15	8	7.1	0.9
	0.6	3.39	428	277	2.22	8.04	9.81	20	10	7.1	0.9
	0.8	3.79	468	301	2.46	8.90	10.85	25	11	7.1	0.9
200	0.2	3.31	449	297	2.20	7.97	9.72	11	8	9.4	1.1
	0.4	3.70	489	320	2.44	8.82	10.76	15	10	9.4	1.1
	0.6	4.09	528	344	2.67	9.67	11.79	20	11	9.4	1.1
	0.8	4.49	568	368	2.91	10.52	12.83	25	13	9.4	1.1
250	0.2	4.01	549	364	2.65	9.60	11.71	12	10	11.8	1.4
	0.4	4.40	589	387	2.89	10.45	12.74	16	11	11.8	1.4
	0.6	4.79	628	411	3.12	11.30	13.78	20	12	11.8	1.4
	0.8	5.19	668	435	3.36	12.15	14.82	24	14	11.8	1.4
300	0.2	4.71	528	328	3.10	11.23	13.69	13	11	14.1	1.7
	0.4	5.10	569	353	3.34	12.08	14.73	17	12	14.1	1.7
	0.6	5.49	610	377	3.57	12.93	15.76	20	13	14.1	1.7
	0.8	5.89	650	402	3.81	13.78	16.80	24	15	14.1	1.7
350	0.2	5.41	608	378	3.55	12.85	15.67	14	13	16.5	2.0
	0.4	5.80	648	402	3.79	13.70	16.71	17	14	16.5	2.0
	0.6	6.19	689	427	4.02	14.55	17.75	21	15	16.5	2.0
	0.8	6.59	730	451	4.26	15.40	18.79	24	16	16.5	2.0
400	0.2	6.11	685	425	4.00	14.48	17.66	15	14	18.8	2.3
	0.4	6.50	725	450	4.24	15.33	18.70	18	15	18.8	2.3
	0.6	6.89	766	474	4.47	16.18	19.73	21	16	18.8	2.3
	0.8	7.29	806	498	4.71	17.03	20.77	24	17	18.8	2.3

부록 4-3. 암소 육성에 필요한 영양소 일일 요구량 (계속)

체중 BW (kg)	일일 증체 DG (kg/d)	건물량 DMI (kg)	조단백질 CP (g)	가소화 조단백질 DCP (g)	가소화 영양소 총량 TDN (kg)	대사 에너지 ME (Mcal)	가소화 에너지 DE (Mcal)	칼슘 Ca (g)	인 P (g)	비타민 A Vit. A (1,000 IU)	비타민 D Vit. D (1,000 IU)
450	0.2	6.81	759	470	4.45	16.11	19.64	16	16	21.2	2.6
	0.4	7.20	800	495	4.69	16.96	20.68	19	16	21.2	2.6
	0.6	7.59	840	519	4.92	17.81	21.72	21	17	21.2	2.6
	0.8	7.99	881	544	5.16	18.66	22.75	23	18	21.2	2.6
500	0.2	7.51	831	514	4.90	17.73	21.63	17	17	23.5	2.9
	0.4	7.90	872	538	5.14	18.59	22.66	19	18	23.5	2.9
	0.6	8.29	912	563	5.37	19.44	23.70	21	18	23.5	2.9
	0.8	8.69	953	587	5.61	20.29	24.74	23	19	23.5	2.9
550	0.2	8.21	902	556	5.35	19.36	23.61	18	19	25.9	3.1
	0.4	8.60	942	580	5.59	20.21	24.65	20	19	25.9	3.1
	0.6	8.99	983	605	5.82	21.06	25.69	21	20	25.9	3.1
	0.8	9.39	1024	629	6.06	21.91	26.72	23	20	25.9	3.1
600	0.2	8.91	971	597	5.80	20.99	25.60	20	20	28.2	3.4
	0.4	9.30	1011	621	6.04	21.84	26.63	21	20	28.2	3.4
	0.6	9.69	1052	645	6.27	22.69	27.67	22	21	28.2	3.4
	0.8	10.09	1092	670	6.51	23.54	28.71	23	21	28.2	3.4
650	0.2	9.61	1038	636	6.25	22.62	27.58	21	22	30.6	3.7
	0.4	10.00	1079	660	6.49	23.47	28.62	21	22	30.6	3.7
	0.6	10.39	1119	685	6.72	24.32	29.66	22	22	30.6	3.7
	0.8	10.79	1160	709	6.96	25.17	30.69	22	22	30.6	3.7

부록 4-4. 암소 육성에 필요한 영양소 요구량의 사료 건물 중 함량

체중 BW (kg)	일일증체 DG (kg/d)	건물량 DMI (BW%)	조단백질 CP (%)	가소화조단백질 DCP (%)	가소화영양소총량 TDN (%)	대사에너지 ME (Mcal/kg)	가소화에너지 DE (Mcal/kg)	칼슘 Ca (%)	인 P (%)	비타민A Vit. A (1,000 IU/kg)	비타민D Vit. D (1,000 IU/kg)
150	0.2	1.7	13.4	8.8	67	2.43	2.97	0.37	0.25	2.7	0.3
150	0.4	2.0	13.0	8.4	66	2.40	2.92	0.49	0.27	2.3	0.3
150	0.6	2.3	12.6	8.2	66	2.37	2.89	0.58	0.29	2.1	0.3
150	0.8	2.5	12.4	7.9	65	2.35	2.86	0.66	0.30	1.9	0.2
200	0.2	1.7	13.6	9.0	67	2.41	2.94	0.33	0.24	2.8	0.3
200	0.4	1.9	13.2	8.7	66	2.38	2.91	0.42	0.26	2.5	0.3
200	0.6	2.0	12.9	8.4	65	2.36	2.88	0.49	0.27	2.3	0.3
200	0.8	2.2	12.7	8.2	65	2.34	2.86	0.55	0.28	2.1	0.3
250	0.2	1.6	13.7	9.1	66	2.40	2.92	0.30	0.24	2.9	0.4
250	0.4	1.8	13.4	8.8	66	2.37	2.90	0.36	0.25	2.7	0.3
250	0.6	1.9	13.1	8.6	65	2.36	2.87	0.42	0.26	2.5	0.3
250	0.8	2.1	12.9	8.4	65	2.34	2.86	0.47	0.26	2.3	0.3
300	0.2	1.6	11.2	7.0	66	2.39	2.91	0.28	0.24	3.0	0.4
300	0.4	1.7	11.2	6.9	65	2.37	2.89	0.33	0.24	2.8	0.3
300	0.6	1.8	11.1	6.9	65	2.35	2.87	0.37	0.25	2.6	0.3
300	0.8	2.0	11.0	6.8	65	2.34	2.85	0.41	0.25	2.4	0.3
350	0.2	1.5	11.2	7.0	66	2.38	2.90	0.26	0.23	3.0	0.4
350	0.4	1.7	11.2	6.9	65	2.36	2.88	0.30	0.24	2.8	0.3
350	0.6	1.8	11.1	6.9	65	2.35	2.87	0.33	0.24	2.7	0.3
350	0.8	1.9	11.1	6.8	65	2.34	2.85	0.36	0.24	2.5	0.3
400	0.2	1.5	11.2	7.0	66	2.37	2.89	0.25	0.23	3.1	0.4
400	0.4	1.6	11.2	6.9	65	2.36	2.88	0.28	0.23	2.9	0.4
400	0.6	1.7	11.1	6.9	65	2.35	2.86	0.30	0.23	2.7	0.3
400	0.8	1.8	11.1	6.8	65	2.34	2.85	0.32	0.23	2.6	0.3
450	0.2	1.5	11.2	6.9	65	2.37	2.89	0.24	0.23	3.1	0.4
450	0.4	1.6	11.1	6.9	65	2.36	2.87	0.26	0.23	2.9	0.4
450	0.6	1.7	11.1	6.8	65	2.34	2.86	0.28	0.23	2.8	0.3
450	0.8	1.8	11.0	6.8	65	2.34	2.85	0.29	0.22	2.6	0.3

부록 4-4. 암소 육성에 필요한 영양소 요구량의 사료 건물 중 함량 (계속)

체중 BW (kg)	일일증체 DG (kg/d)	건물량 DMI (BW%)	조단백질 CP (%)	가소화조단백질 DCP (%)	가소화영양소총량 TDN (%)	대사에너지 ME (Mcal/kg)	가소화에너지 DE (Mcal/kg)	칼슘 Ca (%)	인 P (%)	비타민A Vit. A (1,000 IU/kg)	비타민D Vit. D (1,000 IU/kg)
500	0.2	1.5	11.1	6.8	65	2.36	2.88	0.23	0.23	3.1	0.4
500	0.4	1.6	11.0	6.8	65	2.35	2.87	0.24	0.22	3.0	0.4
500	0.6	1.7	11.0	6.8	65	2.34	2.86	0.26	0.22	2.8	0.3
500	0.8	1.7	11.0	6.8	65	2.33	2.85	0.27	0.22	2.7	0.3
550	0.2	1.5	11.0	6.8	65	2.36	2.88	0.22	0.23	3.2	0.4
550	0.4	1.6	11.0	6.7	65	2.35	2.87	0.23	0.22	3.0	0.4
550	0.6	1.6	10.9	6.7	65	2.34	2.86	0.24	0.22	2.9	0.3
550	0.8	1.7	10.9	6.7	65	2.33	2.85	0.24	0.21	2.8	0.3
600	0.2	1.5	10.9	6.7	65	2.36	2.87	0.22	0.23	3.2	0.4
600	0.4	1.6	10.9	6.7	65	2.35	2.86	0.22	0.22	3.0	0.4
600	0.6	1.6	10.8	6.7	65	2.34	2.85	0.22	0.21	2.9	0.4
600	0.8	1.7	10.8	6.6	65	2.33	2.85	0.22	0.21	2.8	0.3
650	0.2	1.5	10.8	6.6	65	2.35	2.87	0.21	0.22	3.2	0.4
650	0.4	1.5	10.8	6.6	65	2.35	2.86	0.21	0.22	3.1	0.4
650	0.6	1.6	10.8	6.6	65	2.34	2.85	0.21	0.21	2.9	0.4
650	0.8	1.7	10.8	6.6	65	2.33	2.84	0.21	0.21	2.8	0.3

2. 한우 성빈우 유지에 필요한 영양소 요구량

부록 4-5. 성빈우 유지에 필요한 영양소 요구량(a)

체중 BW (kg)	일일 증체 DG (kg/d)	건물량 DMI (kg)	조단백질 CP (g)	가소화 조단백질 DCP (g)	가소화 영양소 총량 TDN (kg)	대사 에너지 ME (Mcal)	가소화 에너지 DE (Mcal)	칼슘 Ca (g)	인 P (g)	비타민 A Vit. A (1,000 IU)	비타민 D Vit. D (1,000 IU)
350	0	4.26	426	234	1.92	6.94	8.46	11	12	16.5	2.0
400	0	4.71	470	259	2.12	7.67	9.35	12	13	18.8	2.3
450	0	5.15	514	282	2.32	8.38	10.21	14	15	21.2	2.6
500	0	5.57	556	306	2.51	9.06	11.05	15	16	23.5	2.9
550	0	5.98	597	328	2.69	9.74	11.87	17	18	25.9	3.1
600	0	6.38	638	351	2.87	10.39	12.67	19	20	28.2	3.4
650	0	6.78	677	372	3.05	11.03	13.46	20	21	30.6	3.7

부록 4-6. 성빈우 유지에 필요한 영양소 요구량(b)

체중 BW (kg)	일일 증체 DG (kg/d)	건물량 DMI (BW%)	조단백질 CP (%)	가소화 조단백질 DCP (%)	가소화 영양소 총량 TDN (%)	대사 에너지 ME (Mcal/kg)	가소화 에너지 DE (Mcal/kg)	칼슘 Ca (%)	인 P (%)	비타민 A Vit. A (1,000 IU/kg)	비타민 D Vit. D (1,000 IU/kg)
350	0	1.2	10.0	5.5	45	1.63	1.99	0.25	0.27	3.9	0.5
400	0	1.2	10.0	5.5	45	1.63	1.99	0.26	0.28	4.0	0.5
450	0	1.1	10.0	5.5	45	1.63	1.99	0.27	0.29	4.1	0.5
500	0	1.1	10.0	5.5	45	1.63	1.99	0.28	0.30	4.2	0.5
550	0	1.1	10.0	5.5	45	1.63	1.99	0.28	0.30	4.3	0.5
600	0	1.1	10.0	5.5	45	1.63	1.99	0.29	0.31	4.4	0.5
650	0	1.0	10.0	5.5	45	1.63	1.99	0.30	0.32	4.5	0.5

부록 4-7. 임신 말기 2개월간 유지에 더해 주어야 할 영양소 요구량

대사 에너지 ME (Mcal)	가소화 에너지 DE (Mcal)	가소화 영양소 총량 TDN (kg)	조단백질 CP (g)	칼슘 Ca (g)	인 P (g)
2.71	3.30	0.75	166	13.7	4.5

부록 4-8. 수유중 유지에 더해 주어야 할 영양소 요구량

대사 에너지 ME (Mcal)	대사 에너지 DE (Mcal)	가소화 영양소 총량 TDN (kg)	조단백질 CP (g)	칼슘 Ca (g)	인 P (g)
1.31	1.59	0.36	66	2.5	1.1

우유 1kg을 생산하기 위하여 필요한 요구량

<부록 5> 애완(반려)동물의 영양소 요구량

출처 : LP Case, DP Carey, DA Hirakawa and L Daristotle. 2000, Canine and Feline Nutrition. Mosby.

Table 5-1. Estimated metabolizable energy requirements of dog

Weight (lbs)	Weight (kg)	Metabolic Body Size (MBS)	Inactive (kcal/day)	Moderate (kcal/day)	Highly Active (kcal/day)
2	0.91	0.94	93.06	123.83	150.10
4	1.80	1.49	147.51	197.03	238.82
6	2.70	1.94	194.04	258.53	313.37
8	3.60	2.37	234.63	313.49	379.99
10	4.50	2.76	264.33	364.04	441.26
12	5.50	3.12	308.88	411.34	498.60
14	6.40	3.46	342.54	456.10	552.84
16	7.30	3.78	374.22	498.78	604.58
18	8.20	4.09	404.91	539.74	654.23
20	9.10	4.39	434.61	579.22	702.08
25	11.40	5.10	504.90	672.62	815.30
30	13.60	5.76	570.24	760.01	921.23
35	15.90	6.38	631.62	842.71	1021.46
40	18.20	6.98	691.02	921.58	1117.06
45	20.50	7.55	747.45	997.25	1208.79
50	22.70	8.11	802.89	1070.19	1297.20
55	25.00	8.64	855.36	1140.76	1382.75
60	27.30	9.16	906.84	1209.24	1465.74
65	29.50	9.67	957.33	1275.86	1546.50
70	31.80	10.16	1005.84	1340.81	1625.22
75	34.10	10.64	1053.36	1404.24	1702.11
80	36.40	11.11	1099.89	1466.29	1777.33
85	38.60	11.57	1145.43	1527.08	1851.00
90	40.90	12.02	1189.98	1586.69	1923.27
95	43.20	12.46	1233.54	1645.23	1994.21
100	45.50	12.90	1277.10	1702.75	2063.94
105	47.70	13.33	1319.67	1759.33	2132.52
110	50.00	13.75	1361.25	1815.03	2200.04
115	52.30	14.17	1402.83	1869.90	2266.54
120	54.50	14.58	1443.42	1923.99	2332.11
125	56.80	14.98	1483.02	1977.34	2396.77
130	59.10	15.38	1522.62	2029.98	2460.59
135	61.40	15.77	1561.23	2081.97	2523.60
140	63.60	16.16	1599.84	2133.32	2585.85

Based upon MBS : kcal required = K(BWkg)0.67

K = activity constant BW = weight in kilograms

K = 99 (inactive adult)

K = 132 (moderately active adult)

K = 160 (highly active adult)

Table 5-2. Minimum requirements for growing dogs

Nutrient	Per 1000 kcal ME	Dry Basis(3.67 kcal ME/g)
Protein[*]		
Indispensable amino acids		
Arginine	1.37 g	0.50%
Histidine	0.49 g	0.18%
Isoleucine	0.98 g	0.36%
Leucine	1.59 g	0.58%
Lysine	1.40 g	0.51%
Methionine-cystine	1.06 g	0.39%
Phenylalanine-tyrosine	1.95 g	0.72%
Threonine	1.27 g	0.47%
Tryptophan	0.41 g	0.15%
Valine	1.05 g	0.39%
Dispensable amino acids	17.07 g	6.26%
Fat	13.6 g	5.0%
Linoleic acid	2.7 g	1.0%
Minerals		
Calcium	1.6 g	0.59 %
Phosphorus	1.2 g	0.44 %
Potassium	1.2 g	0.44 %
Minerals-cont'd		
Sodium	0.15 g	0.06 %
chloride	0.23 g	0.09 %
Magnesium	0.11 g	0.04 %
Iron	8.7 mg	31.9 mg/kg
Copper	0.8 mg	2.9 mg/kg
Manganese	1.4 mg	5.1 mg/kg
Zinc[†]	9.7 mg	35.6 mg/kg
Iodine	0.16 mg	0.59 mg/kg
Selenum	0.03 mg	0.11 mg/kg
Vitamins		
Vitamin A	1,011.0 IU	3,710.0 IU/kg
Vitamin D	110.0 IU	404.0 IU/kg
Vitamin E[‡]	6.1 IU	22.0 IU/kg
Vitamin K[§]	-	-
Thiamin[‖]	0.27 mg	1.0 mg/kg
Riboflavin	0.68 mg	2.5 mg/kg
Pantothenic acid	2.7 mg	9.9 mg/kg
Niacin	3.0 mg	11.0 mg/kg
Pyridoxine	0.3 mg	1.1 mg/kg
Folic acid	0.054 mg	0.2 mg/kg
Biotin[§]	-	-
Vitamin B_{12}	7.0 μg	26.0 μg/kg
Choline	340 mg	1.25 g/kg

* Quantities sufficient to supply the minimum amounts of available indispensable and dispensable amino acids as specified below. Compounding practical foods from natural ingredients(protein digestability±70%) may require quantities representing an increase of 40% or greater than the sum of the amino acids listed below, depending upon ingredients used and processing procedure.

† In commercial foods with natural ingredients resulting in elevated calcium and phytate content, borderline deficiencies were reported from feeding foods with less than 90mg zinc per kg(Sanecki et al : Am J Vet Res 43 : 16423, 1982)

‡ A five-fold increase may be required for foods of high PUFA content.

§ Dogs have a metaboilc requirement, but a dietary requirement was not demonstrated when food from natural ingredients were fed.

‖ Overages must be considered to cover losses in processing and storage.

Table 5-3. Minimum requirements for growing cats

Nutrient	Unit	Amount
Fat[†]		
Linoleic acid	g	5.0
Arachidonic acid	mg	200.0
Protein[‡] **(N × 6.25)**		240.0
Arginine	g	10.0
Histidine	g	3.0
Isoleucine	g	5.0
Leucine	g	12.0
Lysine	g	8.0
Methionine plus cystine (total sulfur amino acids)	g	7.5
Methionine	g	4.0
Phenylalanine plus tyrosine	g	8.5
Phenylalanine	g	4.0
Taurine	mg	400.0
Threonine	g	7.0
Tryptophan	g	1.5
Valine	g	6.0
Minerals		
Calcium	g	8.0
Phosphrus	g	6.0
Magnesium	mg	400.0
Potassium[§]	g	4.0
Minerals-cont'd		
Sodium	mg	500.0
Chloride	g	1.9
Iron	mg	80.0
Copper	mg	5.0
Iodine	μg	350.0
Zinc	mg	50.0
Manganese	mg	5.0
Selenium	μg	100.0
Vitamins		
Vitamin A (retinol)	mg	1.0 (333 IU)
Vitamin D (cholecalciferol)	μg	12.5 (500 IU)
Vitamin E[II] (α-tocopherol)	mg	30.0 (30 IU)
Vitamin K[¶] (phylloquinone)	μg	100.0
Thiamin	mg	5.0
Riboflavin	mg	4.0
Vitamin B_6 (pyridoxine)	mg	4.0
Niacin	mg	40.0
Pantothenic acid	mg	5.0
Folacin (folic acid[¶])	μg	800.0
Biotin[¶]	μg	70.0
Vitamin B_{12} (cyanocobalamin)	μg	20.0
Choline[#]		2.4
Myo-insitol[**]	g	–

Reprinted with permission from the 2000 AAFCO Official Publication. Copyright 2007 by the Association of American Feed Control Officials.

* Units per kg of diet on a dry basis; based on a diet with an ME concentration of 5 kcal/g dry matter fed to 10- to 20-week-old kittens. If dietary energy is greater of lesser, it is assumed that these requirements should be increased or decreased proportionately. Nutrient requirement levels have been selected based on the most appropriate optional response (i.e., growth, nitrogen retention, metabolite, concentration or excretion, lack of abnormal clinical signs) of kittens fed a purified diet. Some of these requirements are known adequate amounts rather than minimum requirements. Since diet processing (such as extruding or retorting) may destroy of impair th availability of some nutrients, and since some nutrients, especially the trace minerals, are less avai-

lable from some natural feed stuffs than from purified diets, increased amounts of these nutrients should be included to ensure that the minimum requirements are met. The minimum requirements presented in this table assume availabilities similar to those present in purified diets.

† No requirement for fat is known apart from the need for essential fatty acids and as a carrier of fat-soluble vitamins. Some fat normally enhances the palatability of the diet.

‡ Assuming that all the minimum essential amino acid requirements are met.

§ The minimum potassium requirement increases with protein intake.

|| This minimum should be adequate for a moderate to low-fat diet. It may be expected to increase three- to four-fold with a high PUFA diet, especially when fish oil is present.

¶ These vitamins may not be required in the diet unless antimicrobial agents or antivitamin compounds are present in the diet.

Choline is not essential in the diet, but if this quantity of choline is not present, the methionine requirement would be increased to provide the same quantity of methyl groups.

** A dietary requirement for myo-inositol has not been demonstrated for the cat. However, almost all published studies in which purified diets have been used have included myo-inositol at 150 to 200 mg/kg diet and no studies have tested a myo-inositol-free diet.

<부록 6> 사료성분표

부록 6-1. 사료의 일반 성분, 세포벽 물질 및 에너지가 (곡류, 강류, 유박류)

사료명	건물 %	조단백 %	조지방 %	조섬유 %	회분 %	ADF %	NDF %
1. 곡류(穀類)							
001 옥수수(황색, 도입)	86.0	8.5	3.8	2.2	1.6	3.8	8.0
002 옥수수(황색, 국산)	84.3	9.3	4.0	2.6	1.6	–	–
003 보리(大麥)	87.7	11.0	2.0	4.5	2.6	7.7	17.0
004 쌀보리(裸麥)	87.4	11.0	2.2	2.1	2.0		
005 수수(도입)	86.4	8.5	3.1	1.7	1.6	1.8	–
006 밀(小麥, 도입)	88.4	12.1	1.6	2.9	4.5	3.3	–
007 호밀(胡麥)	86.0	9.5	1.1	1.5	2.3	3.7	
008 귀리(燕麥)	88.9	9.7	1.5	2.8	3.6	14.2	28
009 콩(大豆)	88.6	3.86	16.5	8.0	4.9		
2. 강류(糠類)							
010 밀기울(도입)	87.5	14.3	3.9	8.5	4.6	12.5	45
011 밀기울(국산)	87.5	15.3	3.9	6.3	7.0		
012 보릿겨(麥糠)	88.6	11.7	5.1	14.0	7.0		
013 쌀보릿겨(裸麥糠)	87.1	14.9	4.4	5.1	4.8		
014 쌀겨(生米糠)	88.3	12.5	17.2	10.2	9.4		
015 탈지강(抽出)	88.2	17.1	2.2	10.2	11.8		
016 대두피(生)	27.5	6.3	2.1	6.7	1.5		
3. 유박류(油粕類)							
017 콩깻묵(大豆粕, 抽出)	87.6	44.8	1.7	5.5	6.2		
018 콩깻묵(大豆粕, 壓搾)	88.7	43.8	7.8	5.8	6.2		
019 들깻묵(荏子粕, 抽出)	88.3	45.1	1.8	5.5	6.1		
020 들깻묵(壓搾)	89.2	39.0	11.9	16.8	7.7		
021 참깻묵(胡麻粕, 抽出)	88.3	46.3	2.7	13.6	12.1		
022 참깻묵(壓搾)	89.2	42.3	9.1	14.2	11.8		
023 채종박(采種粕, 抽出)	88.6	35.8	2.7	11.3	8.3		
024 채종박(壓搾)	88.3	33.8	7.0	11.2	8.4		
025 면실박(棉實粕, 抽出)	89.7	28.4	1.6	17.9	10.1		

(급여상태 기준)

사료명	소						돼지		닭
	TDN %	DE Mcal/kg	ME Mcal/kg	NEM Mcal/kg	NEG Mcal/kg	NEL Mcal/kg	DE Mcal/kg	ME Mcal/kg	ME Mcal/kg
001	80.2 93.3	3.5 4.1	2.9 3.4	2.0 2.3	1.3 1.6	1.9 1.9	3.5 4.1	3.3 3.8	3.3 –
002	81.1 90.7	3.5 4.0	2.9 3.3	2.0 2.3	1.3 1.6	1.9 2.2	3.7 4.1	3.5 3.9	– –
003	74.4 85.2	3.3 3.8	2.7 3.1	1.8 2.1	1.2 1.4	1.7 2.0	3.1 3.5	2.9 3.2	2.7 –
004	75.4	3.3	2.7	1.8	1.2	1.8	3.5	3.2	2.8
005	74.8	3.3	2.7	1.8	1.2	1.7	3.4	3.2	3.3
006	76.5	3.4	2.8	1.8	1.2	1.8	3.6	3.4	3.4
007	67.9	3.0	2.5	1.6	1.0	1.6	3.4	3.2	2.5
008	75.5	3.3	2.7	1.8	1.2	1.8	2.9	2.7	2.5
009	78.2	3.5	2.8	1.9	1.3	1.8	3.7	3.2	3.2
010	67.3	3.0	2.4	1.6	1.0	1.6	2.7	2.5	–
011	65.4	2.9	2.4	1.5	0.9	1.5	2.6	2.5	1.5
012	54.0	2.4	2.0	1.1	0.6	1.2	2.3	2.2	–
013	57.8	2.6	2.1	1.2	0.7	1.3	2.5	2.3	–
014	69.7	3.1	2.5	1.6	1.0	1.6	3.2	3.0	2.7
015	52.4	2.3	1.9	1.1	0.5	1.2	2.2	2.0	1.6
016	22.1	1.0	0.8	0.5	0.4	0.5	–	–	–
017	75.8	3.3	2.7	1.8	1.2	1.7	3.4	2.9	2.4
018	78.2	3.5	2.8	1.9	1.3	1.8	3.4	2.9	2.4
019	53.9	2.4	2.0	1.1	0.6	1.2	2.4	2.1	2.8
020	75.5	3.3	2.7	1.8	1.2	1.8	3.4	3.0	–
021	62.3	2.7	2.2	1.4	0.8	1.4	2.2	1.9	2.0
022	70.9	3.1	2.6	1.7	1.1	1.7	2.7	2.3	2.4
023	60.9	2.7	2.2	1.3	0.8	1.4	2.4	2.2	1.8
024	61.2	2.7	2.2	1.4	0.8	1.4	2.5	2.3	1.5
025	61.8	2.7	2.2	1.4	0.8	1.4	2.0	1.8	2.4

부록 6-2. 사료의 일반 성분, 세포벽 물질 및 에너지가 (유박류, 가공부산물, 동물성 사료)

사료명	건물 %	조단백 %	조지방 %	조섬유 %	회분 %	ADF %	NDF %
026 면실박(壓搾)	89.1	29.8	6.8	15.5	6.90		
027 아마박(亞麻仁粕, 抽出)	88.8	37.6	1.7	8.4	5.8		
028 아마박(壓搾)	88.4	32.9	6.9	9.1	5.7		
029 야자박(抽出)	90.2	24.7	3.1	13.3	7.5		
030 야자박(壓搾)	89.1	23.9	7.6	13.8	5.5		
031 옥수수배아박(抽出)	90.3	23.2	2.6	9.4	3.2		
032 옥수수배아박(壓搾)	95.4	16.2	8.9	7.9	4.7		
033 해바라기씨박(抽出)	89.6	24.9	5.3	29.0	5.9		
034 해바라기씨박(壓搾)	90.1	18.7	16.7	30.5	4.1		
4. 가공부산물(加工副産物)							
035 전분박(옥수수, 生)	23.4	3.5	1.0	2.4	0.7		
036 전분박(옥수수, 乾)	88.5	11.7	3.4	11.0	3.4		
037 주정박(타피오카, 生)	90.1	11.0	4.2	35.5	11.5		
038 주정박(타피오카, 乾)	84.9	21.6	6.2	15.4	3.7		
039 옥수수글루텐밀	90.4	60.9	3.3	1.9	3.6	8.2	34
040 옥수수글루텐피드	87.7	18.5	2.2	7.1	6.0	10.8	40
041 옥수수배아	90.8	13.7	40.6	9.4	2.3		
042 맥아근	87.4	26.7	1.3	12.36	6.8		
043 맥주박(生)	27.9	8.1	1.9	6.4	1.8		
044 맥주박(乾)	88.9	21.6	7.3	18.3	9.0		
045 밀글루텐	90.6	72.8	1.2	1.0	2.1		
046 Hominy feed	85.1	11.2	9.5	7.5	3.4		
047 장유박(生)	59.4	18.0	5.1	9.3	9.9		
048 장유박(乾)	88.8	31.7	7.8	14.3	11.9		
049 비지(두부박, 生)	14.5	4.6	2.4	3.8	0.6		
050 감귤박(orange pulp)	85.4	8.3	3.8	10.8	3.2		
051 감귤피(生)	22.4	1.7	0.5	2.6	0.8		
052 감귤피(乾)	92.5	6.9	2.0	10.7	3.3		
053 당밀(molasses, 사탕수수)	60.3	9.3	0.01	13.5	0.01		
5. 동물성 사료(動物性 飼料)							
054 어분(도입)	90.3	63.3	7.5	1.4	15.3		
055 어분(국산)	91.5	57.4	9.3	1.6	23.2		
056 우모분(국산)	91.4	75.5	3.7	2.4	9.8		

(급여상태 기준)

사료명	소						돼지		닭
	TDN %	DE Mcal/kg	ME Mcal/kg	NEM Mcal/kg	NEG Mcal/kg	NEL Mcal/kg	DE Mcal/kg	ME Mcal/kg	ME Mcal/kg
026	68.0	3.0	2.5	1.6	1.6	1.6	2.3	2.1	2.3
027	69.8	3.1	2.5	1.6	1.0	1.6	2.9	2.6	1.1
028	65.4	2.9	2.4	1.5	0.9	1.5	3.4	3.1	7.5
029	66.9	3.0	2.4	1.5	0.9	1.6	2.8	2.6	1.5
030	66.6	2.9	2.4	14.5	0.9	1.5	3.0	2.8	1.8
031	73.3	3.2	2.7	1.7	1.1	1.7	3.2	3.0	2.2
032	86.0	3.8	3.1	2.1	1.5	2.0	3.6	3.3	2.3
033	46.2	2.0	1.7	0.8	0.3	1.0	2.0	1.8	1.6
034	61.8	2.7	2.2	1.4	0.8	1.4	-	-	-
035	19.0	0.8	0.7	0.5	0.3	0.5	0.7	0.6	-
036	62.6	2.8	2.3	1.4	0.8	1.5	2.4	2.3	-
037	40.1	1.8	1.5	0.6	0.1	0.9	-	-	-
038	43.2	1.9	1.6	0.7	0.2	0.9	1.7	1.6	-
039	75.4	3.3	2.7	1.8	1.2	1.8	3.4	2.8	-
040	72.0	3.2	2.6	1.7	0.1	1.7	2.0	1.8	1.9
041	127.1	5.6	4.6	3.3	2.4	3.1	3.9	3.6	3.8
042	52.4	2.3	1.9	1.1	0.5	1.2	2.3	2.4	-
043	19.8	0.9	0.7	0.5	0.3	0.5	0.5	0.5	-
044	62.4	2.8	2.3	1.4	0.8	1.4	2.0	1.8	-
045	78.8	3.5	2.9	1.9	1.3	1.9	3.4	2.8	-
046	82.0	3.7	3.0	2.0	1.4	1.9	-	-	-
047	39.2	1.7	1.4	0.6	0.1	0.9	1.6	1.5	-
048	60.9	2.7	2.2	1.3	0.8	1.4	2.5	2.2	-
049	12.8	0.6	0.5	0.3	0.2	0.3	0.5	0.4	-
040	76.2	3.4	2.8	1.8	1.2	1.8	2.8	2.6	-
041	18.4	0.8	0.7	0.5	0.3	0.4	0.7	0.7	-
042	-	-	-	-	-	-	-	-	-
053	51.3	2.3	2.0	1.0	0.5	1.1	-	-	2.4
054	73.6	3.3	2.7	1.8	1.1	1.7	3.0	2.5	-
055	72.3	3.2	2.6	1.7	1.1	1.7	3.1	2.6	-
056	63.0	2.8	2.3	1.4	0.8	1.5	2.8	2.3	1.4

부록 6-3. 사료의 일반 성분, 세포벽 물질 및 에너지가
(동물성 사료, 괴경류, 농산부산물, 청예작물류, 사일리지류)

사료명	건물 %	단백질 %	조지방 %	조섬유 %	회분 %	ADF %	NDF %
057 분유(粉乳, 全脂)	91.9	24.9	19.9	0.5	6.0		
058 분유(脫脂)	88.2	31.4	1.8	0.4	7.4		
059 카제인	88.2	82.9	0.3	0.1	2.2		
060 유장(Whey)	88.4	10.3	1.3	0.1	7.8		
061 혈분(血分)	87.2	83.4	0.2	0.9	2.8		
062 육골분(肉骨分)	93.1	30.1	14.0	1.7	47.2		
063 우지(Tallow)	98.6	1.6	96.9	-	0.1		
6. 괴경류(塊莖類)							
064 고구마(生)	25.2	1.5	0.3	1.4	0.9		
065 고구마(乾)	87.8	5.1	0.8	3.0	3.4		
066 감자(生)	21.6	2.7	0.2	0.8	1.0		
067 타피오카(乾)	87.3	2.7	0.8	2.6	4.2	23.9	24.4
7. 농산부산물(農産副産物)							
068 볏짚	88.0	4.5	2.2	28.3	15.1	45.7	67.6
069 볏짚(암모니아처리, 3%)	85.3	11.7	1.3	30.6	11.9	46.2	61.7
070 옥수수대	87.9	7.2	1.7	31.3	5.4		
071 옥수수속(Corn cob)	87.6	2.1	0.7	33.6	6.1		
8. 청예작물류(青刈作物類)							
072 호밀(출수기)	17.9	2.8	0.6	5.8	1.7	5.9	10.2
073 보리(출수기)	19.2	2.8	0.6	5.8	1.7	7.0	12.4
074 귀리(출수기)	20.1	2.3	1.0	5.7	2.1	6.2	9.9
075 수단그래스(출수기)	18.8	3.0	0.3	6.7	1.7	7.7	13.2
076 수수(출수기)	17.1	2.3	0.7	5.2	1.4	7.7	12.6
077 유채	12.1	3.1	0.6	1.8	1.7	2.8	2.9
9. 사일리지류(埋草類)							
078 옥수수사일리지(호숙기)	21.2	1.7	0.7	6.5	1.9	8.0	12.8
079 옥수수사일리지(황숙기)	25.2	2.5	0.9	8.1	1.6	11.2	19.1
080 옥수수사일리지(종실 제거후)	29.4	2.0	0.6	10.4	1.8	14.7	26.9
081 호밀사일리지(출수기)	22.7	2.6	1.0	5.9	1.9	13.6	
082 귀리사일리지(출수기)	26.6	1.8	0.4	5.8	2.6	11.6	
083 수수사일리지(유숙기)	22.4	2.0	0.7	7.2	2.3	11.0	
084 수수사일리지(호숙기)	32.3	2.7	1.0	11.9	2.4		

(급여상태 기준)

사료명	소						돼지		닭
	TDN %	DE Mcal/kg	ME Mcal/kg	NEM Mcal/kg	NEG Mcal/kg	NEL Mcal/kg	DE Mcal/kg	ME Mcal/kg	ME Mcal/kg
057	107.6	4.7	3.9	2.7	2.0	2.6	5.9	5.3	-
058	77.1	3.4	2.8	1.9	1.2	1.8	3.5	3.1	3.2
059	-	-	-	-	-	-	3.5	2.8	4.0
060	78.2	3.5	2.8	1.9	1.3	1.8	3.4	3.2	1.9
061	59.4	2.6	2.1	1.3	0.7	1.4	2.9	2.3	2.7
062	54.6	2.4	2.0	1.1	0.6	1.3	2.6	2.3	1.9
063	66.4	2.9	2.4	1.5	0.9	1.5	4.0	3.3	8.5
064	213.7	9.4	7.7	6.1	4.6	5.2	0.9	0.8	-
065	17.9	0.8	0.7	0.4	0.3	0.4	3.2	3.0	2.5
066	70.0	3.1	2.5	1.6	1.0	1.6	0.8	0.7	-
067	71.6	3.2	2.6	1.7	1.1	1.7	3.3	3.2	2.9
068	37.5	1.7	1.4	0.5	0.2	0.9			
069	45.8	2.0	1.7	0.8	0.3	1.0			
070	42.7	1.9	1.5	0.7	0.2	1.0			
071	55.2	2.4	2.0	1.2	0.6	1.3			
072	13.5	0.6	0.5	0.3	0.2	0.3			
073	13.4	0.6	0.5	0.3	0.2	0.3			
074	10.9	0.5	0.4	0.2	0.1	0.3			
075	11.0	0.5	0.4	0.2	0.1	0.3			
076	10.1	0.4	0.4	0.2	0.1	0.2			
077	9.4	0.4	0.3	0.2	0.2	0.2			
078	11.3	0.5	0.4	0.2	0.1	0.3			
079	16.5	0.7	0.6	0.4	0.2	0.4			
080	16.3	0.7	0.6	0.3	0.2	0.4			
081	10.1	0.4	0.4	0.2	0.1	0.2			
082	9.4	0.4	0.3	0.2	0.1	0.2			
083	13.0	0.6	0.5	0.3	0.2	0.3			
084	19.1	0.8	0.7	0.4	0.2	0.4			

부록 6-4. 사료의 일반 성분, 세포벽 물질 및 에너지가 (목초류, 야초, 수엽류)

사료명	건물 %	단백질 %	조지방 %	조섬유 %	회분 %	ADF %	NDF %
10. 목초류(牧草類)							
085 오차드그래스(출수기, 生草)	20.8	3.0	1.0	6.3	1.5	7.7	13.6
086 오차드그래스(출수기, 乾草)	88.0	11.8	3.8	27.1	8.0	32.5	50.0
087 이탈리안라이그래스(출수기, 生草)	18.6	2.5	0.6	5.8	1.7	6.3	10.8
088 이탈리안라이그래스(출수기, 乾草)	87.5	16.3	4.0	22.6	10.4	28.7	49.5
089 페레니얼라이그래스(출수기, 乾草)	88.0	12.8	3.5	24.4	9.5	27.8	50.9
090 티머시(출수기, 乾草)	87.8	10.5	4.8	24.0	8.1	27.4	50.7
091 톨페스큐(출수기, 乾草)	88.8	14.9	3.2	26.8	7.5	28.4	49.7
092 알팔파(개화기, 生草)	24.0	4.6	0.7	6.6	1.9	8.9	11.3
093 알팔파(개화기, 乾草)	88.1	18.5	2.9	26.2	8.4	32.9	41.2
094 알팔파 펠릿(Pellet)	85.8	15.1	2.6	24.9	8.2	32.7	42.3
095 레드클로버(개화초, 乾草)	90.6	18.2	3.6	19.4	7.7	28.0	42.6
096 라디노클로버(개화기, 生草)	13.5	3.4	0.6	2.1	1.4	3.5	4.7
11. 야초 및 수엽류(野草 및 樹葉類)							
097 아카시아 잎(生)	30.6	8.2	1.3	3.7	1.6	9.2	14.3
098 아카시아 잎(乾)	88.8	21.0	4.2	12.4	5.6	25.1	39.5

(급여상태 기준)

사료명	소						돼지		닭
	TDN %	DE Mcal/kg	ME Mcal/kg	NEM Mcal/kg	NEG Mcal/kg	NEL Mcal/kg	DE Mcal/kg	ME Mcal/kg	ME Mcal/kg
085	13.5	0.6	0.5	0.3	0.2	0.3			
086	53.6	0.4	1.9	1.1	0.5	1.2			
087	13.0	0.6	0.5	0.3	0.2	0.3			
088	47.7	2.1	1.7	0.9	0.3	1.1			
089	53.3	2.4	1.9	1.1	0.5	1.2			
090	54.2	2.4	2.0	1.1	0.6	1.2			
091	47.2	2.1	1.7	0.9	0.3	1.1			
092	15.0	0.7	0.5	0.3	0.2	0.4			
093	47.2	2.1	1.7	0.9	0.3	1.1			
094	47.8	2.1	1.7	0.9	0.4	1.1			
095	56.3	2.5	2.0	1.2	0.6	1.3			
096	9.1	0.4	0.3	0.2	0.1	0.2			
097	16.0	0.7	0.6	0.3	0.2	0.4			
098	46.1	2.0	1.7	0.8	0.3	1.0			

<부록 7> 친환경축산물 인증기준

1. 친환경농업육성법 시행규칙 별표3 제5호 무항생제축산물 인증기준

심사사항	구비요건
가. 경영관리	(1) 1년 이상의 경영관련 자료를 .보관하고 국립농산물품질관리원장 또는 인증기관이 열람을 요구하는 때에는 이에 응할 수 있어야 한다. (가) 가축입식 등 구입사항과 번식내용 (나) 사료의 생산·구입 및 급여내용 (다) 질병발생 및 예방관리계획 (라) 격리기간을 포함한 특정목적을 위하여 투여되는 처치·동물약품·첨가제·예방접종 등 약품사용 및 질병관리의 내용 (마) 축산물의 생산량·출하량, 출하처별 거래내역 및 도축·가공업체 내용 (바) 퇴비·액비의 살포량 및 시용일자 등 가축분뇨의 자원화이용에 대한 내용 (2) 국립농산물품질관리원장 또는 인증기관이 심사를 위하여 위탁사육의 경우 자축공급 농가기록 등 필요한 정보를 요구하는 때에는 이를 제공할 수 있어야 한다.
나. 축사 및 사육조건	(1) 축사조건 (가) 축사는 다음과 같이 가축의 생물적 및 행동적 요구를 만족시킬 수 있어야 한다. 1) 사료와 음수는 접근이 용이할 것 2) 공기순환, 온·습도, 먼지 및 가스농도가 가축건강에 유해하지 아니한 수준 이내로 유지되어야 하고, 건축물은 적절한 단열·환기시설을 갖출 것 (나) 축사의 밀도와 관련된 사항은 국립농산물품질관리원장이 정하는 조건을 준수하여야 한다. (다) 축사·농기계 및 기구 등은 청결하게 유지하고 소독함으로써 질병감염체의 증식을 억제하여야 한다. (라) 축사의 바닥은 청결 및 건조하여야 하며, 충분한 휴식공간을 확보하여야 한다. (2) 무항생제사육 가축과 일반가축의 병행생산은 다음의 경우에 한하여 허용할 수 있다. (가) 무항생제사육 농장의 가축은 일반가축과 동일 축사 내에서 사육되지 아니하여야 한다. (나) 무항생제사육 가축, 사료취급, 약품투여 등은 일반가축과 구분하여 정확히 기록관리 보관하고 있어야 한다. (다) 무항생제사육 가축은 일반 가축사료, 금지물질 저장, 사료공급·혼합 및 취급지역에서 안전하게 격리되어야 한다.

(계속)

심사사항	구비요건
다. 가축의 입식 및 번식방법	(1) 교배는 종축을 사용한 자연교배를 권장하되, 인공수정 및 수정란이식기법을 허용할 수 있다. 다만, 번식호르몬 처리는 허용되지 아니한다. (2) 다른 농장에서 가축을 입식하려는 경우 해당 가축은 무항생제 인증기준에 맞게 사육된 가축이어야 한다. 다만, 이를 확보할 수 없는 때에는 다음의 경우에 한하여 국립농산물품질관리원장 또는 인증기관의 승인을 받아 일반 가축을 입식할 수 있다. (가) 이유 직후 또는 부화 직후의 가축인 경우(원유생산용, 알생산용과 녹용생산용 가축의 경우 육성축 및 성축 입식 가능) (나) 가축의 번식방법이 1. 에 적합한 경우
라. 전환기간	(1) 무항생제축산물을 생산·판매하려는 자는 생후부터 출하시까지 전 기간 동안 이 호의 인증기준에 따라 사육하여야 한다. 다만, 일반적으로 사육한 가축을 무항생제축산물로 생산·판매하기 위하여 입식할 경우 제3호 마목(1) 본문의 전환기간 이상을 이 호의 인증기준에 따라 사육하여야 한다.
마. 사료 및 영양관리	(1) 무항생제축산물의 생산을 위한 가축은 항생제가 첨가되지 아니한 사료를 급여하여야 한다. (2) 무항생제축산물 생산과정 중 심각한 천재·지변, 극한 기후조건 등으로 인하여 (1)에 따른 사료급여가 어려운 경우는 국립농산물품질관리원장 또는 인증기관은 일정기간동안 일반사료를 급여하는 것을 허용할 수 있다. (3) 다음에 해당되는 물질을 사료에 첨가하여서는 아니 된다. (가) 합성항균제·성장촉진제 및 호르몬제 등의 동물용의약품 (나) 반추가축에게 포유동물에서 유래한 사료(우유 및 유제품을 제외)는 어떠한 경우에도 첨가하여서는 아니 됨 (4) 『지하수의 수질보전 등에 관한 규칙』 제11조에 따른 생활용수 수질기준에 적합한 신선한 음수를 상시 급여할 수 있어야 한다.
바. 동물복지 및 질병관리	(1) 가축의 질병은 다음과 같은 조치를 통하여 예방하여야 한다. (가) 가축의 품종과 계통의 적절한 선택 (나) 질병발생 및 확산방지를 위한 사육장 위생관리 (다) 비타민 및 무기물 등 급여를 통한 면역기능 증진 (2) 가축의 기생충감염 예방을 위하여 구충제 사용과 가축전염병이 발생하거나 퍼지는 것을 막기 위한 예방백신을 사용할 수 있다. (3) 법정전염병의 발생이 우려되거나 긴급한 방역조치가 필요한 경우 우선적으로 필요한 질병예방 조치를 취할 수 있다.

(계속)

심사사항	구비요건
바. 동물복지 및 질병관리	(4) (1) 내지 (3)에 따른 예방관리에도 불구하고 질병이 발생할 경우 수의사의 처방에 따라 질병 치료할 수 있다. 이 경우 동물용의약품을 사용한 가축은 해당 약품 휴약기간의 2배가 지나야 무항생제축산물로 인정할 수 있다. (5) 약초 및 천연물질을 이용하여 치료를 할 수 있다. (6) 질병이 없는데도 동물용의약품을 정기적으로 투여하거나, 생산성 촉진을 위해서 성장촉진제 및 호르몬제를 사용하여서는 아니 된다.
사. 운송・도축・가공과정의 품질관리	(1) 생축의 수송은 조용하고 상처나 고통을 최소화하는 방법으로 이루어져야 한다. (2) 가축의 도축은 오염방지 등을 위해 『축산물가공처리법』 제9조에 따른 위해요소중점관리기준(HACCP)을 적용하는 도축장에서 실시되어야 한다. (3) 도체 및 원유 등 당해 축산물은 가공공정의 오염방지를 위하여 『축산물가공처리법』 제9조에 따른 위해요소중점관리기준(HACCP)을 적용(농가에서 직접 가공하는 경우는 제외)하는 축산물가공장에서 가공되어야 하고, 일반적으로 생산된 원유와 별도 구분하여 집유 및 가공처리를 하여야 한다. (4) 생축의 저장 및 수송시에는 청결을 유지하여야 하며, 외부로부터의 오염을 방지하여야 한다. (5) 무항생제축산물로 출하되는 축산물에 동물용의약품이 잔류되어서는 아니 된다. 다만, 수의사 관리 하에 동물용의약품을 사용한 경우 이를 허용하되 이 경우 식품의약품안정청장이 고시한 식품공전의 동물용의약품의 잔류허용기준의 10분의 1 이하여야 한다. (6) 유통시 발생할 수 있는 무항생제축산물의 변성이나 부패방지를 위하여 임의로 합성물질을 첨가할 수 없다. 다만, 물리적 처리나 천연제제는 무항생제축산물의 화학적 변성이나 특성을 변화시키지 아니하는 범위 내에서 적절하게 이용할 수 있다. (7) 무항생제축산물 포장재는 『식품위생법』의 관련 규정에 적합하고 가급적 생물분해성, 재생품 또는 재생이 가능한 자재를 사용하여 제작된 것을 사용하여야 한다.
아. 가축분뇨의 처리	(1) 가축분뇨의 처리는 제3호 자목(1) 내지 (4)를 준용한다.

2. 품관원장 고시 2010-4호 별표1 제5호 무항생제축산물 인증 부가기준

심사사항	구비요건
가. 경영관리	(1) 최근 1년간의 동물용의약품의 구매량, 구매처, 사용량 및 보관량을 기록하고 국립농산물품질관리원장 또는 인증기관이 열람을 요구하는 때에는 이에 응할 수 있어야 한다. (2) 사육하고 있는 축산물 중 일부만을 인증 받으려고 하는 경우 인증신청하지 않은 축산물의 사육과정에서 사용한 동물용의약품의 사용량과 해당축산물의 생산량 및 출하처별 판매량(병행생산에 한함)에 관한 자료를 기록보관하고 국립농산물품질관리원장 또는 인증기관이 요구하는 때에는 이를 제공하여야 한다.
나. 축사 및 사육조건	(1) 축사의 밀도 조건은『축산법』에 따른 가축사육시설 단위면적당 적정 가축사육기준을 준수하여야 한다. 다만, 양과 사슴은 유기축산물의 축사밀도를 따른다. (2) 축사 및 축사의 주변에 유기합성농약을 사용하지 아니하여야 한다. (3) 같은 축사에서 무항생제 가축과 일반가축을 번갈아 사육하여서는 아니 된다. (4) 무항생제 가축과 일반가축의 병행사육 시 다음의 사항을 준수하여야 한다. (가) 무항생제 가축과 일반가축은 서로 독립된 축사(건축물)에서 사육하고 구별이 가능하도록 각 축사 입구에 표지판을 설치하여야 한다. (나) 입식시기가 경과한 일반가축을 무항생제 가축 축사로 입식하여서는 아니 된다. (다) 무항생제 가축과 일반가축의 생산부터 출하까지 구분관리 계획을 세우고 이를 이행하여야 한다.
다. 가축의 입식 및 번식방법	(1) 다른 농장에서 가축을 입식하려는 경우 해당가축의 입식조건(입식시기 등) 및 번식방법이 무항생제 인증기준에 적합함을 입증할 자료를 인증기관에 제출하여 승인을 받아야 한다. (2) 일반가축을 무항생제축산으로 전환하려는 때에는 가축의 이유 직후 또는 부화 직후부터 전환을 시작하여야 한다. 다만, 다음의 경우에 한하여 육성축 및 성축의 무항생제축산 전환을 시작 할 수 있다. (가) 최초 인증 시 현재 사육하고 있는 전체 가축을 전환하려는 경우 (나) 원유생산용·알 생산용·녹용생산용 가축을 전환하려는 경우
라. 전환기간	(1) 전환기간은 인증기관의 감독이 시작된 시점부터 인정된다. 다만, 전환기간이 4개월 이상인 축종인 경우로 객관적인 자료를 통해 무항생제 인증기준에 맞게 사육한 사실이 인정되는 경우에는 전체 전환기간의 2/3 범위 내에서 무항생제 사육기간으로 인정할 수 있다. (2) 전환기간의 시작일은 가축 개체별, 개체군별, 축사별로 기록 관리하여야 한다. (3) 전환기간이 충족되지 아니한 가축을 인증품으로 판매하여서는 아니 된다.

(계속)

심사사항	구비요건
마. 사료및 영양관리	(1) 가축에게 급여하는 사료가 무항생제 사료임을 입증할 수 있는 자료를 확인한 후 급여하여야 한다. (2) 가축에게 합성착색제를 급여하여서는 아니 된다.
바. 동물복지 및 질병관리	(1) 질병이 발생하여 동물용의약품을 사용하는 경우 『수의사법 시행규칙』 제11조에 따라 수의사가 교부하는 처방전을 비치하고 사용하여야 한다. 다만, 『가축전염병예방법』 제15조 제1항에 따라 주사 또는 투약을 한 경우는 그러하지 아니한다. 이 경우 『가축전염병예방법』 제15조제2항에 따른 증명서를 비치하거나 관련 고시를 기재하여야 한다. (2) (1)에 따라 동물용의약품을 사용한 경우 해당 축산물의 출하시에 해당 약품 휴약기간의 2배가 지났음을 확인하여야 하며 관련 확인내역을 기록 관리하여야 한다.
사. 운송 · 도축 · 가공과정의 품질관리	(1) 무항생제축산물의 수송, 도축, 가공과정의 품질관리를 위해 다음사항이 포함된 품질관리 계획을 세워 이를 이행하여야 한다. (가) 수송방법, 도축방법, 가공방법, 인증품 표시방법 (나) 인증을 받지 않은 축산물이 혼입되지 않도록 하는 구분 관리 방법 (2) 인증품 출하시 친환경농산물 표시기준에 따라 표시하여야 하며, 포장재의 제작 및 사용량에 관한 자료를 보관하여야 한다. (3) 다음 각 호에 해당되는 경우 규칙 별표 3 제7호의 기준을 준수하는 취급자로 HACCP을 적용하는 작업장에 위탁·판매하여야 하며 이를 입증할 계약서를 비치하여야 한다. (가) 원유를 수집·여과·냉각·저장 또는 시유상태로 가공하는 경우 (나) 식육을 절단하여 포장하는 경우 (다) 기타 인증품을 직접 포장하지 않고 위탁하여 포장하는 경우 (4) 인증표시를 하지 않은 축산물을 인증품으로 판매할 수 없다. 다만, (1)의 품질관리계획에 따라 계약된 유통자에게 생축으로 판매하는 경우 송장(送狀)이나 거래명세표에 표시사항을 기재하여야 하며 동 자료를 보관하여야 한다.
아. 가축분뇨의처리	(1) 『가축분뇨의 관리 및 이용에 관한 법률 시행규칙』에 따른 가축분뇨배출시설설치허가증 또는 신고대상배출시설설치신고증명서를 구비하여야 한다.
자. 기타	(1) 기록 관리하여야 하는 문서 또는 비치하여야 하는 문서는 1년 이상 보관하고 국립농산물품질관리원장 또는 인증기관이 요구하는 때에는 이에 응할 수 있어야 한다.

3. 친환경농업육성법 시행규칙 별표3 제3호 유기축산물 인증기준

심사사항	구비요건
가. 일반원칙	(1) 초식가축은 목초지에 접근할 수 있어야 하고, 그 밖의 가축은 기후와 토양이 허용되는 한 노천구역에서 자유롭게 방사할 수 있도록 하여야 한다. (2) 가축 사육두수는 해당농가에서의 유기사료 확보능력, 가축의 건강, 영양균형 및 환경영향 등을 고려하여 적절히 정하여야 한다. (3) 전통적인 사양체계의 농장구조가 초지에 접근이 용이하지 아니할 경우에는 유기사료 제공으로 가축을 생산할 수 있다. (4) 가축의 생리적 요구에 필요한 적절한 사양관리체계로 스트레스를 최소화하면서 질병예방과 건강유지를 위한 가축관리를 하여야 한다. (5) 가축 질병방지를 위한 적절한 조치를 취하였음에도 불구하고 질병이 발생한 경우에는 가축의 건강과 복지유지를 위하여 수의사의 처방 및 감독 하에 치료용 동물용의약품을 사용할 수 있다. (6) 1년 이상 기록한 다음의 경영관련 자료를 보관하고 국립농산물품질관리원장 또는 인증기관이 열람을 요구하는 때에는 이에 응할 수 있어야 한다. (가) 가축입식 등 구입사항과 번식내용 (나) 질병발생 및 예방관리계획 (다) 퇴비·액비의 살포량 및 사용일자 등 토양 관리상황 (라) 사료의 생산·구입 및 급여내용 (마) 격리기간을 포함한 특정목적을 위하여 투여되는 처치·동물약품·첨가제·예방접종 등 약품사용 및 질병관리의 내용 (바) 축산물의 생산량·출하량, 출하처별 거래내역 및 도축·가공업체 내용 (7) 국립농산물품질관리원장 또는 인증기관이 심사를 위하여 필요한 정보를 요구하는 때에는 이를 제공할 수 있어야 한다.
나.사육장 및 사육조건	(1) 사육장 및 사료작물 재배지는 주변으로부터의 오염우려가 없는 지역으로서 『토양환경보전법 시행규칙』 별표3에 따른 1지역의 토양오염우려기준을 초과하지 아니하여야 한다. (2) 축사 및 방목에 대한 세부요건은 다음과 같다. (가) 축사조건 1) 축사는 다음과 같이 가축의 생물적 및 행동적 욕구를 만족시킬 수 있어야 한다. 가) 사료와 음수는 접근이 용이할 것 나) 공기순환, 온·습도, 먼지 및 가스농도가 가축건강에 유해하지 아니한 수준 이내로 유지되어야 하고, 건축물은 적절한 단열·환기시설을 갖출 것 다) 충분한 자연환기와 햇빛이 제공될 수 있을 것

(계속)

심사사항	구비요건
나.사육장 및 사육조건	2) 축사의 밀도조건은 다음 사항을 고려하여 국립농산물품질관리원장이 정하는 사육두수를 유지하여야 한다. 가) 가축의 품종·계통 및 연령을 고려하여 편안함과 복지를 제공할 수 있을 것 나) 축군의 크기와 성에 관한 가축의 행동적 욕구를 고려할 것 다) 자연스럽게 일어서서 앉고 돌을 수 있으며, 활개를 칠 수 있는 등 충분한 활동공간이 확보될 것 3) 축사·농기계 및 기구 등은 청결하게 유지하고 소독함으로써 교차감염과 질병감염체의 증식을 억제하여야 한다. 4) 축사의 바닥은 부드러우면서도 미끄럽지 아니하고, 청결 및 건조하여야 하며, 충분한 휴식공간을 확보하여야 하고, 휴식공간에서는 건조깔짚을 깔아 줄 것 5) 번식돈은 임신말기 또는 포유기간을 제외하고는 군사를 하여야 하고, 자돈 및 육성돈은 케이지에서 사육하지 아니할 것. 다만, 자돈 압사 방지를 위한 포유기간의 모돈과 조기이유한 자돈의 생체중이 25킬로그램까지는 케이지에서 사육할 수 있다. 6) 가금류의 축사는 짚·톱밥·모래 또는 야초와 같은 깔짚으로 채워진 건축공간이 제공되어야 하고, 가금의 크기와 수에 적합한 홰의 크기 및 높은 수면공간을 확보하여야 하며, 산란계는 산란상자를 설치하여야 한다. 7) 산란계의 경우 국립농산물품질관리원장 또는 인증기관이 부여한 시간의 범위 안에서 자연일조시간을 인공광으로 연장할 수 있다. (나) 방목조건 1) 방목지 또는 운동장이 있는 포유동물의 경우에는 필요한 경우 방목지 또는 운동장에는 부분적으로 지붕을 설치하고 가능한 가축의 생리적조건·기후조건 및 지면조건에 따라 언제든지 접근할 수 있어야 한다. 다만, 수소의 방목지 접근, 암소의 겨울철 운동장 접근 및 비육말기에는 예외로 할 수 있다. 2) 가금류의 경우에는 다음 조건을 준수하여야 한다. 가) 가금은 개방조건에서 사육되어야 하고, 기후조건에 따라 가능한 노천구역에 접근이 가능하여야 하며, 케이지에서 사육하지 아니할 것 나) 물오리류는 기후조건에 따라 가능한 시냇물·연못 또는 호수에 접근이 가능할 것 (3) 유기가축과 비유기가축의 병행사육은 다음의 경우에 한하여 허용할 수 있다. (가) 유기축산물 인증을 받을 농장의 가축은 일반가축(무항생제 사육 가축 포함)과 동일 축사 내에서 사육되지 아니하여야 한다.

(계속)

심사사항	구비요건
나.사육장 및 사육조건	(나) 유기가축, 사료취급, 약품투여 등은 비유기가축과 구분하여 정확히 기록관리하고 보관하여야 한다. (다) 인증가축은 비유기 가축사료, 금지물질저장, 사료공급·혼합 및 취급지역에서 안전하게 격리되어야 한다.
다. 자급사료 기반	(1) 초식가축의 경우에는 목장 안에 국립농산물품질관리원장이 정하는 목초지 또는 사료작물재배지(답리작 사료작물 재배지를 포함한다. 이하 같다)를 확보하여야 한다. (2) 국립농산물품질관리원장 또는 인증기관은 축종별 가축의 생리적 상태, 지역 기상조건의 특수성 및 토양의 상태 등을 고려하여 유기적으로 재배·생산된 조사료를 구입하여 급여하는 것을 인정할 수 있다. (3) 목초지 및 사료작물재배지는 유기농산물의 재배·생산기준에 맞게 생산하여야 한다. 다만, 멸강충 등 긴급 병해충 방제를 위하여 일시적으로 유기합성농약을 사용할 수 있으며, 이 경우 국립농산물품질관리원장 또는 인증기관의 사전 승인 또는 사후보고 등의 조치를 취하여야 한다. (4) 가축분뇨퇴·액비를 사용하는 경우에는 완전히 부숙시켜서 사용하여야 하며, 이의 과다한 사용, 유실 및 용탈 등으로 인하여 환경오염을 유발하지 아니하도록 하여야 한다. (5) 산림 등 자연상태에서 자생하는 사료작물은 유기농산물 허용자재 외의 자재가 3년 이상 사용되지 아니한 것이 확인되고, 유기사료의 기준을 충족할 경우 유기사료작물로 인정할 수 있다.
라. 가축의 선택, 번식방법 및 입식	(1) 가축은 유기축산 농가의 여건 및 다음 사항을 고려하여 사육하기 적합한 품종 및 혈통을 골라야 한다. (가) 산간지역·평야지역 및 해안지역 등 지역적인 조건에 적합할 것 (나) 축종별로 주요 가축전염병에 감염되지 아니하여야 하고, 특정 품종 및 계통에서 발견되는 스트레스증후군 및 습관성유산 등의 건강상 문제점이 없을 것 (다) 품종별 특성을 유지하여야 하고, 내병성이 있을 것 (2) 교배는 종축을 사용한 자연교배를 권장하되, 인공수정을 허용할 수 있다. (3) 수정란이식기법이나 번식호르몬 처리, 유전공학을 이용한 번식기법은 허용되지 아니한다. (4) 다른 농장에서 가축을 입식하려는 경우 해당 가축은 유기축산의 기준에 맞게 사육된 가축이어야 한다. 다만, 이를 확보할 수 없는 때에는 다음의 경우에 한하여 국립농산물품질관리원장 또는 인증기관의 승인을 받아 일반 가축을 입식할 수 있다.

(계속)

<table>
<tr><th>심사사항</th><th>구비요건</th></tr>
<tr><td>라. 가축의 선택, 번식방법 및 입식</td><td>(가) 이유 직후 또는 부화 직후의 가축인 경우(원유생산용・알생산용 및 녹용생산용 가축의 경우 육성축 및 성축 입식 가능)
(나) 가축의 품종 및 번식방법이 (1) 내지 (3)에 적합한 경우</td></tr>
<tr><td>마. 전환기간</td><td>(1) 일반농가가 유기축산으로 전환하거나 유기가축이 아닌 가축을 유기농장으로 입식하여 유기축산물을 생산・판매하려는 경우에는 아래의 전환기간 이상을 유기축산물인증기준에 따라 사육하여야 한다.
<table>
<tr><th>축종</th><th>생산물</th><th>최소사육기간</th></tr>
<tr><td rowspan="2">한・육우</td><td>식육</td><td>입식 후 출하시까지(최소 12개월 이상)</td></tr>
<tr><td>송아지식육</td><td>6개월령 미만의 송아지 입식 후 6개월</td></tr>
<tr><td>젖소</td><td>시유</td><td>착육우는 90일
미경산우는 6개월</td></tr>
<tr><td rowspan="2">산양</td><td>식육</td><td>입식 후 출하시까지(최소 5개월)</td></tr>
<tr><td>시유</td><td>착유양은 90일, 미경산 양은 6개월</td></tr>
<tr><td>돼지</td><td>식육</td><td>입식 후 출하시까지(최소 5개월 이상)</td></tr>
<tr><td>육계</td><td>식육</td><td>입식 후 출하시까지(최소 3주 이상)</td></tr>
<tr><td>산란계</td><td>알</td><td>입식 후 3개월</td></tr>
<tr><td rowspan="2">오리</td><td>식육</td><td>입식 후 출하시까지(최소6주이상)</td></tr>
<tr><td>알</td><td>입식 후 3개월</td></tr>
<tr><td>메추리</td><td>알</td><td>입식 후 3개월</td></tr>
<tr><td rowspan="2">사슴</td><td>식육</td><td>입식 후 출하시까지(최소 12개월)</td></tr>
<tr><td>녹용</td><td>녹용 성장기간 4개월</td></tr>
</table>
(2) 방목지・노천구역 및 운동장 등의 사육여건이 잘 갖추어지고 유기사료의 급여가 100퍼센트 가능할 때 국립농산물품질관리원장 또는 인증기관은 위 전환기간 10퍼센트 내에서 기간을 단축할 수 있다.
(3) 제1호에 전환기간이 설정되어 있지 아니한 축종은 해당 축종과 생육기간 및 사육방법이 비슷한 축종의 전환기간을 적용한다. 다만, 생육기간 및 사육방법이 비슷한 축종을 적용할 수 없을 경우 국립농산물품질관리원장이 별도 전환기간을 설정한다.
(4) 동일 농장에서 가축・목초지 및 사료작물재배지가 동시에 전환하는 경우에는 현재 사육되고 있는 가축이 자체농장에서 생산된 사료를 급여하는 조건 하에서 목초지 및 사료작물재배지의 전환기간은 1년으로 한다. 다만, 동 기간 동안의 유기사료 급여는 (1)호의 전환기간 동안 급여하고, 나머지 기간은 일반사료를 급여할 수 있다.</td></tr>
</table>

(계속)

심사사항	구비요건
바. 사료및 영양관리	(1) 유기축산물의 생산을 위한 가축에게는 100퍼센트 유기사료를 급여하여야 한다. 다만, 2010년 12월 31일까지는 다음 기준에 따라 유기사료를 급여할 수 있다. (가) 건물(乾物 : dry matter)을 기준으로 유기사료를 반추가축의 경우에는 85퍼센트 이상, 비반추가축의 경우에는 80퍼센트 이상 급여 (나) "유기축산물(전환기)"로 표시하려는 축산물의 경우 건물을 기준으로 유기사료를 반추가축은 45퍼센트 이상, 비반추가축은 40퍼센트 이상 급여(무농약농산물 또는 그 부산물로 유래된 사료를 급여하는 경우에는 건물을 기준으로 반추가축은 60퍼센트 이상, 비반추가축은 55퍼센트 이상 급여) (2) 유기축산물 생산과정 중 심각한 천재·지변, 극한 기후조건 등으로 인하여 (1)에 따른 사료급여가 어려운 경우는 국립농산물품질관리원장 또는 인증기관은 일정기간 동안 유기사료가 아닌 사료를 일정비율로 급여하는 것을 허용할 수 있다. (3) 반추가축에게 사일리지만 급여해서는 아니 되고, 비반추가축도 가능한 조사료 급여를 권장한다. (4) 유기사료 및 유기사료가 아닌 사료를 일정비율 급여할 경우에도 유전자변형농산물 또는 유전자변형농산물로부터 유래한 것이 함유되지 아니하여야 한다. 다만, 국립농산물품질관리원장이 정한 범위 안에서 비의도적인 혼입은 인정될 수 있다. (5) 유기배합사료 제조용 단미 및 보조사료는 별표 1 제1호 나목의 자재기준과 같다. (6) 다음에 해당되는 물질을 사료에 첨가해서는 아니 된다. (가) 가축의 대사기능 촉진을 위한 합성화합물 (나) 반추가축에게 포유동물에서 유래한 사료(우유 및 유제품을 제외)는 어떠한 경우에도 첨가해서는 아니 됨 (다) 합성질소 또는 비단백태질소화합물 (라) 항생제·합성항균제·성장촉진제 및 호르몬제 (마) 그 밖에 인위적인 합성 및 유전자조작에 의해 제조·변형된 물질 (7) 『지하수의 수질보전 등에 관한 규칙』 제11조에 따른 생활용수 수질기준에 적합한 신선한 음수를 상시 급여할 수 있어야 한다.
사. 동물복지 및 질병관리	(1) 가축의 질병은 다음과 같은 조치를 통하여 예방하여야 한다. (가) 가축의 품종과 계통의 적절한 선택 (나) 질병발생 및 확산방지를 위한 사육장 위생관리 (다) 비타민 및 무기물 급여를 통한 면역기능 증진 (라) 지역적으로 발생되는 질병이나 기생충에 저항력이 있는 종/품종의 선택

(계속)

심사사항	구비요건
사. 동물복지 및 질병관리 (계속)	(2) 가축의 기생충감염 예방을 위하여 구충제 사용과 가축전염병이 발생하거나 퍼지는 것을 막기 위한 예방백신을 사용할 수 있다. (3) 법정전염병의 발생이 우려되거나 긴급한 방역조치가 필요한 경우 우선적으로 필요한 질병예방 조치를 취할 수 있다. (4) (1) 내지 (3)에 따른 예방관리에도 불구하고 질병이 발생한 경우 수의사의 처방에 따라 질병을 치료할 수 있다. 이 경우 동물용의약품을 사용한 가축은 해당 약품 휴약기간의 2배가 지나야 유기축산물로 인정할 수 있다. (5) 약초 및 천연물질을 이용하여 치료를 할 수 있다. (6) 질병이 없는데도 동물용의약품을 정기적으로 투여하거나, 생산성 촉진을 위해서 성장촉진제 및 호르몬제를 사용해서는 아니 된다. 다만, 호르몬 사용은 치료목적으로만 수의사의 관리 하에서 사용할 수 있다. (7) 가축에 있어 꼬리부분에 접착밴드 붙이기, 꼬리 자르기, 이빨 자르기, 부리 자르기 및 뿔 자르기와 같은 행위는 일반적으로 수행되어서는 아니 된다. 다만, 안전 또는 축산물 생산을 목적으로 하거나 가축의 건강과 복지개선을 위하여 필요한 경우로서 국립농산물품질관리원장 또는 인증기관이 인정하는 경우에 한하여 이를 수행할 수 있다. (8) 생산물의 품질향상과 전통적인 생산방법의 유지를 위하여 물리적 거세를 할 수 있다.
아. 운송·도축·가공과정의 품질관리	(1) 생축의 수송은 조용하고 상처나 고통을 최소화하는 방법으로 이루어져야 하며, 전기자극이나 대증요법의 안정제를 사용하여서는 아니 된다. (2) 가축의 도축은 스트레스와 고통을 최소화하는 방법으로 이루어져야 하고, 오염방지 등을 위해 『축산물가공처리법』 제9조에 따른 위해요소중점관리기준(HACCP)을 적용하는 도축장에서 실시되어야 한다. (3) 도체 및 원유 등 당해 축산물은 가공공정의 오염방지를 위하여 『축산물가공처리법』 제9조에 따른 위해요소중점관리기준(HACCP)을 적용(농가에서 직접 가공하는 경우는 제외)하는 축산물가공장에서 가공되어야 하고, 유기적 방법으로 생산된 원유는 별도 구분하여 집유 및 가공처리를 하여야 한다. (4) 생축의 저장 및 수송시에는 청결을 유지하여야 하며, 외부로부터의 오염을 방지하여야 한다. (5) 유기축산물로 출하되는 축산물에 동물용의약품이 잔류되어서는 아니 된다. 다만, 수의사 관리 하에 동물용의약품을 사용한 경우 이를 허용하되, 식품의약품안전청장이 고시한 식품공전의 동물용의약품 잔류허용기준의 10분의 1 이하여야 한다.

(계속)

심사사항	구비요건
아. 운송・도축・가공과정의 품질관리 (계속)	(6) 유통시 발생할 수 있는 유기축산물의 변성이나 부패방지를 위하여 임의로 합성물질을 첨가할 수 없다. 다만, 물리적 처리나 천연제제는 유기축산물의 화학적 변성이나 특성을 변화시키지 아니하는 범위 안에서 적절하게 이용할 수 있다. (7) 유기축산물 포장재는 『식품위생법』의 관련 규정에 적합하고 가급적 생물분해성, 재생품 또는 재생이 가능한 자재를 사용하여 제작된 것을 사용하여야 한다.
자. 가축분뇨의 처리	(1) 가축사육시 발생하는 가축분뇨는 완전히 부숙시킨 퇴비 또는 액비로 자원화하여 초지나 농경지에 환원함으로써 토양 및 식물과의 유기적 순환관계를 유지하여야 한다. (2) 가축의 운동장에서는 가축의 분뇨가 외부로 배출되지 아니하도록 청결히 유지・관리하여야 한다. (3) 가축분뇨의 배출시설과 처리시설의 설치 및 관리 등에 대해서는 『가축분뇨의 관리 및 이용에 관한 법률』 제11조 및 제17조를 준수하여야 한다. (4) 가축분뇨퇴・액비는 표면수 오염을 일으키지 아니하는 수준으로 사용하되, 장마철에는 사용하지 아니하여야 한다.

4. 품관원장 고시 2010-4호 별표1 제3호 유기축산물 인증 부가기준

심사사항	구비요건
가. 경영관리	(1) 최근 1년간의 동물용의약품의 구매량, 구매처, 사용량 및 보관량을 기록하고 국립농산물품질관리원장 또는 인증기관이 열람을 요구하는 때에는 이에 응할 수 있어야 한다. (2) 사육하고 있는 축산물 중 일부만을 인증 받으려고 하는 경우 인증신청하지 않은 축산물의 사육과정에서 사용한 동물용의약품의 사용량과 해당축산물의 생산량 및 출하처별 판매량(병행생산에 한함)에 관한 자료를 기록·보관하고 국립농산물품질관리원장 또는 인증기관이 요구하는 때에는 이를 제공하여야 한다.
나. 축사및사육조건	(1) 유기가축 1두당(수당)갖추어야 하는 가축사육시설의 소요면적(단위 : m^2)은 다음과 같다. (가축사육시설 소요면적의 산정방식은 『축산법 시행규칙』 제30조 제3호의 규정에 따른 가축사육시설 단위면적당 적정사육기준을 준용한다.)

(가) 한・육우

시설형태	번식우	비육우	송아지
방사식	10	7.1	2.5

① 성우1두 = 육성우 2두

② 성우(14개월령 이상), 육성우(6개월~14개월 미만), 송아지(6개월령 미만)

③ 포유중인 송아지는 두수에서 제외

(나) 젖소

시설형태	경산우		초임우 (13~24월령)	육성우 (7~12월령)	송아지 (3~6월령)
	착유우	건유우			
깔 짚	17.3	17.3	10.9	6.4	4.3
후리스톨	9.5	13.2	8.3	6.4	4.3

(다) 돼지

구 분	웅 돈	번 식 돈				비 육			
		임신돈	분만돈	종부대기돈	후보돈	자돈		육성돈	비육돈
						초기	후기		
두당 소요 면적	10.4	3.1	4.0	3.1	3.1	0.2	0.3	1.0	1.5

(계속)

<table>
<tr><th>심사사항</th><th>구비요건</th></tr>
<tr><td>나. 축사 및 사육조건 (계속)</td><td>
① 자돈초기(20 kg미만), 자돈중기(20～30 kg미만), 육성돈(30～60 kg미만), 비육돈(60 kg 이상)
② 포유자돈은 두수에서 제외
(라) 닭
<table>
<tr><th>구 분</th><th>소요면적</th><th>산정방식</th></tr>
<tr><td>산란 성계, 종계</td><td>0.22㎡/수</td><td rowspan="3">① 성계 1수 = 육성계 2수 = 병아리 4수
② 병아리(3주령미만), 육성계(3주령～18주령 미만), 성계(18주령이상)</td></tr>
<tr><td>산란육성계</td><td>0.16㎡/수</td></tr>
<tr><td>육계</td><td>0.1㎡/수</td></tr>
</table>
(마) 오리
<table>
<tr><th>구 분</th><th>소요면적</th><th>산정방식</th></tr>
<tr><td>산란용 오리</td><td>0.55 m²/수</td><td rowspan="2">①성오리 1수 = 육성오리 2수 = 새끼오리 4수
②산란용 : 성오리(18주령이상),육성오리(3주령～18주령미만), 새끼오리(3주령미만)
③육용오리 : 성오리(6주령이상), 육성오리 : 3주령～6주령미만, 새끼오리 : 3주령미만</td></tr>
<tr><td>육 용 오 리</td><td>0.3 m²/수</td></tr>
</table>
(바) 양
<table>
<tr><th>구 분</th><th>수당면적</th></tr>
<tr><td>면양, 산양</td><td>1.3 m²</td></tr>
</table>
(사) 사슴
<table>
<tr><th>구 분</th><th>수당면적</th></tr>
<tr><td>꽃사슴</td><td>2.3 m²</td></tr>
<tr><td>레드디어</td><td>4.6 m²</td></tr>
<tr><td>엘크</td><td>9.2 m²</td></tr>
</table>
(2) 반추가축은 축종별 생리상태를 고려하여 (1) 축사면적의 2배 이상의 방목지 또는 운동장을 확보해야 한다. 다만, 충분한 자연환기와 햇빛이 제공되는 축사구조의 경우 축사시설면적의 2배 이상을 축사 내에 추가 확보하여 방목지 또는 운동장을 대신할 수 있다.
(3) 축사 및 축사의 주변에 유기합성농약을 사용하지 아니하여야 한다.
(4) 같은 축사 내에서 유기가축과 비유기가축을 번갈아 사육하여서는 아니 된다.
</td></tr>
</table>

(계속)

심사사항	구비요건
나. 축사 및 사육조건 (계속)	(5) 유기가축과 비유기가축의 병행사육 시 다음의 사항을 준수하여야 한다. (가) 유기가축과 일반가축(무항생제 사육가축 포함)은 서로 독립된 축사(건축물)에서 사육하고 구별이 가능하도록 각 축사 입구에 표지판을 설치하여야 한다. (나) 입식시기가 경과한 일반가축을 유기가축 축사로 입식하여서는 아니 된다. (다) 유기가축과 일반 가축의 생산부터 출하까지 구분관리 계획을 세우고 이를 이행하여야 한다. (6) 산란계의 경우 자연일조시간을 포함하여 총 14시간을 넘지 않는 범위 내에서 인공광으로 일조
다. 자급사료 기반	(1) 초식가축의 경우 가축 1두당 확보하여야 하는 목초지 또는 사료작물재배지는 다음과 같다. (사료작물재배지는 임차 하거나 계약재배가 가능하다.) (가) 한·육우 : 목초지 2,475 m^2 또는 사료작물재배지 825 m^2 (나) 젖소 : 목초지 3,960 m^2 또는 사료작물재배지 1,320 m^2 (다) 면·산양 : 목초지 198 m^2 또는 사료작물재배지 66 m^2 (라) 사슴 : 목초지 660 m^2 또는 사료작물재배지 220 m^2 다만, 축종별 가축의 생리적 상태, 지역 기상조건의 특수성 및 토양의 상태 등을 고려하여 외부에서 유기적으로 생산된 조사료를 도입할 경우, 목초지 또는 사료작물재배지 면적을 일부 감할 수 있다. 이 경우 한·육우는 374 m^2/두, 젖소는 916 m^2/두 이상의 목초지 또는 사료작물재배지를 확보하여야 한다.
라. 가축의입식 및 번식방법	(1) 다른 농장에서 가축을 입식하려는 경우 해당가축의 입식조건(입식시기 등) 및 번식방법이 유기축산물 인증기준에 적합함을 입증할 자료를 인증기관에 제출하여 승인을 받아야 한다. (2) 일반가축을 유기축산으로 전환하려는 때에는 가축의 이유 직후 또는 부화 직후부터 전환을 시작하여야 한다. 다만, 다음의 경우에 한하여 육성축 및 성축의 유기축산 전환을 시작 할 수 있다. (가) 최초 인증 시 현재 사육하고 있는 전체 가축을 전환하려는 경우 (나) 원유생산용·알생산용·녹용생산용 가축을 전환하려는 경우
마. 전환기간	(1) 전환기간은 인증기관의 감독이 시작된 시점부터 인정된다. 다만, 전환기간이 4개월 이상인 축종인 경우로 객관적인 자료를 통해 유기축산물 인증기준에 맞게 사육한 사실이 인정되는 경우에는 전체 전환기간의 2/3 범위 내에서 유기사육기간으로 인정할 수 있다. (2) 전환기간의 시작일은 가축 개체별, 개체군별, 축사별로 기록 관리하여야 한다. (3) 전환기간이 충족되지 아니한 가축을 인증품으로 판매하여서는 아니 된다.

(계속)

심사사항	구비요건
마. 전환기간 (계속)	(4) 동일농장에서 가축・목초지 및 사료작물재배지를 동시에 전환하는 경우에는 목초지 및 사료작물재배지를 유기농림산물 인증기준에 맞게 관리하여 1년이 되는 시점부터 해당 목초지 및 사료작물재배지에서 생산된 사료를 유기사료로 급여가 가능하다.
바. 사료 및 영양관리	(1) 가축에게 급여하는 사료가 유기사료임을 입증할 수 있는 자료를 확인한 후 급여하여야 한다. (2) 반추가축에게 사일리지만 급여해서는 아니되고 생초나, 건초 등 조사료를 급여하여야 한다. (3) 유기사료가 아닌 사료의 경우 유전자변형농산물 또는 유전자변형농산물로부터 유래한 물질의 비의도적인 혼입은 3%내에서 인정한다. (4) 유기배합사료 제조용 단미 및 보조사료는 규칙 별표 1 제1호나목의 자재에 한해 사용하되 사용가능한 자재임을 입증할 수 있는 자료를 구비하고 사용하여야 한다.
사. 동물복지 및 질병관리	(1) 질병이 발생하여 동물용의약품을 사용하는 경우 『수의사법 시행규칙』 제11조에 따라 수의사가 교부하는 처방전을 비치하고 사용하여야 한다. 다만, 『가축전염병예방법』 제15조제1항에 따라 주사 또는 투약을 한 경우는 그러하지 아니한다. 이 경우 『가축전염병예방법』 제15조제2항에 따른 증명서를 비치하거나 관련 고시를 기재하여야 한다. (2) (1)에 따라 동물용의약품을 사용한 경우 해당 축산물의 출하시에 해당 약품 휴약기간의 2배가 지났음을 확인하여야 하며, 관련 확인내역을 기록 관리하여야 한다.
아.운송・도축・가공과정의 품질관리	(1) 유기축산물의 수송, 도축, 가공과정의 품질관리를 위해 다음사항이 포함된 품질관리 계획을 세워 이를 이행하여야 한다. (가) 수송방법, 도축방법, 가공방법, 인증품 표시방법 (나) 인증을 받지 않은 축산물이 혼입되지 않도록 하는 구분 관리 방법 (2) 인증품 출하시 친환경농산물 표시기준에 따라 표시하여야 하며, 포장재의 제작 및 사용량에 관한 자료를 보관하여야 한다. (3) 다음 각호에 해당되는 경우 규칙 별표 3 제7호의 기준을 준수하는 취급자로 HACCP을 적용하는 작업장에 위탁·판매하여야 하며 이를 입증할 계약서를 비치하여야 한다. (가) 원유를 수집·여과·냉각·저장 또는 시유상태로 가공하는 경우 (나) 식육을 절단하여 포장하는 경우 (다) 기타 인증품을 직접 포장하지 않고 위탁하여 포장하는 경우

(계속)

심사사항	구비요건
아. 운송・도축・가공과정의 품질관리 (계속)	(4) 인증표시를 하지 않은 축산물을 인증품으로 판매할 수 없다. 다만, (1)의 품질관리계획에 따라 계약된 유통자에게 생축으로 판매하는 경우 송장(送狀)이나 거래명세표에 표시사항을 기재하여야 하며 동 자료를 보관하여야 한다.
자. 가축분뇨의 처리	(1) 『가축분뇨의 관리 및 이용에 관한 법률 시행규칙』에 따른 가축분뇨배출시설설치허가증 또는 신고대상배출시설설치신고증명서를 구비하여야 한다.
차. 기타	(1) 기록 관리하여야 하는 문서 또는 비치하여야 하는 문서는 1년 이상 보관하고 국립농산물품질관리원장 또는 인증기관이 요구하는 때에는 이에 응할 수 있어야 한다.

[별표 1] 〈개정 2009. 12. 14〉

친환경농자재의 사용기준(친환경농업육성법 시행규칙 제7조관련)

1. 유기농산물

가. 축산물

(1) 유기배합사료제조용자재중단미사료

구분	세분	사용가능자재	사용가능조건
식물성	곡물류	(가)옥수수・보리・밀・수수・호밀・귀리・조・피・트리트케일・메밀・루핀종실 및 두류 (나) (가)항 곡물의 1차 가공품 및 전분(알파파 전분을 포함한다)	○ 유기농산물 인증기준에맞게 생산된것
	곡물부산물(강피류)	곡쇄류・밀기울・말분・보리겨・쌀겨・쌀겨탈지・옥수수피・수수겨・조겨・두류피・낙화생피・면실피・귀리겨・아몬드피 및 해바라기피	○ 유기농산물 인증기준에맞게 생산된것에서 유래된것(다른 제품의혼입이 없을것)
	박류(단백질류)	대두박(전지대두를 포함)・들깨묵・참깨묵・채종박・면실박・낙화생박・고추씨박・아마박・야자박・해바라기씨박・피마자박・옥수수배아박・소맥배아박・두부박・케이폭박, 팜유박, 글루텐 및 주정박	
	근괴류	고구마・감자・돼지감자・타피오카・무 및 당근	○ 곡물류와같음
	식품가공부산물	두류가공부산물・당밀 및 과실류가공부산물	○ 곡물부산물류와같음
	해조류	해조분	○ 천연에서유래된것
	섬유질류	목초・산야초・나뭇잎・곡류정선부산물・임산가공부산물・볏짚・보리짚・그 밖의 농산물고간류・풋베기사료작물・옥수수속대・사탕수수박・사탕무우박・감귤박 및 발효사료	○ 유기농산물 인증기준에맞게 생산된것.다만, 야생의것은잔류 농약이 검출되지 아니할 것

(계속)

구분	세분	사용가능자재	사용가능조건
식물성	제약부산물	농림수산식품부장관이 지정하는 제약부산물	○ 곡물부산물류와 같음
	유지류	옥수수유・대두유・면실유・채종유・야자유・해바라기유・팜유 및 미강유	○ 곡물부산물류와 같음
동물성	단백질류	어분・어즙흡착사료, 유・유제품 및 육분・육골분(반추가축에 사용하는 경우를 제외한다)	○ 양식하지 아니한 것 (어분・어즙흡착사료에 한함)
	무기물류	골분・어골회 및 패분	○ 순도 99퍼센트 이상인 것
	유지류	우지 및 돈지(반추가축에 사용하는 경우는 제외한다)	○ 순도 99.9퍼센트 이상인 것
광물성	식염류	암염 및 천일염	○ 천연의 것
	인산염류및 칼슘염류	인산1칼슘・인산2칼슘・인산3칼슘 및 석회석분말	
	광물질첨가물	나트륨・염소・마그네슘・유황・가리・망간・철・구리・요오드・아연・코발트・불소・셀레늄・몰리브덴 및 크롬의 화합염류(유기태화한 것을 포함한다)	
	혼합광물질	2종 이상의 광물질을 혼합 또는 화합한 것으로서 사료에 첨가하는 형태로 제조한 것에 한함	
기타		국제식품규격위원회에서 유기축산물 생산용 사료로 사용이 허용된 물질이나 국립농산물품질관리원장이 정하는 물질	

(2) 유기배합사료제조용자재중보조사료

구분	사용가능자재	사용가능조건
산미제	젖산, 개미산등천연산미제	○ 천연의 것 및 천연에서 유래된 것으로서 다른 화학물질이 첨가되지 아니한 것. 다만, 배합사료에 1퍼센트미만사용되고화학물질의함유량이보조사료내10퍼센트 이내인 경우에는 사용가능
항응고제	활성탄	
결착제	천연결착제	
유화제	천연유화제	
항산화제	천연항산화제	
항곰팡이제	천연항곰팡이제	
향미제	천연향미제	
규산염제	죠라이트·벤토나이트·카오린 및 일라이트와 그 혼합물	
착색제	천연착색제	
추출제	유카추출물·타우마린·목초추출물·해초추출물 및 과실추출물	
완충제	중조·산화마그네슘 및 산화마그네슘혼합물	
올리고당류	갈락토올리고당·플락토올리고당·이소말토올리고당·대두올리고당·만노스올리고당 및 그 밖의 올리고당	
효소제	아밀라제·알카리성프로테아제·키시라나아제·피타아제·산성프로테아제·리파아제·셀룰라아제·중성프로테아제·프로테아제·락타아제 및 그 밖의 효소제와 그 복합체	
생균제	엔테로콕카스페시엄·바실러스코아글란스·바실러스서브틸리스·비피도박테리움슈도롱검·락토바실러스아시도필루스·효모제 및 그 밖의 생균제	
아미노산제	아민초산·DL-알라닌·염산L-라이신·황산L-라이신·L-글루타민산나트륨·2-디아미노-2-하이드록시메치오닌·DL-트립토판·L-트립토판·DL메치오닌 및 L-트레오닌과 그 혼합물	

(계속)

<table>
<tr><th>구분</th><th>사용가능자재</th><th>사용가능조건</th></tr>
<tr><td>비타민제
(프로비타민제포함)</td><td>비타민A · 프로비타민A · 비타민B_1 · 비타민B_2 · 비타민B_6 · 비타민B_{12} · 비타민C · 비타민D · 비타민D_2 · 비타민D_3 · 비타민E · 비타민K · 판토텐산 · 이노시톨 · 콜린 · 나이아신 · 바이오틴 · 엽산과 그 유사체 및 혼합물</td><td rowspan="5">○ 천연의 것 및 천연에서유래된 것으로서 다른 화학물질이 첨가되지 아니한 것. 다만, 배합사료에 1퍼센트미만사용되고화학물질의 함유량이보조사료내10퍼센트 이내인 경우에는 사용가능</td></tr>
<tr><td>기타</td><td>국제식품규격위원회에서 유기축산물 생산용 사료로 사용이 허용된 물질이나 국립농산물품질관리원장이 정하는 물질</td></tr>
<tr><td>아미노산제</td><td>아민초산 · DL-알라닌 · 염산L-라이신 · 황산L-라이신 · L-글루타민산나트륨 · 2-디아미노-2-하이드록시메치오닌 · DL-트립토판 · L-트립토판 · DL메치오닌 및 L-트레오닌과 그 혼합물</td></tr>
<tr><td>비타민제
(프로비타민제포함)</td><td>비타민A · 프로비타민A · 비타민B_1 · 비타민B_2 · 비타민B_6 · 비타민B_{12} · 비타민C · 비타민D · 비타민D_2 · 비타민D_3 · 비타민E · 비타민K · 판토텐산 · 이노시톨 · 콜린 · 나이아신 · 바이오틴 · 엽산과 그 유사체 및 혼합물</td></tr>
<tr><td>기타</td><td>국제식품규격위원회에서 유기축산물 생산용 사료로 사용이 허용된 물질이나 국립농산물품질관리원장이 정하는 물질</td></tr>
</table>

2. 무항생제 축산물

가. 무항생제 축산물에 일반사료를 사용할 수 있다. 다만, 항생제 및 별표 3 제5호마목 (3)의 물질은 제외한다.

(1) 합성항균제 · 성장촉진제 및 호르몬제 등의 동물용의약품

(2) 반추가축에게 포유동물에서 유래한 사료(우유 및 유제품은 제외)는 어떠한 경우에도 첨가하여서는 아니 됨

<부록 8> 연습문제 해설

제 1장

1. 진위 문제

(1) ○ : 비필수아미노산이 부족하면 필수아미노산으로부터 합성되어 공급된다.
(2) ○ : 탄수화물 1 g은 4 kcal, 지방 1 g은 9 kcal의 대사에너지를 함유한다.
(3) ○ : 일부 미량광물질들이 이러한 기능을 갖고 있어서, 이들을 필수무기질이라고 한다.
(4) × : 조류는 요산의 형태로 질소를 배설한다.
(5) × : 포도당은 단당류이다.
(6) ○ : 비타민 D 결핍 시 칼슘의 흡수가 불량하게 된다.

2. 선택형 문제

(1) ④, (2) ②, (3) ③, (4) ④

제 2장

1. 진위 문제

(1) × : 미즙은 위에서 소장으로 들어가는 장내용물을 일컫는다.
(2) × : 소낭은 임시 저장 창고일 뿐이다.
(3) × : 말에는 담낭이 없다.
(4) × : 제4위가 아니고 제1위 및 제2위이다.
(5) × : 돼지에는 선위가 없다.
(6) × : 위선이 아니고, 췌장에서 분비한다.
(7) × : 소장에서 대부분의 영양소가 흡수된다.
(8) × : Pepsin은 위선에서 분비된다.
(9) × : 지방은 비수용성이기 때문에 활성흡수가 아닌 다른 기작에 의해 흡수된다.

2. 단답형 문제

(1) 4위, (2) 맹장, (3) 3위, (4) 맹장, (5) 삼투질농도(osmolality)

제 3장

1. 옥수수, 밀, 보리는 대표적인 곡류사료로서 다음 사항을 비교한다(105～107쪽 참조).
   ① 단백질 함량 및 제한 아미노산
   ② TDN 함량
   ③ 제한 요소 등
2. ① 제한 아미노산
   ② Gossypol, glucosinolate 등의 제한 요소를 중심으로 기술
3. 103～106쪽 참조
4. 110～112쪽 참조
5. 142～144쪽 참조
6. ① 수용성 탄수화물 함량이 두과 목초보다 많다.
   ② 재료의 완충력, 탈락률이 두과 목초보다 낮다.
   ③ 두과 목초는 질소화합물 함량이 많아 clostridia 위주의 butyrate-type의 사일리지를 만드는 경향이 짙다.
7. 160～161쪽 참조
8. 164～166쪽 참조

제 4장

1. 진위 문제

(1) ×, (2) ○, (3) ○, (4) ×

2. 주관식 문제

(1) ① $100 - (9 + 4 + 3 + 2 + 72) = 100 - 90 = 10\%$
  ② $9/90 \times 100 = 10\%$
  ③ $1000,000 \times 0.03\% = 300$ ppm

(2) AME = (100 g × 4 kcal/g - 15 g × 3 kcal/g)/100 g
= 3.55 kcal/g
= 3550 kcal/kg

제 5장

1. 진위 문제

(1) 비타민 D_2는 Ergocalciferol로 닭에서는 비타민 D_3에 비하여 활성이 1/30～1/40임

(2) 옥수수 위주의 배합사료는 원료사료에 메티오닌이 부족하며, 대두박을 제외한 대부분의 원료사료는 라이신 함량이 낮다. 또한 대두박에 라이신 함량이 높을지라도 다량 사용이 불가하므로 원료사료에 함유된 메티오닌과 라이신만으로 동물의 성장과 유지에 필요한 요구량을 충족할 수 없다. 그러므로 메티오닌과 라이신은 배합사료에 합성된 형태로 첨가하여 급여한다.

(3) 산란초기에는 산란과 성장에 기인하여 영양소 요구량이 높지만 산란 중기부터 산란율이 서서히 저하되므로 적합한 조단백질과 에너지가 함유된 사료를 급여함으로써 체지방 축적이 방지된다.

(4) 고온다습한 여름철에 음수량은 사료섭취량의 5～8배, 산란계에서 환경온도가 31℃에서 15℃에 비하여 음수량이 2배 높다.

(5) Gossypol은 면실박에 함유되어 있으며, 소량으로 난황색을 녹색・갈색・흑색으로 변화시키는 인자이다.

2. 연결하기

(1) ②, (2) ③, (3) ①, (4) ④, (5) ⑤

3. 단답형 문제

(1) Ca, P. 비타민 D_3

(2) Ca : 난각형성과 뼈의 구성성분으로 1일 약 4 g 이상 필요하다.

(3) 인의 이용율이 다른 인 공급원에 비하여 높다.

(4) 지방의 소화율이 극대화되는 포화지방 : 불포화지방의 비율은 8 : 2

(5) CP와 ME가 단기간에 성장 목적으로 제조된 육계후기사료에 비하여 낮다.

제 6장

1. 포유모돈(가장 많이)과 임신모돈(가장 적게)
2. 115 kg, 180일
3. 140 kg, 18 mm
4. 배란을 촉진하기 위해 후보돈과 이유모돈에게 사료를 많이 급여하는 것
5. 비거세돈이 거세돈에 비해 일당증체량과 사료효율 모두 우수하다.
6. 돼지는 다른 동물과 달리 임신 중 모돈의 항체가 자돈에게 전달되지 않아서 반드시 초유 중의 항체를 공급받아야 하는데, 분만 후 시간이 경과할수록 초유 중 항체함량이 급격히 감소하기 때문에
7. 모돈의 번식기관의 회복에 충분한 시간을 주고, 최근에 국내에서 이유 후 폐사율이 높기 때문에 돈유를 많이 공급해서 튼튼한 상태에서 자돈을 이유시켜 이유 후 폐사율을 줄이기 위해서
8. ① 비거세돈, ② 거세돈, ③ 미경산돈, ④ 경산돈
9. PSY는 연간 모돈 두당 이유자돈 생산두수(piglets / sow / year)을 뜻하고; MSY는 연간 모돈 두당 출하 돼지두수(marketed pigs / sow / year)를 뜻한다.

제 7장

1. 250～251쪽 참조
2. 251～252쪽 참조
3. 248～250쪽 참조
4. ① 체 중
   ② 우유 생산량
   ③ 비유단계(비유주수)
   ④ 사료의 종류, 품질 및 소화율
   ⑤ NDF 함량
   ⑥ 조농비율
   ⑦ 지방함량
   ⑧ 음수량
   ⑨ 온도 및 환경 효과
   ⑩ 젖소의 비만 정도, 질병 등

5. ① 유열의 원인: 혈중 칼슘농도의 저하, 마그네슘과 비타민 D의 결핍
   ② 예방책: 임신 말기에 칼슘의 공급량을 약간 부족하도록 하여 뼈로부터의 공급체계를 가동시켜 분만 후 사료로부터의 공급이 부족할 경우 뼈로부터의 공급이 원활하도록 한다.
6. 지방 보정유란 지방의 농도에 따라 우유를 생산하는 데 소요되는 에너지 요구량이 다르므로 일정한 지방의 농도, 즉 4%를 기준으로 환산하는 것이다.

   4% FCM(kg) = 0.4 × 유량(kg) + 15(유지방 생산량, kg)

7. 261~262쪽 참조
8. 263쪽 참조
9. 259쪽 참조
10. 266~268쪽 참조
11. 268쪽 참조
12. ① 초유에는 송아지 성장에 필요한 영양소(단백질, 비타민, 미네랄 등)가 충분히 들어 있다.
    ② 질병에 대한 저항력을 갖게 하는 면역 글로불린(immuno-globulin)이 들어 있다.
    ③ 태변(胎便)의 배출을 촉진한다.
    ④ 소장에서 면역 글로불린의 흡수 능력이 출생 후 급격히 떨어지므로 출생 후 최대한 빨리 첫 초유를 급여하고, 12시간 이내에 같은 양을 또 한 번 급여해야 한다.

제 8장

1. 진위 문제

(1) ×: 한우 암소의 연간 산유량은 375 kg으로 매우 적어서, 하루에 2.8 kg 내외이며, 약 170일간에 걸쳐 비유한다.

(2) ○: 새끼 따로 먹이기는 방목지나 급여하는 조사료가 불량할 때 큰 효과를 얻을 수 있다.

(3) ○: 송아지 수송 30일 전에는 이유를 시키고 배합사료 급여를 시작한다. 사료조와 물통에 익숙하도록 하고 집단비육장에서 급여할 사료와 비슷한 사료를 공급하도록 한다.

(4) ×: 단백질이 아니라 에너지를 필요로 함

(5) ×: 요석증이 발생할 때에는 고칼슘 사료가 도움이 되기도 한다.

(6) ○: 배합사료는 체중의 2% 정도이고 조사료와 첨가제를 추가로 공급한다.

(7) ×: 배합사료를 대량 급여하는 비육말기에는 하루에 20,000~30,000 IU의 비타민 A가 공급되도록 해야 한다.

(8) ○: 농후사료의 다급으로 이러한 증상이 감지되면 항생제와 비타민 A를 추가 급여한다.

(9) ×: 15개월령부터 3년까지는 일당 증체량이 0.8~1.2 kg은 되어야 하며, 체중의 1.8~2.3%의 사료를 급여하며, 1년 이후에는 조사료 비율을 높여 준다.

(10) ×: 옥수수도 화본과로서 화본과 건초로 급여하는 암소들과 같은 양의 칼슘을 공급해야 한다.

2. 연결하기

(1) ⑤, (2) ③, (3) ②, (4) ⑩, (5) ⑥, (6) ⑧,
(7) ①, (8) ⑦, (9) ④, (10) ⑨

제 9장

1. 323쪽 (5)항 참조
2. 330~332쪽 참조
3. 336~337쪽 참조
4. 336쪽 참조
5. 343~344쪽 참조
6. Cellulose·hemicellulose 등의 구조탄수화물은 맹장과 결장에서 발효되어 acetic acid 등의 휘발성 지방산을 생성한다. 이 휘발성 지방산은 장벽에 흡수되어 에너지원으로 이용된다.
7. 350쪽 참조

찾아보기

Index

A

B

J

K

L

M

R

S

◈ 집 필 진 ◈

이수기 충남대학교 농업생명과학대학 동물자원과학부 교수
류경선 전북대학교 농업생명과학대학 동물자원과학과 교수
서성원 충남대학교 농업생명과학대학 동물자원과학부 교수
송민호 충남대학교 농업생명과학대학 동물자원과학부 교수
허정민 충남대학교 농업생명과학대학 동물자원과학부 교수
김현범 단국대학교 생명공학대학 생명자원학부 교수
조진호 충북대학교 농업생명환경대학 축산학과 교수

(증보개정판) **최신 동물사양학**

2021년 2월 25일 개정판 인쇄
2021년 3월 1일 개정판 발행

공 저 : 이수기 · 류경선 · 서성원 · 송민호
허정민 · 김현범 · 조진호
펴낸이 : 천승배
펴낸곳 : 도서출판 유한문화사

주소 : 경기도 고양시 덕양구 지도로124번길 8-35
전화 : 2668-2055
팩스 : 2668-2565
http://www.yuhansa.com
E-mail : yuhansa@hanmail.net
등록 : 제 5-31호. 1979. 3. 6.

값 28,000 원

ISBN : 978-89-7722-650-0 93520